For Caden

0	100	200	300	400	500	600	700	800	900
1	101	201	301	401	501	601	701	801	901
2	102	202	302	402	502	602	702	802	902
3	103	203	303	403	503	603	703	803	903
4	104	204	304	404	504	604	704	804	904
5	105	205	305	405	505	605	705	805	905
6	106	206	306	406	506	606	706	806	906
7	107	207	307	407	507	607	707	807	907
8	108	208	308	408	508	608	708	808	908
9	109	209	309	409	509	609	709	809	909
10	110	210	310	410	510	610	710	810	910
11	111	211	311	411	511	611	711	811	911
12	112	212	312	412	512	612	712	812	912
13	113	213	313	413	513	613	713	813	913
14	114	214	314	414	514	614	714	814	914
15	115	215	315	415	515	615	715	815	915
16	116	216	316	416	516	616	716	816	916
17	117	217	317	417	517	617	717	817	917
18	118	218	318	418	518	618	718	818	918
19	119	219	319	419	519	619	719	819	919
20	120	220	320	420	520	620	720	820	920
21	121	221	321	421	521	621	721	821	921
22	122	222	322	422	522	622	722	822	922
23	123	223	323	423	523	623	723	823	923
24	124	224	324	424	524	624	724	824	924
25	125	225	325	425	525	625	725	825	925
26	126	226	326	426	526	626	726	826	926
27	127	227	327	427	527	627	727	827	927
28	128	228	328	428	528	628	728	828	928
29	129	229	329	429	529	629	729	829	929
30	130	230	330	430	530	630	730	830	930
31	131	231	331	431	531	631	731	831	931
32	132	232	332	432	532	632	732	832	932
33	133	233	333	433	533	633	733	833	933
34	134	234	334	434	534	634	734	834	934
35	135	235	335	435	535	635	735	835	935
36	136	236	336	436	536	636	736	836	936
37	137	237	337	437	537	637	737	837	937
38	138	238	338	438	538	638	738	838	938
39	139	239	339	439	539	639	739	839	939
40	140	240	340	440	540	640	740	840	940
41	141	241	341	441	541	641	741	841	941
42	142	242	342	442	542	642	742	842	942
43	143	243	343	443	543	643	743	843	943
44	144	244	344	444	544	644	744	844	944
45	145	245	345	445	545	645	745	845	945
46	146	246	346	446	546	646	746	846	946
47	147	247	347	447	547	647	747	847	947
48	148	248	348	448	548	648	748	848	948
49	149	249	349	449	549	649	749	849	949
50	150	250	350	450	550	650	750	850	950
51	151	251	351	451	551	651	751	851	951
52	152	252	352	452	552	652	752	852	952
53	153	253	353	453	553	653	753	853	953
54	154	254	354	454	554	654	754	854	954
55	155	255	355	455	555	655	755	855	955
56	156	256	356	456	556	656	756	856	956
57	157	257	357	457	557	657	757	857	957
58	158	258	358	458	558	658	758	858	958
59	159	259	359	459	559	659	759	859	959
60	160	260	360	460	560	660	760	860	960
61	161	261	361	461	561	661	761	861	961
62	162	262	362	462	562	662	762	862	962
63	163	263	363	463	563	663	763	863	963
64	164	264	364	464	564	664	764	864	964
65	165	265	365	465	565	665	765	865	965
66	166	266	366	466	566	666	766	866	966
67	167	267	367	467	567	667	767	867	967
68	168	268	368	468	568	668	768	868	968
69	169	269	369	469	569	669	769	869	969
70	170	270	370	470	570	670	770	870	970
71	171	271	371	471	571	671	771	871	971
72	172	272	372	472	572	672	772	872	972
73	173	273	373	473	573	673	773	873	973
74	174	274	374	474	574	674	774	874	974
75	175	275	375	475	575	675	775	875	975
76	176	276	376	476	576	676	776	876	976
77	177	277	377	477	577	677	777	877	977
78	178	278	378	478	578	678	778	878	978
79	179	279	379	479	579	679	779	879	979
80	180	280	380	480	580	680	780	880	980
81	181	281	381	481	581	681	781	881	981
82	182	282	382	482	582	682	782	882	982
83	183	283	383	483	583	683	783	883	983
84	184	284	384	484	584	684	784	884	984
85	185	285	385	485	585	685	785	885	985
86	186	286	386	486	586	686	786	886	986
87	187	287	387	487	587	687	787	887	987
88	188	288	388	488	588	688	788	888	988
89	189	289	389	489	589	689	789	889	989
90	190	290	390	490	590	690	790	890	990
91	191	291	391	491	591	691	791	891	991
92	192	292	392	492	592	692	792	892	992
93	193	293	393	493	593	693	793	893	993
94	194	294	394	494	594	694	794	894	994
95	195	295	395	495	595	695	795	895	995
96	196	296	396	496	596	696	796	896	996
97	197	297	397	497	597	697	797	897	997
98	198	298	398	498	598	698	798	898	998
99	199	299	399	499	599	699	799	899	999

1,000	1,100	1,200	1,300	1,400	1,500	1,600	1,700	1,800	1,900
1,001	1,101	1,201	1,301	1,401	1,501	1,601	1,701	1,801	1,901
1,002	1,102	1,202	1,302	1,402	1,502	1,602	1,702	1,802	1,902
1,003	1,103	1,203	1,303	1,403	1,503	1,603	1,703	1,803	1,903
1,004	1,104	1,204	1,304	1,404	1,504	1,604	1,704	1,804	1,904
1,005	1,105	1,205	1,305	1,405	1,505	1,605	1,705	1,805	1,905
1,006	1,106	1,206	1,306	1,406	1,506	1,606	1,706	1,806	1,906
1,007	1,107	1,207	1,307	1,407	1,507	1,607	1,707	1,807	1,907
1,008	1,108	1,208	1,308	1,408	1,508	1,608	1,708	1,808	1,908
1,009	1,109	1,209	1,309	1,409	1,509	1,609	1,709	1,809	1,909
1,010	1,110	1,210	1,310	1,410	1,510	1,610	1,710	1,810	1,910
1,011	1,111	1,211	1,311	1,411	1,511	1,611	1,711	1,811	1,911
1,012	1,112	1,212	1,312	1,412	1,512	1,612	1,712	1,812	1,912
1,013	1,113	1,213	1,313	1,413	1,513	1,613	1,713	1,813	1,913
1,014	1,114	1,214	1,314	1,414	1,514	1,614	1,714	1,814	1,914
1,015	1,115	1,215	1,315	1,415	1,515	1,615	1,715	1,815	1,915
1,016	1,116	1,216	1,316	1,416	1,516	1,616	1,716	1,816	1,916
1,017	1,117	1,217	1,317	1,417	1,517	1,617	1,717	1,817	1,917
1,018	1,118	1,218	1,318	1,418	1,518	1,618	1,718	1,818	1,918
1,019	1,119	1,219	1,319	1,419	1,519	1,619	1,719	1,819	1,919
1,020	1,120	1,220	1,320	1,420	1,520	1,620	1,720	1,820	1,920
1,021	1,121	1,221	1,321	1,421	1,521	1,621	1,721	1,821	1,921
1,022	1,122	1,222	1,322	1,422	1,522	1,622	1,722	1,822	1,922
1,023	1,123	1,223	1,323	1,423	1,523	1,623	1,723	1,823	1,923
1,024	1,124	1,224	1,324	1,424	1,524	1,624	1,724	1,824	1,924
1,025	1,125	1,225	1,325	1,425	1,525	1,625	1,725	1,825	1,925
1,026	1,126	1,226	1,326	1,426	1,526	1,626	1,726	1,826	1,926
1,027	1,127	1,227	1,327	1,427	1,527	1,627	1,727	1,827	1,927
1,028	1,128	1,228	1,328	1,428	1,528	1,628	1,728	1,828	1,928
1,029	1,129	1,229	1,329	1,429	1,529	1,629	1,729	1,829	1,929
1,030	1,130	1,230	1,330	1,430	1,530	1,630	1,730	1,830	1,930
1,031	1,131	1,231	1,331	1,431	1,531	1,631	1,731	1,831	1,931
1,032	1,132	1,232	1,332	1,432	1,532	1,632	1,732	1,832	1,932
1,033	1,133	1,233	1,333	1,433	1,533	1,633	1,733	1,833	1,933
1,034	1,134	1,234	1,334	1,434	1,534	1,634	1,734	1,834	1,934
1,035	1,135	1,235	1,335	1,435	1,535	1,635	1,735	1,835	1,935
1,036	1,136	1,236	1,336	1,436	1,536	1,636	1,736	1,836	1,936
1,037	1,137	1,237	1,337	1,437	1,537	1,637	1,737	1,837	1,937
1,038	1,138	1,238	1,338	1,438	1,538	1,638	1,738	1,838	1,938
1,039	1,139	1,239	1,339	1,439	1,539	1,639	1,739	1,839	1,939
1,040	1,140	1,240	1,340	1,440	1,540	1,640	1,740	1,840	1,940
1,041	1,141	1,241	1,341	1,441	1,541	1,641	1,741	1,841	1,941
1,042	1,142	1,242	1,342	1,442	1,542	1,642	1,742	1,842	1,942
1,043	1,143	1,243	1,343	1,443	1,543	1,643	1,743	1,843	1,943
1,044	1,144	1,244	1,344	1,444	1,544	1,644	1,744	1,844	1,944
1,045	1,145	1,245	1,345	1,445	1,545	1,645	1,745	1,845	1,945
1,046	1,146	1,246	1,346	1,446	1,546	1,646	1,746	1,846	1,946
1,047	1,147	1,247	1,347	1,447	1,547	1,647	1,747	1,847	1,947
1,048	1,148	1,248	1,348	1,448	1,548	1,648	1,748	1,848	1,948
1,049	1,149	1,249	1,349	1,449	1,549	1,649	1,749	1,849	1,949
1,050	1,150	1,250	1,350	1,450	1,550	1,650	1,750	1,850	1,950
1,051	1,151	1,251	1,351	1,451	1,551	1,651	1,751	1,851	1,951
1,052	1,152	1,252	1,352	1,452	1,552	1,652	1,752	1,852	1,952
1,053	1,153	1,253	1,353	1,453	1,553	1,653	1,753	1,853	1,953
1,054	1,154	1,254	1,354	1,454	1,554	1,654	1,754	1,854	1,954
1,055	1,155	1,255	1,355	1,455	1,555	1,655	1,755	1,855	1,955
1,056	1,156	1,256	1,356	1,456	1,556	1,656	1,756	1,856	1,956
1,057	1,157	1,257	1,357	1,457	1,557	1,657	1,757	1,857	1,957
1,058	1,158	1,258	1,358	1,458	1,558	1,658	1,758	1,858	1,958
1,059	1,159	1,259	1,359	1,459	1,559	1,659	1,759	1,859	1,959
1,060	1,160	1,260	1,360	1,460	1,560	1,660	1,760	1,860	1,960
1,061	1,161	1,261	1,361	1,461	1,561	1,661	1,761	1,861	1,961
1,062	1,162	1,262	1,362	1,462	1,562	1,662	1,762	1,862	1,962
1,063	1,163	1,263	1,363	1,463	1,563	1,663	1,763	1,863	1,963
1,064	1,164	1,264	1,364	1,464	1,564	1,664	1,764	1,864	1,964
1,065	1,165	1,265	1,365	1,465	1,565	1,665	1,765	1,865	1,965
1,066	1,166	1,266	1,366	1,466	1,566	1,666	1,766	1,866	1,966
1,067	1,167	1,267	1,367	1,467	1,567	1,667	1,767	1,867	1,967
1,068	1,168	1,268	1,368	1,468	1,568	1,668	1,768	1,868	1,968
1,069	1,169	1,269	1,369	1,469	1,569	1,669	1,769	1,869	1,969
1,070	1,170	1,270	1,370	1,470	1,570	1,670	1,770	1,870	1,970
1,071	1,171	1,271	1,371	1,471	1,571	1,671	1,771	1,871	1,971
1,072	1,172	1,272	1,372	1,472	1,572	1,672	1,772	1,872	1,972
1,073	1,173	1,273	1,373	1,473	1,573	1,673	1,773	1,873	1,973
1,074	1,174	1,274	1,374	1,474	1,574	1,674	1,774	1,874	1,974
1,075	1,175	1,275	1,375	1,475	1,575	1,675	1,775	1,875	1,975
1,076	1,176	1,276	1,376	1,476	1,576	1,676	1,776	1,876	1,976
1,077	1,177	1,277	1,377	1,477	1,577	1,677	1,777	1,877	1,977
1,078	1,178	1,278	1,378	1,478	1,578	1,678	1,778	1,878	1,978
1,079	1,179	1,279	1,379	1,479	1,579	1,679	1,779	1,879	1,979
1,080	1,180	1,280	1,380	1,480	1,580	1,680	1,780	1,880	1,980
1,081	1,181	1,281	1,381	1,481	1,581	1,681	1,781	1,881	1,981
1,082	1,182	1,282	1,382	1,482	1,582	1,682	1,782	1,882	1,982
1,083	1,183	1,283	1,383	1,483	1,583	1,683	1,783	1,883	1,983
1,084	1,184	1,284	1,384	1,484	1,584	1,684	1,784	1,884	1,984
1,085	1,185	1,285	1,385	1,485	1,585	1,685	1,785	1,885	1,985
1,086	1,186	1,286	1,386	1,486	1,586	1,686	1,786	1,886	1,986
1,087	1,187	1,287	1,387	1,487	1,587	1,687	1,787	1,887	1,987
1,088	1,188	1,288	1,388	1,488	1,588	1,688	1,788	1,888	1,988
1,089	1,189	1,289	1,389	1,489	1,589	1,689	1,789	1,889	1,989
1,090	1,190	1,290	1,390	1,490	1,590	1,690	1,790	1,890	1,990
1,091	1,191	1,291	1,391	1,491	1,591	1,691	1,791	1,891	1,991
1,092	1,192	1,292	1,392	1,492	1,592	1,692	1,792	1,892	1,992
1,093	1,193	1,293	1,393	1,493	1,593	1,693	1,793	1,893	1,993
1,094	1,194	1,294	1,394	1,494	1,594	1,694	1,794	1,894	1,994
1,095	1,195	1,295	1,395	1,495	1,595	1,695	1,795	1,895	1,995
1,096	1,196	1,296	1,396	1,496	1,596	1,696	1,796	1,896	1,996
1,097	1,197	1,297	1,397	1,497	1,597	1,697	1,797	1,897	1,997
1,098	1,198	1,298	1,398	1,498	1,598	1,698	1,798	1,898	1,998
1,099	1,199	1,299	1,399	1,499	1,599	1,699	1,799	1,899	1,999

2,000	2,100	2,200	2,300	2,400	2,500	2,600	2,700	2,800	2,900
2,001	2,101	2,201	2,301	2,401	2,501	2,601	2,701	2,801	2,901
2,002	2,102	2,202	2,302	2,402	2,502	2,602	2,702	2,802	2,902
2,003	2,103	2,203	2,303	2,403	2,503	2,603	2,703	2,803	2,903
2,004	2,104	2,204	2,304	2,404	2,504	2,604	2,704	2,804	2,904
2,005	2,105	2,205	2,305	2,405	2,505	2,605	2,705	2,805	2,905
2,006	2,106	2,206	2,306	2,406	2,506	2,606	2,706	2,806	2,906
2,007	2,107	2,207	2,307	2,407	2,507	2,607	2,707	2,807	2,907
2,008	2,108	2,208	2,308	2,408	2,508	2,608	2,708	2,808	2,908
2,009	2,109	2,209	2,309	2,409	2,509	2,609	2,709	2,809	2,909
2,010	2,110	2,210	2,310	2,410	2,510	2,610	2,710	2,810	2,910
2,011	2,111	2,211	2,311	2,411	2,511	2,611	2,711	2,811	2,911
2,012	2,112	2,212	2,312	2,412	2,512	2,612	2,712	2,812	2,912
2,013	2,113	2,213	2,313	2,413	2,513	2,613	2,713	2,813	2,913
2,014	2,114	2,214	2,314	2,414	2,514	2,614	2,714	2,814	2,914
2,015	2,115	2,215	2,315	2,415	2,515	2,615	2,715	2,815	2,915
2,016	2,116	2,216	2,316	2,416	2,516	2,616	2,716	2,816	2,916
2,017	2,117	2,217	2,317	2,417	2,517	2,617	2,717	2,817	2,917
2,018	2,118	2,218	2,318	2,418	2,518	2,618	2,718	2,818	2,918
2,019	2,119	2,219	2,319	2,419	2,519	2,619	2,719	2,819	2,919
2,020	2,120	2,220	2,320	2,420	2,520	2,620	2,720	2,820	2,920
2,021	2,121	2,221	2,321	2,421	2,521	2,621	2,721	2,821	2,921
2,022	2,122	2,222	2,322	2,422	2,522	2,622	2,722	2,822	2,922
2,023	2,123	2,223	2,323	2,423	2,523	2,623	2,723	2,823	2,923
2,024	2,124	2,224	2,324	2,424	2,524	2,624	2,724	2,824	2,924
2,025	2,125	2,225	2,325	2,425	2,525	2,625	2,725	2,825	2,925
2,026	2,126	2,226	2,326	2,426	2,526	2,626	2,726	2,826	2,926
2,027	2,127	2,227	2,327	2,427	2,527	2,627	2,727	2,827	2,927
2,028	2,128	2,228	2,328	2,428	2,528	2,628	2,728	2,828	2,928
2,029	2,129	2,229	2,329	2,429	2,529	2,629	2,729	2,829	2,929
2,030	2,130	2,230	2,330	2,430	2,530	2,630	2,730	2,830	2,930
2,031	2,131	2,231	2,331	2,431	2,531	2,631	2,731	2,831	2,931
2,032	2,132	2,232	2,332	2,432	2,532	2,632	2,732	2,832	2,932
2,033	2,133	2,233	2,333	2,433	2,533	2,633	2,733	2,833	2,933
2,034	2,134	2,234	2,334	2,434	2,534	2,634	2,734	2,834	2,934
2,035	2,135	2,235	2,335	2,435	2,535	2,635	2,735	2,835	2,935
2,036	2,136	2,236	2,336	2,436	2,536	2,636	2,736	2,836	2,936
2,037	2,137	2,237	2,337	2,437	2,537	2,637	2,737	2,837	2,937
2,038	2,138	2,238	2,338	2,438	2,538	2,638	2,738	2,838	2,938
2,039	2,139	2,239	2,339	2,439	2,539	2,639	2,739	2,839	2,939
2,040	2,140	2,240	2,340	2,440	2,540	2,640	2,740	2,840	2,940
2,041	2,141	2,241	2,341	2,441	2,541	2,641	2,741	2,841	2,941
2,042	2,142	2,242	2,342	2,442	2,542	2,642	2,742	2,842	2,942
2,043	2,143	2,243	2,343	2,443	2,543	2,643	2,743	2,843	2,943
2,044	2,144	2,244	2,344	2,444	2,544	2,644	2,744	2,844	2,944
2,045	2,145	2,245	2,345	2,445	2,545	2,645	2,745	2,845	2,945
2,046	2,146	2,246	2,346	2,446	2,546	2,646	2,746	2,846	2,946
2,047	2,147	2,247	2,347	2,447	2,547	2,647	2,747	2,847	2,947
2,048	2,148	2,248	2,348	2,448	2,548	2,648	2,748	2,848	2,948
2,049	2,149	2,249	2,349	2,449	2,549	2,649	2,749	2,849	2,949
2,050	2,150	2,250	2,350	2,450	2,550	2,650	2,750	2,850	2,950
2,051	2,151	2,251	2,351	2,451	2,551	2,651	2,751	2,851	2,951
2,052	2,152	2,252	2,352	2,452	2,552	2,652	2,752	2,852	2,952
2,053	2,153	2,253	2,353	2,453	2,553	2,653	2,753	2,853	2,953
2,054	2,154	2,254	2,354	2,454	2,554	2,654	2,754	2,854	2,954
2,055	2,155	2,255	2,355	2,455	2,555	2,655	2,755	2,855	2,955
2,056	2,156	2,256	2,356	2,456	2,556	2,656	2,756	2,856	2,956
2,057	2,157	2,257	2,357	2,457	2,557	2,657	2,757	2,857	2,957
2,058	2,158	2,258	2,358	2,458	2,558	2,658	2,758	2,858	2,958
2,059	2,159	2,259	2,359	2,459	2,559	2,659	2,759	2,859	2,959
2,060	2,160	2,260	2,360	2,460	2,560	2,660	2,760	2,860	2,960
2,061	2,161	2,261	2,361	2,461	2,561	2,661	2,761	2,861	2,961
2,062	2,162	2,262	2,362	2,462	2,562	2,662	2,762	2,862	2,962
2,063	2,163	2,263	2,363	2,463	2,563	2,663	2,763	2,863	2,963
2,064	2,164	2,264	2,364	2,464	2,564	2,664	2,764	2,864	2,964
2,065	2,165	2,265	2,365	2,465	2,565	2,665	2,765	2,865	2,965
2,066	2,166	2,266	2,366	2,466	2,566	2,666	2,766	2,866	2,966
2,067	2,167	2,267	2,367	2,467	2,567	2,667	2,767	2,867	2,967
2,068	2,168	2,268	2,368	2,468	2,568	2,668	2,768	2,868	2,968
2,069	2,169	2,269	2,369	2,469	2,569	2,669	2,769	2,869	2,969
2,070	2,170	2,270	2,370	2,470	2,570	2,670	2,770	2,870	2,970
2,071	2,171	2,271	2,371	2,471	2,571	2,671	2,771	2,871	2,971
2,072	2,172	2,272	2,372	2,472	2,572	2,672	2,772	2,872	2,972
2,073	2,173	2,273	2,373	2,473	2,573	2,673	2,773	2,873	2,973
2,074	2,174	2,274	2,374	2,474	2,574	2,674	2,774	2,874	2,974
2,075	2,175	2,275	2,375	2,475	2,575	2,675	2,775	2,875	2,975
2,076	2,176	2,276	2,376	2,476	2,576	2,676	2,776	2,876	2,976
2,077	2,177	2,277	2,377	2,477	2,577	2,677	2,777	2,877	2,977
2,078	2,178	2,278	2,378	2,478	2,578	2,678	2,778	2,878	2,978
2,079	2,179	2,279	2,379	2,479	2,579	2,679	2,779	2,879	2,979
2,080	2,180	2,280	2,380	2,480	2,580	2,680	2,780	2,880	2,980
2,081	2,181	2,281	2,381	2,481	2,581	2,681	2,781	2,881	2,981
2,082	2,182	2,282	2,382	2,482	2,582	2,682	2,782	2,882	2,982
2,083	2,183	2,283	2,383	2,483	2,583	2,683	2,783	2,883	2,983
2,084	2,184	2,284	2,384	2,484	2,584	2,684	2,784	2,884	2,984
2,085	2,185	2,285	2,385	2,485	2,585	2,685	2,785	2,885	2,985
2,086	2,186	2,286	2,386	2,486	2,586	2,686	2,786	2,886	2,986
2,087	2,187	2,287	2,387	2,487	2,587	2,687	2,787	2,887	2,987
2,088	2,188	2,288	2,388	2,488	2,588	2,688	2,788	2,888	2,988
2,089	2,189	2,289	2,389	2,489	2,589	2,689	2,789	2,889	2,989
2,090	2,190	2,290	2,390	2,490	2,590	2,690	2,790	2,890	2,990
2,091	2,191	2,291	2,391	2,491	2,591	2,691	2,791	2,891	2,991
2,092	2,192	2,292	2,392	2,492	2,592	2,692	2,792	2,892	2,992
2,093	2,193	2,293	2,393	2,493	2,593	2,693	2,793	2,893	2,993
2,094	2,194	2,294	2,394	2,494	2,594	2,694	2,794	2,894	2,994
2,095	2,195	2,295	2,395	2,495	2,595	2,695	2,795	2,895	2,995
2,096	2,196	2,296	2,396	2,496	2,596	2,696	2,796	2,896	2,996
2,097	2,197	2,297	2,397	2,497	2,597	2,697	2,797	2,897	2,997
2,098	2,198	2,298	2,398	2,498	2,598	2,698	2,798	2,898	2,998
2,099	2,199	2,299	2,399	2,499	2,599	2,699	2,799	2,899	2,999

3,000	3,100	3,200	3,300	3,400	3,500	3,600	3,700	3,800	3,900
3,001	3,101	3,201	3,301	3,401	3,501	3,601	3,701	3,801	3,901
3,002	3,102	3,202	3,302	3,402	3,502	3,602	3,702	3,802	3,902
3,003	3,103	3,203	3,303	3,403	3,503	3,603	3,703	3,803	3,903
3,004	3,104	3,204	3,304	3,404	3,504	3,604	3,704	3,804	3,904
3,005	3,105	3,205	3,305	3,405	3,505	3,605	3,705	3,805	3,905
3,006	3,106	3,206	3,306	3,406	3,506	3,606	3,706	3,806	3,906
3,007	3,107	3,207	3,307	3,407	3,507	3,607	3,707	3,807	3,907
3,008	3,108	3,208	3,308	3,408	3,508	3,608	3,708	3,808	3,908
3,009	3,109	3,209	3,309	3,409	3,509	3,609	3,709	3,809	3,909
3,010	3,110	3,210	3,310	3,410	3,510	3,610	3,710	3,810	3,910
3,011	3,111	3,211	3,311	3,411	3,511	3,611	3,711	3,811	3,911
3,012	3,112	3,212	3,312	3,412	3,512	3,612	3,712	3,812	3,912
3,013	3,113	3,213	3,313	3,413	3,513	3,613	3,713	3,813	3,913
3,014	3,114	3,214	3,314	3,414	3,514	3,614	3,714	3,814	3,914
3,015	3,115	3,215	3,315	3,415	3,515	3,615	3,715	3,815	3,915
3,016	3,116	3,216	3,316	3,416	3,516	3,616	3,716	3,816	3,916
3,017	3,117	3,217	3,317	3,417	3,517	3,617	3,717	3,817	3,917
3,018	3,118	3,218	3,318	3,418	3,518	3,618	3,718	3,818	3,918
3,019	3,119	3,219	3,319	3,419	3,519	3,619	3,719	3,819	3,919
3,020	3,120	3,220	3,320	3,420	3,520	3,620	3,720	3,820	3,920
3,021	3,121	3,221	3,321	3,421	3,521	3,621	3,721	3,821	3,921
3,022	3,122	3,222	3,322	3,422	3,522	3,622	3,722	3,822	3,922
3,023	3,123	3,223	3,323	3,423	3,523	3,623	3,723	3,823	3,923
3,024	3,124	3,224	3,324	3,424	3,524	3,624	3,724	3,824	3,924
3,025	3,125	3,225	3,325	3,425	3,525	3,625	3,725	3,825	3,925
3,026	3,126	3,226	3,326	3,426	3,526	3,626	3,726	3,826	3,926
3,027	3,127	3,227	3,327	3,427	3,527	3,627	3,727	3,827	3,927
3,028	3,128	3,228	3,328	3,428	3,528	3,628	3,728	3,828	3,928
3,029	3,129	3,229	3,329	3,429	3,529	3,629	3,729	3,829	3,929
3,030	3,130	3,230	3,330	3,430	3,530	3,630	3,730	3,830	3,930
3,031	3,131	3,231	3,331	3,431	3,531	3,631	3,731	3,831	3,931
3,032	3,132	3,232	3,332	3,432	3,532	3,632	3,732	3,832	3,932
3,033	3,133	3,233	3,333	3,433	3,533	3,633	3,733	3,833	3,933
3,034	3,134	3,234	3,334	3,434	3,534	3,634	3,734	3,834	3,934
3,035	3,135	3,235	3,335	3,435	3,535	3,635	3,735	3,835	3,935
3,036	3,136	3,236	3,336	3,436	3,536	3,636	3,736	3,836	3,936
3,037	3,137	3,237	3,337	3,437	3,537	3,637	3,737	3,837	3,937
3,038	3,138	3,238	3,338	3,438	3,538	3,638	3,738	3,838	3,938
3,039	3,139	3,239	3,339	3,439	3,539	3,639	3,739	3,839	3,939
3,040	3,140	3,240	3,340	3,440	3,540	3,640	3,740	3,840	3,940
3,041	3,141	3,241	3,341	3,441	3,541	3,641	3,741	3,841	3,941
3,042	3,142	3,242	3,342	3,442	3,542	3,642	3,742	3,842	3,942
3,043	3,143	3,243	3,343	3,443	3,543	3,643	3,743	3,843	3,943
3,044	3,144	3,244	3,344	3,444	3,544	3,644	3,744	3,844	3,944
3,045	3,145	3,245	3,345	3,445	3,545	3,645	3,745	3,845	3,945
3,046	3,146	3,246	3,346	3,446	3,546	3,646	3,746	3,846	3,946
3,047	3,147	3,247	3,347	3,447	3,547	3,647	3,747	3,847	3,947
3,048	3,148	3,248	3,348	3,448	3,548	3,648	3,748	3,848	3,948
3,049	3,149	3,249	3,349	3,449	3,549	3,649	3,749	3,849	3,949
3,050	3,150	3,250	3,350	3,450	3,550	3,650	3,750	3,850	3,950
3,051	3,151	3,251	3,351	3,451	3,551	3,651	3,751	3,851	3,951
3,052	3,152	3,252	3,352	3,452	3,552	3,652	3,752	3,852	3,952
3,053	3,153	3,253	3,353	3,453	3,553	3,653	3,753	3,853	3,953
3,054	3,154	3,254	3,354	3,454	3,554	3,654	3,754	3,854	3,954
3,055	3,155	3,255	3,355	3,455	3,555	3,655	3,755	3,855	3,955
3,056	3,156	3,256	3,356	3,456	3,556	3,656	3,756	3,856	3,956
3,057	3,157	3,257	3,357	3,457	3,557	3,657	3,757	3,857	3,957
3,058	3,158	3,258	3,358	3,458	3,558	3,658	3,758	3,858	3,958
3,059	3,159	3,259	3,359	3,459	3,559	3,659	3,759	3,859	3,959
3,060	3,160	3,260	3,360	3,460	3,560	3,660	3,760	3,860	3,960
3,061	3,161	3,261	3,361	3,461	3,561	3,661	3,761	3,861	3,961
3,062	3,162	3,262	3,362	3,462	3,562	3,662	3,762	3,862	3,962
3,063	3,163	3,263	3,363	3,463	3,563	3,663	3,763	3,863	3,963
3,064	3,164	3,264	3,364	3,464	3,564	3,664	3,764	3,864	3,964
3,065	3,165	3,265	3,365	3,465	3,565	3,665	3,765	3,865	3,965
3,066	3,166	3,266	3,366	3,466	3,566	3,666	3,766	3,866	3,966
3,067	3,167	3,267	3,367	3,467	3,567	3,667	3,767	3,867	3,967
3,068	3,168	3,268	3,368	3,468	3,568	3,668	3,768	3,868	3,968
3,069	3,169	3,269	3,369	3,469	3,569	3,669	3,769	3,869	3,969
3,070	3,170	3,270	3,370	3,470	3,570	3,670	3,770	3,870	3,970
3,071	3,171	3,271	3,371	3,471	3,571	3,671	3,771	3,871	3,971
3,072	3,172	3,272	3,372	3,472	3,572	3,672	3,772	3,872	3,972
3,073	3,173	3,273	3,373	3,473	3,573	3,673	3,773	3,873	3,973
3,074	3,174	3,274	3,374	3,474	3,574	3,674	3,774	3,874	3,974
3,075	3,175	3,275	3,375	3,475	3,575	3,675	3,775	3,875	3,975
3,076	3,176	3,276	3,376	3,476	3,576	3,676	3,776	3,876	3,976
3,077	3,177	3,277	3,377	3,477	3,577	3,677	3,777	3,877	3,977
3,078	3,178	3,278	3,378	3,478	3,578	3,678	3,778	3,878	3,978
3,079	3,179	3,279	3,379	3,479	3,579	3,679	3,779	3,879	3,979
3,080	3,180	3,280	3,380	3,480	3,580	3,680	3,780	3,880	3,980
3,081	3,181	3,281	3,381	3,481	3,581	3,681	3,781	3,881	3,981
3,082	3,182	3,282	3,382	3,482	3,582	3,682	3,782	3,882	3,982
3,083	3,183	3,283	3,383	3,483	3,583	3,683	3,783	3,883	3,983
3,084	3,184	3,284	3,384	3,484	3,584	3,684	3,784	3,884	3,984
3,085	3,185	3,285	3,385	3,485	3,585	3,685	3,785	3,885	3,985
3,086	3,186	3,286	3,386	3,486	3,586	3,686	3,786	3,886	3,986
3,087	3,187	3,287	3,387	3,487	3,587	3,687	3,787	3,887	3,987
3,088	3,188	3,288	3,388	3,488	3,588	3,688	3,788	3,888	3,988
3,089	3,189	3,289	3,389	3,489	3,589	3,689	3,789	3,889	3,989
3,090	3,190	3,290	3,390	3,490	3,590	3,690	3,790	3,890	3,990
3,091	3,191	3,291	3,391	3,491	3,591	3,691	3,791	3,891	3,991
3,092	3,192	3,292	3,392	3,492	3,592	3,692	3,792	3,892	3,992
3,093	3,193	3,293	3,393	3,493	3,593	3,693	3,793	3,893	3,993
3,094	3,194	3,294	3,394	3,494	3,594	3,694	3,794	3,894	3,994
3,095	3,195	3,295	3,395	3,495	3,595	3,695	3,795	3,895	3,995
3,096	3,196	3,296	3,396	3,496	3,596	3,696	3,796	3,896	3,996
3,097	3,197	3,297	3,397	3,497	3,597	3,697	3,797	3,897	3,997
3,098	3,198	3,298	3,398	3,498	3,598	3,698	3,798	3,898	3,998
3,099	3,199	3,299	3,399	3,499	3,599	3,699	3,799	3,899	3,999

4,000	4,100	4,200	4,300	4,400	4,500	4,600	4,700	4,800	4,900
4,001	4,101	4,201	4,301	4,401	4,501	4,601	4,701	4,801	4,901
4,002	4,102	4,202	4,302	4,402	4,502	4,602	4,702	4,802	4,902
4,003	4,103	4,203	4,303	4,403	4,503	4,603	4,703	4,803	4,903
4,004	4,104	4,204	4,304	4,404	4,504	4,604	4,704	4,804	4,904
4,005	4,105	4,205	4,305	4,405	4,505	4,605	4,705	4,805	4,905
4,006	4,106	4,206	4,306	4,406	4,506	4,606	4,706	4,806	4,906
4,007	4,107	4,207	4,307	4,407	4,507	4,607	4,707	4,807	4,907
4,008	4,108	4,208	4,308	4,408	4,508	4,608	4,708	4,808	4,908
4,009	4,109	4,209	4,309	4,409	4,509	4,609	4,709	4,809	4,909
4,010	4,110	4,210	4,310	4,410	4,510	4,610	4,710	4,810	4,910
4,011	4,111	4,211	4,311	4,411	4,511	4,611	4,711	4,811	4,911
4,012	4,112	4,212	4,312	4,412	4,512	4,612	4,712	4,812	4,912
4,013	4,113	4,213	4,313	4,413	4,513	4,613	4,713	4,813	4,913
4,014	4,114	4,214	4,314	4,414	4,514	4,614	4,714	4,814	4,914
4,015	4,115	4,215	4,315	4,415	4,515	4,615	4,715	4,815	4,915
4,016	4,116	4,216	4,316	4,416	4,516	4,616	4,716	4,816	4,916
4,017	4,117	4,217	4,317	4,417	4,517	4,617	4,717	4,817	4,917
4,018	4,118	4,218	4,318	4,418	4,518	4,618	4,718	4,818	4,918
4,019	4,119	4,219	4,319	4,419	4,519	4,619	4,719	4,819	4,919
4,020	4,120	4,220	4,320	4,420	4,520	4,620	4,720	4,820	4,920
4,021	4,121	4,221	4,321	4,421	4,521	4,621	4,721	4,821	4,921
4,022	4,122	4,222	4,322	4,422	4,522	4,622	4,722	4,822	4,922
4,023	4,123	4,223	4,323	4,423	4,523	4,623	4,723	4,823	4,923
4,024	4,124	4,224	4,324	4,424	4,524	4,624	4,724	4,824	4,924
4,025	4,125	4,225	4,325	4,425	4,525	4,625	4,725	4,825	4,925
4,026	4,126	4,226	4,326	4,426	4,526	4,626	4,726	4,826	4,926
4,027	4,127	4,227	4,327	4,427	4,527	4,627	4,727	4,827	4,927
4,028	4,128	4,228	4,328	4,428	4,528	4,628	4,728	4,828	4,928
4,029	4,129	4,229	4,329	4,429	4,529	4,629	4,729	4,829	4,929
4,030	4,130	4,230	4,330	4,430	4,530	4,630	4,730	4,830	4,930
4,031	4,131	4,231	4,331	4,431	4,531	4,631	4,731	4,831	4,931
4,032	4,132	4,232	4,332	4,432	4,532	4,632	4,732	4,832	4,932
4,033	4,133	4,233	4,333	4,433	4,533	4,633	4,733	4,833	4,933
4,034	4,134	4,234	4,334	4,434	4,534	4,634	4,734	4,834	4,934
4,035	4,135	4,235	4,335	4,435	4,535	4,635	4,735	4,835	4,935
4,036	4,136	4,236	4,336	4,436	4,536	4,636	4,736	4,836	4,936
4,037	4,137	4,237	4,337	4,437	4,537	4,637	4,737	4,837	4,937
4,038	4,138	4,238	4,338	4,438	4,538	4,638	4,738	4,838	4,938
4,039	4,139	4,239	4,339	4,439	4,539	4,639	4,739	4,839	4,939
4,040	4,140	4,240	4,340	4,440	4,540	4,640	4,740	4,840	4,940
4,041	4,141	4,241	4,341	4,441	4,541	4,641	4,741	4,841	4,941
4,042	4,142	4,242	4,342	4,442	4,542	4,642	4,742	4,842	4,942
4,043	4,143	4,243	4,343	4,443	4,543	4,643	4,743	4,843	4,943
4,044	4,144	4,244	4,344	4,444	4,544	4,644	4,744	4,844	4,944
4,045	4,145	4,245	4,345	4,445	4,545	4,645	4,745	4,845	4,945
4,046	4,146	4,246	4,346	4,446	4,546	4,646	4,746	4,846	4,946
4,047	4,147	4,247	4,347	4,447	4,547	4,647	4,747	4,847	4,947
4,048	4,148	4,248	4,348	4,448	4,548	4,648	4,748	4,848	4,948
4,049	4,149	4,249	4,349	4,449	4,549	4,649	4,749	4,849	4,949
4,050	4,150	4,250	4,350	4,450	4,550	4,650	4,750	4,850	4,950
4,051	4,151	4,251	4,351	4,451	4,551	4,651	4,751	4,851	4,951
4,052	4,152	4,252	4,352	4,452	4,552	4,652	4,752	4,852	4,952
4,053	4,153	4,253	4,353	4,453	4,553	4,653	4,753	4,853	4,953
4,054	4,154	4,254	4,354	4,454	4,554	4,654	4,754	4,854	4,954
4,055	4,155	4,255	4,355	4,455	4,555	4,655	4,755	4,855	4,955
4,056	4,156	4,256	4,356	4,456	4,556	4,656	4,756	4,856	4,956
4,057	4,157	4,257	4,357	4,457	4,557	4,657	4,757	4,857	4,957
4,058	4,158	4,258	4,358	4,458	4,558	4,658	4,758	4,858	4,958
4,059	4,159	4,259	4,359	4,459	4,559	4,659	4,759	4,859	4,959
4,060	4,160	4,260	4,360	4,460	4,560	4,660	4,760	4,860	4,960
4,061	4,161	4,261	4,361	4,461	4,561	4,661	4,761	4,861	4,961
4,062	4,162	4,262	4,362	4,462	4,562	4,662	4,762	4,862	4,962
4,063	4,163	4,263	4,363	4,463	4,563	4,663	4,763	4,863	4,963
4,064	4,164	4,264	4,364	4,464	4,564	4,664	4,764	4,864	4,964
4,065	4,165	4,265	4,365	4,465	4,565	4,665	4,765	4,865	4,965
4,066	4,166	4,266	4,366	4,466	4,566	4,666	4,766	4,866	4,966
4,067	4,167	4,267	4,367	4,467	4,567	4,667	4,767	4,867	4,967
4,068	4,168	4,268	4,368	4,468	4,568	4,668	4,768	4,868	4,968
4,069	4,169	4,269	4,369	4,469	4,569	4,669	4,769	4,869	4,969
4,070	4,170	4,270	4,370	4,470	4,570	4,670	4,770	4,870	4,970
4,071	4,171	4,271	4,371	4,471	4,571	4,671	4,771	4,871	4,971
4,072	4,172	4,272	4,372	4,472	4,572	4,672	4,772	4,872	4,972
4,073	4,173	4,273	4,373	4,473	4,573	4,673	4,773	4,873	4,973
4,074	4,174	4,274	4,374	4,474	4,574	4,674	4,774	4,874	4,974
4,075	4,175	4,275	4,375	4,475	4,575	4,675	4,775	4,875	4,975
4,076	4,176	4,276	4,376	4,476	4,576	4,676	4,776	4,876	4,976
4,077	4,177	4,277	4,377	4,477	4,577	4,677	4,777	4,877	4,977
4,078	4,178	4,278	4,378	4,478	4,578	4,678	4,778	4,878	4,978
4,079	4,179	4,279	4,379	4,479	4,579	4,679	4,779	4,879	4,979
4,080	4,180	4,280	4,380	4,480	4,580	4,680	4,780	4,880	4,980
4,081	4,181	4,281	4,381	4,481	4,581	4,681	4,781	4,881	4,981
4,082	4,182	4,282	4,382	4,482	4,582	4,682	4,782	4,882	4,982
4,083	4,183	4,283	4,383	4,483	4,583	4,683	4,783	4,883	4,983
4,084	4,184	4,284	4,384	4,484	4,584	4,684	4,784	4,884	4,984
4,085	4,185	4,285	4,385	4,485	4,585	4,685	4,785	4,885	4,985
4,086	4,186	4,286	4,386	4,486	4,586	4,686	4,786	4,886	4,986
4,087	4,187	4,287	4,387	4,487	4,587	4,687	4,787	4,887	4,987
4,088	4,188	4,288	4,388	4,488	4,588	4,688	4,788	4,888	4,988
4,089	4,189	4,289	4,389	4,489	4,589	4,689	4,789	4,889	4,989
4,090	4,190	4,290	4,390	4,490	4,590	4,690	4,790	4,890	4,990
4,091	4,191	4,291	4,391	4,491	4,591	4,691	4,791	4,891	4,991
4,092	4,192	4,292	4,392	4,492	4,592	4,692	4,792	4,892	4,992
4,093	4,193	4,293	4,393	4,493	4,593	4,693	4,793	4,893	4,993
4,094	4,194	4,294	4,394	4,494	4,594	4,694	4,794	4,894	4,994
4,095	4,195	4,295	4,395	4,495	4,595	4,695	4,795	4,895	4,995
4,096	4,196	4,296	4,396	4,496	4,596	4,696	4,796	4,896	4,996
4,097	4,197	4,297	4,397	4,497	4,597	4,697	4,797	4,897	4,997
4,098	4,198	4,298	4,398	4,498	4,598	4,698	4,798	4,898	4,998
4,099	4,199	4,299	4,399	4,499	4,599	4,699	4,799	4,899	4,999

5,000	5,100	5,200	5,300	5,400	5,500	5,600	5,700	5,800	5,900
5,001	5,101	5,201	5,301	5,401	5,501	5,601	5,701	5,801	5,901
5,002	5,102	5,202	5,302	5,402	5,502	5,602	5,702	5,802	5,902
5,003	5,103	5,203	5,303	5,403	5,503	5,603	5,703	5,803	5,903
5,004	5,104	5,204	5,304	5,404	5,504	5,604	5,704	5,804	5,904
5,005	5,105	5,205	5,305	5,405	5,505	5,605	5,705	5,805	5,905
5,006	5,106	5,206	5,306	5,406	5,506	5,606	5,706	5,806	5,906
5,007	5,107	5,207	5,307	5,407	5,507	5,607	5,707	5,807	5,907
5,008	5,108	5,208	5,308	5,408	5,508	5,608	5,708	5,808	5,908
5,009	5,109	5,209	5,309	5,409	5,509	5,609	5,709	5,809	5,909
5,010	5,110	5,210	5,310	5,410	5,510	5,610	5,710	5,810	5,910
5,011	5,111	5,211	5,311	5,411	5,511	5,611	5,711	5,811	5,911
5,012	5,112	5,212	5,312	5,412	5,512	5,612	5,712	5,812	5,912
5,013	5,113	5,213	5,313	5,413	5,513	5,613	5,713	5,813	5,913
5,014	5,114	5,214	5,314	5,414	5,514	5,614	5,714	5,814	5,914
5,015	5,115	5,215	5,315	5,415	5,515	5,615	5,715	5,815	5,915
5,016	5,116	5,216	5,316	5,416	5,516	5,616	5,716	5,816	5,916
5,017	5,117	5,217	5,317	5,417	5,517	5,617	5,717	5,817	5,917
5,018	5,118	5,218	5,318	5,418	5,518	5,618	5,718	5,818	5,918
5,019	5,119	5,219	5,319	5,419	5,519	5,619	5,719	5,819	5,919
5,020	5,120	5,220	5,320	5,420	5,520	5,620	5,720	5,820	5,920
5,021	5,121	5,221	5,321	5,421	5,521	5,621	5,721	5,821	5,921
5,022	5,122	5,222	5,322	5,422	5,522	5,622	5,722	5,822	5,922
5,023	5,123	5,223	5,323	5,423	5,523	5,623	5,723	5,823	5,923
5,024	5,124	5,224	5,324	5,424	5,524	5,624	5,724	5,824	5,924
5,025	5,125	5,225	5,325	5,425	5,525	5,625	5,725	5,825	5,925
5,026	5,126	5,226	5,326	5,426	5,526	5,626	5,726	5,826	5,926
5,027	5,127	5,227	5,327	5,427	5,527	5,627	5,727	5,827	5,927
5,028	5,128	5,228	5,328	5,428	5,528	5,628	5,728	5,828	5,928
5,029	5,129	5,229	5,329	5,429	5,529	5,629	5,729	5,829	5,929
5,030	5,130	5,230	5,330	5,430	5,530	5,630	5,730	5,830	5,930
5,031	5,131	5,231	5,331	5,431	5,531	5,631	5,731	5,831	5,931
5,032	5,132	5,232	5,332	5,432	5,532	5,632	5,732	5,832	5,932
5,033	5,133	5,233	5,333	5,433	5,533	5,633	5,733	5,833	5,933
5,034	5,134	5,234	5,334	5,434	5,534	5,634	5,734	5,834	5,934
5,035	5,135	5,235	5,335	5,435	5,535	5,635	5,735	5,835	5,935
5,036	5,136	5,236	5,336	5,436	5,536	5,636	5,736	5,836	5,936
5,037	5,137	5,237	5,337	5,437	5,537	5,637	5,737	5,837	5,937
5,038	5,138	5,238	5,338	5,438	5,538	5,638	5,738	5,838	5,938
5,039	5,139	5,239	5,339	5,439	5,539	5,639	5,739	5,839	5,939
5,040	5,140	5,240	5,340	5,440	5,540	5,640	5,740	5,840	5,940
5,041	5,141	5,241	5,341	5,441	5,541	5,641	5,741	5,841	5,941
5,042	5,142	5,242	5,342	5,442	5,542	5,642	5,742	5,842	5,942
5,043	5,143	5,243	5,343	5,443	5,543	5,643	5,743	5,843	5,943
5,044	5,144	5,244	5,344	5,444	5,544	5,644	5,744	5,844	5,944
5,045	5,145	5,245	5,345	5,445	5,545	5,645	5,745	5,845	5,945
5,046	5,146	5,246	5,346	5,446	5,546	5,646	5,746	5,846	5,946
5,047	5,147	5,247	5,347	5,447	5,547	5,647	5,747	5,847	5,947
5,048	5,148	5,248	5,348	5,448	5,548	5,648	5,748	5,848	5,948
5,049	5,149	5,249	5,349	5,449	5,549	5,649	5,749	5,849	5,949
5,050	5,150	5,250	5,350	5,450	5,550	5,650	5,750	5,850	5,950
5,051	5,151	5,251	5,351	5,451	5,551	5,651	5,751	5,851	5,951
5,052	5,152	5,252	5,352	5,452	5,552	5,652	5,752	5,852	5,952
5,053	5,153	5,253	5,353	5,453	5,553	5,653	5,753	5,853	5,953
5,054	5,154	5,254	5,354	5,454	5,554	5,654	5,754	5,854	5,954
5,055	5,155	5,255	5,355	5,455	5,555	5,655	5,755	5,855	5,955
5,056	5,156	5,256	5,356	5,456	5,556	5,656	5,756	5,856	5,956
5,057	5,157	5,257	5,357	5,457	5,557	5,657	5,757	5,857	5,957
5,058	5,158	5,258	5,358	5,458	5,558	5,658	5,758	5,858	5,958
5,059	5,159	5,259	5,359	5,459	5,559	5,659	5,759	5,859	5,959
5,060	5,160	5,260	5,360	5,460	5,560	5,660	5,760	5,860	5,960
5,061	5,161	5,261	5,361	5,461	5,561	5,661	5,761	5,861	5,961
5,062	5,162	5,262	5,362	5,462	5,562	5,662	5,762	5,862	5,962
5,063	5,163	5,263	5,363	5,463	5,563	5,663	5,763	5,863	5,963
5,064	5,164	5,264	5,364	5,464	5,564	5,664	5,764	5,864	5,964
5,065	5,165	5,265	5,365	5,465	5,565	5,665	5,765	5,865	5,965
5,066	5,166	5,266	5,366	5,466	5,566	5,666	5,766	5,866	5,966
5,067	5,167	5,267	5,367	5,467	5,567	5,667	5,767	5,867	5,967
5,068	5,168	5,268	5,368	5,468	5,568	5,668	5,768	5,868	5,968
5,069	5,169	5,269	5,369	5,469	5,569	5,669	5,769	5,869	5,969
5,070	5,170	5,270	5,370	5,470	5,570	5,670	5,770	5,870	5,970
5,071	5,171	5,271	5,371	5,471	5,571	5,671	5,771	5,871	5,971
5,072	5,172	5,272	5,372	5,472	5,572	5,672	5,772	5,872	5,972
5,073	5,173	5,273	5,373	5,473	5,573	5,673	5,773	5,873	5,973
5,074	5,174	5,274	5,374	5,474	5,574	5,674	5,774	5,874	5,974
5,075	5,175	5,275	5,375	5,475	5,575	5,675	5,775	5,875	5,975
5,076	5,176	5,276	5,376	5,476	5,576	5,676	5,776	5,876	5,976
5,077	5,177	5,277	5,377	5,477	5,577	5,677	5,777	5,877	5,977
5,078	5,178	5,278	5,378	5,478	5,578	5,678	5,778	5,878	5,978
5,079	5,179	5,279	5,379	5,479	5,579	5,679	5,779	5,879	5,979
5,080	5,180	5,280	5,380	5,480	5,580	5,680	5,780	5,880	5,980
5,081	5,181	5,281	5,381	5,481	5,581	5,681	5,781	5,881	5,981
5,082	5,182	5,282	5,382	5,482	5,582	5,682	5,782	5,882	5,982
5,083	5,183	5,283	5,383	5,483	5,583	5,683	5,783	5,883	5,983
5,084	5,184	5,284	5,384	5,484	5,584	5,684	5,784	5,884	5,984
5,085	5,185	5,285	5,385	5,485	5,585	5,685	5,785	5,885	5,985
5,086	5,186	5,286	5,386	5,486	5,586	5,686	5,786	5,886	5,986
5,087	5,187	5,287	5,387	5,487	5,587	5,687	5,787	5,887	5,987
5,088	5,188	5,288	5,388	5,488	5,588	5,688	5,788	5,888	5,988
5,089	5,189	5,289	5,389	5,489	5,589	5,689	5,789	5,889	5,989
5,090	5,190	5,290	5,390	5,490	5,590	5,690	5,790	5,890	5,990
5,091	5,191	5,291	5,391	5,491	5,591	5,691	5,791	5,891	5,991
5,092	5,192	5,292	5,392	5,492	5,592	5,692	5,792	5,892	5,992
5,093	5,193	5,293	5,393	5,493	5,593	5,693	5,793	5,893	5,993
5,094	5,194	5,294	5,394	5,494	5,594	5,694	5,794	5,894	5,994
5,095	5,195	5,295	5,395	5,495	5,595	5,695	5,795	5,895	5,995
5,096	5,196	5,296	5,396	5,496	5,596	5,696	5,796	5,896	5,996
5,097	5,197	5,297	5,397	5,497	5,597	5,697	5,797	5,897	5,997
5,098	5,198	5,298	5,398	5,498	5,598	5,698	5,798	5,898	5,998
5,099	5,199	5,299	5,399	5,499	5,599	5,699	5,799	5,899	5,999

6,000	6,100	6,200	6,300	6,400	6,500	6,600	6,700	6,800	6,900
6,001	6,101	6,201	6,301	6,401	6,501	6,601	6,701	6,801	6,901
6,002	6,102	6,202	6,302	6,402	6,502	6,602	6,702	6,802	6,902
6,003	6,103	6,203	6,303	6,403	6,503	6,603	6,703	6,803	6,903
6,004	6,104	6,204	6,304	6,404	6,504	6,604	6,704	6,804	6,904
6,005	6,105	6,205	6,305	6,405	6,505	6,605	6,705	6,805	6,905
6,006	6,106	6,206	6,306	6,406	6,506	6,606	6,706	6,806	6,906
6,007	6,107	6,207	6,307	6,407	6,507	6,607	6,707	6,807	6,907
6,008	6,108	6,208	6,308	6,408	6,508	6,608	6,708	6,808	6,908
6,009	6,109	6,209	6,309	6,409	6,509	6,609	6,709	6,809	6,909
6,010	6,110	6,210	6,310	6,410	6,510	6,610	6,710	6,810	6,910
6,011	6,111	6,211	6,311	6,411	6,511	6,611	6,711	6,811	6,911
6,012	6,112	6,212	6,312	6,412	6,512	6,612	6,712	6,812	6,912
6,013	6,113	6,213	6,313	6,413	6,513	6,613	6,713	6,813	6,913
6,014	6,114	6,214	6,314	6,414	6,514	6,614	6,714	6,814	6,914
6,015	6,115	6,215	6,315	6,415	6,515	6,615	6,715	6,815	6,915
6,016	6,116	6,216	6,316	6,416	6,516	6,616	6,716	6,816	6,916
6,017	6,117	6,217	6,317	6,417	6,517	6,617	6,717	6,817	6,917
6,018	6,118	6,218	6,318	6,418	6,518	6,618	6,718	6,818	6,918
6,019	6,119	6,219	6,319	6,419	6,519	6,619	6,719	6,819	6,919
6,020	6,120	6,220	6,320	6,420	6,520	6,620	6,720	6,820	6,920
6,021	6,121	6,221	6,321	6,421	6,521	6,621	6,721	6,821	6,921
6,022	6,122	6,222	6,322	6,422	6,522	6,622	6,722	6,822	6,922
6,023	6,123	6,223	6,323	6,423	6,523	6,623	6,723	6,823	6,923
6,024	6,124	6,224	6,324	6,424	6,524	6,624	6,724	6,824	6,924
6,025	6,125	6,225	6,325	6,425	6,525	6,625	6,725	6,825	6,925
6,026	6,126	6,226	6,326	6,426	6,526	6,626	6,726	6,826	6,926
6,027	6,127	6,227	6,327	6,427	6,527	6,627	6,727	6,827	6,927
6,028	6,128	6,228	6,328	6,428	6,528	6,628	6,728	6,828	6,928
6,029	6,129	6,229	6,329	6,429	6,529	6,629	6,729	6,829	6,929
6,030	6,130	6,230	6,330	6,430	6,530	6,630	6,730	6,830	6,930
6,031	6,131	6,231	6,331	6,431	6,531	6,631	6,731	6,831	6,931
6,032	6,132	6,232	6,332	6,432	6,532	6,632	6,732	6,832	6,932
6,033	6,133	6,233	6,333	6,433	6,533	6,633	6,733	6,833	6,933
6,034	6,134	6,234	6,334	6,434	6,534	6,634	6,734	6,834	6,934
6,035	6,135	6,235	6,335	6,435	6,535	6,635	6,735	6,835	6,935
6,036	6,136	6,236	6,336	6,436	6,536	6,636	6,736	6,836	6,936
6,037	6,137	6,237	6,337	6,437	6,537	6,637	6,737	6,837	6,937
6,038	6,138	6,238	6,338	6,438	6,538	6,638	6,738	6,838	6,938
6,039	6,139	6,239	6,339	6,439	6,539	6,639	6,739	6,839	6,939
6,040	6,140	6,240	6,340	6,440	6,540	6,640	6,740	6,840	6,940
6,041	6,141	6,241	6,341	6,441	6,541	6,641	6,741	6,841	6,941
6,042	6,142	6,242	6,342	6,442	6,542	6,642	6,742	6,842	6,942
6,043	6,143	6,243	6,343	6,443	6,543	6,643	6,743	6,843	6,943
6,044	6,144	6,244	6,344	6,444	6,544	6,644	6,744	6,844	6,944
6,045	6,145	6,245	6,345	6,445	6,545	6,645	6,745	6,845	6,945
6,046	6,146	6,246	6,346	6,446	6,546	6,646	6,746	6,846	6,946
6,047	6,147	6,247	6,347	6,447	6,547	6,647	6,747	6,847	6,947
6,048	6,148	6,248	6,348	6,448	6,548	6,648	6,748	6,848	6,948
6,049	6,149	6,249	6,349	6,449	6,549	6,649	6,749	6,849	6,949
6,050	6,150	6,250	6,350	6,450	6,550	6,650	6,750	6,850	6,950
6,051	6,151	6,251	6,351	6,451	6,551	6,651	6,751	6,851	6,951
6,052	6,152	6,252	6,352	6,452	6,552	6,652	6,752	6,852	6,952
6,053	6,153	6,253	6,353	6,453	6,553	6,653	6,753	6,853	6,953
6,054	6,154	6,254	6,354	6,454	6,554	6,654	6,754	6,854	6,954
6,055	6,155	6,255	6,355	6,455	6,555	6,655	6,755	6,855	6,955
6,056	6,156	6,256	6,356	6,456	6,556	6,656	6,756	6,856	6,956
6,057	6,157	6,257	6,357	6,457	6,557	6,657	6,757	6,857	6,957
6,058	6,158	6,258	6,358	6,458	6,558	6,658	6,758	6,858	6,958
6,059	6,159	6,259	6,359	6,459	6,559	6,659	6,759	6,859	6,959
6,060	6,160	6,260	6,360	6,460	6,560	6,660	6,760	6,860	6,960
6,061	6,161	6,261	6,361	6,461	6,561	6,661	6,761	6,861	6,961
6,062	6,162	6,262	6,362	6,462	6,562	6,662	6,762	6,862	6,962
6,063	6,163	6,263	6,363	6,463	6,563	6,663	6,763	6,863	6,963
6,064	6,164	6,264	6,364	6,464	6,564	6,664	6,764	6,864	6,964
6,065	6,165	6,265	6,365	6,465	6,565	6,665	6,765	6,865	6,965
6,066	6,166	6,266	6,366	6,466	6,566	6,666	6,766	6,866	6,966
6,067	6,167	6,267	6,367	6,467	6,567	6,667	6,767	6,867	6,967
6,068	6,168	6,268	6,368	6,468	6,568	6,668	6,768	6,868	6,968
6,069	6,169	6,269	6,369	6,469	6,569	6,669	6,769	6,869	6,969
6,070	6,170	6,270	6,370	6,470	6,570	6,670	6,770	6,870	6,970
6,071	6,171	6,271	6,371	6,471	6,571	6,671	6,771	6,871	6,971
6,072	6,172	6,272	6,372	6,472	6,572	6,672	6,772	6,872	6,972
6,073	6,173	6,273	6,373	6,473	6,573	6,673	6,773	6,873	6,973
6,074	6,174	6,274	6,374	6,474	6,574	6,674	6,774	6,874	6,974
6,075	6,175	6,275	6,375	6,475	6,575	6,675	6,775	6,875	6,975
6,076	6,176	6,276	6,376	6,476	6,576	6,676	6,776	6,876	6,976
6,077	6,177	6,277	6,377	6,477	6,577	6,677	6,777	6,877	6,977
6,078	6,178	6,278	6,378	6,478	6,578	6,678	6,778	6,878	6,978
6,079	6,179	6,279	6,379	6,479	6,579	6,679	6,779	6,879	6,979
6,080	6,180	6,280	6,380	6,480	6,580	6,680	6,780	6,880	6,980
6,081	6,181	6,281	6,381	6,481	6,581	6,681	6,781	6,881	6,981
6,082	6,182	6,282	6,382	6,482	6,582	6,682	6,782	6,882	6,982
6,083	6,183	6,283	6,383	6,483	6,583	6,683	6,783	6,883	6,983
6,084	6,184	6,284	6,384	6,484	6,584	6,684	6,784	6,884	6,984
6,085	6,185	6,285	6,385	6,485	6,585	6,685	6,785	6,885	6,985
6,086	6,186	6,286	6,386	6,486	6,586	6,686	6,786	6,886	6,986
6,087	6,187	6,287	6,387	6,487	6,587	6,687	6,787	6,887	6,987
6,088	6,188	6,288	6,388	6,488	6,588	6,688	6,788	6,888	6,988
6,089	6,189	6,289	6,389	6,489	6,589	6,689	6,789	6,889	6,989
6,090	6,190	6,290	6,390	6,490	6,590	6,690	6,790	6,890	6,990
6,091	6,191	6,291	6,391	6,491	6,591	6,691	6,791	6,891	6,991
6,092	6,192	6,292	6,392	6,492	6,592	6,692	6,792	6,892	6,992
6,093	6,193	6,293	6,393	6,493	6,593	6,693	6,793	6,893	6,993
6,094	6,194	6,294	6,394	6,494	6,594	6,694	6,794	6,894	6,994
6,095	6,195	6,295	6,395	6,495	6,595	6,695	6,795	6,895	6,995
6,096	6,196	6,296	6,396	6,496	6,596	6,696	6,796	6,896	6,996
6,097	6,197	6,297	6,397	6,497	6,597	6,697	6,797	6,897	6,997
6,098	6,198	6,298	6,398	6,498	6,598	6,698	6,798	6,898	6,998
6,099	6,199	6,299	6,399	6,499	6,599	6,699	6,799	6,899	6,999

7,000	7,100	7,200	7,300	7,400	7,500	7,600	7,700	7,800	7,900
7,001	7,101	7,201	7,301	7,401	7,501	7,601	7,701	7,801	7,901
7,002	7,102	7,202	7,302	7,402	7,502	7,602	7,702	7,802	7,902
7,003	7,103	7,203	7,303	7,403	7,503	7,603	7,703	7,803	7,903
7,004	7,104	7,204	7,304	7,404	7,504	7,604	7,704	7,804	7,904
7,005	7,105	7,205	7,305	7,405	7,505	7,605	7,705	7,805	7,905
7,006	7,106	7,206	7,306	7,406	7,506	7,606	7,706	7,806	7,906
7,007	7,107	7,207	7,307	7,407	7,507	7,607	7,707	7,807	7,907
7,008	7,108	7,208	7,308	7,408	7,508	7,608	7,708	7,808	7,908
7,009	7,109	7,209	7,309	7,409	7,509	7,609	7,709	7,809	7,909
7,010	7,110	7,210	7,310	7,410	7,510	7,610	7,710	7,810	7,910
7,011	7,111	7,211	7,311	7,411	7,511	7,611	7,711	7,811	7,911
7,012	7,112	7,212	7,312	7,412	7,512	7,612	7,712	7,812	7,912
7,013	7,113	7,213	7,313	7,413	7,513	7,613	7,713	7,813	7,913
7,014	7,114	7,214	7,314	7,414	7,514	7,614	7,714	7,814	7,914
7,015	7,115	7,215	7,315	7,415	7,515	7,615	7,715	7,815	7,915
7,016	7,116	7,216	7,316	7,416	7,516	7,616	7,716	7,816	7,916
7,017	7,117	7,217	7,317	7,417	7,517	7,617	7,717	7,817	7,917
7,018	7,118	7,218	7,318	7,418	7,518	7,618	7,718	7,818	7,918
7,019	7,119	7,219	7,319	7,419	7,519	7,619	7,719	7,819	7,919
7,020	7,120	7,220	7,320	7,420	7,520	7,620	7,720	7,820	7,920
7,021	7,121	7,221	7,321	7,421	7,521	7,621	7,721	7,821	7,921
7,022	7,122	7,222	7,322	7,422	7,522	7,622	7,722	7,822	7,922
7,023	7,123	7,223	7,323	7,423	7,523	7,623	7,723	7,823	7,923
7,024	7,124	7,224	7,324	7,424	7,524	7,624	7,724	7,824	7,924
7,025	7,125	7,225	7,325	7,425	7,525	7,625	7,725	7,825	7,925
7,026	7,126	7,226	7,326	7,426	7,526	7,626	7,726	7,826	7,926
7,027	7,127	7,227	7,327	7,427	7,527	7,627	7,727	7,827	7,927
7,028	7,128	7,228	7,328	7,428	7,528	7,628	7,728	7,828	7,928
7,029	7,129	7,229	7,329	7,429	7,529	7,629	7,729	7,829	7,929
7,030	7,130	7,230	7,330	7,430	7,530	7,630	7,730	7,830	7,930
7,031	7,131	7,231	7,331	7,431	7,531	7,631	7,731	7,831	7,931
7,032	7,132	7,232	7,332	7,432	7,532	7,632	7,732	7,832	7,932
7,033	7,133	7,233	7,333	7,433	7,533	7,633	7,733	7,833	7,933
7,034	7,134	7,234	7,334	7,434	7,534	7,634	7,734	7,834	7,934
7,035	7,135	7,235	7,335	7,435	7,535	7,635	7,735	7,835	7,935
7,036	7,136	7,236	7,336	7,436	7,536	7,636	7,736	7,836	7,936
7,037	7,137	7,237	7,337	7,437	7,537	7,637	7,737	7,837	7,937
7,038	7,138	7,238	7,338	7,438	7,538	7,638	7,738	7,838	7,938
7,039	7,139	7,239	7,339	7,439	7,539	7,639	7,739	7,839	7,939
7,040	7,140	7,240	7,340	7,440	7,540	7,640	7,740	7,840	7,940
7,041	7,141	7,241	7,341	7,441	7,541	7,641	7,741	7,841	7,941
7,042	7,142	7,242	7,342	7,442	7,542	7,642	7,742	7,842	7,942
7,043	7,143	7,243	7,343	7,443	7,543	7,643	7,743	7,843	7,943
7,044	7,144	7,244	7,344	7,444	7,544	7,644	7,744	7,844	7,944
7,045	7,145	7,245	7,345	7,445	7,545	7,645	7,745	7,845	7,945
7,046	7,146	7,246	7,346	7,446	7,546	7,646	7,746	7,846	7,946
7,047	7,147	7,247	7,347	7,447	7,547	7,647	7,747	7,847	7,947
7,048	7,148	7,248	7,348	7,448	7,548	7,648	7,748	7,848	7,948
7,049	7,149	7,249	7,349	7,449	7,549	7,649	7,749	7,849	7,949
7,050	7,150	7,250	7,350	7,450	7,550	7,650	7,750	7,850	7,950
7,051	7,151	7,251	7,351	7,451	7,551	7,651	7,751	7,851	7,951
7,052	7,152	7,252	7,352	7,452	7,552	7,652	7,752	7,852	7,952
7,053	7,153	7,253	7,353	7,453	7,553	7,653	7,753	7,853	7,953
7,054	7,154	7,254	7,354	7,454	7,554	7,654	7,754	7,854	7,954
7,055	7,155	7,255	7,355	7,455	7,555	7,655	7,755	7,855	7,955
7,056	7,156	7,256	7,356	7,456	7,556	7,656	7,756	7,856	7,956
7,057	7,157	7,257	7,357	7,457	7,557	7,657	7,757	7,857	7,957
7,058	7,158	7,258	7,358	7,458	7,558	7,658	7,758	7,858	7,958
7,059	7,159	7,259	7,359	7,459	7,559	7,659	7,759	7,859	7,959
7,060	7,160	7,260	7,360	7,460	7,560	7,660	7,760	7,860	7,960
7,061	7,161	7,261	7,361	7,461	7,561	7,661	7,761	7,861	7,961
7,062	7,162	7,262	7,362	7,462	7,562	7,662	7,762	7,862	7,962
7,063	7,163	7,263	7,363	7,463	7,563	7,663	7,763	7,863	7,963
7,064	7,164	7,264	7,364	7,464	7,564	7,664	7,764	7,864	7,964
7,065	7,165	7,265	7,365	7,465	7,565	7,665	7,765	7,865	7,965
7,066	7,166	7,266	7,366	7,466	7,566	7,666	7,766	7,866	7,966
7,067	7,167	7,267	7,367	7,467	7,567	7,667	7,767	7,867	7,967
7,068	7,168	7,268	7,368	7,468	7,568	7,668	7,768	7,868	7,968
7,069	7,169	7,269	7,369	7,469	7,569	7,669	7,769	7,869	7,969
7,070	7,170	7,270	7,370	7,470	7,570	7,670	7,770	7,870	7,970
7,071	7,171	7,271	7,371	7,471	7,571	7,671	7,771	7,871	7,971
7,072	7,172	7,272	7,372	7,472	7,572	7,672	7,772	7,872	7,972
7,073	7,173	7,273	7,373	7,473	7,573	7,673	7,773	7,873	7,973
7,074	7,174	7,274	7,374	7,474	7,574	7,674	7,774	7,874	7,974
7,075	7,175	7,275	7,375	7,475	7,575	7,675	7,775	7,875	7,975
7,076	7,176	7,276	7,376	7,476	7,576	7,676	7,776	7,876	7,976
7,077	7,177	7,277	7,377	7,477	7,577	7,677	7,777	7,877	7,977
7,078	7,178	7,278	7,378	7,478	7,578	7,678	7,778	7,878	7,978
7,079	7,179	7,279	7,379	7,479	7,579	7,679	7,779	7,879	7,979
7,080	7,180	7,280	7,380	7,480	7,580	7,680	7,780	7,880	7,980
7,081	7,181	7,281	7,381	7,481	7,581	7,681	7,781	7,881	7,981
7,082	7,182	7,282	7,382	7,482	7,582	7,682	7,782	7,882	7,982
7,083	7,183	7,283	7,383	7,483	7,583	7,683	7,783	7,883	7,983
7,084	7,184	7,284	7,384	7,484	7,584	7,684	7,784	7,884	7,984
7,085	7,185	7,285	7,385	7,485	7,585	7,685	7,785	7,885	7,985
7,086	7,186	7,286	7,386	7,486	7,586	7,686	7,786	7,886	7,986
7,087	7,187	7,287	7,387	7,487	7,587	7,687	7,787	7,887	7,987
7,088	7,188	7,288	7,388	7,488	7,588	7,688	7,788	7,888	7,988
7,089	7,189	7,289	7,389	7,489	7,589	7,689	7,789	7,889	7,989
7,090	7,190	7,290	7,390	7,490	7,590	7,690	7,790	7,890	7,990
7,091	7,191	7,291	7,391	7,491	7,591	7,691	7,791	7,891	7,991
7,092	7,192	7,292	7,392	7,492	7,592	7,692	7,792	7,892	7,992
7,093	7,193	7,293	7,393	7,493	7,593	7,693	7,793	7,893	7,993
7,094	7,194	7,294	7,394	7,494	7,594	7,694	7,794	7,894	7,994
7,095	7,195	7,295	7,395	7,495	7,595	7,695	7,795	7,895	7,995
7,096	7,196	7,296	7,396	7,496	7,596	7,696	7,796	7,896	7,996
7,097	7,197	7,297	7,397	7,497	7,597	7,697	7,797	7,897	7,997
7,098	7,198	7,298	7,398	7,498	7,598	7,698	7,798	7,898	7,998
7,099	7,199	7,299	7,399	7,499	7,599	7,699	7,799	7,899	7,999

8,000	8,100	8,200	8,300	8,400	8,500	8,600	8,700	8,800	8,900
8,001	8,101	8,201	8,301	8,401	8,501	8,601	8,701	8,801	8,901
8,002	8,102	8,202	8,302	8,402	8,502	8,602	8,702	8,802	8,902
8,003	8,103	8,203	8,303	8,403	8,503	8,603	8,703	8,803	8,903
8,004	8,104	8,204	8,304	8,404	8,504	8,604	8,704	8,804	8,904
8,005	8,105	8,205	8,305	8,405	8,505	8,605	8,705	8,805	8,905
8,006	8,106	8,206	8,306	8,406	8,506	8,606	8,706	8,806	8,906
8,007	8,107	8,207	8,307	8,407	8,507	8,607	8,707	8,807	8,907
8,008	8,108	8,208	8,308	8,408	8,508	8,608	8,708	8,808	8,908
8,009	8,109	8,209	8,309	8,409	8,509	8,609	8,709	8,809	8,909
8,010	8,110	8,210	8,310	8,410	8,510	8,610	8,710	8,810	8,910
8,011	8,111	8,211	8,311	8,411	8,511	8,611	8,711	8,811	8,911
8,012	8,112	8,212	8,312	8,412	8,512	8,612	8,712	8,812	8,912
8,013	8,113	8,213	8,313	8,413	8,513	8,613	8,713	8,813	8,913
8,014	8,114	8,214	8,314	8,414	8,514	8,614	8,714	8,814	8,914
8,015	8,115	8,215	8,315	8,415	8,515	8,615	8,715	8,815	8,915
8,016	8,116	8,216	8,316	8,416	8,516	8,616	8,716	8,816	8,916
8,017	8,117	8,217	8,317	8,417	8,517	8,617	8,717	8,817	8,917
8,018	8,118	8,218	8,318	8,418	8,518	8,618	8,718	8,818	8,918
8,019	8,119	8,219	8,319	8,419	8,519	8,619	8,719	8,819	8,919
8,020	8,120	8,220	8,320	8,420	8,520	8,620	8,720	8,820	8,920
8,021	8,121	8,221	8,321	8,421	8,521	8,621	8,721	8,821	8,921
8,022	8,122	8,222	8,322	8,422	8,522	8,622	8,722	8,822	8,922
8,023	8,123	8,223	8,323	8,423	8,523	8,623	8,723	8,823	8,923
8,024	8,124	8,224	8,324	8,424	8,524	8,624	8,724	8,824	8,924
8,025	8,125	8,225	8,325	8,425	8,525	8,625	8,725	8,825	8,925
8,026	8,126	8,226	8,326	8,426	8,526	8,626	8,726	8,826	8,926
8,027	8,127	8,227	8,327	8,427	8,527	8,627	8,727	8,827	8,927
8,028	8,128	8,228	8,328	8,428	8,528	8,628	8,728	8,828	8,928
8,029	8,129	8,229	8,329	8,429	8,529	8,629	8,729	8,829	8,929
8,030	8,130	8,230	8,330	8,430	8,530	8,630	8,730	8,830	8,930
8,031	8,131	8,231	8,331	8,431	8,531	8,631	8,731	8,831	8,931
8,032	8,132	8,232	8,332	8,432	8,532	8,632	8,732	8,832	8,932
8,033	8,133	8,233	8,333	8,433	8,533	8,633	8,733	8,833	8,933
8,034	8,134	8,234	8,334	8,434	8,534	8,634	8,734	8,834	8,934
8,035	8,135	8,235	8,335	8,435	8,535	8,635	8,735	8,835	8,935
8,036	8,136	8,236	8,336	8,436	8,536	8,636	8,736	8,836	8,936
8,037	8,137	8,237	8,337	8,437	8,537	8,637	8,737	8,837	8,937
8,038	8,138	8,238	8,338	8,438	8,538	8,638	8,738	8,838	8,938
8,039	8,139	8,239	8,339	8,439	8,539	8,639	8,739	8,839	8,939
8,040	8,140	8,240	8,340	8,440	8,540	8,640	8,740	8,840	8,940
8,041	8,141	8,241	8,341	8,441	8,541	8,641	8,741	8,841	8,941
8,042	8,142	8,242	8,342	8,442	8,542	8,642	8,742	8,842	8,942
8,043	8,143	8,243	8,343	8,443	8,543	8,643	8,743	8,843	8,943
8,044	8,144	8,244	8,344	8,444	8,544	8,644	8,744	8,844	8,944
8,045	8,145	8,245	8,345	8,445	8,545	8,645	8,745	8,845	8,945
8,046	8,146	8,246	8,346	8,446	8,546	8,646	8,746	8,846	8,946
8,047	8,147	8,247	8,347	8,447	8,547	8,647	8,747	8,847	8,947
8,048	8,148	8,248	8,348	8,448	8,548	8,648	8,748	8,848	8,948
8,049	8,149	8,249	8,349	8,449	8,549	8,649	8,749	8,849	8,949
8,050	8,150	8,250	8,350	8,450	8,550	8,650	8,750	8,850	8,950
8,051	8,151	8,251	8,351	8,451	8,551	8,651	8,751	8,851	8,951
8,052	8,152	8,252	8,352	8,452	8,552	8,652	8,752	8,852	8,952
8,053	8,153	8,253	8,353	8,453	8,553	8,653	8,753	8,853	8,953
8,054	8,154	8,254	8,354	8,454	8,554	8,654	8,754	8,854	8,954
8,055	8,155	8,255	8,355	8,455	8,555	8,655	8,755	8,855	8,955
8,056	8,156	8,256	8,356	8,456	8,556	8,656	8,756	8,856	8,956
8,057	8,157	8,257	8,357	8,457	8,557	8,657	8,757	8,857	8,957
8,058	8,158	8,258	8,358	8,458	8,558	8,658	8,758	8,858	8,958
8,059	8,159	8,259	8,359	8,459	8,559	8,659	8,759	8,859	8,959
8,060	8,160	8,260	8,360	8,460	8,560	8,660	8,760	8,860	8,960
8,061	8,161	8,261	8,361	8,461	8,561	8,661	8,761	8,861	8,961
8,062	8,162	8,262	8,362	8,462	8,562	8,662	8,762	8,862	8,962
8,063	8,163	8,263	8,363	8,463	8,563	8,663	8,763	8,863	8,963
8,064	8,164	8,264	8,364	8,464	8,564	8,664	8,764	8,864	8,964
8,065	8,165	8,265	8,365	8,465	8,565	8,665	8,765	8,865	8,965
8,066	8,166	8,266	8,366	8,466	8,566	8,666	8,766	8,866	8,966
8,067	8,167	8,267	8,367	8,467	8,567	8,667	8,767	8,867	8,967
8,068	8,168	8,268	8,368	8,468	8,568	8,668	8,768	8,868	8,968
8,069	8,169	8,269	8,369	8,469	8,569	8,669	8,769	8,869	8,969
8,070	8,170	8,270	8,370	8,470	8,570	8,670	8,770	8,870	8,970
8,071	8,171	8,271	8,371	8,471	8,571	8,671	8,771	8,871	8,971
8,072	8,172	8,272	8,372	8,472	8,572	8,672	8,772	8,872	8,972
8,073	8,173	8,273	8,373	8,473	8,573	8,673	8,773	8,873	8,973
8,074	8,174	8,274	8,374	8,474	8,574	8,674	8,774	8,874	8,974
8,075	8,175	8,275	8,375	8,475	8,575	8,675	8,775	8,875	8,975
8,076	8,176	8,276	8,376	8,476	8,576	8,676	8,776	8,876	8,976
8,077	8,177	8,277	8,377	8,477	8,577	8,677	8,777	8,877	8,977
8,078	8,178	8,278	8,378	8,478	8,578	8,678	8,778	8,878	8,978
8,079	8,179	8,279	8,379	8,479	8,579	8,679	8,779	8,879	8,979
8,080	8,180	8,280	8,380	8,480	8,580	8,680	8,780	8,880	8,980
8,081	8,181	8,281	8,381	8,481	8,581	8,681	8,781	8,881	8,981
8,082	8,182	8,282	8,382	8,482	8,582	8,682	8,782	8,882	8,982
8,083	8,183	8,283	8,383	8,483	8,583	8,683	8,783	8,883	8,983
8,084	8,184	8,284	8,384	8,484	8,584	8,684	8,784	8,884	8,984
8,085	8,185	8,285	8,385	8,485	8,585	8,685	8,785	8,885	8,985
8,086	8,186	8,286	8,386	8,486	8,586	8,686	8,786	8,886	8,986
8,087	8,187	8,287	8,387	8,487	8,587	8,687	8,787	8,887	8,987
8,088	8,188	8,288	8,388	8,488	8,588	8,688	8,788	8,888	8,988
8,089	8,189	8,289	8,389	8,489	8,589	8,689	8,789	8,889	8,989
8,090	8,190	8,290	8,390	8,490	8,590	8,690	8,790	8,890	8,990
8,091	8,191	8,291	8,391	8,491	8,591	8,691	8,791	8,891	8,991
8,092	8,192	8,292	8,392	8,492	8,592	8,692	8,792	8,892	8,992
8,093	8,193	8,293	8,393	8,493	8,593	8,693	8,793	8,893	8,993
8,094	8,194	8,294	8,394	8,494	8,594	8,694	8,794	8,894	8,994
8,095	8,195	8,295	8,395	8,495	8,595	8,695	8,795	8,895	8,995
8,096	8,196	8,296	8,396	8,496	8,596	8,696	8,796	8,896	8,996
8,097	8,197	8,297	8,397	8,497	8,597	8,697	8,797	8,897	8,997
8,098	8,198	8,298	8,398	8,498	8,598	8,698	8,798	8,898	8,998
8,099	8,199	8,299	8,399	8,499	8,599	8,699	8,799	8,899	8,999

9,000	9,100	9,200	9,300	9,400	9,500	9,600	9,700	9,800	9,900
9,001	9,101	9,201	9,301	9,401	9,501	9,601	9,701	9,801	9,901
9,002	9,102	9,202	9,302	9,402	9,502	9,602	9,702	9,802	9,902
9,003	9,103	9,203	9,303	9,403	9,503	9,603	9,703	9,803	9,903
9,004	9,104	9,204	9,304	9,404	9,504	9,604	9,704	9,804	9,904
9,005	9,105	9,205	9,305	9,405	9,505	9,605	9,705	9,805	9,905
9,006	9,106	9,206	9,306	9,406	9,506	9,606	9,706	9,806	9,906
9,007	9,107	9,207	9,307	9,407	9,507	9,607	9,707	9,807	9,907
9,008	9,108	9,208	9,308	9,408	9,508	9,608	9,708	9,808	9,908
9,009	9,109	9,209	9,309	9,409	9,509	9,609	9,709	9,809	9,909
9,010	9,110	9,210	9,310	9,410	9,510	9,610	9,710	9,810	9,910
9,011	9,111	9,211	9,311	9,411	9,511	9,611	9,711	9,811	9,911
9,012	9,112	9,212	9,312	9,412	9,512	9,612	9,712	9,812	9,912
9,013	9,113	9,213	9,313	9,413	9,513	9,613	9,713	9,813	9,913
9,014	9,114	9,214	9,314	9,414	9,514	9,614	9,714	9,814	9,914
9,015	9,115	9,215	9,315	9,415	9,515	9,615	9,715	9,815	9,915
9,016	9,116	9,216	9,316	9,416	9,516	9,616	9,716	9,816	9,916
9,017	9,117	9,217	9,317	9,417	9,517	9,617	9,717	9,817	9,917
9,018	9,118	9,218	9,318	9,418	9,518	9,618	9,718	9,818	9,918
9,019	9,119	9,219	9,319	9,419	9,519	9,619	9,719	9,819	9,919
9,020	9,120	9,220	9,320	9,420	9,520	9,620	9,720	9,820	9,920
9,021	9,121	9,221	9,321	9,421	9,521	9,621	9,721	9,821	9,921
9,022	9,122	9,222	9,322	9,422	9,522	9,622	9,722	9,822	9,922
9,023	9,123	9,223	9,323	9,423	9,523	9,623	9,723	9,823	9,923
9,024	9,124	9,224	9,324	9,424	9,524	9,624	9,724	9,824	9,924
9,025	9,125	9,225	9,325	9,425	9,525	9,625	9,725	9,825	9,925
9,026	9,126	9,226	9,326	9,426	9,526	9,626	9,726	9,826	9,926
9,027	9,127	9,227	9,327	9,427	9,527	9,627	9,727	9,827	9,927
9,028	9,128	9,228	9,328	9,428	9,528	9,628	9,728	9,828	9,928
9,029	9,129	9,229	9,329	9,429	9,529	9,629	9,729	9,829	9,929
9,030	9,130	9,230	9,330	9,430	9,530	9,630	9,730	9,830	9,930
9,031	9,131	9,231	9,331	9,431	9,531	9,631	9,731	9,831	9,931
9,032	9,132	9,232	9,332	9,432	9,532	9,632	9,732	9,832	9,932
9,033	9,133	9,233	9,333	9,433	9,533	9,633	9,733	9,833	9,933
9,034	9,134	9,234	9,334	9,434	9,534	9,634	9,734	9,834	9,934
9,035	9,135	9,235	9,335	9,435	9,535	9,635	9,735	9,835	9,935
9,036	9,136	9,236	9,336	9,436	9,536	9,636	9,736	9,836	9,936
9,037	9,137	9,237	9,337	9,437	9,537	9,637	9,737	9,837	9,937
9,038	9,138	9,238	9,338	9,438	9,538	9,638	9,738	9,838	9,938
9,039	9,139	9,239	9,339	9,439	9,539	9,639	9,739	9,839	9,939
9,040	9,140	9,240	9,340	9,440	9,540	9,640	9,740	9,840	9,940
9,041	9,141	9,241	9,341	9,441	9,541	9,641	9,741	9,841	9,941
9,042	9,142	9,242	9,342	9,442	9,542	9,642	9,742	9,842	9,942
9,043	9,143	9,243	9,343	9,443	9,543	9,643	9,743	9,843	9,943
9,044	9,144	9,244	9,344	9,444	9,544	9,644	9,744	9,844	9,944
9,045	9,145	9,245	9,345	9,445	9,545	9,645	9,745	9,845	9,945
9,046	9,146	9,246	9,346	9,446	9,546	9,646	9,746	9,846	9,946
9,047	9,147	9,247	9,347	9,447	9,547	9,647	9,747	9,847	9,947
9,048	9,148	9,248	9,348	9,448	9,548	9,648	9,748	9,848	9,948
9,049	9,149	9,249	9,349	9,449	9,549	9,649	9,749	9,849	9,949
9,050	9,150	9,250	9,350	9,450	9,550	9,650	9,750	9,850	9,950
9,051	9,151	9,251	9,351	9,451	9,551	9,651	9,751	9,851	9,951
9,052	9,152	9,252	9,352	9,452	9,552	9,652	9,752	9,852	9,952
9,053	9,153	9,253	9,353	9,453	9,553	9,653	9,753	9,853	9,953
9,054	9,154	9,254	9,354	9,454	9,554	9,654	9,754	9,854	9,954
9,055	9,155	9,255	9,355	9,455	9,555	9,655	9,755	9,855	9,955
9,056	9,156	9,256	9,356	9,456	9,556	9,656	9,756	9,856	9,956
9,057	9,157	9,257	9,357	9,457	9,557	9,657	9,757	9,857	9,957
9,058	9,158	9,258	9,358	9,458	9,558	9,658	9,758	9,858	9,958
9,059	9,159	9,259	9,359	9,459	9,559	9,659	9,759	9,859	9,959
9,060	9,160	9,260	9,360	9,460	9,560	9,660	9,760	9,860	9,960
9,061	9,161	9,261	9,361	9,461	9,561	9,661	9,761	9,861	9,961
9,062	9,162	9,262	9,362	9,462	9,562	9,662	9,762	9,862	9,962
9,063	9,163	9,263	9,363	9,463	9,563	9,663	9,763	9,863	9,963
9,064	9,164	9,264	9,364	9,464	9,564	9,664	9,764	9,864	9,964
9,065	9,165	9,265	9,365	9,465	9,565	9,665	9,765	9,865	9,965
9,066	9,166	9,266	9,366	9,466	9,566	9,666	9,766	9,866	9,966
9,067	9,167	9,267	9,367	9,467	9,567	9,667	9,767	9,867	9,967
9,068	9,168	9,268	9,368	9,468	9,568	9,668	9,768	9,868	9,968
9,069	9,169	9,269	9,369	9,469	9,569	9,669	9,769	9,869	9,969
9,070	9,170	9,270	9,370	9,470	9,570	9,670	9,770	9,870	9,970
9,071	9,171	9,271	9,371	9,471	9,571	9,671	9,771	9,871	9,971
9,072	9,172	9,272	9,372	9,472	9,572	9,672	9,772	9,872	9,972
9,073	9,173	9,273	9,373	9,473	9,573	9,673	9,773	9,873	9,973
9,074	9,174	9,274	9,374	9,474	9,574	9,674	9,774	9,874	9,974
9,075	9,175	9,275	9,375	9,475	9,575	9,675	9,775	9,875	9,975
9,076	9,176	9,276	9,376	9,476	9,576	9,676	9,776	9,876	9,976
9,077	9,177	9,277	9,377	9,477	9,577	9,677	9,777	9,877	9,977
9,078	9,178	9,278	9,378	9,478	9,578	9,678	9,778	9,878	9,978
9,079	9,179	9,279	9,379	9,479	9,579	9,679	9,779	9,879	9,979
9,080	9,180	9,280	9,380	9,480	9,580	9,680	9,780	9,880	9,980
9,081	9,181	9,281	9,381	9,481	9,581	9,681	9,781	9,881	9,981
9,082	9,182	9,282	9,382	9,482	9,582	9,682	9,782	9,882	9,982
9,083	9,183	9,283	9,383	9,483	9,583	9,683	9,783	9,883	9,983
9,084	9,184	9,284	9,384	9,484	9,584	9,684	9,784	9,884	9,984
9,085	9,185	9,285	9,385	9,485	9,585	9,685	9,785	9,885	9,985
9,086	9,186	9,286	9,386	9,486	9,586	9,686	9,786	9,886	9,986
9,087	9,187	9,287	9,387	9,487	9,587	9,687	9,787	9,887	9,987
9,088	9,188	9,288	9,388	9,488	9,588	9,688	9,788	9,888	9,988
9,089	9,189	9,289	9,389	9,489	9,589	9,689	9,789	9,889	9,989
9,090	9,190	9,290	9,390	9,490	9,590	9,690	9,790	9,890	9,990
9,091	9,191	9,291	9,391	9,491	9,591	9,691	9,791	9,891	9,991
9,092	9,192	9,292	9,392	9,492	9,592	9,692	9,792	9,892	9,992
9,093	9,193	9,293	9,393	9,493	9,593	9,693	9,793	9,893	9,993
9,094	9,194	9,294	9,394	9,494	9,594	9,694	9,794	9,894	9,994
9,095	9,195	9,295	9,395	9,495	9,595	9,695	9,795	9,895	9,995
9,096	9,196	9,296	9,396	9,496	9,596	9,696	9,796	9,896	9,996
9,097	9,197	9,297	9,397	9,497	9,597	9,697	9,797	9,897	9,997
9,098	9,198	9,298	9,398	9,498	9,598	9,698	9,798	9,898	9,998
9,099	9,199	9,299	9,399	9,499	9,599	9,699	9,799	9,899	9,999

10,000	10,100	10,200	10,300	10,400	10,500	10,600	10,700	10,800	10,900
10,001	10,101	10,201	10,301	10,401	10,501	10,601	10,701	10,801	10,901
10,002	10,102	10,202	10,302	10,402	10,502	10,602	10,702	10,802	10,902
10,003	10,103	10,203	10,303	10,403	10,503	10,603	10,703	10,803	10,903
10,004	10,104	10,204	10,304	10,404	10,504	10,604	10,704	10,804	10,904
10,005	10,105	10,205	10,305	10,405	10,505	10,605	10,705	10,805	10,905
10,006	10,106	10,206	10,306	10,406	10,506	10,606	10,706	10,806	10,906
10,007	10,107	10,207	10,307	10,407	10,507	10,607	10,707	10,807	10,907
10,008	10,108	10,208	10,308	10,408	10,508	10,608	10,708	10,808	10,908
10,009	10,109	10,209	10,309	10,409	10,509	10,609	10,709	10,809	10,909
10,010	10,110	10,210	10,310	10,410	10,510	10,610	10,710	10,810	10,910
10,011	10,111	10,211	10,311	10,411	10,511	10,611	10,711	10,811	10,911
10,012	10,112	10,212	10,312	10,412	10,512	10,612	10,712	10,812	10,912
10,013	10,113	10,213	10,313	10,413	10,513	10,613	10,713	10,813	10,913
10,014	10,114	10,214	10,314	10,414	10,514	10,614	10,714	10,814	10,914
10,015	10,115	10,215	10,315	10,415	10,515	10,615	10,715	10,815	10,915
10,016	10,116	10,216	10,316	10,416	10,516	10,616	10,716	10,816	10,916
10,017	10,117	10,217	10,317	10,417	10,517	10,617	10,717	10,817	10,917
10,018	10,118	10,218	10,318	10,418	10,518	10,618	10,718	10,818	10,918
10,019	10,119	10,219	10,319	10,419	10,519	10,619	10,719	10,819	10,919
10,020	10,120	10,220	10,320	10,420	10,520	10,620	10,720	10,820	10,920
10,021	10,121	10,221	10,321	10,421	10,521	10,621	10,721	10,821	10,921
10,022	10,122	10,222	10,322	10,422	10,522	10,622	10,722	10,822	10,922
10,023	10,123	10,223	10,323	10,423	10,523	10,623	10,723	10,823	10,923
10,024	10,124	10,224	10,324	10,424	10,524	10,624	10,724	10,824	10,924
10,025	10,125	10,225	10,325	10,425	10,525	10,625	10,725	10,825	10,925
10,026	10,126	10,226	10,326	10,426	10,526	10,626	10,726	10,826	10,926
10,027	10,127	10,227	10,327	10,427	10,527	10,627	10,727	10,827	10,927
10,028	10,128	10,228	10,328	10,428	10,528	10,628	10,728	10,828	10,928
10,029	10,129	10,229	10,329	10,429	10,529	10,629	10,729	10,829	10,929
10,030	10,130	10,230	10,330	10,430	10,530	10,630	10,730	10,830	10,930
10,031	10,131	10,231	10,331	10,431	10,531	10,631	10,731	10,831	10,931
10,032	10,132	10,232	10,332	10,432	10,532	10,632	10,732	10,832	10,932
10,033	10,133	10,233	10,333	10,433	10,533	10,633	10,733	10,833	10,933
10,034	10,134	10,234	10,334	10,434	10,534	10,634	10,734	10,834	10,934
10,035	10,135	10,235	10,335	10,435	10,535	10,635	10,735	10,835	10,935
10,036	10,136	10,236	10,336	10,436	10,536	10,636	10,736	10,836	10,936
10,037	10,137	10,237	10,337	10,437	10,537	10,637	10,737	10,837	10,937
10,038	10,138	10,238	10,338	10,438	10,538	10,638	10,738	10,838	10,938
10,039	10,139	10,239	10,339	10,439	10,539	10,639	10,739	10,839	10,939
10,040	10,140	10,240	10,340	10,440	10,540	10,640	10,740	10,840	10,940
10,041	10,141	10,241	10,341	10,441	10,541	10,641	10,741	10,841	10,941
10,042	10,142	10,242	10,342	10,442	10,542	10,642	10,742	10,842	10,942
10,043	10,143	10,243	10,343	10,443	10,543	10,643	10,743	10,843	10,943
10,044	10,144	10,244	10,344	10,444	10,544	10,644	10,744	10,844	10,944
10,045	10,145	10,245	10,345	10,445	10,545	10,645	10,745	10,845	10,945
10,046	10,146	10,246	10,346	10,446	10,546	10,646	10,746	10,846	10,946
10,047	10,147	10,247	10,347	10,447	10,547	10,647	10,747	10,847	10,947
10,048	10,148	10,248	10,348	10,448	10,548	10,648	10,748	10,848	10,948
10,049	10,149	10,249	10,349	10,449	10,549	10,649	10,749	10,849	10,949
10,050	10,150	10,250	10,350	10,450	10,550	10,650	10,750	10,850	10,950
10,051	10,151	10,251	10,351	10,451	10,551	10,651	10,751	10,851	10,951
10,052	10,152	10,252	10,352	10,452	10,552	10,652	10,752	10,852	10,952
10,053	10,153	10,253	10,353	10,453	10,553	10,653	10,753	10,853	10,953
10,054	10,154	10,254	10,354	10,454	10,554	10,654	10,754	10,854	10,954
10,055	10,155	10,255	10,355	10,455	10,555	10,655	10,755	10,855	10,955
10,056	10,156	10,256	10,356	10,456	10,556	10,656	10,756	10,856	10,956
10,057	10,157	10,257	10,357	10,457	10,557	10,657	10,757	10,857	10,957
10,058	10,158	10,258	10,358	10,458	10,558	10,658	10,758	10,858	10,958
10,059	10,159	10,259	10,359	10,459	10,559	10,659	10,759	10,859	10,959
10,060	10,160	10,260	10,360	10,460	10,560	10,660	10,760	10,860	10,960
10,061	10,161	10,261	10,361	10,461	10,561	10,661	10,761	10,861	10,961
10,062	10,162	10,262	10,362	10,462	10,562	10,662	10,762	10,862	10,962
10,063	10,163	10,263	10,363	10,463	10,563	10,663	10,763	10,863	10,963
10,064	10,164	10,264	10,364	10,464	10,564	10,664	10,764	10,864	10,964
10,065	10,165	10,265	10,365	10,465	10,565	10,665	10,765	10,865	10,965
10,066	10,166	10,266	10,366	10,466	10,566	10,666	10,766	10,866	10,966
10,067	10,167	10,267	10,367	10,467	10,567	10,667	10,767	10,867	10,967
10,068	10,168	10,268	10,368	10,468	10,568	10,668	10,768	10,868	10,968
10,069	10,169	10,269	10,369	10,469	10,569	10,669	10,769	10,869	10,969
10,070	10,170	10,270	10,370	10,470	10,570	10,670	10,770	10,870	10,970
10,071	10,171	10,271	10,371	10,471	10,571	10,671	10,771	10,871	10,971
10,072	10,172	10,272	10,372	10,472	10,572	10,672	10,772	10,872	10,972
10,073	10,173	10,273	10,373	10,473	10,573	10,673	10,773	10,873	10,973
10,074	10,174	10,274	10,374	10,474	10,574	10,674	10,774	10,874	10,974
10,075	10,175	10,275	10,375	10,475	10,575	10,675	10,775	10,875	10,975
10,076	10,176	10,276	10,376	10,476	10,576	10,676	10,776	10,876	10,976
10,077	10,177	10,277	10,377	10,477	10,577	10,677	10,777	10,877	10,977
10,078	10,178	10,278	10,378	10,478	10,578	10,678	10,778	10,878	10,978
10,079	10,179	10,279	10,379	10,479	10,579	10,679	10,779	10,879	10,979
10,080	10,180	10,280	10,380	10,480	10,580	10,680	10,780	10,880	10,980
10,081	10,181	10,281	10,381	10,481	10,581	10,681	10,781	10,881	10,981
10,082	10,182	10,282	10,382	10,482	10,582	10,682	10,782	10,882	10,982
10,083	10,183	10,283	10,383	10,483	10,583	10,683	10,783	10,883	10,983
10,084	10,184	10,284	10,384	10,484	10,584	10,684	10,784	10,884	10,984
10,085	10,185	10,285	10,385	10,485	10,585	10,685	10,785	10,885	10,985
10,086	10,186	10,286	10,386	10,486	10,586	10,686	10,786	10,886	10,986
10,087	10,187	10,287	10,387	10,487	10,587	10,687	10,787	10,887	10,987
10,088	10,188	10,288	10,388	10,488	10,588	10,688	10,788	10,888	10,988
10,089	10,189	10,289	10,389	10,489	10,589	10,689	10,789	10,889	10,989
10,090	10,190	10,290	10,390	10,490	10,590	10,690	10,790	10,890	10,990
10,091	10,191	10,291	10,391	10,491	10,591	10,691	10,791	10,891	10,991
10,092	10,192	10,292	10,392	10,492	10,592	10,692	10,792	10,892	10,992
10,093	10,193	10,293	10,393	10,493	10,593	10,693	10,793	10,893	10,993
10,094	10,194	10,294	10,394	10,494	10,594	10,694	10,794	10,894	10,994
10,095	10,195	10,295	10,395	10,495	10,595	10,695	10,795	10,895	10,995
10,096	10,196	10,296	10,396	10,496	10,596	10,696	10,796	10,896	10,996
10,097	10,197	10,297	10,397	10,497	10,597	10,697	10,797	10,897	10,997
10,098	10,198	10,298	10,398	10,498	10,598	10,698	10,798	10,898	10,998
10,099	10,199	10,299	10,399	10,499	10,599	10,699	10,799	10,899	10,999

11,000	11,100	11,200	11,300	11,400	11,500	11,600	11,700	11,800	11,900
11,001	11,101	11,201	11,301	11,401	11,501	11,601	11,701	11,801	11,901
11,002	11,102	11,202	11,302	11,402	11,502	11,602	11,702	11,802	11,902
11,003	11,103	11,203	11,303	11,403	11,503	11,603	11,703	11,803	11,903
11,004	11,104	11,204	11,304	11,404	11,504	11,604	11,704	11,804	11,904
11,005	11,105	11,205	11,305	11,405	11,505	11,605	11,705	11,805	11,905
11,006	11,106	11,206	11,306	11,406	11,506	11,606	11,706	11,806	11,906
11,007	11,107	11,207	11,307	11,407	11,507	11,607	11,707	11,807	11,907
11,008	11,108	11,208	11,308	11,408	11,508	11,608	11,708	11,808	11,908
11,009	11,109	11,209	11,309	11,409	11,509	11,609	11,709	11,809	11,909
11,010	11,110	11,210	11,310	11,410	11,510	11,610	11,710	11,810	11,910
11,011	11,111	11,211	11,311	11,411	11,511	11,611	11,711	11,811	11,911
11,012	11,112	11,212	11,312	11,412	11,512	11,612	11,712	11,812	11,912
11,013	11,113	11,213	11,313	11,413	11,513	11,613	11,713	11,813	11,913
11,014	11,114	11,214	11,314	11,414	11,514	11,614	11,714	11,814	11,914
11,015	11,115	11,215	11,315	11,415	11,515	11,615	11,715	11,815	11,915
11,016	11,116	11,216	11,316	11,416	11,516	11,616	11,716	11,816	11,916
11,017	11,117	11,217	11,317	11,417	11,517	11,617	11,717	11,817	11,917
11,018	11,118	11,218	11,318	11,418	11,518	11,618	11,718	11,818	11,918
11,019	11,119	11,219	11,319	11,419	11,519	11,619	11,719	11,819	11,919
11,020	11,120	11,220	11,320	11,420	11,520	11,620	11,720	11,820	11,920
11,021	11,121	11,221	11,321	11,421	11,521	11,621	11,721	11,821	11,921
11,022	11,122	11,222	11,322	11,422	11,522	11,622	11,722	11,822	11,922
11,023	11,123	11,223	11,323	11,423	11,523	11,623	11,723	11,823	11,923
11,024	11,124	11,224	11,324	11,424	11,524	11,624	11,724	11,824	11,924
11,025	11,125	11,225	11,325	11,425	11,525	11,625	11,725	11,825	11,925
11,026	11,126	11,226	11,326	11,426	11,526	11,626	11,726	11,826	11,926
11,027	11,127	11,227	11,327	11,427	11,527	11,627	11,727	11,827	11,927
11,028	11,128	11,228	11,328	11,428	11,528	11,628	11,728	11,828	11,928
11,029	11,129	11,229	11,329	11,429	11,529	11,629	11,729	11,829	11,929
11,030	11,130	11,230	11,330	11,430	11,530	11,630	11,730	11,830	11,930
11,031	11,131	11,231	11,331	11,431	11,531	11,631	11,731	11,831	11,931
11,032	11,132	11,232	11,332	11,432	11,532	11,632	11,732	11,832	11,932
11,033	11,133	11,233	11,333	11,433	11,533	11,633	11,733	11,833	11,933
11,034	11,134	11,234	11,334	11,434	11,534	11,634	11,734	11,834	11,934
11,035	11,135	11,235	11,335	11,435	11,535	11,635	11,735	11,835	11,935
11,036	11,136	11,236	11,336	11,436	11,536	11,636	11,736	11,836	11,936
11,037	11,137	11,237	11,337	11,437	11,537	11,637	11,737	11,837	11,937
11,038	11,138	11,238	11,338	11,438	11,538	11,638	11,738	11,838	11,938
11,039	11,139	11,239	11,339	11,439	11,539	11,639	11,739	11,839	11,939
11,040	11,140	11,240	11,340	11,440	11,540	11,640	11,740	11,840	11,940
11,041	11,141	11,241	11,341	11,441	11,541	11,641	11,741	11,841	11,941
11,042	11,142	11,242	11,342	11,442	11,542	11,642	11,742	11,842	11,942
11,043	11,143	11,243	11,343	11,443	11,543	11,643	11,743	11,843	11,943
11,044	11,144	11,244	11,344	11,444	11,544	11,644	11,744	11,844	11,944
11,045	11,145	11,245	11,345	11,445	11,545	11,645	11,745	11,845	11,945
11,046	11,146	11,246	11,346	11,446	11,546	11,646	11,746	11,846	11,946
11,047	11,147	11,247	11,347	11,447	11,547	11,647	11,747	11,847	11,947
11,048	11,148	11,248	11,348	11,448	11,548	11,648	11,748	11,848	11,948
11,049	11,149	11,249	11,349	11,449	11,549	11,649	11,749	11,849	11,949
11,050	11,150	11,250	11,350	11,450	11,550	11,650	11,750	11,850	11,950
11,051	11,151	11,251	11,351	11,451	11,551	11,651	11,751	11,851	11,951
11,052	11,152	11,252	11,352	11,452	11,552	11,652	11,752	11,852	11,952
11,053	11,153	11,253	11,353	11,453	11,553	11,653	11,753	11,853	11,953
11,054	11,154	11,254	11,354	11,454	11,554	11,654	11,754	11,854	11,954
11,055	11,155	11,255	11,355	11,455	11,555	11,655	11,755	11,855	11,955
11,056	11,156	11,256	11,356	11,456	11,556	11,656	11,756	11,856	11,956
11,057	11,157	11,257	11,357	11,457	11,557	11,657	11,757	11,857	11,957
11,058	11,158	11,258	11,358	11,458	11,558	11,658	11,758	11,858	11,958
11,059	11,159	11,259	11,359	11,459	11,559	11,659	11,759	11,859	11,959
11,060	11,160	11,260	11,360	11,460	11,560	11,660	11,760	11,860	11,960
11,061	11,161	11,261	11,361	11,461	11,561	11,661	11,761	11,861	11,961
11,062	11,162	11,262	11,362	11,462	11,562	11,662	11,762	11,862	11,962
11,063	11,163	11,263	11,363	11,463	11,563	11,663	11,763	11,863	11,963
11,064	11,164	11,264	11,364	11,464	11,564	11,664	11,764	11,864	11,964
11,065	11,165	11,265	11,365	11,465	11,565	11,665	11,765	11,865	11,965
11,066	11,166	11,266	11,366	11,466	11,566	11,666	11,766	11,866	11,966
11,067	11,167	11,267	11,367	11,467	11,567	11,667	11,767	11,867	11,967
11,068	11,168	11,268	11,368	11,468	11,568	11,668	11,768	11,868	11,968
11,069	11,169	11,269	11,369	11,469	11,569	11,669	11,769	11,869	11,969
11,070	11,170	11,270	11,370	11,470	11,570	11,670	11,770	11,870	11,970
11,071	11,171	11,271	11,371	11,471	11,571	11,671	11,771	11,871	11,971
11,072	11,172	11,272	11,372	11,472	11,572	11,672	11,772	11,872	11,972
11,073	11,173	11,273	11,373	11,473	11,573	11,673	11,773	11,873	11,973
11,074	11,174	11,274	11,374	11,474	11,574	11,674	11,774	11,874	11,974
11,075	11,175	11,275	11,375	11,475	11,575	11,675	11,775	11,875	11,975
11,076	11,176	11,276	11,376	11,476	11,576	11,676	11,776	11,876	11,976
11,077	11,177	11,277	11,377	11,477	11,577	11,677	11,777	11,877	11,977
11,078	11,178	11,278	11,378	11,478	11,578	11,678	11,778	11,878	11,978
11,079	11,179	11,279	11,379	11,479	11,579	11,679	11,779	11,879	11,979
11,080	11,180	11,280	11,380	11,480	11,580	11,680	11,780	11,880	11,980
11,081	11,181	11,281	11,381	11,481	11,581	11,681	11,781	11,881	11,981
11,082	11,182	11,282	11,382	11,482	11,582	11,682	11,782	11,882	11,982
11,083	11,183	11,283	11,383	11,483	11,583	11,683	11,783	11,883	11,983
11,084	11,184	11,284	11,384	11,484	11,584	11,684	11,784	11,884	11,984
11,085	11,185	11,285	11,385	11,485	11,585	11,685	11,785	11,885	11,985
11,086	11,186	11,286	11,386	11,486	11,586	11,686	11,786	11,886	11,986
11,087	11,187	11,287	11,387	11,487	11,587	11,687	11,787	11,887	11,987
11,088	11,188	11,288	11,388	11,488	11,588	11,688	11,788	11,888	11,988
11,089	11,189	11,289	11,389	11,489	11,589	11,689	11,789	11,889	11,989
11,090	11,190	11,290	11,390	11,490	11,590	11,690	11,790	11,890	11,990
11,091	11,191	11,291	11,391	11,491	11,591	11,691	11,791	11,891	11,991
11,092	11,192	11,292	11,392	11,492	11,592	11,692	11,792	11,892	11,992
11,093	11,193	11,293	11,393	11,493	11,593	11,693	11,793	11,893	11,993
11,094	11,194	11,294	11,394	11,494	11,594	11,694	11,794	11,894	11,994
11,095	11,195	11,295	11,395	11,495	11,595	11,695	11,795	11,895	11,995
11,096	11,196	11,296	11,396	11,496	11,596	11,696	11,796	11,896	11,996
11,097	11,197	11,297	11,397	11,497	11,597	11,697	11,797	11,897	11,997
11,098	11,198	11,298	11,398	11,498	11,598	11,698	11,798	11,898	11,998
11,099	11,199	11,299	11,399	11,499	11,599	11,699	11,799	11,899	11,999

12,000	12,100	12,200	12,300	12,400	12,500	12,600	12,700	12,800	12,900
12,001	12,101	12,201	12,301	12,401	12,501	12,601	12,701	12,801	12,901
12,002	12,102	12,202	12,302	12,402	12,502	12,602	12,702	12,802	12,902
12,003	12,103	12,203	12,303	12,403	12,503	12,603	12,703	12,803	12,903
12,004	12,104	12,204	12,304	12,404	12,504	12,604	12,704	12,804	12,904
12,005	12,105	12,205	12,305	12,405	12,505	12,605	12,705	12,805	12,905
12,006	12,106	12,206	12,306	12,406	12,506	12,606	12,706	12,806	12,906
12,007	12,107	12,207	12,307	12,407	12,507	12,607	12,707	12,807	12,907
12,008	12,108	12,208	12,308	12,408	12,508	12,608	12,708	12,808	12,908
12,009	12,109	12,209	12,309	12,409	12,509	12,609	12,709	12,809	12,909
12,010	12,110	12,210	12,310	12,410	12,510	12,610	12,710	12,810	12,910
12,011	12,111	12,211	12,311	12,411	12,511	12,611	12,711	12,811	12,911
12,012	12,112	12,212	12,312	12,412	12,512	12,612	12,712	12,812	12,912
12,013	12,113	12,213	12,313	12,413	12,513	12,613	12,713	12,813	12,913
12,014	12,114	12,214	12,314	12,414	12,514	12,614	12,714	12,814	12,914
12,015	12,115	12,215	12,315	12,415	12,515	12,615	12,715	12,815	12,915
12,016	12,116	12,216	12,316	12,416	12,516	12,616	12,716	12,816	12,916
12,017	12,117	12,217	12,317	12,417	12,517	12,617	12,717	12,817	12,917
12,018	12,118	12,218	12,318	12,418	12,518	12,618	12,718	12,818	12,918
12,019	12,119	12,219	12,319	12,419	12,519	12,619	12,719	12,819	12,919
12,020	12,120	12,220	12,320	12,420	12,520	12,620	12,720	12,820	12,920
12,021	12,121	12,221	12,321	12,421	12,521	12,621	12,721	12,821	12,921
12,022	12,122	12,222	12,322	12,422	12,522	12,622	12,722	12,822	12,922
12,023	12,123	12,223	12,323	12,423	12,523	12,623	12,723	12,823	12,923
12,024	12,124	12,224	12,324	12,424	12,524	12,624	12,724	12,824	12,924
12,025	12,125	12,225	12,325	12,425	12,525	12,625	12,725	12,825	12,925
12,026	12,126	12,226	12,326	12,426	12,526	12,626	12,726	12,826	12,926
12,027	12,127	12,227	12,327	12,427	12,527	12,627	12,727	12,827	12,927
12,028	12,128	12,228	12,328	12,428	12,528	12,628	12,728	12,828	12,928
12,029	12,129	12,229	12,329	12,429	12,529	12,629	12,729	12,829	12,929
12,030	12,130	12,230	12,330	12,430	12,530	12,630	12,730	12,830	12,930
12,031	12,131	12,231	12,331	12,431	12,531	12,631	12,731	12,831	12,931
12,032	12,132	12,232	12,332	12,432	12,532	12,632	12,732	12,832	12,932
12,033	12,133	12,233	12,333	12,433	12,533	12,633	12,733	12,833	12,933
12,034	12,134	12,234	12,334	12,434	12,534	12,634	12,734	12,834	12,934
12,035	12,135	12,235	12,335	12,435	12,535	12,635	12,735	12,835	12,935
12,036	12,136	12,236	12,336	12,436	12,536	12,636	12,736	12,836	12,936
12,037	12,137	12,237	12,337	12,437	12,537	12,637	12,737	12,837	12,937
12,038	12,138	12,238	12,338	12,438	12,538	12,638	12,738	12,838	12,938
12,039	12,139	12,239	12,339	12,439	12,539	12,639	12,739	12,839	12,939
12,040	12,140	12,240	12,340	12,440	12,540	12,640	12,740	12,840	12,940
12,041	12,141	12,241	12,341	12,441	12,541	12,641	12,741	12,841	12,941
12,042	12,142	12,242	12,342	12,442	12,542	12,642	12,742	12,842	12,942
12,043	12,143	12,243	12,343	12,443	12,543	12,643	12,743	12,843	12,943
12,044	12,144	12,244	12,344	12,444	12,544	12,644	12,744	12,844	12,944
12,045	12,145	12,245	12,345	12,445	12,545	12,645	12,745	12,845	12,945
12,046	12,146	12,246	12,346	12,446	12,546	12,646	12,746	12,846	12,946
12,047	12,147	12,247	12,347	12,447	12,547	12,647	12,747	12,847	12,947
12,048	12,148	12,248	12,348	12,448	12,548	12,648	12,748	12,848	12,948
12,049	12,149	12,249	12,349	12,449	12,549	12,649	12,749	12,849	12,949
12,050	12,150	12,250	12,350	12,450	12,550	12,650	12,750	12,850	12,950
12,051	12,151	12,251	12,351	12,451	12,551	12,651	12,751	12,851	12,951
12,052	12,152	12,252	12,352	12,452	12,552	12,652	12,752	12,852	12,952
12,053	12,153	12,253	12,353	12,453	12,553	12,653	12,753	12,853	12,953
12,054	12,154	12,254	12,354	12,454	12,554	12,654	12,754	12,854	12,954
12,055	12,155	12,255	12,355	12,455	12,555	12,655	12,755	12,855	12,955
12,056	12,156	12,256	12,356	12,456	12,556	12,656	12,756	12,856	12,956
12,057	12,157	12,257	12,357	12,457	12,557	12,657	12,757	12,857	12,957
12,058	12,158	12,258	12,358	12,458	12,558	12,658	12,758	12,858	12,958
12,059	12,159	12,259	12,359	12,459	12,559	12,659	12,759	12,859	12,959
12,060	12,160	12,260	12,360	12,460	12,560	12,660	12,760	12,860	12,960
12,061	12,161	12,261	12,361	12,461	12,561	12,661	12,761	12,861	12,961
12,062	12,162	12,262	12,362	12,462	12,562	12,662	12,762	12,862	12,962
12,063	12,163	12,263	12,363	12,463	12,563	12,663	12,763	12,863	12,963
12,064	12,164	12,264	12,364	12,464	12,564	12,664	12,764	12,864	12,964
12,065	12,165	12,265	12,365	12,465	12,565	12,665	12,765	12,865	12,965
12,066	12,166	12,266	12,366	12,466	12,566	12,666	12,766	12,866	12,966
12,067	12,167	12,267	12,367	12,467	12,567	12,667	12,767	12,867	12,967
12,068	12,168	12,268	12,368	12,468	12,568	12,668	12,768	12,868	12,968
12,069	12,169	12,269	12,369	12,469	12,569	12,669	12,769	12,869	12,969
12,070	12,170	12,270	12,370	12,470	12,570	12,670	12,770	12,870	12,970
12,071	12,171	12,271	12,371	12,471	12,571	12,671	12,771	12,871	12,971
12,072	12,172	12,272	12,372	12,472	12,572	12,672	12,772	12,872	12,972
12,073	12,173	12,273	12,373	12,473	12,573	12,673	12,773	12,873	12,973
12,074	12,174	12,274	12,374	12,474	12,574	12,674	12,774	12,874	12,974
12,075	12,175	12,275	12,375	12,475	12,575	12,675	12,775	12,875	12,975
12,076	12,176	12,276	12,376	12,476	12,576	12,676	12,776	12,876	12,976
12,077	12,177	12,277	12,377	12,477	12,577	12,677	12,777	12,877	12,977
12,078	12,178	12,278	12,378	12,478	12,578	12,678	12,778	12,878	12,978
12,079	12,179	12,279	12,379	12,479	12,579	12,679	12,779	12,879	12,979
12,080	12,180	12,280	12,380	12,480	12,580	12,680	12,780	12,880	12,980
12,081	12,181	12,281	12,381	12,481	12,581	12,681	12,781	12,881	12,981
12,082	12,182	12,282	12,382	12,482	12,582	12,682	12,782	12,882	12,982
12,083	12,183	12,283	12,383	12,483	12,583	12,683	12,783	12,883	12,983
12,084	12,184	12,284	12,384	12,484	12,584	12,684	12,784	12,884	12,984
12,085	12,185	12,285	12,385	12,485	12,585	12,685	12,785	12,885	12,985
12,086	12,186	12,286	12,386	12,486	12,586	12,686	12,786	12,886	12,986
12,087	12,187	12,287	12,387	12,487	12,587	12,687	12,787	12,887	12,987
12,088	12,188	12,288	12,388	12,488	12,588	12,688	12,788	12,888	12,988
12,089	12,189	12,289	12,389	12,489	12,589	12,689	12,789	12,889	12,989
12,090	12,190	12,290	12,390	12,490	12,590	12,690	12,790	12,890	12,990
12,091	12,191	12,291	12,391	12,491	12,591	12,691	12,791	12,891	12,991
12,092	12,192	12,292	12,392	12,492	12,592	12,692	12,792	12,892	12,992
12,093	12,193	12,293	12,393	12,493	12,593	12,693	12,793	12,893	12,993
12,094	12,194	12,294	12,394	12,494	12,594	12,694	12,794	12,894	12,994
12,095	12,195	12,295	12,395	12,495	12,595	12,695	12,795	12,895	12,995
12,096	12,196	12,296	12,396	12,496	12,596	12,696	12,796	12,896	12,996
12,097	12,197	12,297	12,397	12,497	12,597	12,697	12,797	12,897	12,997
12,098	12,198	12,298	12,398	12,498	12,598	12,698	12,798	12,898	12,998
12,099	12,199	12,299	12,399	12,499	12,599	12,699	12,799	12,899	12,999

13,000	13,100	13,200	13,300	13,400	13,500	13,600	13,700	13,800	13,900
13,001	13,101	13,201	13,301	13,401	13,501	13,601	13,701	13,801	13,901
13,002	13,102	13,202	13,302	13,402	13,502	13,602	13,702	13,802	13,902
13,003	13,103	13,203	13,303	13,403	13,503	13,603	13,703	13,803	13,903
13,004	13,104	13,204	13,304	13,404	13,504	13,604	13,704	13,804	13,904
13,005	13,105	13,205	13,305	13,405	13,505	13,605	13,705	13,805	13,905
13,006	13,106	13,206	13,306	13,406	13,506	13,606	13,706	13,806	13,906
13,007	13,107	13,207	13,307	13,407	13,507	13,607	13,707	13,807	13,907
13,008	13,108	13,208	13,308	13,408	13,508	13,608	13,708	13,808	13,908
13,009	13,109	13,209	13,309	13,409	13,509	13,609	13,709	13,809	13,909
13,010	13,110	13,210	13,310	13,410	13,510	13,610	13,710	13,810	13,910
13,011	13,111	13,211	13,311	13,411	13,511	13,611	13,711	13,811	13,911
13,012	13,112	13,212	13,312	13,412	13,512	13,612	13,712	13,812	13,912
13,013	13,113	13,213	13,313	13,413	13,513	13,613	13,713	13,813	13,913
13,014	13,114	13,214	13,314	13,414	13,514	13,614	13,714	13,814	13,914
13,015	13,115	13,215	13,315	13,415	13,515	13,615	13,715	13,815	13,915
13,016	13,116	13,216	13,316	13,416	13,516	13,616	13,716	13,816	13,916
13,017	13,117	13,217	13,317	13,417	13,517	13,617	13,717	13,817	13,917
13,018	13,118	13,218	13,318	13,418	13,518	13,618	13,718	13,818	13,918
13,019	13,119	13,219	13,319	13,419	13,519	13,619	13,719	13,819	13,919
13,020	13,120	13,220	13,320	13,420	13,520	13,620	13,720	13,820	13,920
13,021	13,121	13,221	13,321	13,421	13,521	13,621	13,721	13,821	13,921
13,022	13,122	13,222	13,322	13,422	13,522	13,622	13,722	13,822	13,922
13,023	13,123	13,223	13,323	13,423	13,523	13,623	13,723	13,823	13,923
13,024	13,124	13,224	13,324	13,424	13,524	13,624	13,724	13,824	13,924
13,025	13,125	13,225	13,325	13,425	13,525	13,625	13,725	13,825	13,925
13,026	13,126	13,226	13,326	13,426	13,526	13,626	13,726	13,826	13,926
13,027	13,127	13,227	13,327	13,427	13,527	13,627	13,727	13,827	13,927
13,028	13,128	13,228	13,328	13,428	13,528	13,628	13,728	13,828	13,928
13,029	13,129	13,229	13,329	13,429	13,529	13,629	13,729	13,829	13,929
13,030	13,130	13,230	13,330	13,430	13,530	13,630	13,730	13,830	13,930
13,031	13,131	13,231	13,331	13,431	13,531	13,631	13,731	13,831	13,931
13,032	13,132	13,232	13,332	13,432	13,532	13,632	13,732	13,832	13,932
13,033	13,133	13,233	13,333	13,433	13,533	13,633	13,733	13,833	13,933
13,034	13,134	13,234	13,334	13,434	13,534	13,634	13,734	13,834	13,934
13,035	13,135	13,235	13,335	13,435	13,535	13,635	13,735	13,835	13,935
13,036	13,136	13,236	13,336	13,436	13,536	13,636	13,736	13,836	13,936
13,037	13,137	13,237	13,337	13,437	13,537	13,637	13,737	13,837	13,937
13,038	13,138	13,238	13,338	13,438	13,538	13,638	13,738	13,838	13,938
13,039	13,139	13,239	13,339	13,439	13,539	13,639	13,739	13,839	13,939
13,040	13,140	13,240	13,340	13,440	13,540	13,640	13,740	13,840	13,940
13,041	13,141	13,241	13,341	13,441	13,541	13,641	13,741	13,841	13,941
13,042	13,142	13,242	13,342	13,442	13,542	13,642	13,742	13,842	13,942
13,043	13,143	13,243	13,343	13,443	13,543	13,643	13,743	13,843	13,943
13,044	13,144	13,244	13,344	13,444	13,544	13,644	13,744	13,844	13,944
13,045	13,145	13,245	13,345	13,445	13,545	13,645	13,745	13,845	13,945
13,046	13,146	13,246	13,346	13,446	13,546	13,646	13,746	13,846	13,946
13,047	13,147	13,247	13,347	13,447	13,547	13,647	13,747	13,847	13,947
13,048	13,148	13,248	13,348	13,448	13,548	13,648	13,748	13,848	13,948
13,049	13,149	13,249	13,349	13,449	13,549	13,649	13,749	13,849	13,949
13,050	13,150	13,250	13,350	13,450	13,550	13,650	13,750	13,850	13,950
13,051	13,151	13,251	13,351	13,451	13,551	13,651	13,751	13,851	13,951
13,052	13,152	13,252	13,352	13,452	13,552	13,652	13,752	13,852	13,952
13,053	13,153	13,253	13,353	13,453	13,553	13,653	13,753	13,853	13,953
13,054	13,154	13,254	13,354	13,454	13,554	13,654	13,754	13,854	13,954
13,055	13,155	13,255	13,355	13,455	13,555	13,655	13,755	13,855	13,955
13,056	13,156	13,256	13,356	13,456	13,556	13,656	13,756	13,856	13,956
13,057	13,157	13,257	13,357	13,457	13,557	13,657	13,757	13,857	13,957
13,058	13,158	13,258	13,358	13,458	13,558	13,658	13,758	13,858	13,958
13,059	13,159	13,259	13,359	13,459	13,559	13,659	13,759	13,859	13,959
13,060	13,160	13,260	13,360	13,460	13,560	13,660	13,760	13,860	13,960
13,061	13,161	13,261	13,361	13,461	13,561	13,661	13,761	13,861	13,961
13,062	13,162	13,262	13,362	13,462	13,562	13,662	13,762	13,862	13,962
13,063	13,163	13,263	13,363	13,463	13,563	13,663	13,763	13,863	13,963
13,064	13,164	13,264	13,364	13,464	13,564	13,664	13,764	13,864	13,964
13,065	13,165	13,265	13,365	13,465	13,565	13,665	13,765	13,865	13,965
13,066	13,166	13,266	13,366	13,466	13,566	13,666	13,766	13,866	13,966
13,067	13,167	13,267	13,367	13,467	13,567	13,667	13,767	13,867	13,967
13,068	13,168	13,268	13,368	13,468	13,568	13,668	13,768	13,868	13,968
13,069	13,169	13,269	13,369	13,469	13,569	13,669	13,769	13,869	13,969
13,070	13,170	13,270	13,370	13,470	13,570	13,670	13,770	13,870	13,970
13,071	13,171	13,271	13,371	13,471	13,571	13,671	13,771	13,871	13,971
13,072	13,172	13,272	13,372	13,472	13,572	13,672	13,772	13,872	13,972
13,073	13,173	13,273	13,373	13,473	13,573	13,673	13,773	13,873	13,973
13,074	13,174	13,274	13,374	13,474	13,574	13,674	13,774	13,874	13,974
13,075	13,175	13,275	13,375	13,475	13,575	13,675	13,775	13,875	13,975
13,076	13,176	13,276	13,376	13,476	13,576	13,676	13,776	13,876	13,976
13,077	13,177	13,277	13,377	13,477	13,577	13,677	13,777	13,877	13,977
13,078	13,178	13,278	13,378	13,478	13,578	13,678	13,778	13,878	13,978
13,079	13,179	13,279	13,379	13,479	13,579	13,679	13,779	13,879	13,979
13,080	13,180	13,280	13,380	13,480	13,580	13,680	13,780	13,880	13,980
13,081	13,181	13,281	13,381	13,481	13,581	13,681	13,781	13,881	13,981
13,082	13,182	13,282	13,382	13,482	13,582	13,682	13,782	13,882	13,982
13,083	13,183	13,283	13,383	13,483	13,583	13,683	13,783	13,883	13,983
13,084	13,184	13,284	13,384	13,484	13,584	13,684	13,784	13,884	13,984
13,085	13,185	13,285	13,385	13,485	13,585	13,685	13,785	13,885	13,985
13,086	13,186	13,286	13,386	13,486	13,586	13,686	13,786	13,886	13,986
13,087	13,187	13,287	13,387	13,487	13,587	13,687	13,787	13,887	13,987
13,088	13,188	13,288	13,388	13,488	13,588	13,688	13,788	13,888	13,988
13,089	13,189	13,289	13,389	13,489	13,589	13,689	13,789	13,889	13,989
13,090	13,190	13,290	13,390	13,490	13,590	13,690	13,790	13,890	13,990
13,091	13,191	13,291	13,391	13,491	13,591	13,691	13,791	13,891	13,991
13,092	13,192	13,292	13,392	13,492	13,592	13,692	13,792	13,892	13,992
13,093	13,193	13,293	13,393	13,493	13,593	13,693	13,793	13,893	13,993
13,094	13,194	13,294	13,394	13,494	13,594	13,694	13,794	13,894	13,994
13,095	13,195	13,295	13,395	13,495	13,595	13,695	13,795	13,895	13,995
13,096	13,196	13,296	13,396	13,496	13,596	13,696	13,796	13,896	13,996
13,097	13,197	13,297	13,397	13,497	13,597	13,697	13,797	13,897	13,997
13,098	13,198	13,298	13,398	13,498	13,598	13,698	13,798	13,898	13,998
13,099	13,199	13,299	13,399	13,499	13,599	13,699	13,799	13,899	13,999

14,000	14,100	14,200	14,300	14,400	14,500	14,600	14,700	14,800	14,900
14,001	14,101	14,201	14,301	14,401	14,501	14,601	14,701	14,801	14,901
14,002	14,102	14,202	14,302	14,402	14,502	14,602	14,702	14,802	14,902
14,003	14,103	14,203	14,303	14,403	14,503	14,603	14,703	14,803	14,903
14,004	14,104	14,204	14,304	14,404	14,504	14,604	14,704	14,804	14,904
14,005	14,105	14,205	14,305	14,405	14,505	14,605	14,705	14,805	14,905
14,006	14,106	14,206	14,306	14,406	14,506	14,606	14,706	14,806	14,906
14,007	14,107	14,207	14,307	14,407	14,507	14,607	14,707	14,807	14,907
14,008	14,108	14,208	14,308	14,408	14,508	14,608	14,708	14,808	14,908
14,009	14,109	14,209	14,309	14,409	14,509	14,609	14,709	14,809	14,909
14,010	14,110	14,210	14,310	14,410	14,510	14,610	14,710	14,810	14,910
14,011	14,111	14,211	14,311	14,411	14,511	14,611	14,711	14,811	14,911
14,012	14,112	14,212	14,312	14,412	14,512	14,612	14,712	14,812	14,912
14,013	14,113	14,213	14,313	14,413	14,513	14,613	14,713	14,813	14,913
14,014	14,114	14,214	14,314	14,414	14,514	14,614	14,714	14,814	14,914
14,015	14,115	14,215	14,315	14,415	14,515	14,615	14,715	14,815	14,915
14,016	14,116	14,216	14,316	14,416	14,516	14,616	14,716	14,816	14,916
14,017	14,117	14,217	14,317	14,417	14,517	14,617	14,717	14,817	14,917
14,018	14,118	14,218	14,318	14,418	14,518	14,618	14,718	14,818	14,918
14,019	14,119	14,219	14,319	14,419	14,519	14,619	14,719	14,819	14,919
14,020	14,120	14,220	14,320	14,420	14,520	14,620	14,720	14,820	14,920
14,021	14,121	14,221	14,321	14,421	14,521	14,621	14,721	14,821	14,921
14,022	14,122	14,222	14,322	14,422	14,522	14,622	14,722	14,822	14,922
14,023	14,123	14,223	14,323	14,423	14,523	14,623	14,723	14,823	14,923
14,024	14,124	14,224	14,324	14,424	14,524	14,624	14,724	14,824	14,924
14,025	14,125	14,225	14,325	14,425	14,525	14,625	14,725	14,825	14,925
14,026	14,126	14,226	14,326	14,426	14,526	14,626	14,726	14,826	14,926
14,027	14,127	14,227	14,327	14,427	14,527	14,627	14,727	14,827	14,927
14,028	14,128	14,228	14,328	14,428	14,528	14,628	14,728	14,828	14,928
14,029	14,129	14,229	14,329	14,429	14,529	14,629	14,729	14,829	14,929
14,030	14,130	14,230	14,330	14,430	14,530	14,630	14,730	14,830	14,930
14,031	14,131	14,231	14,331	14,431	14,531	14,631	14,731	14,831	14,931
14,032	14,132	14,232	14,332	14,432	14,532	14,632	14,732	14,832	14,932
14,033	14,133	14,233	14,333	14,433	14,533	14,633	14,733	14,833	14,933
14,034	14,134	14,234	14,334	14,434	14,534	14,634	14,734	14,834	14,934
14,035	14,135	14,235	14,335	14,435	14,535	14,635	14,735	14,835	14,935
14,036	14,136	14,236	14,336	14,436	14,536	14,636	14,736	14,836	14,936
14,037	14,137	14,237	14,337	14,437	14,537	14,637	14,737	14,837	14,937
14,038	14,138	14,238	14,338	14,438	14,538	14,638	14,738	14,838	14,938
14,039	14,139	14,239	14,339	14,439	14,539	14,639	14,739	14,839	14,939
14,040	14,140	14,240	14,340	14,440	14,540	14,640	14,740	14,840	14,940
14,041	14,141	14,241	14,341	14,441	14,541	14,641	14,741	14,841	14,941
14,042	14,142	14,242	14,342	14,442	14,542	14,642	14,742	14,842	14,942
14,043	14,143	14,243	14,343	14,443	14,543	14,643	14,743	14,843	14,943
14,044	14,144	14,244	14,344	14,444	14,544	14,644	14,744	14,844	14,944
14,045	14,145	14,245	14,345	14,445	14,545	14,645	14,745	14,845	14,945
14,046	14,146	14,246	14,346	14,446	14,546	14,646	14,746	14,846	14,946
14,047	14,147	14,247	14,347	14,447	14,547	14,647	14,747	14,847	14,947
14,048	14,148	14,248	14,348	14,448	14,548	14,648	14,748	14,848	14,948
14,049	14,149	14,249	14,349	14,449	14,549	14,649	14,749	14,849	14,949
14,050	14,150	14,250	14,350	14,450	14,550	14,650	14,750	14,850	14,950
14,051	14,151	14,251	14,351	14,451	14,551	14,651	14,751	14,851	14,951
14,052	14,152	14,252	14,352	14,452	14,552	14,652	14,752	14,852	14,952
14,053	14,153	14,253	14,353	14,453	14,553	14,653	14,753	14,853	14,953
14,054	14,154	14,254	14,354	14,454	14,554	14,654	14,754	14,854	14,954
14,055	14,155	14,255	14,355	14,455	14,555	14,655	14,755	14,855	14,955
14,056	14,156	14,256	14,356	14,456	14,556	14,656	14,756	14,856	14,956
14,057	14,157	14,257	14,357	14,457	14,557	14,657	14,757	14,857	14,957
14,058	14,158	14,258	14,358	14,458	14,558	14,658	14,758	14,858	14,958
14,059	14,159	14,259	14,359	14,459	14,559	14,659	14,759	14,859	14,959
14,060	14,160	14,260	14,360	14,460	14,560	14,660	14,760	14,860	14,960
14,061	14,161	14,261	14,361	14,461	14,561	14,661	14,761	14,861	14,961
14,062	14,162	14,262	14,362	14,462	14,562	14,662	14,762	14,862	14,962
14,063	14,163	14,263	14,363	14,463	14,563	14,663	14,763	14,863	14,963
14,064	14,164	14,264	14,364	14,464	14,564	14,664	14,764	14,864	14,964
14,065	14,165	14,265	14,365	14,465	14,565	14,665	14,765	14,865	14,965
14,066	14,166	14,266	14,366	14,466	14,566	14,666	14,766	14,866	14,966
14,067	14,167	14,267	14,367	14,467	14,567	14,667	14,767	14,867	14,967
14,068	14,168	14,268	14,368	14,468	14,568	14,668	14,768	14,868	14,968
14,069	14,169	14,269	14,369	14,469	14,569	14,669	14,769	14,869	14,969
14,070	14,170	14,270	14,370	14,470	14,570	14,670	14,770	14,870	14,970
14,071	14,171	14,271	14,371	14,471	14,571	14,671	14,771	14,871	14,971
14,072	14,172	14,272	14,372	14,472	14,572	14,672	14,772	14,872	14,972
14,073	14,173	14,273	14,373	14,473	14,573	14,673	14,773	14,873	14,973
14,074	14,174	14,274	14,374	14,474	14,574	14,674	14,774	14,874	14,974
14,075	14,175	14,275	14,375	14,475	14,575	14,675	14,775	14,875	14,975
14,076	14,176	14,276	14,376	14,476	14,576	14,676	14,776	14,876	14,976
14,077	14,177	14,277	14,377	14,477	14,577	14,677	14,777	14,877	14,977
14,078	14,178	14,278	14,378	14,478	14,578	14,678	14,778	14,878	14,978
14,079	14,179	14,279	14,379	14,479	14,579	14,679	14,779	14,879	14,979
14,080	14,180	14,280	14,380	14,480	14,580	14,680	14,780	14,880	14,980
14,081	14,181	14,281	14,381	14,481	14,581	14,681	14,781	14,881	14,981
14,082	14,182	14,282	14,382	14,482	14,582	14,682	14,782	14,882	14,982
14,083	14,183	14,283	14,383	14,483	14,583	14,683	14,783	14,883	14,983
14,084	14,184	14,284	14,384	14,484	14,584	14,684	14,784	14,884	14,984
14,085	14,185	14,285	14,385	14,485	14,585	14,685	14,785	14,885	14,985
14,086	14,186	14,286	14,386	14,486	14,586	14,686	14,786	14,886	14,986
14,087	14,187	14,287	14,387	14,487	14,587	14,687	14,787	14,887	14,987
14,088	14,188	14,288	14,388	14,488	14,588	14,688	14,788	14,888	14,988
14,089	14,189	14,289	14,389	14,489	14,589	14,689	14,789	14,889	14,989
14,090	14,190	14,290	14,390	14,490	14,590	14,690	14,790	14,890	14,990
14,091	14,191	14,291	14,391	14,491	14,591	14,691	14,791	14,891	14,991
14,092	14,192	14,292	14,392	14,492	14,592	14,692	14,792	14,892	14,992
14,093	14,193	14,293	14,393	14,493	14,593	14,693	14,793	14,893	14,993
14,094	14,194	14,294	14,394	14,494	14,594	14,694	14,794	14,894	14,994
14,095	14,195	14,295	14,395	14,495	14,595	14,695	14,795	14,895	14,995
14,096	14,196	14,296	14,396	14,496	14,596	14,696	14,796	14,896	14,996
14,097	14,197	14,297	14,397	14,497	14,597	14,697	14,797	14,897	14,997
14,098	14,198	14,298	14,398	14,498	14,598	14,698	14,798	14,898	14,998
14,099	14,199	14,299	14,399	14,499	14,599	14,699	14,799	14,899	14,999

15,000	15,100	15,200	15,300	15,400	15,500	15,600	15,700	15,800	15,900
15,001	15,101	15,201	15,301	15,401	15,501	15,601	15,701	15,801	15,901
15,002	15,102	15,202	15,302	15,402	15,502	15,602	15,702	15,802	15,902
15,003	15,103	15,203	15,303	15,403	15,503	15,603	15,703	15,803	15,903
15,004	15,104	15,204	15,304	15,404	15,504	15,604	15,704	15,804	15,904
15,005	15,105	15,205	15,305	15,405	15,505	15,605	15,705	15,805	15,905
15,006	15,106	15,206	15,306	15,406	15,506	15,606	15,706	15,806	15,906
15,007	15,107	15,207	15,307	15,407	15,507	15,607	15,707	15,807	15,907
15,008	15,108	15,208	15,308	15,408	15,508	15,608	15,708	15,808	15,908
15,009	15,109	15,209	15,309	15,409	15,509	15,609	15,709	15,809	15,909
15,010	15,110	15,210	15,310	15,410	15,510	15,610	15,710	15,810	15,910
15,011	15,111	15,211	15,311	15,411	15,511	15,611	15,711	15,811	15,911
15,012	15,112	15,212	15,312	15,412	15,512	15,612	15,712	15,812	15,912
15,013	15,113	15,213	15,313	15,413	15,513	15,613	15,713	15,813	15,913
15,014	15,114	15,214	15,314	15,414	15,514	15,614	15,714	15,814	15,914
15,015	15,115	15,215	15,315	15,415	15,515	15,615	15,715	15,815	15,915
15,016	15,116	15,216	15,316	15,416	15,516	15,616	15,716	15,816	15,916
15,017	15,117	15,217	15,317	15,417	15,517	15,617	15,717	15,817	15,917
15,018	15,118	15,218	15,318	15,418	15,518	15,618	15,718	15,818	15,918
15,019	15,119	15,219	15,319	15,419	15,519	15,619	15,719	15,819	15,919
15,020	15,120	15,220	15,320	15,420	15,520	15,620	15,720	15,820	15,920
15,021	15,121	15,221	15,321	15,421	15,521	15,621	15,721	15,821	15,921
15,022	15,122	15,222	15,322	15,422	15,522	15,622	15,722	15,822	15,922
15,023	15,123	15,223	15,323	15,423	15,523	15,623	15,723	15,823	15,923
15,024	15,124	15,224	15,324	15,424	15,524	15,624	15,724	15,824	15,924
15,025	15,125	15,225	15,325	15,425	15,525	15,625	15,725	15,825	15,925
15,026	15,126	15,226	15,326	15,426	15,526	15,626	15,726	15,826	15,926
15,027	15,127	15,227	15,327	15,427	15,527	15,627	15,727	15,827	15,927
15,028	15,128	15,228	15,328	15,428	15,528	15,628	15,728	15,828	15,928
15,029	15,129	15,229	15,329	15,429	15,529	15,629	15,729	15,829	15,929
15,030	15,130	15,230	15,330	15,430	15,530	15,630	15,730	15,830	15,930
15,031	15,131	15,231	15,331	15,431	15,531	15,631	15,731	15,831	15,931
15,032	15,132	15,232	15,332	15,432	15,532	15,632	15,732	15,832	15,932
15,033	15,133	15,233	15,333	15,433	15,533	15,633	15,733	15,833	15,933
15,034	15,134	15,234	15,334	15,434	15,534	15,634	15,734	15,834	15,934
15,035	15,135	15,235	15,335	15,435	15,535	15,635	15,735	15,835	15,935
15,036	15,136	15,236	15,336	15,436	15,536	15,636	15,736	15,836	15,936
15,037	15,137	15,237	15,337	15,437	15,537	15,637	15,737	15,837	15,937
15,038	15,138	15,238	15,338	15,438	15,538	15,638	15,738	15,838	15,938
15,039	15,139	15,239	15,339	15,439	15,539	15,639	15,739	15,839	15,939
15,040	15,140	15,240	15,340	15,440	15,540	15,640	15,740	15,840	15,940
15,041	15,141	15,241	15,341	15,441	15,541	15,641	15,741	15,841	15,941
15,042	15,142	15,242	15,342	15,442	15,542	15,642	15,742	15,842	15,942
15,043	15,143	15,243	15,343	15,443	15,543	15,643	15,743	15,843	15,943
15,044	15,144	15,244	15,344	15,444	15,544	15,644	15,744	15,844	15,944
15,045	15,145	15,245	15,345	15,445	15,545	15,645	15,745	15,845	15,945
15,046	15,146	15,246	15,346	15,446	15,546	15,646	15,746	15,846	15,946
15,047	15,147	15,247	15,347	15,447	15,547	15,647	15,747	15,847	15,947
15,048	15,148	15,248	15,348	15,448	15,548	15,648	15,748	15,848	15,948
15,049	15,149	15,249	15,349	15,449	15,549	15,649	15,749	15,849	15,949
15,050	15,150	15,250	15,350	15,450	15,550	15,650	15,750	15,850	15,950
15,051	15,151	15,251	15,351	15,451	15,551	15,651	15,751	15,851	15,951
15,052	15,152	15,252	15,352	15,452	15,552	15,652	15,752	15,852	15,952
15,053	15,153	15,253	15,353	15,453	15,553	15,653	15,753	15,853	15,953
15,054	15,154	15,254	15,354	15,454	15,554	15,654	15,754	15,854	15,954
15,055	15,155	15,255	15,355	15,455	15,555	15,655	15,755	15,855	15,955
15,056	15,156	15,256	15,356	15,456	15,556	15,656	15,756	15,856	15,956
15,057	15,157	15,257	15,357	15,457	15,557	15,657	15,757	15,857	15,957
15,058	15,158	15,258	15,358	15,458	15,558	15,658	15,758	15,858	15,958
15,059	15,159	15,259	15,359	15,459	15,559	15,659	15,759	15,859	15,959
15,060	15,160	15,260	15,360	15,460	15,560	15,660	15,760	15,860	15,960
15,061	15,161	15,261	15,361	15,461	15,561	15,661	15,761	15,861	15,961
15,062	15,162	15,262	15,362	15,462	15,562	15,662	15,762	15,862	15,962
15,063	15,163	15,263	15,363	15,463	15,563	15,663	15,763	15,863	15,963
15,064	15,164	15,264	15,364	15,464	15,564	15,664	15,764	15,864	15,964
15,065	15,165	15,265	15,365	15,465	15,565	15,665	15,765	15,865	15,965
15,066	15,166	15,266	15,366	15,466	15,566	15,666	15,766	15,866	15,966
15,067	15,167	15,267	15,367	15,467	15,567	15,667	15,767	15,867	15,967
15,068	15,168	15,268	15,368	15,468	15,568	15,668	15,768	15,868	15,968
15,069	15,169	15,269	15,369	15,469	15,569	15,669	15,769	15,869	15,969
15,070	15,170	15,270	15,370	15,470	15,570	15,670	15,770	15,870	15,970
15,071	15,171	15,271	15,371	15,471	15,571	15,671	15,771	15,871	15,971
15,072	15,172	15,272	15,372	15,472	15,572	15,672	15,772	15,872	15,972
15,073	15,173	15,273	15,373	15,473	15,573	15,673	15,773	15,873	15,973
15,074	15,174	15,274	15,374	15,474	15,574	15,674	15,774	15,874	15,974
15,075	15,175	15,275	15,375	15,475	15,575	15,675	15,775	15,875	15,975
15,076	15,176	15,276	15,376	15,476	15,576	15,676	15,776	15,876	15,976
15,077	15,177	15,277	15,377	15,477	15,577	15,677	15,777	15,877	15,977
15,078	15,178	15,278	15,378	15,478	15,578	15,678	15,778	15,878	15,978
15,079	15,179	15,279	15,379	15,479	15,579	15,679	15,779	15,879	15,979
15,080	15,180	15,280	15,380	15,480	15,580	15,680	15,780	15,880	15,980
15,081	15,181	15,281	15,381	15,481	15,581	15,681	15,781	15,881	15,981
15,082	15,182	15,282	15,382	15,482	15,582	15,682	15,782	15,882	15,982
15,083	15,183	15,283	15,383	15,483	15,583	15,683	15,783	15,883	15,983
15,084	15,184	15,284	15,384	15,484	15,584	15,684	15,784	15,884	15,984
15,085	15,185	15,285	15,385	15,485	15,585	15,685	15,785	15,885	15,985
15,086	15,186	15,286	15,386	15,486	15,586	15,686	15,786	15,886	15,986
15,087	15,187	15,287	15,387	15,487	15,587	15,687	15,787	15,887	15,987
15,088	15,188	15,288	15,388	15,488	15,588	15,688	15,788	15,888	15,988
15,089	15,189	15,289	15,389	15,489	15,589	15,689	15,789	15,889	15,989
15,090	15,190	15,290	15,390	15,490	15,590	15,690	15,790	15,890	15,990
15,091	15,191	15,291	15,391	15,491	15,591	15,691	15,791	15,891	15,991
15,092	15,192	15,292	15,392	15,492	15,592	15,692	15,792	15,892	15,992
15,093	15,193	15,293	15,393	15,493	15,593	15,693	15,793	15,893	15,993
15,094	15,194	15,294	15,394	15,494	15,594	15,694	15,794	15,894	15,994
15,095	15,195	15,295	15,395	15,495	15,595	15,695	15,795	15,895	15,995
15,096	15,196	15,296	15,396	15,496	15,596	15,696	15,796	15,896	15,996
15,097	15,197	15,297	15,397	15,497	15,597	15,697	15,797	15,897	15,997
15,098	15,198	15,298	15,398	15,498	15,598	15,698	15,798	15,898	15,998
15,099	15,199	15,299	15,399	15,499	15,599	15,699	15,799	15,899	15,999

16,000	16,100	16,200	16,300	16,400	16,500	16,600	16,700	16,800	16,900
16,001	16,101	16,201	16,301	16,401	16,501	16,601	16,701	16,801	16,901
16,002	16,102	16,202	16,302	16,402	16,502	16,602	16,702	16,802	16,902
16,003	16,103	16,203	16,303	16,403	16,503	16,603	16,703	16,803	16,903
16,004	16,104	16,204	16,304	16,404	16,504	16,604	16,704	16,804	16,904
16,005	16,105	16,205	16,305	16,405	16,505	16,605	16,705	16,805	16,905
16,006	16,106	16,206	16,306	16,406	16,506	16,606	16,706	16,806	16,906
16,007	16,107	16,207	16,307	16,407	16,507	16,607	16,707	16,807	16,907
16,008	16,108	16,208	16,308	16,408	16,508	16,608	16,708	16,808	16,908
16,009	16,109	16,209	16,309	16,409	16,509	16,609	16,709	16,809	16,909
16,010	16,110	16,210	16,310	16,410	16,510	16,610	16,710	16,810	16,910
16,011	16,111	16,211	16,311	16,411	16,511	16,611	16,711	16,811	16,911
16,012	16,112	16,212	16,312	16,412	16,512	16,612	16,712	16,812	16,912
16,013	16,113	16,213	16,313	16,413	16,513	16,613	16,713	16,813	16,913
16,014	16,114	16,214	16,314	16,414	16,514	16,614	16,714	16,814	16,914
16,015	16,115	16,215	16,315	16,415	16,515	16,615	16,715	16,815	16,915
16,016	16,116	16,216	16,316	16,416	16,516	16,616	16,716	16,816	16,916
16,017	16,117	16,217	16,317	16,417	16,517	16,617	16,717	16,817	16,917
16,018	16,118	16,218	16,318	16,418	16,518	16,618	16,718	16,818	16,918
16,019	16,119	16,219	16,319	16,419	16,519	16,619	16,719	16,819	16,919
16,020	16,120	16,220	16,320	16,420	16,520	16,620	16,720	16,820	16,920
16,021	16,121	16,221	16,321	16,421	16,521	16,621	16,721	16,821	16,921
16,022	16,122	16,222	16,322	16,422	16,522	16,622	16,722	16,822	16,922
16,023	16,123	16,223	16,323	16,423	16,523	16,623	16,723	16,823	16,923
16,024	16,124	16,224	16,324	16,424	16,524	16,624	16,724	16,824	16,924
16,025	16,125	16,225	16,325	16,425	16,525	16,625	16,725	16,825	16,925
16,026	16,126	16,226	16,326	16,426	16,526	16,626	16,726	16,826	16,926
16,027	16,127	16,227	16,327	16,427	16,527	16,627	16,727	16,827	16,927
16,028	16,128	16,228	16,328	16,428	16,528	16,628	16,728	16,828	16,928
16,029	16,129	16,229	16,329	16,429	16,529	16,629	16,729	16,829	16,929
16,030	16,130	16,230	16,330	16,430	16,530	16,630	16,730	16,830	16,930
16,031	16,131	16,231	16,331	16,431	16,531	16,631	16,731	16,831	16,931
16,032	16,132	16,232	16,332	16,432	16,532	16,632	16,732	16,832	16,932
16,033	16,133	16,233	16,333	16,433	16,533	16,633	16,733	16,833	16,933
16,034	16,134	16,234	16,334	16,434	16,534	16,634	16,734	16,834	16,934
16,035	16,135	16,235	16,335	16,435	16,535	16,635	16,735	16,835	16,935
16,036	16,136	16,236	16,336	16,436	16,536	16,636	16,736	16,836	16,936
16,037	16,137	16,237	16,337	16,437	16,537	16,637	16,737	16,837	16,937
16,038	16,138	16,238	16,338	16,438	16,538	16,638	16,738	16,838	16,938
16,039	16,139	16,239	16,339	16,439	16,539	16,639	16,739	16,839	16,939
16,040	16,140	16,240	16,340	16,440	16,540	16,640	16,740	16,840	16,940
16,041	16,141	16,241	16,341	16,441	16,541	16,641	16,741	16,841	16,941
16,042	16,142	16,242	16,342	16,442	16,542	16,642	16,742	16,842	16,942
16,043	16,143	16,243	16,343	16,443	16,543	16,643	16,743	16,843	16,943
16,044	16,144	16,244	16,344	16,444	16,544	16,644	16,744	16,844	16,944
16,045	16,145	16,245	16,345	16,445	16,545	16,645	16,745	16,845	16,945
16,046	16,146	16,246	16,346	16,446	16,546	16,646	16,746	16,846	16,946
16,047	16,147	16,247	16,347	16,447	16,547	16,647	16,747	16,847	16,947
16,048	16,148	16,248	16,348	16,448	16,548	16,648	16,748	16,848	16,948
16,049	16,149	16,249	16,349	16,449	16,549	16,649	16,749	16,849	16,949
16,050	16,150	16,250	16,350	16,450	16,550	16,650	16,750	16,850	16,950
16,051	16,151	16,251	16,351	16,451	16,551	16,651	16,751	16,851	16,951
16,052	16,152	16,252	16,352	16,452	16,552	16,652	16,752	16,852	16,952
16,053	16,153	16,253	16,353	16,453	16,553	16,653	16,753	16,853	16,953
16,054	16,154	16,254	16,354	16,454	16,554	16,654	16,754	16,854	16,954
16,055	16,155	16,255	16,355	16,455	16,555	16,655	16,755	16,855	16,955
16,056	16,156	16,256	16,356	16,456	16,556	16,656	16,756	16,856	16,956
16,057	16,157	16,257	16,357	16,457	16,557	16,657	16,757	16,857	16,957
16,058	16,158	16,258	16,358	16,458	16,558	16,658	16,758	16,858	16,958
16,059	16,159	16,259	16,359	16,459	16,559	16,659	16,759	16,859	16,959
16,060	16,160	16,260	16,360	16,460	16,560	16,660	16,760	16,860	16,960
16,061	16,161	16,261	16,361	16,461	16,561	16,661	16,761	16,861	16,961
16,062	16,162	16,262	16,362	16,462	16,562	16,662	16,762	16,862	16,962
16,063	16,163	16,263	16,363	16,463	16,563	16,663	16,763	16,863	16,963
16,064	16,164	16,264	16,364	16,464	16,564	16,664	16,764	16,864	16,964
16,065	16,165	16,265	16,365	16,465	16,565	16,665	16,765	16,865	16,965
16,066	16,166	16,266	16,366	16,466	16,566	16,666	16,766	16,866	16,966
16,067	16,167	16,267	16,367	16,467	16,567	16,667	16,767	16,867	16,967
16,068	16,168	16,268	16,368	16,468	16,568	16,668	16,768	16,868	16,968
16,069	16,169	16,269	16,369	16,469	16,569	16,669	16,769	16,869	16,969
16,070	16,170	16,270	16,370	16,470	16,570	16,670	16,770	16,870	16,970
16,071	16,171	16,271	16,371	16,471	16,571	16,671	16,771	16,871	16,971
16,072	16,172	16,272	16,372	16,472	16,572	16,672	16,772	16,872	16,972
16,073	16,173	16,273	16,373	16,473	16,573	16,673	16,773	16,873	16,973
16,074	16,174	16,274	16,374	16,474	16,574	16,674	16,774	16,874	16,974
16,075	16,175	16,275	16,375	16,475	16,575	16,675	16,775	16,875	16,975
16,076	16,176	16,276	16,376	16,476	16,576	16,676	16,776	16,876	16,976
16,077	16,177	16,277	16,377	16,477	16,577	16,677	16,777	16,877	16,977
16,078	16,178	16,278	16,378	16,478	16,578	16,678	16,778	16,878	16,978
16,079	16,179	16,279	16,379	16,479	16,579	16,679	16,779	16,879	16,979
16,080	16,180	16,280	16,380	16,480	16,580	16,680	16,780	16,880	16,980
16,081	16,181	16,281	16,381	16,481	16,581	16,681	16,781	16,881	16,981
16,082	16,182	16,282	16,382	16,482	16,582	16,682	16,782	16,882	16,982
16,083	16,183	16,283	16,383	16,483	16,583	16,683	16,783	16,883	16,983
16,084	16,184	16,284	16,384	16,484	16,584	16,684	16,784	16,884	16,984
16,085	16,185	16,285	16,385	16,485	16,585	16,685	16,785	16,885	16,985
16,086	16,186	16,286	16,386	16,486	16,586	16,686	16,786	16,886	16,986
16,087	16,187	16,287	16,387	16,487	16,587	16,687	16,787	16,887	16,987
16,088	16,188	16,288	16,388	16,488	16,588	16,688	16,788	16,888	16,988
16,089	16,189	16,289	16,389	16,489	16,589	16,689	16,789	16,889	16,989
16,090	16,190	16,290	16,390	16,490	16,590	16,690	16,790	16,890	16,990
16,091	16,191	16,291	16,391	16,491	16,591	16,691	16,791	16,891	16,991
16,092	16,192	16,292	16,392	16,492	16,592	16,692	16,792	16,892	16,992
16,093	16,193	16,293	16,393	16,493	16,593	16,693	16,793	16,893	16,993
16,094	16,194	16,294	16,394	16,494	16,594	16,694	16,794	16,894	16,994
16,095	16,195	16,295	16,395	16,495	16,595	16,695	16,795	16,895	16,995
16,096	16,196	16,296	16,396	16,496	16,596	16,696	16,796	16,896	16,996
16,097	16,197	16,297	16,397	16,497	16,597	16,697	16,797	16,897	16,997
16,098	16,198	16,298	16,398	16,498	16,598	16,698	16,798	16,898	16,998
16,099	16,199	16,299	16,399	16,499	16,599	16,699	16,799	16,899	16,999

17,000	17,100	17,200	17,300	17,400	17,500	17,600	17,700	17,800	17,900
17,001	17,101	17,201	17,301	17,401	17,501	17,601	17,701	17,801	17,901
17,002	17,102	17,202	17,302	17,402	17,502	17,602	17,702	17,802	17,902
17,003	17,103	17,203	17,303	17,403	17,503	17,603	17,703	17,803	17,903
17,004	17,104	17,204	17,304	17,404	17,504	17,604	17,704	17,804	17,904
17,005	17,105	17,205	17,305	17,405	17,505	17,605	17,705	17,805	17,905
17,006	17,106	17,206	17,306	17,406	17,506	17,606	17,706	17,806	17,906
17,007	17,107	17,207	17,307	17,407	17,507	17,607	17,707	17,807	17,907
17,008	17,108	17,208	17,308	17,408	17,508	17,608	17,708	17,808	17,908
17,009	17,109	17,209	17,309	17,409	17,509	17,609	17,709	17,809	17,909
17,010	17,110	17,210	17,310	17,410	17,510	17,610	17,710	17,810	17,910
17,011	17,111	17,211	17,311	17,411	17,511	17,611	17,711	17,811	17,911
17,012	17,112	17,212	17,312	17,412	17,512	17,612	17,712	17,812	17,912
17,013	17,113	17,213	17,313	17,413	17,513	17,613	17,713	17,813	17,913
17,014	17,114	17,214	17,314	17,414	17,514	17,614	17,714	17,814	17,914
17,015	17,115	17,215	17,315	17,415	17,515	17,615	17,715	17,815	17,915
17,016	17,116	17,216	17,316	17,416	17,516	17,616	17,716	17,816	17,916
17,017	17,117	17,217	17,317	17,417	17,517	17,617	17,717	17,817	17,917
17,018	17,118	17,218	17,318	17,418	17,518	17,618	17,718	17,818	17,918
17,019	17,119	17,219	17,319	17,419	17,519	17,619	17,719	17,819	17,919
17,020	17,120	17,220	17,320	17,420	17,520	17,620	17,720	17,820	17,920
17,021	17,121	17,221	17,321	17,421	17,521	17,621	17,721	17,821	17,921
17,022	17,122	17,222	17,322	17,422	17,522	17,622	17,722	17,822	17,922
17,023	17,123	17,223	17,323	17,423	17,523	17,623	17,723	17,823	17,923
17,024	17,124	17,224	17,324	17,424	17,524	17,624	17,724	17,824	17,924
17,025	17,125	17,225	17,325	17,425	17,525	17,625	17,725	17,825	17,925
17,026	17,126	17,226	17,326	17,426	17,526	17,626	17,726	17,826	17,926
17,027	17,127	17,227	17,327	17,427	17,527	17,627	17,727	17,827	17,927
17,028	17,128	17,228	17,328	17,428	17,528	17,628	17,728	17,828	17,928
17,029	17,129	17,229	17,329	17,429	17,529	17,629	17,729	17,829	17,929
17,030	17,130	17,230	17,330	17,430	17,530	17,630	17,730	17,830	17,930
17,031	17,131	17,231	17,331	17,431	17,531	17,631	17,731	17,831	17,931
17,032	17,132	17,232	17,332	17,432	17,532	17,632	17,732	17,832	17,932
17,033	17,133	17,233	17,333	17,433	17,533	17,633	17,733	17,833	17,933
17,034	17,134	17,234	17,334	17,434	17,534	17,634	17,734	17,834	17,934
17,035	17,135	17,235	17,335	17,435	17,535	17,635	17,735	17,835	17,935
17,036	17,136	17,236	17,336	17,436	17,536	17,636	17,736	17,836	17,936
17,037	17,137	17,237	17,337	17,437	17,537	17,637	17,737	17,837	17,937
17,038	17,138	17,238	17,338	17,438	17,538	17,638	17,738	17,838	17,938
17,039	17,139	17,239	17,339	17,439	17,539	17,639	17,739	17,839	17,939
17,040	17,140	17,240	17,340	17,440	17,540	17,640	17,740	17,840	17,940
17,041	17,141	17,241	17,341	17,441	17,541	17,641	17,741	17,841	17,941
17,042	17,142	17,242	17,342	17,442	17,542	17,642	17,742	17,842	17,942
17,043	17,143	17,243	17,343	17,443	17,543	17,643	17,743	17,843	17,943
17,044	17,144	17,244	17,344	17,444	17,544	17,644	17,744	17,844	17,944
17,045	17,145	17,245	17,345	17,445	17,545	17,645	17,745	17,845	17,945
17,046	17,146	17,246	17,346	17,446	17,546	17,646	17,746	17,846	17,946
17,047	17,147	17,247	17,347	17,447	17,547	17,647	17,747	17,847	17,947
17,048	17,148	17,248	17,348	17,448	17,548	17,648	17,748	17,848	17,948
17,049	17,149	17,249	17,349	17,449	17,549	17,649	17,749	17,849	17,949
17,050	17,150	17,250	17,350	17,450	17,550	17,650	17,750	17,850	17,950
17,051	17,151	17,251	17,351	17,451	17,551	17,651	17,751	17,851	17,951
17,052	17,152	17,252	17,352	17,452	17,552	17,652	17,752	17,852	17,952
17,053	17,153	17,253	17,353	17,453	17,553	17,653	17,753	17,853	17,953
17,054	17,154	17,254	17,354	17,454	17,554	17,654	17,754	17,854	17,954
17,055	17,155	17,255	17,355	17,455	17,555	17,655	17,755	17,855	17,955
17,056	17,156	17,256	17,356	17,456	17,556	17,656	17,756	17,856	17,956
17,057	17,157	17,257	17,357	17,457	17,557	17,657	17,757	17,857	17,957
17,058	17,158	17,258	17,358	17,458	17,558	17,658	17,758	17,858	17,958
17,059	17,159	17,259	17,359	17,459	17,559	17,659	17,759	17,859	17,959
17,060	17,160	17,260	17,360	17,460	17,560	17,660	17,760	17,860	17,960
17,061	17,161	17,261	17,361	17,461	17,561	17,661	17,761	17,861	17,961
17,062	17,162	17,262	17,362	17,462	17,562	17,662	17,762	17,862	17,962
17,063	17,163	17,263	17,363	17,463	17,563	17,663	17,763	17,863	17,963
17,064	17,164	17,264	17,364	17,464	17,564	17,664	17,764	17,864	17,964
17,065	17,165	17,265	17,365	17,465	17,565	17,665	17,765	17,865	17,965
17,066	17,166	17,266	17,366	17,466	17,566	17,666	17,766	17,866	17,966
17,067	17,167	17,267	17,367	17,467	17,567	17,667	17,767	17,867	17,967
17,068	17,168	17,268	17,368	17,468	17,568	17,668	17,768	17,868	17,968
17,069	17,169	17,269	17,369	17,469	17,569	17,669	17,769	17,869	17,969
17,070	17,170	17,270	17,370	17,470	17,570	17,670	17,770	17,870	17,970
17,071	17,171	17,271	17,371	17,471	17,571	17,671	17,771	17,871	17,971
17,072	17,172	17,272	17,372	17,472	17,572	17,672	17,772	17,872	17,972
17,073	17,173	17,273	17,373	17,473	17,573	17,673	17,773	17,873	17,973
17,074	17,174	17,274	17,374	17,474	17,574	17,674	17,774	17,874	17,974
17,075	17,175	17,275	17,375	17,475	17,575	17,675	17,775	17,875	17,975
17,076	17,176	17,276	17,376	17,476	17,576	17,676	17,776	17,876	17,976
17,077	17,177	17,277	17,377	17,477	17,577	17,677	17,777	17,877	17,977
17,078	17,178	17,278	17,378	17,478	17,578	17,678	17,778	17,878	17,978
17,079	17,179	17,279	17,379	17,479	17,579	17,679	17,779	17,879	17,979
17,080	17,180	17,280	17,380	17,480	17,580	17,680	17,780	17,880	17,980
17,081	17,181	17,281	17,381	17,481	17,581	17,681	17,781	17,881	17,981
17,082	17,182	17,282	17,382	17,482	17,582	17,682	17,782	17,882	17,982
17,083	17,183	17,283	17,383	17,483	17,583	17,683	17,783	17,883	17,983
17,084	17,184	17,284	17,384	17,484	17,584	17,684	17,784	17,884	17,984
17,085	17,185	17,285	17,385	17,485	17,585	17,685	17,785	17,885	17,985
17,086	17,186	17,286	17,386	17,486	17,586	17,686	17,786	17,886	17,986
17,087	17,187	17,287	17,387	17,487	17,587	17,687	17,787	17,887	17,987
17,088	17,188	17,288	17,388	17,488	17,588	17,688	17,788	17,888	17,988
17,089	17,189	17,289	17,389	17,489	17,589	17,689	17,789	17,889	17,989
17,090	17,190	17,290	17,390	17,490	17,590	17,690	17,790	17,890	17,990
17,091	17,191	17,291	17,391	17,491	17,591	17,691	17,791	17,891	17,991
17,092	17,192	17,292	17,392	17,492	17,592	17,692	17,792	17,892	17,992
17,093	17,193	17,293	17,393	17,493	17,593	17,693	17,793	17,893	17,993
17,094	17,194	17,294	17,394	17,494	17,594	17,694	17,794	17,894	17,994
17,095	17,195	17,295	17,395	17,495	17,595	17,695	17,795	17,895	17,995
17,096	17,196	17,296	17,396	17,496	17,596	17,696	17,796	17,896	17,996
17,097	17,197	17,297	17,397	17,497	17,597	17,697	17,797	17,897	17,997
17,098	17,198	17,298	17,398	17,498	17,598	17,698	17,798	17,898	17,998
17,099	17,199	17,299	17,399	17,499	17,599	17,699	17,799	17,899	17,999

18,000	18,100	18,200	18,300	18,400	18,500	18,600	18,700	18,800	18,900
18,001	18,101	18,201	18,301	18,401	18,501	18,601	18,701	18,801	18,901
18,002	18,102	18,202	18,302	18,402	18,502	18,602	18,702	18,802	18,902
18,003	18,103	18,203	18,303	18,403	18,503	18,603	18,703	18,803	18,903
18,004	18,104	18,204	18,304	18,404	18,504	18,604	18,704	18,804	18,904
18,005	18,105	18,205	18,305	18,405	18,505	18,605	18,705	18,805	18,905
18,006	18,106	18,206	18,306	18,406	18,506	18,606	18,706	18,806	18,906
18,007	18,107	18,207	18,307	18,407	18,507	18,607	18,707	18,807	18,907
18,008	18,108	18,208	18,308	18,408	18,508	18,608	18,708	18,808	18,908
18,009	18,109	18,209	18,309	18,409	18,509	18,609	18,709	18,809	18,909
18,010	18,110	18,210	18,310	18,410	18,510	18,610	18,710	18,810	18,910
18,011	18,111	18,211	18,311	18,411	18,511	18,611	18,711	18,811	18,911
18,012	18,112	18,212	18,312	18,412	18,512	18,612	18,712	18,812	18,912
18,013	18,113	18,213	18,313	18,413	18,513	18,613	18,713	18,813	18,913
18,014	18,114	18,214	18,314	18,414	18,514	18,614	18,714	18,814	18,914
18,015	18,115	18,215	18,315	18,415	18,515	18,615	18,715	18,815	18,915
18,016	18,116	18,216	18,316	18,416	18,516	18,616	18,716	18,816	18,916
18,017	18,117	18,217	18,317	18,417	18,517	18,617	18,717	18,817	18,917
18,018	18,118	18,218	18,318	18,418	18,518	18,618	18,718	18,818	18,918
18,019	18,119	18,219	18,319	18,419	18,519	18,619	18,719	18,819	18,919
18,020	18,120	18,220	18,320	18,420	18,520	18,620	18,720	18,820	18,920
18,021	18,121	18,221	18,321	18,421	18,521	18,621	18,721	18,821	18,921
18,022	18,122	18,222	18,322	18,422	18,522	18,622	18,722	18,822	18,922
18,023	18,123	18,223	18,323	18,423	18,523	18,623	18,723	18,823	18,923
18,024	18,124	18,224	18,324	18,424	18,524	18,624	18,724	18,824	18,924
18,025	18,125	18,225	18,325	18,425	18,525	18,625	18,725	18,825	18,925
18,026	18,126	18,226	18,326	18,426	18,526	18,626	18,726	18,826	18,926
18,027	18,127	18,227	18,327	18,427	18,527	18,627	18,727	18,827	18,927
18,028	18,128	18,228	18,328	18,428	18,528	18,628	18,728	18,828	18,928
18,029	18,129	18,229	18,329	18,429	18,529	18,629	18,729	18,829	18,929
18,030	18,130	18,230	18,330	18,430	18,530	18,630	18,730	18,830	18,930
18,031	18,131	18,231	18,331	18,431	18,531	18,631	18,731	18,831	18,931
18,032	18,132	18,232	18,332	18,432	18,532	18,632	18,732	18,832	18,932
18,033	18,133	18,233	18,333	18,433	18,533	18,633	18,733	18,833	18,933
18,034	18,134	18,234	18,334	18,434	18,534	18,634	18,734	18,834	18,934
18,035	18,135	18,235	18,335	18,435	18,535	18,635	18,735	18,835	18,935
18,036	18,136	18,236	18,336	18,436	18,536	18,636	18,736	18,836	18,936
18,037	18,137	18,237	18,337	18,437	18,537	18,637	18,737	18,837	18,937
18,038	18,138	18,238	18,338	18,438	18,538	18,638	18,738	18,838	18,938
18,039	18,139	18,239	18,339	18,439	18,539	18,639	18,739	18,839	18,939
18,040	18,140	18,240	18,340	18,440	18,540	18,640	18,740	18,840	18,940
18,041	18,141	18,241	18,341	18,441	18,541	18,641	18,741	18,841	18,941
18,042	18,142	18,242	18,342	18,442	18,542	18,642	18,742	18,842	18,942
18,043	18,143	18,243	18,343	18,443	18,543	18,643	18,743	18,843	18,943
18,044	18,144	18,244	18,344	18,444	18,544	18,644	18,744	18,844	18,944
18,045	18,145	18,245	18,345	18,445	18,545	18,645	18,745	18,845	18,945
18,046	18,146	18,246	18,346	18,446	18,546	18,646	18,746	18,846	18,946
18,047	18,147	18,247	18,347	18,447	18,547	18,647	18,747	18,847	18,947
18,048	18,148	18,248	18,348	18,448	18,548	18,648	18,748	18,848	18,948
18,049	18,149	18,249	18,349	18,449	18,549	18,649	18,749	18,849	18,949
18,050	18,150	18,250	18,350	18,450	18,550	18,650	18,750	18,850	18,950
18,051	18,151	18,251	18,351	18,451	18,551	18,651	18,751	18,851	18,951
18,052	18,152	18,252	18,352	18,452	18,552	18,652	18,752	18,852	18,952
18,053	18,153	18,253	18,353	18,453	18,553	18,653	18,753	18,853	18,953
18,054	18,154	18,254	18,354	18,454	18,554	18,654	18,754	18,854	18,954
18,055	18,155	18,255	18,355	18,455	18,555	18,655	18,755	18,855	18,955
18,056	18,156	18,256	18,356	18,456	18,556	18,656	18,756	18,856	18,956
18,057	18,157	18,257	18,357	18,457	18,557	18,657	18,757	18,857	18,957
18,058	18,158	18,258	18,358	18,458	18,558	18,658	18,758	18,858	18,958
18,059	18,159	18,259	18,359	18,459	18,559	18,659	18,759	18,859	18,959
18,060	18,160	18,260	18,360	18,460	18,560	18,660	18,760	18,860	18,960
18,061	18,161	18,261	18,361	18,461	18,561	18,661	18,761	18,861	18,961
18,062	18,162	18,262	18,362	18,462	18,562	18,662	18,762	18,862	18,962
18,063	18,163	18,263	18,363	18,463	18,563	18,663	18,763	18,863	18,963
18,064	18,164	18,264	18,364	18,464	18,564	18,664	18,764	18,864	18,964
18,065	18,165	18,265	18,365	18,465	18,565	18,665	18,765	18,865	18,965
18,066	18,166	18,266	18,366	18,466	18,566	18,666	18,766	18,866	18,966
18,067	18,167	18,267	18,367	18,467	18,567	18,667	18,767	18,867	18,967
18,068	18,168	18,268	18,368	18,468	18,568	18,668	18,768	18,868	18,968
18,069	18,169	18,269	18,369	18,469	18,569	18,669	18,769	18,869	18,969
18,070	18,170	18,270	18,370	18,470	18,570	18,670	18,770	18,870	18,970
18,071	18,171	18,271	18,371	18,471	18,571	18,671	18,771	18,871	18,971
18,072	18,172	18,272	18,372	18,472	18,572	18,672	18,772	18,872	18,972
18,073	18,173	18,273	18,373	18,473	18,573	18,673	18,773	18,873	18,973
18,074	18,174	18,274	18,374	18,474	18,574	18,674	18,774	18,874	18,974
18,075	18,175	18,275	18,375	18,475	18,575	18,675	18,775	18,875	18,975
18,076	18,176	18,276	18,376	18,476	18,576	18,676	18,776	18,876	18,976
18,077	18,177	18,277	18,377	18,477	18,577	18,677	18,777	18,877	18,977
18,078	18,178	18,278	18,378	18,478	18,578	18,678	18,778	18,878	18,978
18,079	18,179	18,279	18,379	18,479	18,579	18,679	18,779	18,879	18,979
18,080	18,180	18,280	18,380	18,480	18,580	18,680	18,780	18,880	18,980
18,081	18,181	18,281	18,381	18,481	18,581	18,681	18,781	18,881	18,981
18,082	18,182	18,282	18,382	18,482	18,582	18,682	18,782	18,882	18,982
18,083	18,183	18,283	18,383	18,483	18,583	18,683	18,783	18,883	18,983
18,084	18,184	18,284	18,384	18,484	18,584	18,684	18,784	18,884	18,984
18,085	18,185	18,285	18,385	18,485	18,585	18,685	18,785	18,885	18,985
18,086	18,186	18,286	18,386	18,486	18,586	18,686	18,786	18,886	18,986
18,087	18,187	18,287	18,387	18,487	18,587	18,687	18,787	18,887	18,987
18,088	18,188	18,288	18,388	18,488	18,588	18,688	18,788	18,888	18,988
18,089	18,189	18,289	18,389	18,489	18,589	18,689	18,789	18,889	18,989
18,090	18,190	18,290	18,390	18,490	18,590	18,690	18,790	18,890	18,990
18,091	18,191	18,291	18,391	18,491	18,591	18,691	18,791	18,891	18,991
18,092	18,192	18,292	18,392	18,492	18,592	18,692	18,792	18,892	18,992
18,093	18,193	18,293	18,393	18,493	18,593	18,693	18,793	18,893	18,993
18,094	18,194	18,294	18,394	18,494	18,594	18,694	18,794	18,894	18,994
18,095	18,195	18,295	18,395	18,495	18,595	18,695	18,795	18,895	18,995
18,096	18,196	18,296	18,396	18,496	18,596	18,696	18,796	18,896	18,996
18,097	18,197	18,297	18,397	18,497	18,597	18,697	18,797	18,897	18,997
18,098	18,198	18,298	18,398	18,498	18,598	18,698	18,798	18,898	18,998
18,099	18,199	18,299	18,399	18,499	18,599	18,699	18,799	18,899	18,999

19,000	19,100	19,200	19,300	19,400	19,500	19,600	19,700	19,800	19,900
19,001	19,101	19,201	19,301	19,401	19,501	19,601	19,701	19,801	19,901
19,002	19,102	19,202	19,302	19,402	19,502	19,602	19,702	19,802	19,902
19,003	19,103	19,203	19,303	19,403	19,503	19,603	19,703	19,803	19,903
19,004	19,104	19,204	19,304	19,404	19,504	19,604	19,704	19,804	19,904
19,005	19,105	19,205	19,305	19,405	19,505	19,605	19,705	19,805	19,905
19,006	19,106	19,206	19,306	19,406	19,506	19,606	19,706	19,806	19,906
19,007	19,107	19,207	19,307	19,407	19,507	19,607	19,707	19,807	19,907
19,008	19,108	19,208	19,308	19,408	19,508	19,608	19,708	19,808	19,908
19,009	19,109	19,209	19,309	19,409	19,509	19,609	19,709	19,809	19,909
19,010	19,110	19,210	19,310	19,410	19,510	19,610	19,710	19,810	19,910
19,011	19,111	19,211	19,311	19,411	19,511	19,611	19,711	19,811	19,911
19,012	19,112	19,212	19,312	19,412	19,512	19,612	19,712	19,812	19,912
19,013	19,113	19,213	19,313	19,413	19,513	19,613	19,713	19,813	19,913
19,014	19,114	19,214	19,314	19,414	19,514	19,614	19,714	19,814	19,914
19,015	19,115	19,215	19,315	19,415	19,515	19,615	19,715	19,815	19,915
19,016	19,116	19,216	19,316	19,416	19,516	19,616	19,716	19,816	19,916
19,017	19,117	19,217	19,317	19,417	19,517	19,617	19,717	19,817	19,917
19,018	19,118	19,218	19,318	19,418	19,518	19,618	19,718	19,818	19,918
19,019	19,119	19,219	19,319	19,419	19,519	19,619	19,719	19,819	19,919
19,020	19,120	19,220	19,320	19,420	19,520	19,620	19,720	19,820	19,920
19,021	19,121	19,221	19,321	19,421	19,521	19,621	19,721	19,821	19,921
19,022	19,122	19,222	19,322	19,422	19,522	19,622	19,722	19,822	19,922
19,023	19,123	19,223	19,323	19,423	19,523	19,623	19,723	19,823	19,923
19,024	19,124	19,224	19,324	19,424	19,524	19,624	19,724	19,824	19,924
19,025	19,125	19,225	19,325	19,425	19,525	19,625	19,725	19,825	19,925
19,026	19,126	19,226	19,326	19,426	19,526	19,626	19,726	19,826	19,926
19,027	19,127	19,227	19,327	19,427	19,527	19,627	19,727	19,827	19,927
19,028	19,128	19,228	19,328	19,428	19,528	19,628	19,728	19,828	19,928
19,029	19,129	19,229	19,329	19,429	19,529	19,629	19,729	19,829	19,929
19,030	19,130	19,230	19,330	19,430	19,530	19,630	19,730	19,830	19,930
19,031	19,131	19,231	19,331	19,431	19,531	19,631	19,731	19,831	19,931
19,032	19,132	19,232	19,332	19,432	19,532	19,632	19,732	19,832	19,932
19,033	19,133	19,233	19,333	19,433	19,533	19,633	19,733	19,833	19,933
19,034	19,134	19,234	19,334	19,434	19,534	19,634	19,734	19,834	19,934
19,035	19,135	19,235	19,335	19,435	19,535	19,635	19,735	19,835	19,935
19,036	19,136	19,236	19,336	19,436	19,536	19,636	19,736	19,836	19,936
19,037	19,137	19,237	19,337	19,437	19,537	19,637	19,737	19,837	19,937
19,038	19,138	19,238	19,338	19,438	19,538	19,638	19,738	19,838	19,938
19,039	19,139	19,239	19,339	19,439	19,539	19,639	19,739	19,839	19,939
19,040	19,140	19,240	19,340	19,440	19,540	19,640	19,740	19,840	19,940
19,041	19,141	19,241	19,341	19,441	19,541	19,641	19,741	19,841	19,941
19,042	19,142	19,242	19,342	19,442	19,542	19,642	19,742	19,842	19,942
19,043	19,143	19,243	19,343	19,443	19,543	19,643	19,743	19,843	19,943
19,044	19,144	19,244	19,344	19,444	19,544	19,644	19,744	19,844	19,944
19,045	19,145	19,245	19,345	19,445	19,545	19,645	19,745	19,845	19,945
19,046	19,146	19,246	19,346	19,446	19,546	19,646	19,746	19,846	19,946
19,047	19,147	19,247	19,347	19,447	19,547	19,647	19,747	19,847	19,947
19,048	19,148	19,248	19,348	19,448	19,548	19,648	19,748	19,848	19,948
19,049	19,149	19,249	19,349	19,449	19,549	19,649	19,749	19,849	19,949
19,050	19,150	19,250	19,350	19,450	19,550	19,650	19,750	19,850	19,950
19,051	19,151	19,251	19,351	19,451	19,551	19,651	19,751	19,851	19,951
19,052	19,152	19,252	19,352	19,452	19,552	19,652	19,752	19,852	19,952
19,053	19,153	19,253	19,353	19,453	19,553	19,653	19,753	19,853	19,953
19,054	19,154	19,254	19,354	19,454	19,554	19,654	19,754	19,854	19,954
19,055	19,155	19,255	19,355	19,455	19,555	19,655	19,755	19,855	19,955
19,056	19,156	19,256	19,356	19,456	19,556	19,656	19,756	19,856	19,956
19,057	19,157	19,257	19,357	19,457	19,557	19,657	19,757	19,857	19,957
19,058	19,158	19,258	19,358	19,458	19,558	19,658	19,758	19,858	19,958
19,059	19,159	19,259	19,359	19,459	19,559	19,659	19,759	19,859	19,959
19,060	19,160	19,260	19,360	19,460	19,560	19,660	19,760	19,860	19,960
19,061	19,161	19,261	19,361	19,461	19,561	19,661	19,761	19,861	19,961
19,062	19,162	19,262	19,362	19,462	19,562	19,662	19,762	19,862	19,962
19,063	19,163	19,263	19,363	19,463	19,563	19,663	19,763	19,863	19,963
19,064	19,164	19,264	19,364	19,464	19,564	19,664	19,764	19,864	19,964
19,065	19,165	19,265	19,365	19,465	19,565	19,665	19,765	19,865	19,965
19,066	19,166	19,266	19,366	19,466	19,566	19,666	19,766	19,866	19,966
19,067	19,167	19,267	19,367	19,467	19,567	19,667	19,767	19,867	19,967
19,068	19,168	19,268	19,368	19,468	19,568	19,668	19,768	19,868	19,968
19,069	19,169	19,269	19,369	19,469	19,569	19,669	19,769	19,869	19,969
19,070	19,170	19,270	19,370	19,470	19,570	19,670	19,770	19,870	19,970
19,071	19,171	19,271	19,371	19,471	19,571	19,671	19,771	19,871	19,971
19,072	19,172	19,272	19,372	19,472	19,572	19,672	19,772	19,872	19,972
19,073	19,173	19,273	19,373	19,473	19,573	19,673	19,773	19,873	19,973
19,074	19,174	19,274	19,374	19,474	19,574	19,674	19,774	19,874	19,974
19,075	19,175	19,275	19,375	19,475	19,575	19,675	19,775	19,875	19,975
19,076	19,176	19,276	19,376	19,476	19,576	19,676	19,776	19,876	19,976
19,077	19,177	19,277	19,377	19,477	19,577	19,677	19,777	19,877	19,977
19,078	19,178	19,278	19,378	19,478	19,578	19,678	19,778	19,878	19,978
19,079	19,179	19,279	19,379	19,479	19,579	19,679	19,779	19,879	19,979
19,080	19,180	19,280	19,380	19,480	19,580	19,680	19,780	19,880	19,980
19,081	19,181	19,281	19,381	19,481	19,581	19,681	19,781	19,881	19,981
19,082	19,182	19,282	19,382	19,482	19,582	19,682	19,782	19,882	19,982
19,083	19,183	19,283	19,383	19,483	19,583	19,683	19,783	19,883	19,983
19,084	19,184	19,284	19,384	19,484	19,584	19,684	19,784	19,884	19,984
19,085	19,185	19,285	19,385	19,485	19,585	19,685	19,785	19,885	19,985
19,086	19,186	19,286	19,386	19,486	19,586	19,686	19,786	19,886	19,986
19,087	19,187	19,287	19,387	19,487	19,587	19,687	19,787	19,887	19,987
19,088	19,188	19,288	19,388	19,488	19,588	19,688	19,788	19,888	19,988
19,089	19,189	19,289	19,389	19,489	19,589	19,689	19,789	19,889	19,989
19,090	19,190	19,290	19,390	19,490	19,590	19,690	19,790	19,890	19,990
19,091	19,191	19,291	19,391	19,491	19,591	19,691	19,791	19,891	19,991
19,092	19,192	19,292	19,392	19,492	19,592	19,692	19,792	19,892	19,992
19,093	19,193	19,293	19,393	19,493	19,593	19,693	19,793	19,893	19,993
19,094	19,194	19,294	19,394	19,494	19,594	19,694	19,794	19,894	19,994
19,095	19,195	19,295	19,395	19,495	19,595	19,695	19,795	19,895	19,995
19,096	19,196	19,296	19,396	19,496	19,596	19,696	19,796	19,896	19,996
19,097	19,197	19,297	19,397	19,497	19,597	19,697	19,797	19,897	19,997
19,098	19,198	19,298	19,398	19,498	19,598	19,698	19,798	19,898	19,998
19,099	19,199	19,299	19,399	19,499	19,599	19,699	19,799	19,899	19,999

20,000	20,100	20,200	20,300	20,400	20,500	20,600	20,700	20,800	20,900
20,001	20,101	20,201	20,301	20,401	20,501	20,601	20,701	20,801	20,901
20,002	20,102	20,202	20,302	20,402	20,502	20,602	20,702	20,802	20,902
20,003	20,103	20,203	20,303	20,403	20,503	20,603	20,703	20,803	20,903
20,004	20,104	20,204	20,304	20,404	20,504	20,604	20,704	20,804	20,904
20,005	20,105	20,205	20,305	20,405	20,505	20,605	20,705	20,805	20,905
20,006	20,106	20,206	20,306	20,406	20,506	20,606	20,706	20,806	20,906
20,007	20,107	20,207	20,307	20,407	20,507	20,607	20,707	20,807	20,907
20,008	20,108	20,208	20,308	20,408	20,508	20,608	20,708	20,808	20,908
20,009	20,109	20,209	20,309	20,409	20,509	20,609	20,709	20,809	20,909
20,010	20,110	20,210	20,310	20,410	20,510	20,610	20,710	20,810	20,910
20,011	20,111	20,211	20,311	20,411	20,511	20,611	20,711	20,811	20,911
20,012	20,112	20,212	20,312	20,412	20,512	20,612	20,712	20,812	20,912
20,013	20,113	20,213	20,313	20,413	20,513	20,613	20,713	20,813	20,913
20,014	20,114	20,214	20,314	20,414	20,514	20,614	20,714	20,814	20,914
20,015	20,115	20,215	20,315	20,415	20,515	20,615	20,715	20,815	20,915
20,016	20,116	20,216	20,316	20,416	20,516	20,616	20,716	20,816	20,916
20,017	20,117	20,217	20,317	20,417	20,517	20,617	20,717	20,817	20,917
20,018	20,118	20,218	20,318	20,418	20,518	20,618	20,718	20,818	20,918
20,019	20,119	20,219	20,319	20,419	20,519	20,619	20,719	20,819	20,919
20,020	20,120	20,220	20,320	20,420	20,520	20,620	20,720	20,820	20,920
20,021	20,121	20,221	20,321	20,421	20,521	20,621	20,721	20,821	20,921
20,022	20,122	20,222	20,322	20,422	20,522	20,622	20,722	20,822	20,922
20,023	20,123	20,223	20,323	20,423	20,523	20,623	20,723	20,823	20,923
20,024	20,124	20,224	20,324	20,424	20,524	20,624	20,724	20,824	20,924
20,025	20,125	20,225	20,325	20,425	20,525	20,625	20,725	20,825	20,925
20,026	20,126	20,226	20,326	20,426	20,526	20,626	20,726	20,826	20,926
20,027	20,127	20,227	20,327	20,427	20,527	20,627	20,727	20,827	20,927
20,028	20,128	20,228	20,328	20,428	20,528	20,628	20,728	20,828	20,928
20,029	20,129	20,229	20,329	20,429	20,529	20,629	20,729	20,829	20,929
20,030	20,130	20,230	20,330	20,430	20,530	20,630	20,730	20,830	20,930
20,031	20,131	20,231	20,331	20,431	20,531	20,631	20,731	20,831	20,931
20,032	20,132	20,232	20,332	20,432	20,532	20,632	20,732	20,832	20,932
20,033	20,133	20,233	20,333	20,433	20,533	20,633	20,733	20,833	20,933
20,034	20,134	20,234	20,334	20,434	20,534	20,634	20,734	20,834	20,934
20,035	20,135	20,235	20,335	20,435	20,535	20,635	20,735	20,835	20,935
20,036	20,136	20,236	20,336	20,436	20,536	20,636	20,736	20,836	20,936
20,037	20,137	20,237	20,337	20,437	20,537	20,637	20,737	20,837	20,937
20,038	20,138	20,238	20,338	20,438	20,538	20,638	20,738	20,838	20,938
20,039	20,139	20,239	20,339	20,439	20,539	20,639	20,739	20,839	20,939
20,040	20,140	20,240	20,340	20,440	20,540	20,640	20,740	20,840	20,940
20,041	20,141	20,241	20,341	20,441	20,541	20,641	20,741	20,841	20,941
20,042	20,142	20,242	20,342	20,442	20,542	20,642	20,742	20,842	20,942
20,043	20,143	20,243	20,343	20,443	20,543	20,643	20,743	20,843	20,943
20,044	20,144	20,244	20,344	20,444	20,544	20,644	20,744	20,844	20,944
20,045	20,145	20,245	20,345	20,445	20,545	20,645	20,745	20,845	20,945
20,046	20,146	20,246	20,346	20,446	20,546	20,646	20,746	20,846	20,946
20,047	20,147	20,247	20,347	20,447	20,547	20,647	20,747	20,847	20,947
20,048	20,148	20,248	20,348	20,448	20,548	20,648	20,748	20,848	20,948
20,049	20,149	20,249	20,349	20,449	20,549	20,649	20,749	20,849	20,949
20,050	20,150	20,250	20,350	20,450	20,550	20,650	20,750	20,850	20,950
20,051	20,151	20,251	20,351	20,451	20,551	20,651	20,751	20,851	20,951
20,052	20,152	20,252	20,352	20,452	20,552	20,652	20,752	20,852	20,952
20,053	20,153	20,253	20,353	20,453	20,553	20,653	20,753	20,853	20,953
20,054	20,154	20,254	20,354	20,454	20,554	20,654	20,754	20,854	20,954
20,055	20,155	20,255	20,355	20,455	20,555	20,655	20,755	20,855	20,955
20,056	20,156	20,256	20,356	20,456	20,556	20,656	20,756	20,856	20,956
20,057	20,157	20,257	20,357	20,457	20,557	20,657	20,757	20,857	20,957
20,058	20,158	20,258	20,358	20,458	20,558	20,658	20,758	20,858	20,958
20,059	20,159	20,259	20,359	20,459	20,559	20,659	20,759	20,859	20,959
20,060	20,160	20,260	20,360	20,460	20,560	20,660	20,760	20,860	20,960
20,061	20,161	20,261	20,361	20,461	20,561	20,661	20,761	20,861	20,961
20,062	20,162	20,262	20,362	20,462	20,562	20,662	20,762	20,862	20,962
20,063	20,163	20,263	20,363	20,463	20,563	20,663	20,763	20,863	20,963
20,064	20,164	20,264	20,364	20,464	20,564	20,664	20,764	20,864	20,964
20,065	20,165	20,265	20,365	20,465	20,565	20,665	20,765	20,865	20,965
20,066	20,166	20,266	20,366	20,466	20,566	20,666	20,766	20,866	20,966
20,067	20,167	20,267	20,367	20,467	20,567	20,667	20,767	20,867	20,967
20,068	20,168	20,268	20,368	20,468	20,568	20,668	20,768	20,868	20,968
20,069	20,169	20,269	20,369	20,469	20,569	20,669	20,769	20,869	20,969
20,070	20,170	20,270	20,370	20,470	20,570	20,670	20,770	20,870	20,970
20,071	20,171	20,271	20,371	20,471	20,571	20,671	20,771	20,871	20,971
20,072	20,172	20,272	20,372	20,472	20,572	20,672	20,772	20,872	20,972
20,073	20,173	20,273	20,373	20,473	20,573	20,673	20,773	20,873	20,973
20,074	20,174	20,274	20,374	20,474	20,574	20,674	20,774	20,874	20,974
20,075	20,175	20,275	20,375	20,475	20,575	20,675	20,775	20,875	20,975
20,076	20,176	20,276	20,376	20,476	20,576	20,676	20,776	20,876	20,976
20,077	20,177	20,277	20,377	20,477	20,577	20,677	20,777	20,877	20,977
20,078	20,178	20,278	20,378	20,478	20,578	20,678	20,778	20,878	20,978
20,079	20,179	20,279	20,379	20,479	20,579	20,679	20,779	20,879	20,979
20,080	20,180	20,280	20,380	20,480	20,580	20,680	20,780	20,880	20,980
20,081	20,181	20,281	20,381	20,481	20,581	20,681	20,781	20,881	20,981
20,082	20,182	20,282	20,382	20,482	20,582	20,682	20,782	20,882	20,982
20,083	20,183	20,283	20,383	20,483	20,583	20,683	20,783	20,883	20,983
20,084	20,184	20,284	20,384	20,484	20,584	20,684	20,784	20,884	20,984
20,085	20,185	20,285	20,385	20,485	20,585	20,685	20,785	20,885	20,985
20,086	20,186	20,286	20,386	20,486	20,586	20,686	20,786	20,886	20,986
20,087	20,187	20,287	20,387	20,487	20,587	20,687	20,787	20,887	20,987
20,088	20,188	20,288	20,388	20,488	20,588	20,688	20,788	20,888	20,988
20,089	20,189	20,289	20,389	20,489	20,589	20,689	20,789	20,889	20,989
20,090	20,190	20,290	20,390	20,490	20,590	20,690	20,790	20,890	20,990
20,091	20,191	20,291	20,391	20,491	20,591	20,691	20,791	20,891	20,991
20,092	20,192	20,292	20,392	20,492	20,592	20,692	20,792	20,892	20,992
20,093	20,193	20,293	20,393	20,493	20,593	20,693	20,793	20,893	20,993
20,094	20,194	20,294	20,394	20,494	20,594	20,694	20,794	20,894	20,994
20,095	20,195	20,295	20,395	20,495	20,595	20,695	20,795	20,895	20,995
20,096	20,196	20,296	20,396	20,496	20,596	20,696	20,796	20,896	20,996
20,097	20,197	20,297	20,397	20,497	20,597	20,697	20,797	20,897	20,997
20,098	20,198	20,298	20,398	20,498	20,598	20,698	20,798	20,898	20,998
20,099	20,199	20,299	20,399	20,499	20,599	20,699	20,799	20,899	20,999

21,000	21,100	21,200	21,300	21,400	21,500	21,600	21,700	21,800	21,900
21,001	21,101	21,201	21,301	21,401	21,501	21,601	21,701	21,801	21,901
21,002	21,102	21,202	21,302	21,402	21,502	21,602	21,702	21,802	21,902
21,003	21,103	21,203	21,303	21,403	21,503	21,603	21,703	21,803	21,903
21,004	21,104	21,204	21,304	21,404	21,504	21,604	21,704	21,804	21,904
21,005	21,105	21,205	21,305	21,405	21,505	21,605	21,705	21,805	21,905
21,006	21,106	21,206	21,306	21,406	21,506	21,606	21,706	21,806	21,906
21,007	21,107	21,207	21,307	21,407	21,507	21,607	21,707	21,807	21,907
21,008	21,108	21,208	21,308	21,408	21,508	21,608	21,708	21,808	21,908
21,009	21,109	21,209	21,309	21,409	21,509	21,609	21,709	21,809	21,909
21,010	21,110	21,210	21,310	21,410	21,510	21,610	21,710	21,810	21,910
21,011	21,111	21,211	21,311	21,411	21,511	21,611	21,711	21,811	21,911
21,012	21,112	21,212	21,312	21,412	21,512	21,612	21,712	21,812	21,912
21,013	21,113	21,213	21,313	21,413	21,513	21,613	21,713	21,813	21,913
21,014	21,114	21,214	21,314	21,414	21,514	21,614	21,714	21,814	21,914
21,015	21,115	21,215	21,315	21,415	21,515	21,615	21,715	21,815	21,915
21,016	21,116	21,216	21,316	21,416	21,516	21,616	21,716	21,816	21,916
21,017	21,117	21,217	21,317	21,417	21,517	21,617	21,717	21,817	21,917
21,018	21,118	21,218	21,318	21,418	21,518	21,618	21,718	21,818	21,918
21,019	21,119	21,219	21,319	21,419	21,519	21,619	21,719	21,819	21,919
21,020	21,120	21,220	21,320	21,420	21,520	21,620	21,720	21,820	21,920
21,021	21,121	21,221	21,321	21,421	21,521	21,621	21,721	21,821	21,921
21,022	21,122	21,222	21,322	21,422	21,522	21,622	21,722	21,822	21,922
21,023	21,123	21,223	21,323	21,423	21,523	21,623	21,723	21,823	21,923
21,024	21,124	21,224	21,324	21,424	21,524	21,624	21,724	21,824	21,924
21,025	21,125	21,225	21,325	21,425	21,525	21,625	21,725	21,825	21,925
21,026	21,126	21,226	21,326	21,426	21,526	21,626	21,726	21,826	21,926
21,027	21,127	21,227	21,327	21,427	21,527	21,627	21,727	21,827	21,927
21,028	21,128	21,228	21,328	21,428	21,528	21,628	21,728	21,828	21,928
21,029	21,129	21,229	21,329	21,429	21,529	21,629	21,729	21,829	21,929
21,030	21,130	21,230	21,330	21,430	21,530	21,630	21,730	21,830	21,930
21,031	21,131	21,231	21,331	21,431	21,531	21,631	21,731	21,831	21,931
21,032	21,132	21,232	21,332	21,432	21,532	21,632	21,732	21,832	21,932
21,033	21,133	21,233	21,333	21,433	21,533	21,633	21,733	21,833	21,933
21,034	21,134	21,234	21,334	21,434	21,534	21,634	21,734	21,834	21,934
21,035	21,135	21,235	21,335	21,435	21,535	21,635	21,735	21,835	21,935
21,036	21,136	21,236	21,336	21,436	21,536	21,636	21,736	21,836	21,936
21,037	21,137	21,237	21,337	21,437	21,537	21,637	21,737	21,837	21,937
21,038	21,138	21,238	21,338	21,438	21,538	21,638	21,738	21,838	21,938
21,039	21,139	21,239	21,339	21,439	21,539	21,639	21,739	21,839	21,939
21,040	21,140	21,240	21,340	21,440	21,540	21,640	21,740	21,840	21,940
21,041	21,141	21,241	21,341	21,441	21,541	21,641	21,741	21,841	21,941
21,042	21,142	21,242	21,342	21,442	21,542	21,642	21,742	21,842	21,942
21,043	21,143	21,243	21,343	21,443	21,543	21,643	21,743	21,843	21,943
21,044	21,144	21,244	21,344	21,444	21,544	21,644	21,744	21,844	21,944
21,045	21,145	21,245	21,345	21,445	21,545	21,645	21,745	21,845	21,945
21,046	21,146	21,246	21,346	21,446	21,546	21,646	21,746	21,846	21,946
21,047	21,147	21,247	21,347	21,447	21,547	21,647	21,747	21,847	21,947
21,048	21,148	21,248	21,348	21,448	21,548	21,648	21,748	21,848	21,948
21,049	21,149	21,249	21,349	21,449	21,549	21,649	21,749	21,849	21,949
21,050	21,150	21,250	21,350	21,450	21,550	21,650	21,750	21,850	21,950
21,051	21,151	21,251	21,351	21,451	21,551	21,651	21,751	21,851	21,951
21,052	21,152	21,252	21,352	21,452	21,552	21,652	21,752	21,852	21,952
21,053	21,153	21,253	21,353	21,453	21,553	21,653	21,753	21,853	21,953
21,054	21,154	21,254	21,354	21,454	21,554	21,654	21,754	21,854	21,954
21,055	21,155	21,255	21,355	21,455	21,555	21,655	21,755	21,855	21,955
21,056	21,156	21,256	21,356	21,456	21,556	21,656	21,756	21,856	21,956
21,057	21,157	21,257	21,357	21,457	21,557	21,657	21,757	21,857	21,957
21,058	21,158	21,258	21,358	21,458	21,558	21,658	21,758	21,858	21,958
21,059	21,159	21,259	21,359	21,459	21,559	21,659	21,759	21,859	21,959
21,060	21,160	21,260	21,360	21,460	21,560	21,660	21,760	21,860	21,960
21,061	21,161	21,261	21,361	21,461	21,561	21,661	21,761	21,861	21,961
21,062	21,162	21,262	21,362	21,462	21,562	21,662	21,762	21,862	21,962
21,063	21,163	21,263	21,363	21,463	21,563	21,663	21,763	21,863	21,963
21,064	21,164	21,264	21,364	21,464	21,564	21,664	21,764	21,864	21,964
21,065	21,165	21,265	21,365	21,465	21,565	21,665	21,765	21,865	21,965
21,066	21,166	21,266	21,366	21,466	21,566	21,666	21,766	21,866	21,966
21,067	21,167	21,267	21,367	21,467	21,567	21,667	21,767	21,867	21,967
21,068	21,168	21,268	21,368	21,468	21,568	21,668	21,768	21,868	21,968
21,069	21,169	21,269	21,369	21,469	21,569	21,669	21,769	21,869	21,969
21,070	21,170	21,270	21,370	21,470	21,570	21,670	21,770	21,870	21,970
21,071	21,171	21,271	21,371	21,471	21,571	21,671	21,771	21,871	21,971
21,072	21,172	21,272	21,372	21,472	21,572	21,672	21,772	21,872	21,972
21,073	21,173	21,273	21,373	21,473	21,573	21,673	21,773	21,873	21,973
21,074	21,174	21,274	21,374	21,474	21,574	21,674	21,774	21,874	21,974
21,075	21,175	21,275	21,375	21,475	21,575	21,675	21,775	21,875	21,975
21,076	21,176	21,276	21,376	21,476	21,576	21,676	21,776	21,876	21,976
21,077	21,177	21,277	21,377	21,477	21,577	21,677	21,777	21,877	21,977
21,078	21,178	21,278	21,378	21,478	21,578	21,678	21,778	21,878	21,978
21,079	21,179	21,279	21,379	21,479	21,579	21,679	21,779	21,879	21,979
21,080	21,180	21,280	21,380	21,480	21,580	21,680	21,780	21,880	21,980
21,081	21,181	21,281	21,381	21,481	21,581	21,681	21,781	21,881	21,981
21,082	21,182	21,282	21,382	21,482	21,582	21,682	21,782	21,882	21,982
21,083	21,183	21,283	21,383	21,483	21,583	21,683	21,783	21,883	21,983
21,084	21,184	21,284	21,384	21,484	21,584	21,684	21,784	21,884	21,984
21,085	21,185	21,285	21,385	21,485	21,585	21,685	21,785	21,885	21,985
21,086	21,186	21,286	21,386	21,486	21,586	21,686	21,786	21,886	21,986
21,087	21,187	21,287	21,387	21,487	21,587	21,687	21,787	21,887	21,987
21,088	21,188	21,288	21,388	21,488	21,588	21,688	21,788	21,888	21,988
21,089	21,189	21,289	21,389	21,489	21,589	21,689	21,789	21,889	21,989
21,090	21,190	21,290	21,390	21,490	21,590	21,690	21,790	21,890	21,990
21,091	21,191	21,291	21,391	21,491	21,591	21,691	21,791	21,891	21,991
21,092	21,192	21,292	21,392	21,492	21,592	21,692	21,792	21,892	21,992
21,093	21,193	21,293	21,393	21,493	21,593	21,693	21,793	21,893	21,993
21,094	21,194	21,294	21,394	21,494	21,594	21,694	21,794	21,894	21,994
21,095	21,195	21,295	21,395	21,495	21,595	21,695	21,795	21,895	21,995
21,096	21,196	21,296	21,396	21,496	21,596	21,696	21,796	21,896	21,996
21,097	21,197	21,297	21,397	21,497	21,597	21,697	21,797	21,897	21,997
21,098	21,198	21,298	21,398	21,498	21,598	21,698	21,798	21,898	21,998
21,099	21,199	21,299	21,399	21,499	21,599	21,699	21,799	21,899	21,999

22,000	22,100	22,200	22,300	22,400	22,500	22,600	22,700	22,800	22,900
22,001	22,101	22,201	22,301	22,401	22,501	22,601	22,701	22,801	22,901
22,002	22,102	22,202	22,302	22,402	22,502	22,602	22,702	22,802	22,902
22,003	22,103	22,203	22,303	22,403	22,503	22,603	22,703	22,803	22,903
22,004	22,104	22,204	22,304	22,404	22,504	22,604	22,704	22,804	22,904
22,005	22,105	22,205	22,305	22,405	22,505	22,605	22,705	22,805	22,905
22,006	22,106	22,206	22,306	22,406	22,506	22,606	22,706	22,806	22,906
22,007	22,107	22,207	22,307	22,407	22,507	22,607	22,707	22,807	22,907
22,008	22,108	22,208	22,308	22,408	22,508	22,608	22,708	22,808	22,908
22,009	22,109	22,209	22,309	22,409	22,509	22,609	22,709	22,809	22,909
22,010	22,110	22,210	22,310	22,410	22,510	22,610	22,710	22,810	22,910
22,011	22,111	22,211	22,311	22,411	22,511	22,611	22,711	22,811	22,911
22,012	22,112	22,212	22,312	22,412	22,512	22,612	22,712	22,812	22,912
22,013	22,113	22,213	22,313	22,413	22,513	22,613	22,713	22,813	22,913
22,014	22,114	22,214	22,314	22,414	22,514	22,614	22,714	22,814	22,914
22,015	22,115	22,215	22,315	22,415	22,515	22,615	22,715	22,815	22,915
22,016	22,116	22,216	22,316	22,416	22,516	22,616	22,716	22,816	22,916
22,017	22,117	22,217	22,317	22,417	22,517	22,617	22,717	22,817	22,917
22,018	22,118	22,218	22,318	22,418	22,518	22,618	22,718	22,818	22,918
22,019	22,119	22,219	22,319	22,419	22,519	22,619	22,719	22,819	22,919
22,020	22,120	22,220	22,320	22,420	22,520	22,620	22,720	22,820	22,920
22,021	22,121	22,221	22,321	22,421	22,521	22,621	22,721	22,821	22,921
22,022	22,122	22,222	22,322	22,422	22,522	22,622	22,722	22,822	22,922
22,023	22,123	22,223	22,323	22,423	22,523	22,623	22,723	22,823	22,923
22,024	22,124	22,224	22,324	22,424	22,524	22,624	22,724	22,824	22,924
22,025	22,125	22,225	22,325	22,425	22,525	22,625	22,725	22,825	22,925
22,026	22,126	22,226	22,326	22,426	22,526	22,626	22,726	22,826	22,926
22,027	22,127	22,227	22,327	22,427	22,527	22,627	22,727	22,827	22,927
22,028	22,128	22,228	22,328	22,428	22,528	22,628	22,728	22,828	22,928
22,029	22,129	22,229	22,329	22,429	22,529	22,629	22,729	22,829	22,929
22,030	22,130	22,230	22,330	22,430	22,530	22,630	22,730	22,830	22,930
22,031	22,131	22,231	22,331	22,431	22,531	22,631	22,731	22,831	22,931
22,032	22,132	22,232	22,332	22,432	22,532	22,632	22,732	22,832	22,932
22,033	22,133	22,233	22,333	22,433	22,533	22,633	22,733	22,833	22,933
22,034	22,134	22,234	22,334	22,434	22,534	22,634	22,734	22,834	22,934
22,035	22,135	22,235	22,335	22,435	22,535	22,635	22,735	22,835	22,935
22,036	22,136	22,236	22,336	22,436	22,536	22,636	22,736	22,836	22,936
22,037	22,137	22,237	22,337	22,437	22,537	22,637	22,737	22,837	22,937
22,038	22,138	22,238	22,338	22,438	22,538	22,638	22,738	22,838	22,938
22,039	22,139	22,239	22,339	22,439	22,539	22,639	22,739	22,839	22,939
22,040	22,140	22,240	22,340	22,440	22,540	22,640	22,740	22,840	22,940
22,041	22,141	22,241	22,341	22,441	22,541	22,641	22,741	22,841	22,941
22,042	22,142	22,242	22,342	22,442	22,542	22,642	22,742	22,842	22,942
22,043	22,143	22,243	22,343	22,443	22,543	22,643	22,743	22,843	22,943
22,044	22,144	22,244	22,344	22,444	22,544	22,644	22,744	22,844	22,944
22,045	22,145	22,245	22,345	22,445	22,545	22,645	22,745	22,845	22,945
22,046	22,146	22,246	22,346	22,446	22,546	22,646	22,746	22,846	22,946
22,047	22,147	22,247	22,347	22,447	22,547	22,647	22,747	22,847	22,947
22,048	22,148	22,248	22,348	22,448	22,548	22,648	22,748	22,848	22,948
22,049	22,149	22,249	22,349	22,449	22,549	22,649	22,749	22,849	22,949
22,050	22,150	22,250	22,350	22,450	22,550	22,650	22,750	22,850	22,950
22,051	22,151	22,251	22,351	22,451	22,551	22,651	22,751	22,851	22,951
22,052	22,152	22,252	22,352	22,452	22,552	22,652	22,752	22,852	22,952
22,053	22,153	22,253	22,353	22,453	22,553	22,653	22,753	22,853	22,953
22,054	22,154	22,254	22,354	22,454	22,554	22,654	22,754	22,854	22,954
22,055	22,155	22,255	22,355	22,455	22,555	22,655	22,755	22,855	22,955
22,056	22,156	22,256	22,356	22,456	22,556	22,656	22,756	22,856	22,956
22,057	22,157	22,257	22,357	22,457	22,557	22,657	22,757	22,857	22,957
22,058	22,158	22,258	22,358	22,458	22,558	22,658	22,758	22,858	22,958
22,059	22,159	22,259	22,359	22,459	22,559	22,659	22,759	22,859	22,959
22,060	22,160	22,260	22,360	22,460	22,560	22,660	22,760	22,860	22,960
22,061	22,161	22,261	22,361	22,461	22,561	22,661	22,761	22,861	22,961
22,062	22,162	22,262	22,362	22,462	22,562	22,662	22,762	22,862	22,962
22,063	22,163	22,263	22,363	22,463	22,563	22,663	22,763	22,863	22,963
22,064	22,164	22,264	22,364	22,464	22,564	22,664	22,764	22,864	22,964
22,065	22,165	22,265	22,365	22,465	22,565	22,665	22,765	22,865	22,965
22,066	22,166	22,266	22,366	22,466	22,566	22,666	22,766	22,866	22,966
22,067	22,167	22,267	22,367	22,467	22,567	22,667	22,767	22,867	22,967
22,068	22,168	22,268	22,368	22,468	22,568	22,668	22,768	22,868	22,968
22,069	22,169	22,269	22,369	22,469	22,569	22,669	22,769	22,869	22,969
22,070	22,170	22,270	22,370	22,470	22,570	22,670	22,770	22,870	22,970
22,071	22,171	22,271	22,371	22,471	22,571	22,671	22,771	22,871	22,971
22,072	22,172	22,272	22,372	22,472	22,572	22,672	22,772	22,872	22,972
22,073	22,173	22,273	22,373	22,473	22,573	22,673	22,773	22,873	22,973
22,074	22,174	22,274	22,374	22,474	22,574	22,674	22,774	22,874	22,974
22,075	22,175	22,275	22,375	22,475	22,575	22,675	22,775	22,875	22,975
22,076	22,176	22,276	22,376	22,476	22,576	22,676	22,776	22,876	22,976
22,077	22,177	22,277	22,377	22,477	22,577	22,677	22,777	22,877	22,977
22,078	22,178	22,278	22,378	22,478	22,578	22,678	22,778	22,878	22,978
22,079	22,179	22,279	22,379	22,479	22,579	22,679	22,779	22,879	22,979
22,080	22,180	22,280	22,380	22,480	22,580	22,680	22,780	22,880	22,980
22,081	22,181	22,281	22,381	22,481	22,581	22,681	22,781	22,881	22,981
22,082	22,182	22,282	22,382	22,482	22,582	22,682	22,782	22,882	22,982
22,083	22,183	22,283	22,383	22,483	22,583	22,683	22,783	22,883	22,983
22,084	22,184	22,284	22,384	22,484	22,584	22,684	22,784	22,884	22,984
22,085	22,185	22,285	22,385	22,485	22,585	22,685	22,785	22,885	22,985
22,086	22,186	22,286	22,386	22,486	22,586	22,686	22,786	22,886	22,986
22,087	22,187	22,287	22,387	22,487	22,587	22,687	22,787	22,887	22,987
22,088	22,188	22,288	22,388	22,488	22,588	22,688	22,788	22,888	22,988
22,089	22,189	22,289	22,389	22,489	22,589	22,689	22,789	22,889	22,989
22,090	22,190	22,290	22,390	22,490	22,590	22,690	22,790	22,890	22,990
22,091	22,191	22,291	22,391	22,491	22,591	22,691	22,791	22,891	22,991
22,092	22,192	22,292	22,392	22,492	22,592	22,692	22,792	22,892	22,992
22,093	22,193	22,293	22,393	22,493	22,593	22,693	22,793	22,893	22,993
22,094	22,194	22,294	22,394	22,494	22,594	22,694	22,794	22,894	22,994
22,095	22,195	22,295	22,395	22,495	22,595	22,695	22,795	22,895	22,995
22,096	22,196	22,296	22,396	22,496	22,596	22,696	22,796	22,896	22,996
22,097	22,197	22,297	22,397	22,497	22,597	22,697	22,797	22,897	22,997
22,098	22,198	22,298	22,398	22,498	22,598	22,698	22,798	22,898	22,998
22,099	22,199	22,299	22,399	22,499	22,599	22,699	22,799	22,899	22,999

23,000	23,100	23,200	23,300	23,400	23,500	23,600	23,700	23,800	23,900
23,001	23,101	23,201	23,301	23,401	23,501	23,601	23,701	23,801	23,901
23,002	23,102	23,202	23,302	23,402	23,502	23,602	23,702	23,802	23,902
23,003	23,103	23,203	23,303	23,403	23,503	23,603	23,703	23,803	23,903
23,004	23,104	23,204	23,304	23,404	23,504	23,604	23,704	23,804	23,904
23,005	23,105	23,205	23,305	23,405	23,505	23,605	23,705	23,805	23,905
23,006	23,106	23,206	23,306	23,406	23,506	23,606	23,706	23,806	23,906
23,007	23,107	23,207	23,307	23,407	23,507	23,607	23,707	23,807	23,907
23,008	23,108	23,208	23,308	23,408	23,508	23,608	23,708	23,808	23,908
23,009	23,109	23,209	23,309	23,409	23,509	23,609	23,709	23,809	23,909
23,010	23,110	23,210	23,310	23,410	23,510	23,610	23,710	23,810	23,910
23,011	23,111	23,211	23,311	23,411	23,511	23,611	23,711	23,811	23,911
23,012	23,112	23,212	23,312	23,412	23,512	23,612	23,712	23,812	23,912
23,013	23,113	23,213	23,313	23,413	23,513	23,613	23,713	23,813	23,913
23,014	23,114	23,214	23,314	23,414	23,514	23,614	23,714	23,814	23,914
23,015	23,115	23,215	23,315	23,415	23,515	23,615	23,715	23,815	23,915
23,016	23,116	23,216	23,316	23,416	23,516	23,616	23,716	23,816	23,916
23,017	23,117	23,217	23,317	23,417	23,517	23,617	23,717	23,817	23,917
23,018	23,118	23,218	23,318	23,418	23,518	23,618	23,718	23,818	23,918
23,019	23,119	23,219	23,319	23,419	23,519	23,619	23,719	23,819	23,919
23,020	23,120	23,220	23,320	23,420	23,520	23,620	23,720	23,820	23,920
23,021	23,121	23,221	23,321	23,421	23,521	23,621	23,721	23,821	23,921
23,022	23,122	23,222	23,322	23,422	23,522	23,622	23,722	23,822	23,922
23,023	23,123	23,223	23,323	23,423	23,523	23,623	23,723	23,823	23,923
23,024	23,124	23,224	23,324	23,424	23,524	23,624	23,724	23,824	23,924
23,025	23,125	23,225	23,325	23,425	23,525	23,625	23,725	23,825	23,925
23,026	23,126	23,226	23,326	23,426	23,526	23,626	23,726	23,826	23,926
23,027	23,127	23,227	23,327	23,427	23,527	23,627	23,727	23,827	23,927
23,028	23,128	23,228	23,328	23,428	23,528	23,628	23,728	23,828	23,928
23,029	23,129	23,229	23,329	23,429	23,529	23,629	23,729	23,829	23,929
23,030	23,130	23,230	23,330	23,430	23,530	23,630	23,730	23,830	23,930
23,031	23,131	23,231	23,331	23,431	23,531	23,631	23,731	23,831	23,931
23,032	23,132	23,232	23,332	23,432	23,532	23,632	23,732	23,832	23,932
23,033	23,133	23,233	23,333	23,433	23,533	23,633	23,733	23,833	23,933
23,034	23,134	23,234	23,334	23,434	23,534	23,634	23,734	23,834	23,934
23,035	23,135	23,235	23,335	23,435	23,535	23,635	23,735	23,835	23,935
23,036	23,136	23,236	23,336	23,436	23,536	23,636	23,736	23,836	23,936
23,037	23,137	23,237	23,337	23,437	23,537	23,637	23,737	23,837	23,937
23,038	23,138	23,238	23,338	23,438	23,538	23,638	23,738	23,838	23,938
23,039	23,139	23,239	23,339	23,439	23,539	23,639	23,739	23,839	23,939
23,040	23,140	23,240	23,340	23,440	23,540	23,640	23,740	23,840	23,940
23,041	23,141	23,241	23,341	23,441	23,541	23,641	23,741	23,841	23,941
23,042	23,142	23,242	23,342	23,442	23,542	23,642	23,742	23,842	23,942
23,043	23,143	23,243	23,343	23,443	23,543	23,643	23,743	23,843	23,943
23,044	23,144	23,244	23,344	23,444	23,544	23,644	23,744	23,844	23,944
23,045	23,145	23,245	23,345	23,445	23,545	23,645	23,745	23,845	23,945
23,046	23,146	23,246	23,346	23,446	23,546	23,646	23,746	23,846	23,946
23,047	23,147	23,247	23,347	23,447	23,547	23,647	23,747	23,847	23,947
23,048	23,148	23,248	23,348	23,448	23,548	23,648	23,748	23,848	23,948
23,049	23,149	23,249	23,349	23,449	23,549	23,649	23,749	23,849	23,949
23,050	23,150	23,250	23,350	23,450	23,550	23,650	23,750	23,850	23,950
23,051	23,151	23,251	23,351	23,451	23,551	23,651	23,751	23,851	23,951
23,052	23,152	23,252	23,352	23,452	23,552	23,652	23,752	23,852	23,952
23,053	23,153	23,253	23,353	23,453	23,553	23,653	23,753	23,853	23,953
23,054	23,154	23,254	23,354	23,454	23,554	23,654	23,754	23,854	23,954
23,055	23,155	23,255	23,355	23,455	23,555	23,655	23,755	23,855	23,955
23,056	23,156	23,256	23,356	23,456	23,556	23,656	23,756	23,856	23,956
23,057	23,157	23,257	23,357	23,457	23,557	23,657	23,757	23,857	23,957
23,058	23,158	23,258	23,358	23,458	23,558	23,658	23,758	23,858	23,958
23,059	23,159	23,259	23,359	23,459	23,559	23,659	23,759	23,859	23,959
23,060	23,160	23,260	23,360	23,460	23,560	23,660	23,760	23,860	23,960
23,061	23,161	23,261	23,361	23,461	23,561	23,661	23,761	23,861	23,961
23,062	23,162	23,262	23,362	23,462	23,562	23,662	23,762	23,862	23,962
23,063	23,163	23,263	23,363	23,463	23,563	23,663	23,763	23,863	23,963
23,064	23,164	23,264	23,364	23,464	23,564	23,664	23,764	23,864	23,964
23,065	23,165	23,265	23,365	23,465	23,565	23,665	23,765	23,865	23,965
23,066	23,166	23,266	23,366	23,466	23,566	23,666	23,766	23,866	23,966
23,067	23,167	23,267	23,367	23,467	23,567	23,667	23,767	23,867	23,967
23,068	23,168	23,268	23,368	23,468	23,568	23,668	23,768	23,868	23,968
23,069	23,169	23,269	23,369	23,469	23,569	23,669	23,769	23,869	23,969
23,070	23,170	23,270	23,370	23,470	23,570	23,670	23,770	23,870	23,970
23,071	23,171	23,271	23,371	23,471	23,571	23,671	23,771	23,871	23,971
23,072	23,172	23,272	23,372	23,472	23,572	23,672	23,772	23,872	23,972
23,073	23,173	23,273	23,373	23,473	23,573	23,673	23,773	23,873	23,973
23,074	23,174	23,274	23,374	23,474	23,574	23,674	23,774	23,874	23,974
23,075	23,175	23,275	23,375	23,475	23,575	23,675	23,775	23,875	23,975
23,076	23,176	23,276	23,376	23,476	23,576	23,676	23,776	23,876	23,976
23,077	23,177	23,277	23,377	23,477	23,577	23,677	23,777	23,877	23,977
23,078	23,178	23,278	23,378	23,478	23,578	23,678	23,778	23,878	23,978
23,079	23,179	23,279	23,379	23,479	23,579	23,679	23,779	23,879	23,979
23,080	23,180	23,280	23,380	23,480	23,580	23,680	23,780	23,880	23,980
23,081	23,181	23,281	23,381	23,481	23,581	23,681	23,781	23,881	23,981
23,082	23,182	23,282	23,382	23,482	23,582	23,682	23,782	23,882	23,982
23,083	23,183	23,283	23,383	23,483	23,583	23,683	23,783	23,883	23,983
23,084	23,184	23,284	23,384	23,484	23,584	23,684	23,784	23,884	23,984
23,085	23,185	23,285	23,385	23,485	23,585	23,685	23,785	23,885	23,985
23,086	23,186	23,286	23,386	23,486	23,586	23,686	23,786	23,886	23,986
23,087	23,187	23,287	23,387	23,487	23,587	23,687	23,787	23,887	23,987
23,088	23,188	23,288	23,388	23,488	23,588	23,688	23,788	23,888	23,988
23,089	23,189	23,289	23,389	23,489	23,589	23,689	23,789	23,889	23,989
23,090	23,190	23,290	23,390	23,490	23,590	23,690	23,790	23,890	23,990
23,091	23,191	23,291	23,391	23,491	23,591	23,691	23,791	23,891	23,991
23,092	23,192	23,292	23,392	23,492	23,592	23,692	23,792	23,892	23,992
23,093	23,193	23,293	23,393	23,493	23,593	23,693	23,793	23,893	23,993
23,094	23,194	23,294	23,394	23,494	23,594	23,694	23,794	23,894	23,994
23,095	23,195	23,295	23,395	23,495	23,595	23,695	23,795	23,895	23,995
23,096	23,196	23,296	23,396	23,496	23,596	23,696	23,796	23,896	23,996
23,097	23,197	23,297	23,397	23,497	23,597	23,697	23,797	23,897	23,997
23,098	23,198	23,298	23,398	23,498	23,598	23,698	23,798	23,898	23,998
23,099	23,199	23,299	23,399	23,499	23,599	23,699	23,799	23,899	23,999

24,000	24,100	24,200	24,300	24,400	24,500	24,600	24,700	24,800	24,900
24,001	24,101	24,201	24,301	24,401	24,501	24,601	24,701	24,801	24,901
24,002	24,102	24,202	24,302	24,402	24,502	24,602	24,702	24,802	24,902
24,003	24,103	24,203	24,303	24,403	24,503	24,603	24,703	24,803	24,903
24,004	24,104	24,204	24,304	24,404	24,504	24,604	24,704	24,804	24,904
24,005	24,105	24,205	24,305	24,405	24,505	24,605	24,705	24,805	24,905
24,006	24,106	24,206	24,306	24,406	24,506	24,606	24,706	24,806	24,906
24,007	24,107	24,207	24,307	24,407	24,507	24,607	24,707	24,807	24,907
24,008	24,108	24,208	24,308	24,408	24,508	24,608	24,708	24,808	24,908
24,009	24,109	24,209	24,309	24,409	24,509	24,609	24,709	24,809	24,909
24,010	24,110	24,210	24,310	24,410	24,510	24,610	24,710	24,810	24,910
24,011	24,111	24,211	24,311	24,411	24,511	24,611	24,711	24,811	24,911
24,012	24,112	24,212	24,312	24,412	24,512	24,612	24,712	24,812	24,912
24,013	24,113	24,213	24,313	24,413	24,513	24,613	24,713	24,813	24,913
24,014	24,114	24,214	24,314	24,414	24,514	24,614	24,714	24,814	24,914
24,015	24,115	24,215	24,315	24,415	24,515	24,615	24,715	24,815	24,915
24,016	24,116	24,216	24,316	24,416	24,516	24,616	24,716	24,816	24,916
24,017	24,117	24,217	24,317	24,417	24,517	24,617	24,717	24,817	24,917
24,018	24,118	24,218	24,318	24,418	24,518	24,618	24,718	24,818	24,918
24,019	24,119	24,219	24,319	24,419	24,519	24,619	24,719	24,819	24,919
24,020	24,120	24,220	24,320	24,420	24,520	24,620	24,720	24,820	24,920
24,021	24,121	24,221	24,321	24,421	24,521	24,621	24,721	24,821	24,921
24,022	24,122	24,222	24,322	24,422	24,522	24,622	24,722	24,822	24,922
24,023	24,123	24,223	24,323	24,423	24,523	24,623	24,723	24,823	24,923
24,024	24,124	24,224	24,324	24,424	24,524	24,624	24,724	24,824	24,924
24,025	24,125	24,225	24,325	24,425	24,525	24,625	24,725	24,825	24,925
24,026	24,126	24,226	24,326	24,426	24,526	24,626	24,726	24,826	24,926
24,027	24,127	24,227	24,327	24,427	24,527	24,627	24,727	24,827	24,927
24,028	24,128	24,228	24,328	24,428	24,528	24,628	24,728	24,828	24,928
24,029	24,129	24,229	24,329	24,429	24,529	24,629	24,729	24,829	24,929
24,030	24,130	24,230	24,330	24,430	24,530	24,630	24,730	24,830	24,930
24,031	24,131	24,231	24,331	24,431	24,531	24,631	24,731	24,831	24,931
24,032	24,132	24,232	24,332	24,432	24,532	24,632	24,732	24,832	24,932
24,033	24,133	24,233	24,333	24,433	24,533	24,633	24,733	24,833	24,933
24,034	24,134	24,234	24,334	24,434	24,534	24,634	24,734	24,834	24,934
24,035	24,135	24,235	24,335	24,435	24,535	24,635	24,735	24,835	24,935
24,036	24,136	24,236	24,336	24,436	24,536	24,636	24,736	24,836	24,936
24,037	24,137	24,237	24,337	24,437	24,537	24,637	24,737	24,837	24,937
24,038	24,138	24,238	24,338	24,438	24,538	24,638	24,738	24,838	24,938
24,039	24,139	24,239	24,339	24,439	24,539	24,639	24,739	24,839	24,939
24,040	24,140	24,240	24,340	24,440	24,540	24,640	24,740	24,840	24,940
24,041	24,141	24,241	24,341	24,441	24,541	24,641	24,741	24,841	24,941
24,042	24,142	24,242	24,342	24,442	24,542	24,642	24,742	24,842	24,942
24,043	24,143	24,243	24,343	24,443	24,543	24,643	24,743	24,843	24,943
24,044	24,144	24,244	24,344	24,444	24,544	24,644	24,744	24,844	24,944
24,045	24,145	24,245	24,345	24,445	24,545	24,645	24,745	24,845	24,945
24,046	24,146	24,246	24,346	24,446	24,546	24,646	24,746	24,846	24,946
24,047	24,147	24,247	24,347	24,447	24,547	24,647	24,747	24,847	24,947
24,048	24,148	24,248	24,348	24,448	24,548	24,648	24,748	24,848	24,948
24,049	24,149	24,249	24,349	24,449	24,549	24,649	24,749	24,849	24,949
24,050	24,150	24,250	24,350	24,450	24,550	24,650	24,750	24,850	24,950
24,051	24,151	24,251	24,351	24,451	24,551	24,651	24,751	24,851	24,951
24,052	24,152	24,252	24,352	24,452	24,552	24,652	24,752	24,852	24,952
24,053	24,153	24,253	24,353	24,453	24,553	24,653	24,753	24,853	24,953
24,054	24,154	24,254	24,354	24,454	24,554	24,654	24,754	24,854	24,954
24,055	24,155	24,255	24,355	24,455	24,555	24,655	24,755	24,855	24,955
24,056	24,156	24,256	24,356	24,456	24,556	24,656	24,756	24,856	24,956
24,057	24,157	24,257	24,357	24,457	24,557	24,657	24,757	24,857	24,957
24,058	24,158	24,258	24,358	24,458	24,558	24,658	24,758	24,858	24,958
24,059	24,159	24,259	24,359	24,459	24,559	24,659	24,759	24,859	24,959
24,060	24,160	24,260	24,360	24,460	24,560	24,660	24,760	24,860	24,960
24,061	24,161	24,261	24,361	24,461	24,561	24,661	24,761	24,861	24,961
24,062	24,162	24,262	24,362	24,462	24,562	24,662	24,762	24,862	24,962
24,063	24,163	24,263	24,363	24,463	24,563	24,663	24,763	24,863	24,963
24,064	24,164	24,264	24,364	24,464	24,564	24,664	24,764	24,864	24,964
24,065	24,165	24,265	24,365	24,465	24,565	24,665	24,765	24,865	24,965
24,066	24,166	24,266	24,366	24,466	24,566	24,666	24,766	24,866	24,966
24,067	24,167	24,267	24,367	24,467	24,567	24,667	24,767	24,867	24,967
24,068	24,168	24,268	24,368	24,468	24,568	24,668	24,768	24,868	24,968
24,069	24,169	24,269	24,369	24,469	24,569	24,669	24,769	24,869	24,969
24,070	24,170	24,270	24,370	24,470	24,570	24,670	24,770	24,870	24,970
24,071	24,171	24,271	24,371	24,471	24,571	24,671	24,771	24,871	24,971
24,072	24,172	24,272	24,372	24,472	24,572	24,672	24,772	24,872	24,972
24,073	24,173	24,273	24,373	24,473	24,573	24,673	24,773	24,873	24,973
24,074	24,174	24,274	24,374	24,474	24,574	24,674	24,774	24,874	24,974
24,075	24,175	24,275	24,375	24,475	24,575	24,675	24,775	24,875	24,975
24,076	24,176	24,276	24,376	24,476	24,576	24,676	24,776	24,876	24,976
24,077	24,177	24,277	24,377	24,477	24,577	24,677	24,777	24,877	24,977
24,078	24,178	24,278	24,378	24,478	24,578	24,678	24,778	24,878	24,978
24,079	24,179	24,279	24,379	24,479	24,579	24,679	24,779	24,879	24,979
24,080	24,180	24,280	24,380	24,480	24,580	24,680	24,780	24,880	24,980
24,081	24,181	24,281	24,381	24,481	24,581	24,681	24,781	24,881	24,981
24,082	24,182	24,282	24,382	24,482	24,582	24,682	24,782	24,882	24,982
24,083	24,183	24,283	24,383	24,483	24,583	24,683	24,783	24,883	24,983
24,084	24,184	24,284	24,384	24,484	24,584	24,684	24,784	24,884	24,984
24,085	24,185	24,285	24,385	24,485	24,585	24,685	24,785	24,885	24,985
24,086	24,186	24,286	24,386	24,486	24,586	24,686	24,786	24,886	24,986
24,087	24,187	24,287	24,387	24,487	24,587	24,687	24,787	24,887	24,987
24,088	24,188	24,288	24,388	24,488	24,588	24,688	24,788	24,888	24,988
24,089	24,189	24,289	24,389	24,489	24,589	24,689	24,789	24,889	24,989
24,090	24,190	24,290	24,390	24,490	24,590	24,690	24,790	24,890	24,990
24,091	24,191	24,291	24,391	24,491	24,591	24,691	24,791	24,891	24,991
24,092	24,192	24,292	24,392	24,492	24,592	24,692	24,792	24,892	24,992
24,093	24,193	24,293	24,393	24,493	24,593	24,693	24,793	24,893	24,993
24,094	24,194	24,294	24,394	24,494	24,594	24,694	24,794	24,894	24,994
24,095	24,195	24,295	24,395	24,495	24,595	24,695	24,795	24,895	24,995
24,096	24,196	24,296	24,396	24,496	24,596	24,696	24,796	24,896	24,996
24,097	24,197	24,297	24,397	24,497	24,597	24,697	24,797	24,897	24,997
24,098	24,198	24,298	24,398	24,498	24,598	24,698	24,798	24,898	24,998
24,099	24,199	24,299	24,399	24,499	24,599	24,699	24,799	24,899	24,999

25,000	25,100	25,200	25,300	25,400	25,500	25,600	25,700	25,800	25,900
25,001	25,101	25,201	25,301	25,401	25,501	25,601	25,701	25,801	25,901
25,002	25,102	25,202	25,302	25,402	25,502	25,602	25,702	25,802	25,902
25,003	25,103	25,203	25,303	25,403	25,503	25,603	25,703	25,803	25,903
25,004	25,104	25,204	25,304	25,404	25,504	25,604	25,704	25,804	25,904
25,005	25,105	25,205	25,305	25,405	25,505	25,605	25,705	25,805	25,905
25,006	25,106	25,206	25,306	25,406	25,506	25,606	25,706	25,806	25,906
25,007	25,107	25,207	25,307	25,407	25,507	25,607	25,707	25,807	25,907
25,008	25,108	25,208	25,308	25,408	25,508	25,608	25,708	25,808	25,908
25,009	25,109	25,209	25,309	25,409	25,509	25,609	25,709	25,809	25,909
25,010	25,110	25,210	25,310	25,410	25,510	25,610	25,710	25,810	25,910
25,011	25,111	25,211	25,311	25,411	25,511	25,611	25,711	25,811	25,911
25,012	25,112	25,212	25,312	25,412	25,512	25,612	25,712	25,812	25,912
25,013	25,113	25,213	25,313	25,413	25,513	25,613	25,713	25,813	25,913
25,014	25,114	25,214	25,314	25,414	25,514	25,614	25,714	25,814	25,914
25,015	25,115	25,215	25,315	25,415	25,515	25,615	25,715	25,815	25,915
25,016	25,116	25,216	25,316	25,416	25,516	25,616	25,716	25,816	25,916
25,017	25,117	25,217	25,317	25,417	25,517	25,617	25,717	25,817	25,917
25,018	25,118	25,218	25,318	25,418	25,518	25,618	25,718	25,818	25,918
25,019	25,119	25,219	25,319	25,419	25,519	25,619	25,719	25,819	25,919
25,020	25,120	25,220	25,320	25,420	25,520	25,620	25,720	25,820	25,920
25,021	25,121	25,221	25,321	25,421	25,521	25,621	25,721	25,821	25,921
25,022	25,122	25,222	25,322	25,422	25,522	25,622	25,722	25,822	25,922
25,023	25,123	25,223	25,323	25,423	25,523	25,623	25,723	25,823	25,923
25,024	25,124	25,224	25,324	25,424	25,524	25,624	25,724	25,824	25,924
25,025	25,125	25,225	25,325	25,425	25,525	25,625	25,725	25,825	25,925
25,026	25,126	25,226	25,326	25,426	25,526	25,626	25,726	25,826	25,926
25,027	25,127	25,227	25,327	25,427	25,527	25,627	25,727	25,827	25,927
25,028	25,128	25,228	25,328	25,428	25,528	25,628	25,728	25,828	25,928
25,029	25,129	25,229	25,329	25,429	25,529	25,629	25,729	25,829	25,929
25,030	25,130	25,230	25,330	25,430	25,530	25,630	25,730	25,830	25,930
25,031	25,131	25,231	25,331	25,431	25,531	25,631	25,731	25,831	25,931
25,032	25,132	25,232	25,332	25,432	25,532	25,632	25,732	25,832	25,932
25,033	25,133	25,233	25,333	25,433	25,533	25,633	25,733	25,833	25,933
25,034	25,134	25,234	25,334	25,434	25,534	25,634	25,734	25,834	25,934
25,035	25,135	25,235	25,335	25,435	25,535	25,635	25,735	25,835	25,935
25,036	25,136	25,236	25,336	25,436	25,536	25,636	25,736	25,836	25,936
25,037	25,137	25,237	25,337	25,437	25,537	25,637	25,737	25,837	25,937
25,038	25,138	25,238	25,338	25,438	25,538	25,638	25,738	25,838	25,938
25,039	25,139	25,239	25,339	25,439	25,539	25,639	25,739	25,839	25,939
25,040	25,140	25,240	25,340	25,440	25,540	25,640	25,740	25,840	25,940
25,041	25,141	25,241	25,341	25,441	25,541	25,641	25,741	25,841	25,941
25,042	25,142	25,242	25,342	25,442	25,542	25,642	25,742	25,842	25,942
25,043	25,143	25,243	25,343	25,443	25,543	25,643	25,743	25,843	25,943
25,044	25,144	25,244	25,344	25,444	25,544	25,644	25,744	25,844	25,944
25,045	25,145	25,245	25,345	25,445	25,545	25,645	25,745	25,845	25,945
25,046	25,146	25,246	25,346	25,446	25,546	25,646	25,746	25,846	25,946
25,047	25,147	25,247	25,347	25,447	25,547	25,647	25,747	25,847	25,947
25,048	25,148	25,248	25,348	25,448	25,548	25,648	25,748	25,848	25,948
25,049	25,149	25,249	25,349	25,449	25,549	25,649	25,749	25,849	25,949
25,050	25,150	25,250	25,350	25,450	25,550	25,650	25,750	25,850	25,950
25,051	25,151	25,251	25,351	25,451	25,551	25,651	25,751	25,851	25,951
25,052	25,152	25,252	25,352	25,452	25,552	25,652	25,752	25,852	25,952
25,053	25,153	25,253	25,353	25,453	25,553	25,653	25,753	25,853	25,953
25,054	25,154	25,254	25,354	25,454	25,554	25,654	25,754	25,854	25,954
25,055	25,155	25,255	25,355	25,455	25,555	25,655	25,755	25,855	25,955
25,056	25,156	25,256	25,356	25,456	25,556	25,656	25,756	25,856	25,956
25,057	25,157	25,257	25,357	25,457	25,557	25,657	25,757	25,857	25,957
25,058	25,158	25,258	25,358	25,458	25,558	25,658	25,758	25,858	25,958
25,059	25,159	25,259	25,359	25,459	25,559	25,659	25,759	25,859	25,959
25,060	25,160	25,260	25,360	25,460	25,560	25,660	25,760	25,860	25,960
25,061	25,161	25,261	25,361	25,461	25,561	25,661	25,761	25,861	25,961
25,062	25,162	25,262	25,362	25,462	25,562	25,662	25,762	25,862	25,962
25,063	25,163	25,263	25,363	25,463	25,563	25,663	25,763	25,863	25,963
25,064	25,164	25,264	25,364	25,464	25,564	25,664	25,764	25,864	25,964
25,065	25,165	25,265	25,365	25,465	25,565	25,665	25,765	25,865	25,965
25,066	25,166	25,266	25,366	25,466	25,566	25,666	25,766	25,866	25,966
25,067	25,167	25,267	25,367	25,467	25,567	25,667	25,767	25,867	25,967
25,068	25,168	25,268	25,368	25,468	25,568	25,668	25,768	25,868	25,968
25,069	25,169	25,269	25,369	25,469	25,569	25,669	25,769	25,869	25,969
25,070	25,170	25,270	25,370	25,470	25,570	25,670	25,770	25,870	25,970
25,071	25,171	25,271	25,371	25,471	25,571	25,671	25,771	25,871	25,971
25,072	25,172	25,272	25,372	25,472	25,572	25,672	25,772	25,872	25,972
25,073	25,173	25,273	25,373	25,473	25,573	25,673	25,773	25,873	25,973
25,074	25,174	25,274	25,374	25,474	25,574	25,674	25,774	25,874	25,974
25,075	25,175	25,275	25,375	25,475	25,575	25,675	25,775	25,875	25,975
25,076	25,176	25,276	25,376	25,476	25,576	25,676	25,776	25,876	25,976
25,077	25,177	25,277	25,377	25,477	25,577	25,677	25,777	25,877	25,977
25,078	25,178	25,278	25,378	25,478	25,578	25,678	25,778	25,878	25,978
25,079	25,179	25,279	25,379	25,479	25,579	25,679	25,779	25,879	25,979
25,080	25,180	25,280	25,380	25,480	25,580	25,680	25,780	25,880	25,980
25,081	25,181	25,281	25,381	25,481	25,581	25,681	25,781	25,881	25,981
25,082	25,182	25,282	25,382	25,482	25,582	25,682	25,782	25,882	25,982
25,083	25,183	25,283	25,383	25,483	25,583	25,683	25,783	25,883	25,983
25,084	25,184	25,284	25,384	25,484	25,584	25,684	25,784	25,884	25,984
25,085	25,185	25,285	25,385	25,485	25,585	25,685	25,785	25,885	25,985
25,086	25,186	25,286	25,386	25,486	25,586	25,686	25,786	25,886	25,986
25,087	25,187	25,287	25,387	25,487	25,587	25,687	25,787	25,887	25,987
25,088	25,188	25,288	25,388	25,488	25,588	25,688	25,788	25,888	25,988
25,089	25,189	25,289	25,389	25,489	25,589	25,689	25,789	25,889	25,989
25,090	25,190	25,290	25,390	25,490	25,590	25,690	25,790	25,890	25,990
25,091	25,191	25,291	25,391	25,491	25,591	25,691	25,791	25,891	25,991
25,092	25,192	25,292	25,392	25,492	25,592	25,692	25,792	25,892	25,992
25,093	25,193	25,293	25,393	25,493	25,593	25,693	25,793	25,893	25,993
25,094	25,194	25,294	25,394	25,494	25,594	25,694	25,794	25,894	25,994
25,095	25,195	25,295	25,395	25,495	25,595	25,695	25,795	25,895	25,995
25,096	25,196	25,296	25,396	25,496	25,596	25,696	25,796	25,896	25,996
25,097	25,197	25,297	25,397	25,497	25,597	25,697	25,797	25,897	25,997
25,098	25,198	25,298	25,398	25,498	25,598	25,698	25,798	25,898	25,998
25,099	25,199	25,299	25,399	25,499	25,599	25,699	25,799	25,899	25,999

26,000	26,100	26,200	26,300	26,400	26,500	26,600	26,700	26,800	26,900
26,001	26,101	26,201	26,301	26,401	26,501	26,601	26,701	26,801	26,901
26,002	26,102	26,202	26,302	26,402	26,502	26,602	26,702	26,802	26,902
26,003	26,103	26,203	26,303	26,403	26,503	26,603	26,703	26,803	26,903
26,004	26,104	26,204	26,304	26,404	26,504	26,604	26,704	26,804	26,904
26,005	26,105	26,205	26,305	26,405	26,505	26,605	26,705	26,805	26,905
26,006	26,106	26,206	26,306	26,406	26,506	26,606	26,706	26,806	26,906
26,007	26,107	26,207	26,307	26,407	26,507	26,607	26,707	26,807	26,907
26,008	26,108	26,208	26,308	26,408	26,508	26,608	26,708	26,808	26,908
26,009	26,109	26,209	26,309	26,409	26,509	26,609	26,709	26,809	26,909
26,010	26,110	26,210	26,310	26,410	26,510	26,610	26,710	26,810	26,910
26,011	26,111	26,211	26,311	26,411	26,511	26,611	26,711	26,811	26,911
26,012	26,112	26,212	26,312	26,412	26,512	26,612	26,712	26,812	26,912
26,013	26,113	26,213	26,313	26,413	26,513	26,613	26,713	26,813	26,913
26,014	26,114	26,214	26,314	26,414	26,514	26,614	26,714	26,814	26,914
26,015	26,115	26,215	26,315	26,415	26,515	26,615	26,715	26,815	26,915
26,016	26,116	26,216	26,316	26,416	26,516	26,616	26,716	26,816	26,916
26,017	26,117	26,217	26,317	26,417	26,517	26,617	26,717	26,817	26,917
26,018	26,118	26,218	26,318	26,418	26,518	26,618	26,718	26,818	26,918
26,019	26,119	26,219	26,319	26,419	26,519	26,619	26,719	26,819	26,919
26,020	26,120	26,220	26,320	26,420	26,520	26,620	26,720	26,820	26,920
26,021	26,121	26,221	26,321	26,421	26,521	26,621	26,721	26,821	26,921
26,022	26,122	26,222	26,322	26,422	26,522	26,622	26,722	26,822	26,922
26,023	26,123	26,223	26,323	26,423	26,523	26,623	26,723	26,823	26,923
26,024	26,124	26,224	26,324	26,424	26,524	26,624	26,724	26,824	26,924
26,025	26,125	26,225	26,325	26,425	26,525	26,625	26,725	26,825	26,925
26,026	26,126	26,226	26,326	26,426	26,526	26,626	26,726	26,826	26,926
26,027	26,127	26,227	26,327	26,427	26,527	26,627	26,727	26,827	26,927
26,028	26,128	26,228	26,328	26,428	26,528	26,628	26,728	26,828	26,928
26,029	26,129	26,229	26,329	26,429	26,529	26,629	26,729	26,829	26,929
26,030	26,130	26,230	26,330	26,430	26,530	26,630	26,730	26,830	26,930
26,031	26,131	26,231	26,331	26,431	26,531	26,631	26,731	26,831	26,931
26,032	26,132	26,232	26,332	26,432	26,532	26,632	26,732	26,832	26,932
26,033	26,133	26,233	26,333	26,433	26,533	26,633	26,733	26,833	26,933
26,034	26,134	26,234	26,334	26,434	26,534	26,634	26,734	26,834	26,934
26,035	26,135	26,235	26,335	26,435	26,535	26,635	26,735	26,835	26,935
26,036	26,136	26,236	26,336	26,436	26,536	26,636	26,736	26,836	26,936
26,037	26,137	26,237	26,337	26,437	26,537	26,637	26,737	26,837	26,937
26,038	26,138	26,238	26,338	26,438	26,538	26,638	26,738	26,838	26,938
26,039	26,139	26,239	26,339	26,439	26,539	26,639	26,739	26,839	26,939
26,040	26,140	26,240	26,340	26,440	26,540	26,640	26,740	26,840	26,940
26,041	26,141	26,241	26,341	26,441	26,541	26,641	26,741	26,841	26,941
26,042	26,142	26,242	26,342	26,442	26,542	26,642	26,742	26,842	26,942
26,043	26,143	26,243	26,343	26,443	26,543	26,643	26,743	26,843	26,943
26,044	26,144	26,244	26,344	26,444	26,544	26,644	26,744	26,844	26,944
26,045	26,145	26,245	26,345	26,445	26,545	26,645	26,745	26,845	26,945
26,046	26,146	26,246	26,346	26,446	26,546	26,646	26,746	26,846	26,946
26,047	26,147	26,247	26,347	26,447	26,547	26,647	26,747	26,847	26,947
26,048	26,148	26,248	26,348	26,448	26,548	26,648	26,748	26,848	26,948
26,049	26,149	26,249	26,349	26,449	26,549	26,649	26,749	26,849	26,949
26,050	26,150	26,250	26,350	26,450	26,550	26,650	26,750	26,850	26,950
26,051	26,151	26,251	26,351	26,451	26,551	26,651	26,751	26,851	26,951
26,052	26,152	26,252	26,352	26,452	26,552	26,652	26,752	26,852	26,952
26,053	26,153	26,253	26,353	26,453	26,553	26,653	26,753	26,853	26,953
26,054	26,154	26,254	26,354	26,454	26,554	26,654	26,754	26,854	26,954
26,055	26,155	26,255	26,355	26,455	26,555	26,655	26,755	26,855	26,955
26,056	26,156	26,256	26,356	26,456	26,556	26,656	26,756	26,856	26,956
26,057	26,157	26,257	26,357	26,457	26,557	26,657	26,757	26,857	26,957
26,058	26,158	26,258	26,358	26,458	26,558	26,658	26,758	26,858	26,958
26,059	26,159	26,259	26,359	26,459	26,559	26,659	26,759	26,859	26,959
26,060	26,160	26,260	26,360	26,460	26,560	26,660	26,760	26,860	26,960
26,061	26,161	26,261	26,361	26,461	26,561	26,661	26,761	26,861	26,961
26,062	26,162	26,262	26,362	26,462	26,562	26,662	26,762	26,862	26,962
26,063	26,163	26,263	26,363	26,463	26,563	26,663	26,763	26,863	26,963
26,064	26,164	26,264	26,364	26,464	26,564	26,664	26,764	26,864	26,964
26,065	26,165	26,265	26,365	26,465	26,565	26,665	26,765	26,865	26,965
26,066	26,166	26,266	26,366	26,466	26,566	26,666	26,766	26,866	26,966
26,067	26,167	26,267	26,367	26,467	26,567	26,667	26,767	26,867	26,967
26,068	26,168	26,268	26,368	26,468	26,568	26,668	26,768	26,868	26,968
26,069	26,169	26,269	26,369	26,469	26,569	26,669	26,769	26,869	26,969
26,070	26,170	26,270	26,370	26,470	26,570	26,670	26,770	26,870	26,970
26,071	26,171	26,271	26,371	26,471	26,571	26,671	26,771	26,871	26,971
26,072	26,172	26,272	26,372	26,472	26,572	26,672	26,772	26,872	26,972
26,073	26,173	26,273	26,373	26,473	26,573	26,673	26,773	26,873	26,973
26,074	26,174	26,274	26,374	26,474	26,574	26,674	26,774	26,874	26,974
26,075	26,175	26,275	26,375	26,475	26,575	26,675	26,775	26,875	26,975
26,076	26,176	26,276	26,376	26,476	26,576	26,676	26,776	26,876	26,976
26,077	26,177	26,277	26,377	26,477	26,577	26,677	26,777	26,877	26,977
26,078	26,178	26,278	26,378	26,478	26,578	26,678	26,778	26,878	26,978
26,079	26,179	26,279	26,379	26,479	26,579	26,679	26,779	26,879	26,979
26,080	26,180	26,280	26,380	26,480	26,580	26,680	26,780	26,880	26,980
26,081	26,181	26,281	26,381	26,481	26,581	26,681	26,781	26,881	26,981
26,082	26,182	26,282	26,382	26,482	26,582	26,682	26,782	26,882	26,982
26,083	26,183	26,283	26,383	26,483	26,583	26,683	26,783	26,883	26,983
26,084	26,184	26,284	26,384	26,484	26,584	26,684	26,784	26,884	26,984
26,085	26,185	26,285	26,385	26,485	26,585	26,685	26,785	26,885	26,985
26,086	26,186	26,286	26,386	26,486	26,586	26,686	26,786	26,886	26,986
26,087	26,187	26,287	26,387	26,487	26,587	26,687	26,787	26,887	26,987
26,088	26,188	26,288	26,388	26,488	26,588	26,688	26,788	26,888	26,988
26,089	26,189	26,289	26,389	26,489	26,589	26,689	26,789	26,889	26,989
26,090	26,190	26,290	26,390	26,490	26,590	26,690	26,790	26,890	26,990
26,091	26,191	26,291	26,391	26,491	26,591	26,691	26,791	26,891	26,991
26,092	26,192	26,292	26,392	26,492	26,592	26,692	26,792	26,892	26,992
26,093	26,193	26,293	26,393	26,493	26,593	26,693	26,793	26,893	26,993
26,094	26,194	26,294	26,394	26,494	26,594	26,694	26,794	26,894	26,994
26,095	26,195	26,295	26,395	26,495	26,595	26,695	26,795	26,895	26,995
26,096	26,196	26,296	26,396	26,496	26,596	26,696	26,796	26,896	26,996
26,097	26,197	26,297	26,397	26,497	26,597	26,697	26,797	26,897	26,997
26,098	26,198	26,298	26,398	26,498	26,598	26,698	26,798	26,898	26,998
26,099	26,199	26,299	26,399	26,499	26,599	26,699	26,799	26,899	26,999

27,000	27,100	27,200	27,300	27,400	27,500	27,600	27,700	27,800	27,900
27,001	27,101	27,201	27,301	27,401	27,501	27,601	27,701	27,801	27,901
27,002	27,102	27,202	27,302	27,402	27,502	27,602	27,702	27,802	27,902
27,003	27,103	27,203	27,303	27,403	27,503	27,603	27,703	27,803	27,903
27,004	27,104	27,204	27,304	27,404	27,504	27,604	27,704	27,804	27,904
27,005	27,105	27,205	27,305	27,405	27,505	27,605	27,705	27,805	27,905
27,006	27,106	27,206	27,306	27,406	27,506	27,606	27,706	27,806	27,906
27,007	27,107	27,207	27,307	27,407	27,507	27,607	27,707	27,807	27,907
27,008	27,108	27,208	27,308	27,408	27,508	27,608	27,708	27,808	27,908
27,009	27,109	27,209	27,309	27,409	27,509	27,609	27,709	27,809	27,909
27,010	27,110	27,210	27,310	27,410	27,510	27,610	27,710	27,810	27,910
27,011	27,111	27,211	27,311	27,411	27,511	27,611	27,711	27,811	27,911
27,012	27,112	27,212	27,312	27,412	27,512	27,612	27,712	27,812	27,912
27,013	27,113	27,213	27,313	27,413	27,513	27,613	27,713	27,813	27,913
27,014	27,114	27,214	27,314	27,414	27,514	27,614	27,714	27,814	27,914
27,015	27,115	27,215	27,315	27,415	27,515	27,615	27,715	27,815	27,915
27,016	27,116	27,216	27,316	27,416	27,516	27,616	27,716	27,816	27,916
27,017	27,117	27,217	27,317	27,417	27,517	27,617	27,717	27,817	27,917
27,018	27,118	27,218	27,318	27,418	27,518	27,618	27,718	27,818	27,918
27,019	27,119	27,219	27,319	27,419	27,519	27,619	27,719	27,819	27,919
27,020	27,120	27,220	27,320	27,420	27,520	27,620	27,720	27,820	27,920
27,021	27,121	27,221	27,321	27,421	27,521	27,621	27,721	27,821	27,921
27,022	27,122	27,222	27,322	27,422	27,522	27,622	27,722	27,822	27,922
27,023	27,123	27,223	27,323	27,423	27,523	27,623	27,723	27,823	27,923
27,024	27,124	27,224	27,324	27,424	27,524	27,624	27,724	27,824	27,924
27,025	27,125	27,225	27,325	27,425	27,525	27,625	27,725	27,825	27,925
27,026	27,126	27,226	27,326	27,426	27,526	27,626	27,726	27,826	27,926
27,027	27,127	27,227	27,327	27,427	27,527	27,627	27,727	27,827	27,927
27,028	27,128	27,228	27,328	27,428	27,528	27,628	27,728	27,828	27,928
27,029	27,129	27,229	27,329	27,429	27,529	27,629	27,729	27,829	27,929
27,030	27,130	27,230	27,330	27,430	27,530	27,630	27,730	27,830	27,930
27,031	27,131	27,231	27,331	27,431	27,531	27,631	27,731	27,831	27,931
27,032	27,132	27,232	27,332	27,432	27,532	27,632	27,732	27,832	27,932
27,033	27,133	27,233	27,333	27,433	27,533	27,633	27,733	27,833	27,933
27,034	27,134	27,234	27,334	27,434	27,534	27,634	27,734	27,834	27,934
27,035	27,135	27,235	27,335	27,435	27,535	27,635	27,735	27,835	27,935
27,036	27,136	27,236	27,336	27,436	27,536	27,636	27,736	27,836	27,936
27,037	27,137	27,237	27,337	27,437	27,537	27,637	27,737	27,837	27,937
27,038	27,138	27,238	27,338	27,438	27,538	27,638	27,738	27,838	27,938
27,039	27,139	27,239	27,339	27,439	27,539	27,639	27,739	27,839	27,939
27,040	27,140	27,240	27,340	27,440	27,540	27,640	27,740	27,840	27,940
27,041	27,141	27,241	27,341	27,441	27,541	27,641	27,741	27,841	27,941
27,042	27,142	27,242	27,342	27,442	27,542	27,642	27,742	27,842	27,942
27,043	27,143	27,243	27,343	27,443	27,543	27,643	27,743	27,843	27,943
27,044	27,144	27,244	27,344	27,444	27,544	27,644	27,744	27,844	27,944
27,045	27,145	27,245	27,345	27,445	27,545	27,645	27,745	27,845	27,945
27,046	27,146	27,246	27,346	27,446	27,546	27,646	27,746	27,846	27,946
27,047	27,147	27,247	27,347	27,447	27,547	27,647	27,747	27,847	27,947
27,048	27,148	27,248	27,348	27,448	27,548	27,648	27,748	27,848	27,948
27,049	27,149	27,249	27,349	27,449	27,549	27,649	27,749	27,849	27,949
27,050	27,150	27,250	27,350	27,450	27,550	27,650	27,750	27,850	27,950
27,051	27,151	27,251	27,351	27,451	27,551	27,651	27,751	27,851	27,951
27,052	27,152	27,252	27,352	27,452	27,552	27,652	27,752	27,852	27,952
27,053	27,153	27,253	27,353	27,453	27,553	27,653	27,753	27,853	27,953
27,054	27,154	27,254	27,354	27,454	27,554	27,654	27,754	27,854	27,954
27,055	27,155	27,255	27,355	27,455	27,555	27,655	27,755	27,855	27,955
27,056	27,156	27,256	27,356	27,456	27,556	27,656	27,756	27,856	27,956
27,057	27,157	27,257	27,357	27,457	27,557	27,657	27,757	27,857	27,957
27,058	27,158	27,258	27,358	27,458	27,558	27,658	27,758	27,858	27,958
27,059	27,159	27,259	27,359	27,459	27,559	27,659	27,759	27,859	27,959
27,060	27,160	27,260	27,360	27,460	27,560	27,660	27,760	27,860	27,960
27,061	27,161	27,261	27,361	27,461	27,561	27,661	27,761	27,861	27,961
27,062	27,162	27,262	27,362	27,462	27,562	27,662	27,762	27,862	27,962
27,063	27,163	27,263	27,363	27,463	27,563	27,663	27,763	27,863	27,963
27,064	27,164	27,264	27,364	27,464	27,564	27,664	27,764	27,864	27,964
27,065	27,165	27,265	27,365	27,465	27,565	27,665	27,765	27,865	27,965
27,066	27,166	27,266	27,366	27,466	27,566	27,666	27,766	27,866	27,966
27,067	27,167	27,267	27,367	27,467	27,567	27,667	27,767	27,867	27,967
27,068	27,168	27,268	27,368	27,468	27,568	27,668	27,768	27,868	27,968
27,069	27,169	27,269	27,369	27,469	27,569	27,669	27,769	27,869	27,969
27,070	27,170	27,270	27,370	27,470	27,570	27,670	27,770	27,870	27,970
27,071	27,171	27,271	27,371	27,471	27,571	27,671	27,771	27,871	27,971
27,072	27,172	27,272	27,372	27,472	27,572	27,672	27,772	27,872	27,972
27,073	27,173	27,273	27,373	27,473	27,573	27,673	27,773	27,873	27,973
27,074	27,174	27,274	27,374	27,474	27,574	27,674	27,774	27,874	27,974
27,075	27,175	27,275	27,375	27,475	27,575	27,675	27,775	27,875	27,975
27,076	27,176	27,276	27,376	27,476	27,576	27,676	27,776	27,876	27,976
27,077	27,177	27,277	27,377	27,477	27,577	27,677	27,777	27,877	27,977
27,078	27,178	27,278	27,378	27,478	27,578	27,678	27,778	27,878	27,978
27,079	27,179	27,279	27,379	27,479	27,579	27,679	27,779	27,879	27,979
27,080	27,180	27,280	27,380	27,480	27,580	27,680	27,780	27,880	27,980
27,081	27,181	27,281	27,381	27,481	27,581	27,681	27,781	27,881	27,981
27,082	27,182	27,282	27,382	27,482	27,582	27,682	27,782	27,882	27,982
27,083	27,183	27,283	27,383	27,483	27,583	27,683	27,783	27,883	27,983
27,084	27,184	27,284	27,384	27,484	27,584	27,684	27,784	27,884	27,984
27,085	27,185	27,285	27,385	27,485	27,585	27,685	27,785	27,885	27,985
27,086	27,186	27,286	27,386	27,486	27,586	27,686	27,786	27,886	27,986
27,087	27,187	27,287	27,387	27,487	27,587	27,687	27,787	27,887	27,987
27,088	27,188	27,288	27,388	27,488	27,588	27,688	27,788	27,888	27,988
27,089	27,189	27,289	27,389	27,489	27,589	27,689	27,789	27,889	27,989
27,090	27,190	27,290	27,390	27,490	27,590	27,690	27,790	27,890	27,990
27,091	27,191	27,291	27,391	27,491	27,591	27,691	27,791	27,891	27,991
27,092	27,192	27,292	27,392	27,492	27,592	27,692	27,792	27,892	27,992
27,093	27,193	27,293	27,393	27,493	27,593	27,693	27,793	27,893	27,993
27,094	27,194	27,294	27,394	27,494	27,594	27,694	27,794	27,894	27,994
27,095	27,195	27,295	27,395	27,495	27,595	27,695	27,795	27,895	27,995
27,096	27,196	27,296	27,396	27,496	27,596	27,696	27,796	27,896	27,996
27,097	27,197	27,297	27,397	27,497	27,597	27,697	27,797	27,897	27,997
27,098	27,198	27,298	27,398	27,498	27,598	27,698	27,798	27,898	27,998
27,099	27,199	27,299	27,399	27,499	27,599	27,699	27,799	27,899	27,999

28,000	28,100	28,200	28,300	28,400	28,500	28,600	28,700	28,800	28,900
28,001	28,101	28,201	28,301	28,401	28,501	28,601	28,701	28,801	28,901
28,002	28,102	28,202	28,302	28,402	28,502	28,602	28,702	28,802	28,902
28,003	28,103	28,203	28,303	28,403	28,503	28,603	28,703	28,803	28,903
28,004	28,104	28,204	28,304	28,404	28,504	28,604	28,704	28,804	28,904
28,005	28,105	28,205	28,305	28,405	28,505	28,605	28,705	28,805	28,905
28,006	28,106	28,206	28,306	28,406	28,506	28,606	28,706	28,806	28,906
28,007	28,107	28,207	28,307	28,407	28,507	28,607	28,707	28,807	28,907
28,008	28,108	28,208	28,308	28,408	28,508	28,608	28,708	28,808	28,908
28,009	28,109	28,209	28,309	28,409	28,509	28,609	28,709	28,809	28,909
28,010	28,110	28,210	28,310	28,410	28,510	28,610	28,710	28,810	28,910
28,011	28,111	28,211	28,311	28,411	28,511	28,611	28,711	28,811	28,911
28,012	28,112	28,212	28,312	28,412	28,512	28,612	28,712	28,812	28,912
28,013	28,113	28,213	28,313	28,413	28,513	28,613	28,713	28,813	28,913
28,014	28,114	28,214	28,314	28,414	28,514	28,614	28,714	28,814	28,914
28,015	28,115	28,215	28,315	28,415	28,515	28,615	28,715	28,815	28,915
28,016	28,116	28,216	28,316	28,416	28,516	28,616	28,716	28,816	28,916
28,017	28,117	28,217	28,317	28,417	28,517	28,617	28,717	28,817	28,917
28,018	28,118	28,218	28,318	28,418	28,518	28,618	28,718	28,818	28,918
28,019	28,119	28,219	28,319	28,419	28,519	28,619	28,719	28,819	28,919
28,020	28,120	28,220	28,320	28,420	28,520	28,620	28,720	28,820	28,920
28,021	28,121	28,221	28,321	28,421	28,521	28,621	28,721	28,821	28,921
28,022	28,122	28,222	28,322	28,422	28,522	28,622	28,722	28,822	28,922
28,023	28,123	28,223	28,323	28,423	28,523	28,623	28,723	28,823	28,923
28,024	28,124	28,224	28,324	28,424	28,524	28,624	28,724	28,824	28,924
28,025	28,125	28,225	28,325	28,425	28,525	28,625	28,725	28,825	28,925
28,026	28,126	28,226	28,326	28,426	28,526	28,626	28,726	28,826	28,926
28,027	28,127	28,227	28,327	28,427	28,527	28,627	28,727	28,827	28,927
28,028	28,128	28,228	28,328	28,428	28,528	28,628	28,728	28,828	28,928
28,029	28,129	28,229	28,329	28,429	28,529	28,629	28,729	28,829	28,929
28,030	28,130	28,230	28,330	28,430	28,530	28,630	28,730	28,830	28,930
28,031	28,131	28,231	28,331	28,431	28,531	28,631	28,731	28,831	28,931
28,032	28,132	28,232	28,332	28,432	28,532	28,632	28,732	28,832	28,932
28,033	28,133	28,233	28,333	28,433	28,533	28,633	28,733	28,833	28,933
28,034	28,134	28,234	28,334	28,434	28,534	28,634	28,734	28,834	28,934
28,035	28,135	28,235	28,335	28,435	28,535	28,635	28,735	28,835	28,935
28,036	28,136	28,236	28,336	28,436	28,536	28,636	28,736	28,836	28,936
28,037	28,137	28,237	28,337	28,437	28,537	28,637	28,737	28,837	28,937
28,038	28,138	28,238	28,338	28,438	28,538	28,638	28,738	28,838	28,938
28,039	28,139	28,239	28,339	28,439	28,539	28,639	28,739	28,839	28,939
28,040	28,140	28,240	28,340	28,440	28,540	28,640	28,740	28,840	28,940
28,041	28,141	28,241	28,341	28,441	28,541	28,641	28,741	28,841	28,941
28,042	28,142	28,242	28,342	28,442	28,542	28,642	28,742	28,842	28,942
28,043	28,143	28,243	28,343	28,443	28,543	28,643	28,743	28,843	28,943
28,044	28,144	28,244	28,344	28,444	28,544	28,644	28,744	28,844	28,944
28,045	28,145	28,245	28,345	28,445	28,545	28,645	28,745	28,845	28,945
28,046	28,146	28,246	28,346	28,446	28,546	28,646	28,746	28,846	28,946
28,047	28,147	28,247	28,347	28,447	28,547	28,647	28,747	28,847	28,947
28,048	28,148	28,248	28,348	28,448	28,548	28,648	28,748	28,848	28,948
28,049	28,149	28,249	28,349	28,449	28,549	28,649	28,749	28,849	28,949
28,050	28,150	28,250	28,350	28,450	28,550	28,650	28,750	28,850	28,950
28,051	28,151	28,251	28,351	28,451	28,551	28,651	28,751	28,851	28,951
28,052	28,152	28,252	28,352	28,452	28,552	28,652	28,752	28,852	28,952
28,053	28,153	28,253	28,353	28,453	28,553	28,653	28,753	28,853	28,953
28,054	28,154	28,254	28,354	28,454	28,554	28,654	28,754	28,854	28,954
28,055	28,155	28,255	28,355	28,455	28,555	28,655	28,755	28,855	28,955
28,056	28,156	28,256	28,356	28,456	28,556	28,656	28,756	28,856	28,956
28,057	28,157	28,257	28,357	28,457	28,557	28,657	28,757	28,857	28,957
28,058	28,158	28,258	28,358	28,458	28,558	28,658	28,758	28,858	28,958
28,059	28,159	28,259	28,359	28,459	28,559	28,659	28,759	28,859	28,959
28,060	28,160	28,260	28,360	28,460	28,560	28,660	28,760	28,860	28,960
28,061	28,161	28,261	28,361	28,461	28,561	28,661	28,761	28,861	28,961
28,062	28,162	28,262	28,362	28,462	28,562	28,662	28,762	28,862	28,962
28,063	28,163	28,263	28,363	28,463	28,563	28,663	28,763	28,863	28,963
28,064	28,164	28,264	28,364	28,464	28,564	28,664	28,764	28,864	28,964
28,065	28,165	28,265	28,365	28,465	28,565	28,665	28,765	28,865	28,965
28,066	28,166	28,266	28,366	28,466	28,566	28,666	28,766	28,866	28,966
28,067	28,167	28,267	28,367	28,467	28,567	28,667	28,767	28,867	28,967
28,068	28,168	28,268	28,368	28,468	28,568	28,668	28,768	28,868	28,968
28,069	28,169	28,269	28,369	28,469	28,569	28,669	28,769	28,869	28,969
28,070	28,170	28,270	28,370	28,470	28,570	28,670	28,770	28,870	28,970
28,071	28,171	28,271	28,371	28,471	28,571	28,671	28,771	28,871	28,971
28,072	28,172	28,272	28,372	28,472	28,572	28,672	28,772	28,872	28,972
28,073	28,173	28,273	28,373	28,473	28,573	28,673	28,773	28,873	28,973
28,074	28,174	28,274	28,374	28,474	28,574	28,674	28,774	28,874	28,974
28,075	28,175	28,275	28,375	28,475	28,575	28,675	28,775	28,875	28,975
28,076	28,176	28,276	28,376	28,476	28,576	28,676	28,776	28,876	28,976
28,077	28,177	28,277	28,377	28,477	28,577	28,677	28,777	28,877	28,977
28,078	28,178	28,278	28,378	28,478	28,578	28,678	28,778	28,878	28,978
28,079	28,179	28,279	28,379	28,479	28,579	28,679	28,779	28,879	28,979
28,080	28,180	28,280	28,380	28,480	28,580	28,680	28,780	28,880	28,980
28,081	28,181	28,281	28,381	28,481	28,581	28,681	28,781	28,881	28,981
28,082	28,182	28,282	28,382	28,482	28,582	28,682	28,782	28,882	28,982
28,083	28,183	28,283	28,383	28,483	28,583	28,683	28,783	28,883	28,983
28,084	28,184	28,284	28,384	28,484	28,584	28,684	28,784	28,884	28,984
28,085	28,185	28,285	28,385	28,485	28,585	28,685	28,785	28,885	28,985
28,086	28,186	28,286	28,386	28,486	28,586	28,686	28,786	28,886	28,986
28,087	28,187	28,287	28,387	28,487	28,587	28,687	28,787	28,887	28,987
28,088	28,188	28,288	28,388	28,488	28,588	28,688	28,788	28,888	28,988
28,089	28,189	28,289	28,389	28,489	28,589	28,689	28,789	28,889	28,989
28,090	28,190	28,290	28,390	28,490	28,590	28,690	28,790	28,890	28,990
28,091	28,191	28,291	28,391	28,491	28,591	28,691	28,791	28,891	28,991
28,092	28,192	28,292	28,392	28,492	28,592	28,692	28,792	28,892	28,992
28,093	28,193	28,293	28,393	28,493	28,593	28,693	28,793	28,893	28,993
28,094	28,194	28,294	28,394	28,494	28,594	28,694	28,794	28,894	28,994
28,095	28,195	28,295	28,395	28,495	28,595	28,695	28,795	28,895	28,995
28,096	28,196	28,296	28,396	28,496	28,596	28,696	28,796	28,896	28,996
28,097	28,197	28,297	28,397	28,497	28,597	28,697	28,797	28,897	28,997
28,098	28,198	28,298	28,398	28,498	28,598	28,698	28,798	28,898	28,998
28,099	28,199	28,299	28,399	28,499	28,599	28,699	28,799	28,899	28,999

29,000	29,100	29,200	29,300	29,400	29,500	29,600	29,700	29,800	29,900
29,001	29,101	29,201	29,301	29,401	29,501	29,601	29,701	29,801	29,901
29,002	29,102	29,202	29,302	29,402	29,502	29,602	29,702	29,802	29,902
29,003	29,103	29,203	29,303	29,403	29,503	29,603	29,703	29,803	29,903
29,004	29,104	29,204	29,304	29,404	29,504	29,604	29,704	29,804	29,904
29,005	29,105	29,205	29,305	29,405	29,505	29,605	29,705	29,805	29,905
29,006	29,106	29,206	29,306	29,406	29,506	29,606	29,706	29,806	29,906
29,007	29,107	29,207	29,307	29,407	29,507	29,607	29,707	29,807	29,907
29,008	29,108	29,208	29,308	29,408	29,508	29,608	29,708	29,808	29,908
29,009	29,109	29,209	29,309	29,409	29,509	29,609	29,709	29,809	29,909
29,010	29,110	29,210	29,310	29,410	29,510	29,610	29,710	29,810	29,910
29,011	29,111	29,211	29,311	29,411	29,511	29,611	29,711	29,811	29,911
29,012	29,112	29,212	29,312	29,412	29,512	29,612	29,712	29,812	29,912
29,013	29,113	29,213	29,313	29,413	29,513	29,613	29,713	29,813	29,913
29,014	29,114	29,214	29,314	29,414	29,514	29,614	29,714	29,814	29,914
29,015	29,115	29,215	29,315	29,415	29,515	29,615	29,715	29,815	29,915
29,016	29,116	29,216	29,316	29,416	29,516	29,616	29,716	29,816	29,916
29,017	29,117	29,217	29,317	29,417	29,517	29,617	29,717	29,817	29,917
29,018	29,118	29,218	29,318	29,418	29,518	29,618	29,718	29,818	29,918
29,019	29,119	29,219	29,319	29,419	29,519	29,619	29,719	29,819	29,919
29,020	29,120	29,220	29,320	29,420	29,520	29,620	29,720	29,820	29,920
29,021	29,121	29,221	29,321	29,421	29,521	29,621	29,721	29,821	29,921
29,022	29,122	29,222	29,322	29,422	29,522	29,622	29,722	29,822	29,922
29,023	29,123	29,223	29,323	29,423	29,523	29,623	29,723	29,823	29,923
29,024	29,124	29,224	29,324	29,424	29,524	29,624	29,724	29,824	29,924
29,025	29,125	29,225	29,325	29,425	29,525	29,625	29,725	29,825	29,925
29,026	29,126	29,226	29,326	29,426	29,526	29,626	29,726	29,826	29,926
29,027	29,127	29,227	29,327	29,427	29,527	29,627	29,727	29,827	29,927
29,028	29,128	29,228	29,328	29,428	29,528	29,628	29,728	29,828	29,928
29,029	29,129	29,229	29,329	29,429	29,529	29,629	29,729	29,829	29,929
29,030	29,130	29,230	29,330	29,430	29,530	29,630	29,730	29,830	29,930
29,031	29,131	29,231	29,331	29,431	29,531	29,631	29,731	29,831	29,931
29,032	29,132	29,232	29,332	29,432	29,532	29,632	29,732	29,832	29,932
29,033	29,133	29,233	29,333	29,433	29,533	29,633	29,733	29,833	29,933
29,034	29,134	29,234	29,334	29,434	29,534	29,634	29,734	29,834	29,934
29,035	29,135	29,235	29,335	29,435	29,535	29,635	29,735	29,835	29,935
29,036	29,136	29,236	29,336	29,436	29,536	29,636	29,736	29,836	29,936
29,037	29,137	29,237	29,337	29,437	29,537	29,637	29,737	29,837	29,937
29,038	29,138	29,238	29,338	29,438	29,538	29,638	29,738	29,838	29,938
29,039	29,139	29,239	29,339	29,439	29,539	29,639	29,739	29,839	29,939
29,040	29,140	29,240	29,340	29,440	29,540	29,640	29,740	29,840	29,940
29,041	29,141	29,241	29,341	29,441	29,541	29,641	29,741	29,841	29,941
29,042	29,142	29,242	29,342	29,442	29,542	29,642	29,742	29,842	29,942
29,043	29,143	29,243	29,343	29,443	29,543	29,643	29,743	29,843	29,943
29,044	29,144	29,244	29,344	29,444	29,544	29,644	29,744	29,844	29,944
29,045	29,145	29,245	29,345	29,445	29,545	29,645	29,745	29,845	29,945
29,046	29,146	29,246	29,346	29,446	29,546	29,646	29,746	29,846	29,946
29,047	29,147	29,247	29,347	29,447	29,547	29,647	29,747	29,847	29,947
29,048	29,148	29,248	29,348	29,448	29,548	29,648	29,748	29,848	29,948
29,049	29,149	29,249	29,349	29,449	29,549	29,649	29,749	29,849	29,949
29,050	29,150	29,250	29,350	29,450	29,550	29,650	29,750	29,850	29,950
29,051	29,151	29,251	29,351	29,451	29,551	29,651	29,751	29,851	29,951
29,052	29,152	29,252	29,352	29,452	29,552	29,652	29,752	29,852	29,952
29,053	29,153	29,253	29,353	29,453	29,553	29,653	29,753	29,853	29,953
29,054	29,154	29,254	29,354	29,454	29,554	29,654	29,754	29,854	29,954
29,055	29,155	29,255	29,355	29,455	29,555	29,655	29,755	29,855	29,955
29,056	29,156	29,256	29,356	29,456	29,556	29,656	29,756	29,856	29,956
29,057	29,157	29,257	29,357	29,457	29,557	29,657	29,757	29,857	29,957
29,058	29,158	29,258	29,358	29,458	29,558	29,658	29,758	29,858	29,958
29,059	29,159	29,259	29,359	29,459	29,559	29,659	29,759	29,859	29,959
29,060	29,160	29,260	29,360	29,460	29,560	29,660	29,760	29,860	29,960
29,061	29,161	29,261	29,361	29,461	29,561	29,661	29,761	29,861	29,961
29,062	29,162	29,262	29,362	29,462	29,562	29,662	29,762	29,862	29,962
29,063	29,163	29,263	29,363	29,463	29,563	29,663	29,763	29,863	29,963
29,064	29,164	29,264	29,364	29,464	29,564	29,664	29,764	29,864	29,964
29,065	29,165	29,265	29,365	29,465	29,565	29,665	29,765	29,865	29,965
29,066	29,166	29,266	29,366	29,466	29,566	29,666	29,766	29,866	29,966
29,067	29,167	29,267	29,367	29,467	29,567	29,667	29,767	29,867	29,967
29,068	29,168	29,268	29,368	29,468	29,568	29,668	29,768	29,868	29,968
29,069	29,169	29,269	29,369	29,469	29,569	29,669	29,769	29,869	29,969
29,070	29,170	29,270	29,370	29,470	29,570	29,670	29,770	29,870	29,970
29,071	29,171	29,271	29,371	29,471	29,571	29,671	29,771	29,871	29,971
29,072	29,172	29,272	29,372	29,472	29,572	29,672	29,772	29,872	29,972
29,073	29,173	29,273	29,373	29,473	29,573	29,673	29,773	29,873	29,973
29,074	29,174	29,274	29,374	29,474	29,574	29,674	29,774	29,874	29,974
29,075	29,175	29,275	29,375	29,475	29,575	29,675	29,775	29,875	29,975
29,076	29,176	29,276	29,376	29,476	29,576	29,676	29,776	29,876	29,976
29,077	29,177	29,277	29,377	29,477	29,577	29,677	29,777	29,877	29,977
29,078	29,178	29,278	29,378	29,478	29,578	29,678	29,778	29,878	29,978
29,079	29,179	29,279	29,379	29,479	29,579	29,679	29,779	29,879	29,979
29,080	29,180	29,280	29,380	29,480	29,580	29,680	29,780	29,880	29,980
29,081	29,181	29,281	29,381	29,481	29,581	29,681	29,781	29,881	29,981
29,082	29,182	29,282	29,382	29,482	29,582	29,682	29,782	29,882	29,982
29,083	29,183	29,283	29,383	29,483	29,583	29,683	29,783	29,883	29,983
29,084	29,184	29,284	29,384	29,484	29,584	29,684	29,784	29,884	29,984
29,085	29,185	29,285	29,385	29,485	29,585	29,685	29,785	29,885	29,985
29,086	29,186	29,286	29,386	29,486	29,586	29,686	29,786	29,886	29,986
29,087	29,187	29,287	29,387	29,487	29,587	29,687	29,787	29,887	29,987
29,088	29,188	29,288	29,388	29,488	29,588	29,688	29,788	29,888	29,988
29,089	29,189	29,289	29,389	29,489	29,589	29,689	29,789	29,889	29,989
29,090	29,190	29,290	29,390	29,490	29,590	29,690	29,790	29,890	29,990
29,091	29,191	29,291	29,391	29,491	29,591	29,691	29,791	29,891	29,991
29,092	29,192	29,292	29,392	29,492	29,592	29,692	29,792	29,892	29,992
29,093	29,193	29,293	29,393	29,493	29,593	29,693	29,793	29,893	29,993
29,094	29,194	29,294	29,394	29,494	29,594	29,694	29,794	29,894	29,994
29,095	29,195	29,295	29,395	29,495	29,595	29,695	29,795	29,895	29,995
29,096	29,196	29,296	29,396	29,496	29,596	29,696	29,796	29,896	29,996
29,097	29,197	29,297	29,397	29,497	29,597	29,697	29,797	29,897	29,997
29,098	29,198	29,298	29,398	29,498	29,598	29,698	29,798	29,898	29,998
29,099	29,199	29,299	29,399	29,499	29,599	29,699	29,799	29,899	29,999

30,000	30,100	30,200	30,300	30,400	30,500	30,600	30,700	30,800	30,900
30,001	30,101	30,201	30,301	30,401	30,501	30,601	30,701	30,801	30,901
30,002	30,102	30,202	30,302	30,402	30,502	30,602	30,702	30,802	30,902
30,003	30,103	30,203	30,303	30,403	30,503	30,603	30,703	30,803	30,903
30,004	30,104	30,204	30,304	30,404	30,504	30,604	30,704	30,804	30,904
30,005	30,105	30,205	30,305	30,405	30,505	30,605	30,705	30,805	30,905
30,006	30,106	30,206	30,306	30,406	30,506	30,606	30,706	30,806	30,906
30,007	30,107	30,207	30,307	30,407	30,507	30,607	30,707	30,807	30,907
30,008	30,108	30,208	30,308	30,408	30,508	30,608	30,708	30,808	30,908
30,009	30,109	30,209	30,309	30,409	30,509	30,609	30,709	30,809	30,909
30,010	30,110	30,210	30,310	30,410	30,510	30,610	30,710	30,810	30,910
30,011	30,111	30,211	30,311	30,411	30,511	30,611	30,711	30,811	30,911
30,012	30,112	30,212	30,312	30,412	30,512	30,612	30,712	30,812	30,912
30,013	30,113	30,213	30,313	30,413	30,513	30,613	30,713	30,813	30,913
30,014	30,114	30,214	30,314	30,414	30,514	30,614	30,714	30,814	30,914
30,015	30,115	30,215	30,315	30,415	30,515	30,615	30,715	30,815	30,915
30,016	30,116	30,216	30,316	30,416	30,516	30,616	30,716	30,816	30,916
30,017	30,117	30,217	30,317	30,417	30,517	30,617	30,717	30,817	30,917
30,018	30,118	30,218	30,318	30,418	30,518	30,618	30,718	30,818	30,918
30,019	30,119	30,219	30,319	30,419	30,519	30,619	30,719	30,819	30,919
30,020	30,120	30,220	30,320	30,420	30,520	30,620	30,720	30,820	30,920
30,021	30,121	30,221	30,321	30,421	30,521	30,621	30,721	30,821	30,921
30,022	30,122	30,222	30,322	30,422	30,522	30,622	30,722	30,822	30,922
30,023	30,123	30,223	30,323	30,423	30,523	30,623	30,723	30,823	30,923
30,024	30,124	30,224	30,324	30,424	30,524	30,624	30,724	30,824	30,924
30,025	30,125	30,225	30,325	30,425	30,525	30,625	30,725	30,825	30,925
30,026	30,126	30,226	30,326	30,426	30,526	30,626	30,726	30,826	30,926
30,027	30,127	30,227	30,327	30,427	30,527	30,627	30,727	30,827	30,927
30,028	30,128	30,228	30,328	30,428	30,528	30,628	30,728	30,828	30,928
30,029	30,129	30,229	30,329	30,429	30,529	30,629	30,729	30,829	30,929
30,030	30,130	30,230	30,330	30,430	30,530	30,630	30,730	30,830	30,930
30,031	30,131	30,231	30,331	30,431	30,531	30,631	30,731	30,831	30,931
30,032	30,132	30,232	30,332	30,432	30,532	30,632	30,732	30,832	30,932
30,033	30,133	30,233	30,333	30,433	30,533	30,633	30,733	30,833	30,933
30,034	30,134	30,234	30,334	30,434	30,534	30,634	30,734	30,834	30,934
30,035	30,135	30,235	30,335	30,435	30,535	30,635	30,735	30,835	30,935
30,036	30,136	30,236	30,336	30,436	30,536	30,636	30,736	30,836	30,936
30,037	30,137	30,237	30,337	30,437	30,537	30,637	30,737	30,837	30,937
30,038	30,138	30,238	30,338	30,438	30,538	30,638	30,738	30,838	30,938
30,039	30,139	30,239	30,339	30,439	30,539	30,639	30,739	30,839	30,939
30,040	30,140	30,240	30,340	30,440	30,540	30,640	30,740	30,840	30,940
30,041	30,141	30,241	30,341	30,441	30,541	30,641	30,741	30,841	30,941
30,042	30,142	30,242	30,342	30,442	30,542	30,642	30,742	30,842	30,942
30,043	30,143	30,243	30,343	30,443	30,543	30,643	30,743	30,843	30,943
30,044	30,144	30,244	30,344	30,444	30,544	30,644	30,744	30,844	30,944
30,045	30,145	30,245	30,345	30,445	30,545	30,645	30,745	30,845	30,945
30,046	30,146	30,246	30,346	30,446	30,546	30,646	30,746	30,846	30,946
30,047	30,147	30,247	30,347	30,447	30,547	30,647	30,747	30,847	30,947
30,048	30,148	30,248	30,348	30,448	30,548	30,648	30,748	30,848	30,948
30,049	30,149	30,249	30,349	30,449	30,549	30,649	30,749	30,849	30,949
30,050	30,150	30,250	30,350	30,450	30,550	30,650	30,750	30,850	30,950
30,051	30,151	30,251	30,351	30,451	30,551	30,651	30,751	30,851	30,951
30,052	30,152	30,252	30,352	30,452	30,552	30,652	30,752	30,852	30,952
30,053	30,153	30,253	30,353	30,453	30,553	30,653	30,753	30,853	30,953
30,054	30,154	30,254	30,354	30,454	30,554	30,654	30,754	30,854	30,954
30,055	30,155	30,255	30,355	30,455	30,555	30,655	30,755	30,855	30,955
30,056	30,156	30,256	30,356	30,456	30,556	30,656	30,756	30,856	30,956
30,057	30,157	30,257	30,357	30,457	30,557	30,657	30,757	30,857	30,957
30,058	30,158	30,258	30,358	30,458	30,558	30,658	30,758	30,858	30,958
30,059	30,159	30,259	30,359	30,459	30,559	30,659	30,759	30,859	30,959
30,060	30,160	30,260	30,360	30,460	30,560	30,660	30,760	30,860	30,960
30,061	30,161	30,261	30,361	30,461	30,561	30,661	30,761	30,861	30,961
30,062	30,162	30,262	30,362	30,462	30,562	30,662	30,762	30,862	30,962
30,063	30,163	30,263	30,363	30,463	30,563	30,663	30,763	30,863	30,963
30,064	30,164	30,264	30,364	30,464	30,564	30,664	30,764	30,864	30,964
30,065	30,165	30,265	30,365	30,465	30,565	30,665	30,765	30,865	30,965
30,066	30,166	30,266	30,366	30,466	30,566	30,666	30,766	30,866	30,966
30,067	30,167	30,267	30,367	30,467	30,567	30,667	30,767	30,867	30,967
30,068	30,168	30,268	30,368	30,468	30,568	30,668	30,768	30,868	30,968
30,069	30,169	30,269	30,369	30,469	30,569	30,669	30,769	30,869	30,969
30,070	30,170	30,270	30,370	30,470	30,570	30,670	30,770	30,870	30,970
30,071	30,171	30,271	30,371	30,471	30,571	30,671	30,771	30,871	30,971
30,072	30,172	30,272	30,372	30,472	30,572	30,672	30,772	30,872	30,972
30,073	30,173	30,273	30,373	30,473	30,573	30,673	30,773	30,873	30,973
30,074	30,174	30,274	30,374	30,474	30,574	30,674	30,774	30,874	30,974
30,075	30,175	30,275	30,375	30,475	30,575	30,675	30,775	30,875	30,975
30,076	30,176	30,276	30,376	30,476	30,576	30,676	30,776	30,876	30,976
30,077	30,177	30,277	30,377	30,477	30,577	30,677	30,777	30,877	30,977
30,078	30,178	30,278	30,378	30,478	30,578	30,678	30,778	30,878	30,978
30,079	30,179	30,279	30,379	30,479	30,579	30,679	30,779	30,879	30,979
30,080	30,180	30,280	30,380	30,480	30,580	30,680	30,780	30,880	30,980
30,081	30,181	30,281	30,381	30,481	30,581	30,681	30,781	30,881	30,981
30,082	30,182	30,282	30,382	30,482	30,582	30,682	30,782	30,882	30,982
30,083	30,183	30,283	30,383	30,483	30,583	30,683	30,783	30,883	30,983
30,084	30,184	30,284	30,384	30,484	30,584	30,684	30,784	30,884	30,984
30,085	30,185	30,285	30,385	30,485	30,585	30,685	30,785	30,885	30,985
30,086	30,186	30,286	30,386	30,486	30,586	30,686	30,786	30,886	30,986
30,087	30,187	30,287	30,387	30,487	30,587	30,687	30,787	30,887	30,987
30,088	30,188	30,288	30,388	30,488	30,588	30,688	30,788	30,888	30,988
30,089	30,189	30,289	30,389	30,489	30,589	30,689	30,789	30,889	30,989
30,090	30,190	30,290	30,390	30,490	30,590	30,690	30,790	30,890	30,990
30,091	30,191	30,291	30,391	30,491	30,591	30,691	30,791	30,891	30,991
30,092	30,192	30,292	30,392	30,492	30,592	30,692	30,792	30,892	30,992
30,093	30,193	30,293	30,393	30,493	30,593	30,693	30,793	30,893	30,993
30,094	30,194	30,294	30,394	30,494	30,594	30,694	30,794	30,894	30,994
30,095	30,195	30,295	30,395	30,495	30,595	30,695	30,795	30,895	30,995
30,096	30,196	30,296	30,396	30,496	30,596	30,696	30,796	30,896	30,996
30,097	30,197	30,297	30,397	30,497	30,597	30,697	30,797	30,897	30,997
30,098	30,198	30,298	30,398	30,498	30,598	30,698	30,798	30,898	30,998
30,099	30,199	30,299	30,399	30,499	30,599	30,699	30,799	30,899	30,999

31,000	31,100	31,200	31,300	31,400	31,500	31,600	31,700	31,800	31,900
31,001	31,101	31,201	31,301	31,401	31,501	31,601	31,701	31,801	31,901
31,002	31,102	31,202	31,302	31,402	31,502	31,602	31,702	31,802	31,902
31,003	31,103	31,203	31,303	31,403	31,503	31,603	31,703	31,803	31,903
31,004	31,104	31,204	31,304	31,404	31,504	31,604	31,704	31,804	31,904
31,005	31,105	31,205	31,305	31,405	31,505	31,605	31,705	31,805	31,905
31,006	31,106	31,206	31,306	31,406	31,506	31,606	31,706	31,806	31,906
31,007	31,107	31,207	31,307	31,407	31,507	31,607	31,707	31,807	31,907
31,008	31,108	31,208	31,308	31,408	31,508	31,608	31,708	31,808	31,908
31,009	31,109	31,209	31,309	31,409	31,509	31,609	31,709	31,809	31,909
31,010	31,110	31,210	31,310	31,410	31,510	31,610	31,710	31,810	31,910
31,011	31,111	31,211	31,311	31,411	31,511	31,611	31,711	31,811	31,911
31,012	31,112	31,212	31,312	31,412	31,512	31,612	31,712	31,812	31,912
31,013	31,113	31,213	31,313	31,413	31,513	31,613	31,713	31,813	31,913
31,014	31,114	31,214	31,314	31,414	31,514	31,614	31,714	31,814	31,914
31,015	31,115	31,215	31,315	31,415	31,515	31,615	31,715	31,815	31,915
31,016	31,116	31,216	31,316	31,416	31,516	31,616	31,716	31,816	31,916
31,017	31,117	31,217	31,317	31,417	31,517	31,617	31,717	31,817	31,917
31,018	31,118	31,218	31,318	31,418	31,518	31,618	31,718	31,818	31,918
31,019	31,119	31,219	31,319	31,419	31,519	31,619	31,719	31,819	31,919
31,020	31,120	31,220	31,320	31,420	31,520	31,620	31,720	31,820	31,920
31,021	31,121	31,221	31,321	31,421	31,521	31,621	31,721	31,821	31,921
31,022	31,122	31,222	31,322	31,422	31,522	31,622	31,722	31,822	31,922
31,023	31,123	31,223	31,323	31,423	31,523	31,623	31,723	31,823	31,923
31,024	31,124	31,224	31,324	31,424	31,524	31,624	31,724	31,824	31,924
31,025	31,125	31,225	31,325	31,425	31,525	31,625	31,725	31,825	31,925
31,026	31,126	31,226	31,326	31,426	31,526	31,626	31,726	31,826	31,926
31,027	31,127	31,227	31,327	31,427	31,527	31,627	31,727	31,827	31,927
31,028	31,128	31,228	31,328	31,428	31,528	31,628	31,728	31,828	31,928
31,029	31,129	31,229	31,329	31,429	31,529	31,629	31,729	31,829	31,929
31,030	31,130	31,230	31,330	31,430	31,530	31,630	31,730	31,830	31,930
31,031	31,131	31,231	31,331	31,431	31,531	31,631	31,731	31,831	31,931
31,032	31,132	31,232	31,332	31,432	31,532	31,632	31,732	31,832	31,932
31,033	31,133	31,233	31,333	31,433	31,533	31,633	31,733	31,833	31,933
31,034	31,134	31,234	31,334	31,434	31,534	31,634	31,734	31,834	31,934
31,035	31,135	31,235	31,335	31,435	31,535	31,635	31,735	31,835	31,935
31,036	31,136	31,236	31,336	31,436	31,536	31,636	31,736	31,836	31,936
31,037	31,137	31,237	31,337	31,437	31,537	31,637	31,737	31,837	31,937
31,038	31,138	31,238	31,338	31,438	31,538	31,638	31,738	31,838	31,938
31,039	31,139	31,239	31,339	31,439	31,539	31,639	31,739	31,839	31,939
31,040	31,140	31,240	31,340	31,440	31,540	31,640	31,740	31,840	31,940
31,041	31,141	31,241	31,341	31,441	31,541	31,641	31,741	31,841	31,941
31,042	31,142	31,242	31,342	31,442	31,542	31,642	31,742	31,842	31,942
31,043	31,143	31,243	31,343	31,443	31,543	31,643	31,743	31,843	31,943
31,044	31,144	31,244	31,344	31,444	31,544	31,644	31,744	31,844	31,944
31,045	31,145	31,245	31,345	31,445	31,545	31,645	31,745	31,845	31,945
31,046	31,146	31,246	31,346	31,446	31,546	31,646	31,746	31,846	31,946
31,047	31,147	31,247	31,347	31,447	31,547	31,647	31,747	31,847	31,947
31,048	31,148	31,248	31,348	31,448	31,548	31,648	31,748	31,848	31,948
31,049	31,149	31,249	31,349	31,449	31,549	31,649	31,749	31,849	31,949
31,050	31,150	31,250	31,350	31,450	31,550	31,650	31,750	31,850	31,950
31,051	31,151	31,251	31,351	31,451	31,551	31,651	31,751	31,851	31,951
31,052	31,152	31,252	31,352	31,452	31,552	31,652	31,752	31,852	31,952
31,053	31,153	31,253	31,353	31,453	31,553	31,653	31,753	31,853	31,953
31,054	31,154	31,254	31,354	31,454	31,554	31,654	31,754	31,854	31,954
31,055	31,155	31,255	31,355	31,455	31,555	31,655	31,755	31,855	31,955
31,056	31,156	31,256	31,356	31,456	31,556	31,656	31,756	31,856	31,956
31,057	31,157	31,257	31,357	31,457	31,557	31,657	31,757	31,857	31,957
31,058	31,158	31,258	31,358	31,458	31,558	31,658	31,758	31,858	31,958
31,059	31,159	31,259	31,359	31,459	31,559	31,659	31,759	31,859	31,959
31,060	31,160	31,260	31,360	31,460	31,560	31,660	31,760	31,860	31,960
31,061	31,161	31,261	31,361	31,461	31,561	31,661	31,761	31,861	31,961
31,062	31,162	31,262	31,362	31,462	31,562	31,662	31,762	31,862	31,962
31,063	31,163	31,263	31,363	31,463	31,563	31,663	31,763	31,863	31,963
31,064	31,164	31,264	31,364	31,464	31,564	31,664	31,764	31,864	31,964
31,065	31,165	31,265	31,365	31,465	31,565	31,665	31,765	31,865	31,965
31,066	31,166	31,266	31,366	31,466	31,566	31,666	31,766	31,866	31,966
31,067	31,167	31,267	31,367	31,467	31,567	31,667	31,767	31,867	31,967
31,068	31,168	31,268	31,368	31,468	31,568	31,668	31,768	31,868	31,968
31,069	31,169	31,269	31,369	31,469	31,569	31,669	31,769	31,869	31,969
31,070	31,170	31,270	31,370	31,470	31,570	31,670	31,770	31,870	31,970
31,071	31,171	31,271	31,371	31,471	31,571	31,671	31,771	31,871	31,971
31,072	31,172	31,272	31,372	31,472	31,572	31,672	31,772	31,872	31,972
31,073	31,173	31,273	31,373	31,473	31,573	31,673	31,773	31,873	31,973
31,074	31,174	31,274	31,374	31,474	31,574	31,674	31,774	31,874	31,974
31,075	31,175	31,275	31,375	31,475	31,575	31,675	31,775	31,875	31,975
31,076	31,176	31,276	31,376	31,476	31,576	31,676	31,776	31,876	31,976
31,077	31,177	31,277	31,377	31,477	31,577	31,677	31,777	31,877	31,977
31,078	31,178	31,278	31,378	31,478	31,578	31,678	31,778	31,878	31,978
31,079	31,179	31,279	31,379	31,479	31,579	31,679	31,779	31,879	31,979
31,080	31,180	31,280	31,380	31,480	31,580	31,680	31,780	31,880	31,980
31,081	31,181	31,281	31,381	31,481	31,581	31,681	31,781	31,881	31,981
31,082	31,182	31,282	31,382	31,482	31,582	31,682	31,782	31,882	31,982
31,083	31,183	31,283	31,383	31,483	31,583	31,683	31,783	31,883	31,983
31,084	31,184	31,284	31,384	31,484	31,584	31,684	31,784	31,884	31,984
31,085	31,185	31,285	31,385	31,485	31,585	31,685	31,785	31,885	31,985
31,086	31,186	31,286	31,386	31,486	31,586	31,686	31,786	31,886	31,986
31,087	31,187	31,287	31,387	31,487	31,587	31,687	31,787	31,887	31,987
31,088	31,188	31,288	31,388	31,488	31,588	31,688	31,788	31,888	31,988
31,089	31,189	31,289	31,389	31,489	31,589	31,689	31,789	31,889	31,989
31,090	31,190	31,290	31,390	31,490	31,590	31,690	31,790	31,890	31,990
31,091	31,191	31,291	31,391	31,491	31,591	31,691	31,791	31,891	31,991
31,092	31,192	31,292	31,392	31,492	31,592	31,692	31,792	31,892	31,992
31,093	31,193	31,293	31,393	31,493	31,593	31,693	31,793	31,893	31,993
31,094	31,194	31,294	31,394	31,494	31,594	31,694	31,794	31,894	31,994
31,095	31,195	31,295	31,395	31,495	31,595	31,695	31,795	31,895	31,995
31,096	31,196	31,296	31,396	31,496	31,596	31,696	31,796	31,896	31,996
31,097	31,197	31,297	31,397	31,497	31,597	31,697	31,797	31,897	31,997
31,098	31,198	31,298	31,398	31,498	31,598	31,698	31,798	31,898	31,998
31,099	31,199	31,299	31,399	31,499	31,599	31,699	31,799	31,899	31,999

32,000	32,100	32,200	32,300	32,400	32,500	32,600	32,700	32,800	32,900
32,001	32,101	32,201	32,301	32,401	32,501	32,601	32,701	32,801	32,901
32,002	32,102	32,202	32,302	32,402	32,502	32,602	32,702	32,802	32,902
32,003	32,103	32,203	32,303	32,403	32,503	32,603	32,703	32,803	32,903
32,004	32,104	32,204	32,304	32,404	32,504	32,604	32,704	32,804	32,904
32,005	32,105	32,205	32,305	32,405	32,505	32,605	32,705	32,805	32,905
32,006	32,106	32,206	32,306	32,406	32,506	32,606	32,706	32,806	32,906
32,007	32,107	32,207	32,307	32,407	32,507	32,607	32,707	32,807	32,907
32,008	32,108	32,208	32,308	32,408	32,508	32,608	32,708	32,808	32,908
32,009	32,109	32,209	32,309	32,409	32,509	32,609	32,709	32,809	32,909
32,010	32,110	32,210	32,310	32,410	32,510	32,610	32,710	32,810	32,910
32,011	32,111	32,211	32,311	32,411	32,511	32,611	32,711	32,811	32,911
32,012	32,112	32,212	32,312	32,412	32,512	32,612	32,712	32,812	32,912
32,013	32,113	32,213	32,313	32,413	32,513	32,613	32,713	32,813	32,913
32,014	32,114	32,214	32,314	32,414	32,514	32,614	32,714	32,814	32,914
32,015	32,115	32,215	32,315	32,415	32,515	32,615	32,715	32,815	32,915
32,016	32,116	32,216	32,316	32,416	32,516	32,616	32,716	32,816	32,916
32,017	32,117	32,217	32,317	32,417	32,517	32,617	32,717	32,817	32,917
32,018	32,118	32,218	32,318	32,418	32,518	32,618	32,718	32,818	32,918
32,019	32,119	32,219	32,319	32,419	32,519	32,619	32,719	32,819	32,919
32,020	32,120	32,220	32,320	32,420	32,520	32,620	32,720	32,820	32,920
32,021	32,121	32,221	32,321	32,421	32,521	32,621	32,721	32,821	32,921
32,022	32,122	32,222	32,322	32,422	32,522	32,622	32,722	32,822	32,922
32,023	32,123	32,223	32,323	32,423	32,523	32,623	32,723	32,823	32,923
32,024	32,124	32,224	32,324	32,424	32,524	32,624	32,724	32,824	32,924
32,025	32,125	32,225	32,325	32,425	32,525	32,625	32,725	32,825	32,925
32,026	32,126	32,226	32,326	32,426	32,526	32,626	32,726	32,826	32,926
32,027	32,127	32,227	32,327	32,427	32,527	32,627	32,727	32,827	32,927
32,028	32,128	32,228	32,328	32,428	32,528	32,628	32,728	32,828	32,928
32,029	32,129	32,229	32,329	32,429	32,529	32,629	32,729	32,829	32,929
32,030	32,130	32,230	32,330	32,430	32,530	32,630	32,730	32,830	32,930
32,031	32,131	32,231	32,331	32,431	32,531	32,631	32,731	32,831	32,931
32,032	32,132	32,232	32,332	32,432	32,532	32,632	32,732	32,832	32,932
32,033	32,133	32,233	32,333	32,433	32,533	32,633	32,733	32,833	32,933
32,034	32,134	32,234	32,334	32,434	32,534	32,634	32,734	32,834	32,934
32,035	32,135	32,235	32,335	32,435	32,535	32,635	32,735	32,835	32,935
32,036	32,136	32,236	32,336	32,436	32,536	32,636	32,736	32,836	32,936
32,037	32,137	32,237	32,337	32,437	32,537	32,637	32,737	32,837	32,937
32,038	32,138	32,238	32,338	32,438	32,538	32,638	32,738	32,838	32,938
32,039	32,139	32,239	32,339	32,439	32,539	32,639	32,739	32,839	32,939
32,040	32,140	32,240	32,340	32,440	32,540	32,640	32,740	32,840	32,940
32,041	32,141	32,241	32,341	32,441	32,541	32,641	32,741	32,841	32,941
32,042	32,142	32,242	32,342	32,442	32,542	32,642	32,742	32,842	32,942
32,043	32,143	32,243	32,343	32,443	32,543	32,643	32,743	32,843	32,943
32,044	32,144	32,244	32,344	32,444	32,544	32,644	32,744	32,844	32,944
32,045	32,145	32,245	32,345	32,445	32,545	32,645	32,745	32,845	32,945
32,046	32,146	32,246	32,346	32,446	32,546	32,646	32,746	32,846	32,946
32,047	32,147	32,247	32,347	32,447	32,547	32,647	32,747	32,847	32,947
32,048	32,148	32,248	32,348	32,448	32,548	32,648	32,748	32,848	32,948
32,049	32,149	32,249	32,349	32,449	32,549	32,649	32,749	32,849	32,949
32,050	32,150	32,250	32,350	32,450	32,550	32,650	32,750	32,850	32,950
32,051	32,151	32,251	32,351	32,451	32,551	32,651	32,751	32,851	32,951
32,052	32,152	32,252	32,352	32,452	32,552	32,652	32,752	32,852	32,952
32,053	32,153	32,253	32,353	32,453	32,553	32,653	32,753	32,853	32,953
32,054	32,154	32,254	32,354	32,454	32,554	32,654	32,754	32,854	32,954
32,055	32,155	32,255	32,355	32,455	32,555	32,655	32,755	32,855	32,955
32,056	32,156	32,256	32,356	32,456	32,556	32,656	32,756	32,856	32,956
32,057	32,157	32,257	32,357	32,457	32,557	32,657	32,757	32,857	32,957
32,058	32,158	32,258	32,358	32,458	32,558	32,658	32,758	32,858	32,958
32,059	32,159	32,259	32,359	32,459	32,559	32,659	32,759	32,859	32,959
32,060	32,160	32,260	32,360	32,460	32,560	32,660	32,760	32,860	32,960
32,061	32,161	32,261	32,361	32,461	32,561	32,661	32,761	32,861	32,961
32,062	32,162	32,262	32,362	32,462	32,562	32,662	32,762	32,862	32,962
32,063	32,163	32,263	32,363	32,463	32,563	32,663	32,763	32,863	32,963
32,064	32,164	32,264	32,364	32,464	32,564	32,664	32,764	32,864	32,964
32,065	32,165	32,265	32,365	32,465	32,565	32,665	32,765	32,865	32,965
32,066	32,166	32,266	32,366	32,466	32,566	32,666	32,766	32,866	32,966
32,067	32,167	32,267	32,367	32,467	32,567	32,667	32,767	32,867	32,967
32,068	32,168	32,268	32,368	32,468	32,568	32,668	32,768	32,868	32,968
32,069	32,169	32,269	32,369	32,469	32,569	32,669	32,769	32,869	32,969
32,070	32,170	32,270	32,370	32,470	32,570	32,670	32,770	32,870	32,970
32,071	32,171	32,271	32,371	32,471	32,571	32,671	32,771	32,871	32,971
32,072	32,172	32,272	32,372	32,472	32,572	32,672	32,772	32,872	32,972
32,073	32,173	32,273	32,373	32,473	32,573	32,673	32,773	32,873	32,973
32,074	32,174	32,274	32,374	32,474	32,574	32,674	32,774	32,874	32,974
32,075	32,175	32,275	32,375	32,475	32,575	32,675	32,775	32,875	32,975
32,076	32,176	32,276	32,376	32,476	32,576	32,676	32,776	32,876	32,976
32,077	32,177	32,277	32,377	32,477	32,577	32,677	32,777	32,877	32,977
32,078	32,178	32,278	32,378	32,478	32,578	32,678	32,778	32,878	32,978
32,079	32,179	32,279	32,379	32,479	32,579	32,679	32,779	32,879	32,979
32,080	32,180	32,280	32,380	32,480	32,580	32,680	32,780	32,880	32,980
32,081	32,181	32,281	32,381	32,481	32,581	32,681	32,781	32,881	32,981
32,082	32,182	32,282	32,382	32,482	32,582	32,682	32,782	32,882	32,982
32,083	32,183	32,283	32,383	32,483	32,583	32,683	32,783	32,883	32,983
32,084	32,184	32,284	32,384	32,484	32,584	32,684	32,784	32,884	32,984
32,085	32,185	32,285	32,385	32,485	32,585	32,685	32,785	32,885	32,985
32,086	32,186	32,286	32,386	32,486	32,586	32,686	32,786	32,886	32,986
32,087	32,187	32,287	32,387	32,487	32,587	32,687	32,787	32,887	32,987
32,088	32,188	32,288	32,388	32,488	32,588	32,688	32,788	32,888	32,988
32,089	32,189	32,289	32,389	32,489	32,589	32,689	32,789	32,889	32,989
32,090	32,190	32,290	32,390	32,490	32,590	32,690	32,790	32,890	32,990
32,091	32,191	32,291	32,391	32,491	32,591	32,691	32,791	32,891	32,991
32,092	32,192	32,292	32,392	32,492	32,592	32,692	32,792	32,892	32,992
32,093	32,193	32,293	32,393	32,493	32,593	32,693	32,793	32,893	32,993
32,094	32,194	32,294	32,394	32,494	32,594	32,694	32,794	32,894	32,994
32,095	32,195	32,295	32,395	32,495	32,595	32,695	32,795	32,895	32,995
32,096	32,196	32,296	32,396	32,496	32,596	32,696	32,796	32,896	32,996
32,097	32,197	32,297	32,397	32,497	32,597	32,697	32,797	32,897	32,997
32,098	32,198	32,298	32,398	32,498	32,598	32,698	32,798	32,898	32,998
32,099	32,199	32,299	32,399	32,499	32,599	32,699	32,799	32,899	32,999

33,000	33,100	33,200	33,300	33,400	33,500	33,600	33,700	33,800	33,900
33,001	33,101	33,201	33,301	33,401	33,501	33,601	33,701	33,801	33,901
33,002	33,102	33,202	33,302	33,402	33,502	33,602	33,702	33,802	33,902
33,003	33,103	33,203	33,303	33,403	33,503	33,603	33,703	33,803	33,903
33,004	33,104	33,204	33,304	33,404	33,504	33,604	33,704	33,804	33,904
33,005	33,105	33,205	33,305	33,405	33,505	33,605	33,705	33,805	33,905
33,006	33,106	33,206	33,306	33,406	33,506	33,606	33,706	33,806	33,906
33,007	33,107	33,207	33,307	33,407	33,507	33,607	33,707	33,807	33,907
33,008	33,108	33,208	33,308	33,408	33,508	33,608	33,708	33,808	33,908
33,009	33,109	33,209	33,309	33,409	33,509	33,609	33,709	33,809	33,909
33,010	33,110	33,210	33,310	33,410	33,510	33,610	33,710	33,810	33,910
33,011	33,111	33,211	33,311	33,411	33,511	33,611	33,711	33,811	33,911
33,012	33,112	33,212	33,312	33,412	33,512	33,612	33,712	33,812	33,912
33,013	33,113	33,213	33,313	33,413	33,513	33,613	33,713	33,813	33,913
33,014	33,114	33,214	33,314	33,414	33,514	33,614	33,714	33,814	33,914
33,015	33,115	33,215	33,315	33,415	33,515	33,615	33,715	33,815	33,915
33,016	33,116	33,216	33,316	33,416	33,516	33,616	33,716	33,816	33,916
33,017	33,117	33,217	33,317	33,417	33,517	33,617	33,717	33,817	33,917
33,018	33,118	33,218	33,318	33,418	33,518	33,618	33,718	33,818	33,918
33,019	33,119	33,219	33,319	33,419	33,519	33,619	33,719	33,819	33,919
33,020	33,120	33,220	33,320	33,420	33,520	33,620	33,720	33,820	33,920
33,021	33,121	33,221	33,321	33,421	33,521	33,621	33,721	33,821	33,921
33,022	33,122	33,222	33,322	33,422	33,522	33,622	33,722	33,822	33,922
33,023	33,123	33,223	33,323	33,423	33,523	33,623	33,723	33,823	33,923
33,024	33,124	33,224	33,324	33,424	33,524	33,624	33,724	33,824	33,924
33,025	33,125	33,225	33,325	33,425	33,525	33,625	33,725	33,825	33,925
33,026	33,126	33,226	33,326	33,426	33,526	33,626	33,726	33,826	33,926
33,027	33,127	33,227	33,327	33,427	33,527	33,627	33,727	33,827	33,927
33,028	33,128	33,228	33,328	33,428	33,528	33,628	33,728	33,828	33,928
33,029	33,129	33,229	33,329	33,429	33,529	33,629	33,729	33,829	33,929
33,030	33,130	33,230	33,330	33,430	33,530	33,630	33,730	33,830	33,930
33,031	33,131	33,231	33,331	33,431	33,531	33,631	33,731	33,831	33,931
33,032	33,132	33,232	33,332	33,432	33,532	33,632	33,732	33,832	33,932
33,033	33,133	33,233	33,333	33,433	33,533	33,633	33,733	33,833	33,933
33,034	33,134	33,234	33,334	33,434	33,534	33,634	33,734	33,834	33,934
33,035	33,135	33,235	33,335	33,435	33,535	33,635	33,735	33,835	33,935
33,036	33,136	33,236	33,336	33,436	33,536	33,636	33,736	33,836	33,936
33,037	33,137	33,237	33,337	33,437	33,537	33,637	33,737	33,837	33,937
33,038	33,138	33,238	33,338	33,438	33,538	33,638	33,738	33,838	33,938
33,039	33,139	33,239	33,339	33,439	33,539	33,639	33,739	33,839	33,939
33,040	33,140	33,240	33,340	33,440	33,540	33,640	33,740	33,840	33,940
33,041	33,141	33,241	33,341	33,441	33,541	33,641	33,741	33,841	33,941
33,042	33,142	33,242	33,342	33,442	33,542	33,642	33,742	33,842	33,942
33,043	33,143	33,243	33,343	33,443	33,543	33,643	33,743	33,843	33,943
33,044	33,144	33,244	33,344	33,444	33,544	33,644	33,744	33,844	33,944
33,045	33,145	33,245	33,345	33,445	33,545	33,645	33,745	33,845	33,945
33,046	33,146	33,246	33,346	33,446	33,546	33,646	33,746	33,846	33,946
33,047	33,147	33,247	33,347	33,447	33,547	33,647	33,747	33,847	33,947
33,048	33,148	33,248	33,348	33,448	33,548	33,648	33,748	33,848	33,948
33,049	33,149	33,249	33,349	33,449	33,549	33,649	33,749	33,849	33,949
33,050	33,150	33,250	33,350	33,450	33,550	33,650	33,750	33,850	33,950
33,051	33,151	33,251	33,351	33,451	33,551	33,651	33,751	33,851	33,951
33,052	33,152	33,252	33,352	33,452	33,552	33,652	33,752	33,852	33,952
33,053	33,153	33,253	33,353	33,453	33,553	33,653	33,753	33,853	33,953
33,054	33,154	33,254	33,354	33,454	33,554	33,654	33,754	33,854	33,954
33,055	33,155	33,255	33,355	33,455	33,555	33,655	33,755	33,855	33,955
33,056	33,156	33,256	33,356	33,456	33,556	33,656	33,756	33,856	33,956
33,057	33,157	33,257	33,357	33,457	33,557	33,657	33,757	33,857	33,957
33,058	33,158	33,258	33,358	33,458	33,558	33,658	33,758	33,858	33,958
33,059	33,159	33,259	33,359	33,459	33,559	33,659	33,759	33,859	33,959
33,060	33,160	33,260	33,360	33,460	33,560	33,660	33,760	33,860	33,960
33,061	33,161	33,261	33,361	33,461	33,561	33,661	33,761	33,861	33,961
33,062	33,162	33,262	33,362	33,462	33,562	33,662	33,762	33,862	33,962
33,063	33,163	33,263	33,363	33,463	33,563	33,663	33,763	33,863	33,963
33,064	33,164	33,264	33,364	33,464	33,564	33,664	33,764	33,864	33,964
33,065	33,165	33,265	33,365	33,465	33,565	33,665	33,765	33,865	33,965
33,066	33,166	33,266	33,366	33,466	33,566	33,666	33,766	33,866	33,966
33,067	33,167	33,267	33,367	33,467	33,567	33,667	33,767	33,867	33,967
33,068	33,168	33,268	33,368	33,468	33,568	33,668	33,768	33,868	33,968
33,069	33,169	33,269	33,369	33,469	33,569	33,669	33,769	33,869	33,969
33,070	33,170	33,270	33,370	33,470	33,570	33,670	33,770	33,870	33,970
33,071	33,171	33,271	33,371	33,471	33,571	33,671	33,771	33,871	33,971
33,072	33,172	33,272	33,372	33,472	33,572	33,672	33,772	33,872	33,972
33,073	33,173	33,273	33,373	33,473	33,573	33,673	33,773	33,873	33,973
33,074	33,174	33,274	33,374	33,474	33,574	33,674	33,774	33,874	33,974
33,075	33,175	33,275	33,375	33,475	33,575	33,675	33,775	33,875	33,975
33,076	33,176	33,276	33,376	33,476	33,576	33,676	33,776	33,876	33,976
33,077	33,177	33,277	33,377	33,477	33,577	33,677	33,777	33,877	33,977
33,078	33,178	33,278	33,378	33,478	33,578	33,678	33,778	33,878	33,978
33,079	33,179	33,279	33,379	33,479	33,579	33,679	33,779	33,879	33,979
33,080	33,180	33,280	33,380	33,480	33,580	33,680	33,780	33,880	33,980
33,081	33,181	33,281	33,381	33,481	33,581	33,681	33,781	33,881	33,981
33,082	33,182	33,282	33,382	33,482	33,582	33,682	33,782	33,882	33,982
33,083	33,183	33,283	33,383	33,483	33,583	33,683	33,783	33,883	33,983
33,084	33,184	33,284	33,384	33,484	33,584	33,684	33,784	33,884	33,984
33,085	33,185	33,285	33,385	33,485	33,585	33,685	33,785	33,885	33,985
33,086	33,186	33,286	33,386	33,486	33,586	33,686	33,786	33,886	33,986
33,087	33,187	33,287	33,387	33,487	33,587	33,687	33,787	33,887	33,987
33,088	33,188	33,288	33,388	33,488	33,588	33,688	33,788	33,888	33,988
33,089	33,189	33,289	33,389	33,489	33,589	33,689	33,789	33,889	33,989
33,090	33,190	33,290	33,390	33,490	33,590	33,690	33,790	33,890	33,990
33,091	33,191	33,291	33,391	33,491	33,591	33,691	33,791	33,891	33,991
33,092	33,192	33,292	33,392	33,492	33,592	33,692	33,792	33,892	33,992
33,093	33,193	33,293	33,393	33,493	33,593	33,693	33,793	33,893	33,993
33,094	33,194	33,294	33,394	33,494	33,594	33,694	33,794	33,894	33,994
33,095	33,195	33,295	33,395	33,495	33,595	33,695	33,795	33,895	33,995
33,096	33,196	33,296	33,396	33,496	33,596	33,696	33,796	33,896	33,996
33,097	33,197	33,297	33,397	33,497	33,597	33,697	33,797	33,897	33,997
33,098	33,198	33,298	33,398	33,498	33,598	33,698	33,798	33,898	33,998
33,099	33,199	33,299	33,399	33,499	33,599	33,699	33,799	33,899	33,999

34,000	34,100	34,200	34,300	34,400	34,500	34,600	34,700	34,800	34,900
34,001	34,101	34,201	34,301	34,401	34,501	34,601	34,701	34,801	34,901
34,002	34,102	34,202	34,302	34,402	34,502	34,602	34,702	34,802	34,902
34,003	34,103	34,203	34,303	34,403	34,503	34,603	34,703	34,803	34,903
34,004	34,104	34,204	34,304	34,404	34,504	34,604	34,704	34,804	34,904
34,005	34,105	34,205	34,305	34,405	34,505	34,605	34,705	34,805	34,905
34,006	34,106	34,206	34,306	34,406	34,506	34,606	34,706	34,806	34,906
34,007	34,107	34,207	34,307	34,407	34,507	34,607	34,707	34,807	34,907
34,008	34,108	34,208	34,308	34,408	34,508	34,608	34,708	34,808	34,908
34,009	34,109	34,209	34,309	34,409	34,509	34,609	34,709	34,809	34,909
34,010	34,110	34,210	34,310	34,410	34,510	34,610	34,710	34,810	34,910
34,011	34,111	34,211	34,311	34,411	34,511	34,611	34,711	34,811	34,911
34,012	34,112	34,212	34,312	34,412	34,512	34,612	34,712	34,812	34,912
34,013	34,113	34,213	34,313	34,413	34,513	34,613	34,713	34,813	34,913
34,014	34,114	34,214	34,314	34,414	34,514	34,614	34,714	34,814	34,914
34,015	34,115	34,215	34,315	34,415	34,515	34,615	34,715	34,815	34,915
34,016	34,116	34,216	34,316	34,416	34,516	34,616	34,716	34,816	34,916
34,017	34,117	34,217	34,317	34,417	34,517	34,617	34,717	34,817	34,917
34,018	34,118	34,218	34,318	34,418	34,518	34,618	34,718	34,818	34,918
34,019	34,119	34,219	34,319	34,419	34,519	34,619	34,719	34,819	34,919
34,020	34,120	34,220	34,320	34,420	34,520	34,620	34,720	34,820	34,920
34,021	34,121	34,221	34,321	34,421	34,521	34,621	34,721	34,821	34,921
34,022	34,122	34,222	34,322	34,422	34,522	34,622	34,722	34,822	34,922
34,023	34,123	34,223	34,323	34,423	34,523	34,623	34,723	34,823	34,923
34,024	34,124	34,224	34,324	34,424	34,524	34,624	34,724	34,824	34,924
34,025	34,125	34,225	34,325	34,425	34,525	34,625	34,725	34,825	34,925
34,026	34,126	34,226	34,326	34,426	34,526	34,626	34,726	34,826	34,926
34,027	34,127	34,227	34,327	34,427	34,527	34,627	34,727	34,827	34,927
34,028	34,128	34,228	34,328	34,428	34,528	34,628	34,728	34,828	34,928
34,029	34,129	34,229	34,329	34,429	34,529	34,629	34,729	34,829	34,929
34,030	34,130	34,230	34,330	34,430	34,530	34,630	34,730	34,830	34,930
34,031	34,131	34,231	34,331	34,431	34,531	34,631	34,731	34,831	34,931
34,032	34,132	34,232	34,332	34,432	34,532	34,632	34,732	34,832	34,932
34,033	34,133	34,233	34,333	34,433	34,533	34,633	34,733	34,833	34,933
34,034	34,134	34,234	34,334	34,434	34,534	34,634	34,734	34,834	34,934
34,035	34,135	34,235	34,335	34,435	34,535	34,635	34,735	34,835	34,935
34,036	34,136	34,236	34,336	34,436	34,536	34,636	34,736	34,836	34,936
34,037	34,137	34,237	34,337	34,437	34,537	34,637	34,737	34,837	34,937
34,038	34,138	34,238	34,338	34,438	34,538	34,638	34,738	34,838	34,938
34,039	34,139	34,239	34,339	34,439	34,539	34,639	34,739	34,839	34,939
34,040	34,140	34,240	34,340	34,440	34,540	34,640	34,740	34,840	34,940
34,041	34,141	34,241	34,341	34,441	34,541	34,641	34,741	34,841	34,941
34,042	34,142	34,242	34,342	34,442	34,542	34,642	34,742	34,842	34,942
34,043	34,143	34,243	34,343	34,443	34,543	34,643	34,743	34,843	34,943
34,044	34,144	34,244	34,344	34,444	34,544	34,644	34,744	34,844	34,944
34,045	34,145	34,245	34,345	34,445	34,545	34,645	34,745	34,845	34,945
34,046	34,146	34,246	34,346	34,446	34,546	34,646	34,746	34,846	34,946
34,047	34,147	34,247	34,347	34,447	34,547	34,647	34,747	34,847	34,947
34,048	34,148	34,248	34,348	34,448	34,548	34,648	34,748	34,848	34,948
34,049	34,149	34,249	34,349	34,449	34,549	34,649	34,749	34,849	34,949
34,050	34,150	34,250	34,350	34,450	34,550	34,650	34,750	34,850	34,950
34,051	34,151	34,251	34,351	34,451	34,551	34,651	34,751	34,851	34,951
34,052	34,152	34,252	34,352	34,452	34,552	34,652	34,752	34,852	34,952
34,053	34,153	34,253	34,353	34,453	34,553	34,653	34,753	34,853	34,953
34,054	34,154	34,254	34,354	34,454	34,554	34,654	34,754	34,854	34,954
34,055	34,155	34,255	34,355	34,455	34,555	34,655	34,755	34,855	34,955
34,056	34,156	34,256	34,356	34,456	34,556	34,656	34,756	34,856	34,956
34,057	34,157	34,257	34,357	34,457	34,557	34,657	34,757	34,857	34,957
34,058	34,158	34,258	34,358	34,458	34,558	34,658	34,758	34,858	34,958
34,059	34,159	34,259	34,359	34,459	34,559	34,659	34,759	34,859	34,959
34,060	34,160	34,260	34,360	34,460	34,560	34,660	34,760	34,860	34,960
34,061	34,161	34,261	34,361	34,461	34,561	34,661	34,761	34,861	34,961
34,062	34,162	34,262	34,362	34,462	34,562	34,662	34,762	34,862	34,962
34,063	34,163	34,263	34,363	34,463	34,563	34,663	34,763	34,863	34,963
34,064	34,164	34,264	34,364	34,464	34,564	34,664	34,764	34,864	34,964
34,065	34,165	34,265	34,365	34,465	34,565	34,665	34,765	34,865	34,965
34,066	34,166	34,266	34,366	34,466	34,566	34,666	34,766	34,866	34,966
34,067	34,167	34,267	34,367	34,467	34,567	34,667	34,767	34,867	34,967
34,068	34,168	34,268	34,368	34,468	34,568	34,668	34,768	34,868	34,968
34,069	34,169	34,269	34,369	34,469	34,569	34,669	34,769	34,869	34,969
34,070	34,170	34,270	34,370	34,470	34,570	34,670	34,770	34,870	34,970
34,071	34,171	34,271	34,371	34,471	34,571	34,671	34,771	34,871	34,971
34,072	34,172	34,272	34,372	34,472	34,572	34,672	34,772	34,872	34,972
34,073	34,173	34,273	34,373	34,473	34,573	34,673	34,773	34,873	34,973
34,074	34,174	34,274	34,374	34,474	34,574	34,674	34,774	34,874	34,974
34,075	34,175	34,275	34,375	34,475	34,575	34,675	34,775	34,875	34,975
34,076	34,176	34,276	34,376	34,476	34,576	34,676	34,776	34,876	34,976
34,077	34,177	34,277	34,377	34,477	34,577	34,677	34,777	34,877	34,977
34,078	34,178	34,278	34,378	34,478	34,578	34,678	34,778	34,878	34,978
34,079	34,179	34,279	34,379	34,479	34,579	34,679	34,779	34,879	34,979
34,080	34,180	34,280	34,380	34,480	34,580	34,680	34,780	34,880	34,980
34,081	34,181	34,281	34,381	34,481	34,581	34,681	34,781	34,881	34,981
34,082	34,182	34,282	34,382	34,482	34,582	34,682	34,782	34,882	34,982
34,083	34,183	34,283	34,383	34,483	34,583	34,683	34,783	34,883	34,983
34,084	34,184	34,284	34,384	34,484	34,584	34,684	34,784	34,884	34,984
34,085	34,185	34,285	34,385	34,485	34,585	34,685	34,785	34,885	34,985
34,086	34,186	34,286	34,386	34,486	34,586	34,686	34,786	34,886	34,986
34,087	34,187	34,287	34,387	34,487	34,587	34,687	34,787	34,887	34,987
34,088	34,188	34,288	34,388	34,488	34,588	34,688	34,788	34,888	34,988
34,089	34,189	34,289	34,389	34,489	34,589	34,689	34,789	34,889	34,989
34,090	34,190	34,290	34,390	34,490	34,590	34,690	34,790	34,890	34,990
34,091	34,191	34,291	34,391	34,491	34,591	34,691	34,791	34,891	34,991
34,092	34,192	34,292	34,392	34,492	34,592	34,692	34,792	34,892	34,992
34,093	34,193	34,293	34,393	34,493	34,593	34,693	34,793	34,893	34,993
34,094	34,194	34,294	34,394	34,494	34,594	34,694	34,794	34,894	34,994
34,095	34,195	34,295	34,395	34,495	34,595	34,695	34,795	34,895	34,995
34,096	34,196	34,296	34,396	34,496	34,596	34,696	34,796	34,896	34,996
34,097	34,197	34,297	34,397	34,497	34,597	34,697	34,797	34,897	34,997
34,098	34,198	34,298	34,398	34,498	34,598	34,698	34,798	34,898	34,998
34,099	34,199	34,299	34,399	34,499	34,599	34,699	34,799	34,899	34,999

35,000	35,100	35,200	35,300	35,400	35,500	35,600	35,700	35,800	35,900
35,001	35,101	35,201	35,301	35,401	35,501	35,601	35,701	35,801	35,901
35,002	35,102	35,202	35,302	35,402	35,502	35,602	35,702	35,802	35,902
35,003	35,103	35,203	35,303	35,403	35,503	35,603	35,703	35,803	35,903
35,004	35,104	35,204	35,304	35,404	35,504	35,604	35,704	35,804	35,904
35,005	35,105	35,205	35,305	35,405	35,505	35,605	35,705	35,805	35,905
35,006	35,106	35,206	35,306	35,406	35,506	35,606	35,706	35,806	35,906
35,007	35,107	35,207	35,307	35,407	35,507	35,607	35,707	35,807	35,907
35,008	35,108	35,208	35,308	35,408	35,508	35,608	35,708	35,808	35,908
35,009	35,109	35,209	35,309	35,409	35,509	35,609	35,709	35,809	35,909
35,010	35,110	35,210	35,310	35,410	35,510	35,610	35,710	35,810	35,910
35,011	35,111	35,211	35,311	35,411	35,511	35,611	35,711	35,811	35,911
35,012	35,112	35,212	35,312	35,412	35,512	35,612	35,712	35,812	35,912
35,013	35,113	35,213	35,313	35,413	35,513	35,613	35,713	35,813	35,913
35,014	35,114	35,214	35,314	35,414	35,514	35,614	35,714	35,814	35,914
35,015	35,115	35,215	35,315	35,415	35,515	35,615	35,715	35,815	35,915
35,016	35,116	35,216	35,316	35,416	35,516	35,616	35,716	35,816	35,916
35,017	35,117	35,217	35,317	35,417	35,517	35,617	35,717	35,817	35,917
35,018	35,118	35,218	35,318	35,418	35,518	35,618	35,718	35,818	35,918
35,019	35,119	35,219	35,319	35,419	35,519	35,619	35,719	35,819	35,919
35,020	35,120	35,220	35,320	35,420	35,520	35,620	35,720	35,820	35,920
35,021	35,121	35,221	35,321	35,421	35,521	35,621	35,721	35,821	35,921
35,022	35,122	35,222	35,322	35,422	35,522	35,622	35,722	35,822	35,922
35,023	35,123	35,223	35,323	35,423	35,523	35,623	35,723	35,823	35,923
35,024	35,124	35,224	35,324	35,424	35,524	35,624	35,724	35,824	35,924
35,025	35,125	35,225	35,325	35,425	35,525	35,625	35,725	35,825	35,925
35,026	35,126	35,226	35,326	35,426	35,526	35,626	35,726	35,826	35,926
35,027	35,127	35,227	35,327	35,427	35,527	35,627	35,727	35,827	35,927
35,028	35,128	35,228	35,328	35,428	35,528	35,628	35,728	35,828	35,928
35,029	35,129	35,229	35,329	35,429	35,529	35,629	35,729	35,829	35,929
35,030	35,130	35,230	35,330	35,430	35,530	35,630	35,730	35,830	35,930
35,031	35,131	35,231	35,331	35,431	35,531	35,631	35,731	35,831	35,931
35,032	35,132	35,232	35,332	35,432	35,532	35,632	35,732	35,832	35,932
35,033	35,133	35,233	35,333	35,433	35,533	35,633	35,733	35,833	35,933
35,034	35,134	35,234	35,334	35,434	35,534	35,634	35,734	35,834	35,934
35,035	35,135	35,235	35,335	35,435	35,535	35,635	35,735	35,835	35,935
35,036	35,136	35,236	35,336	35,436	35,536	35,636	35,736	35,836	35,936
35,037	35,137	35,237	35,337	35,437	35,537	35,637	35,737	35,837	35,937
35,038	35,138	35,238	35,338	35,438	35,538	35,638	35,738	35,838	35,938
35,039	35,139	35,239	35,339	35,439	35,539	35,639	35,739	35,839	35,939
35,040	35,140	35,240	35,340	35,440	35,540	35,640	35,740	35,840	35,940
35,041	35,141	35,241	35,341	35,441	35,541	35,641	35,741	35,841	35,941
35,042	35,142	35,242	35,342	35,442	35,542	35,642	35,742	35,842	35,942
35,043	35,143	35,243	35,343	35,443	35,543	35,643	35,743	35,843	35,943
35,044	35,144	35,244	35,344	35,444	35,544	35,644	35,744	35,844	35,944
35,045	35,145	35,245	35,345	35,445	35,545	35,645	35,745	35,845	35,945
35,046	35,146	35,246	35,346	35,446	35,546	35,646	35,746	35,846	35,946
35,047	35,147	35,247	35,347	35,447	35,547	35,647	35,747	35,847	35,947
35,048	35,148	35,248	35,348	35,448	35,548	35,648	35,748	35,848	35,948
35,049	35,149	35,249	35,349	35,449	35,549	35,649	35,749	35,849	35,949
35,050	35,150	35,250	35,350	35,450	35,550	35,650	35,750	35,850	35,950
35,051	35,151	35,251	35,351	35,451	35,551	35,651	35,751	35,851	35,951
35,052	35,152	35,252	35,352	35,452	35,552	35,652	35,752	35,852	35,952
35,053	35,153	35,253	35,353	35,453	35,553	35,653	35,753	35,853	35,953
35,054	35,154	35,254	35,354	35,454	35,554	35,654	35,754	35,854	35,954
35,055	35,155	35,255	35,355	35,455	35,555	35,655	35,755	35,855	35,955
35,056	35,156	35,256	35,356	35,456	35,556	35,656	35,756	35,856	35,956
35,057	35,157	35,257	35,357	35,457	35,557	35,657	35,757	35,857	35,957
35,058	35,158	35,258	35,358	35,458	35,558	35,658	35,758	35,858	35,958
35,059	35,159	35,259	35,359	35,459	35,559	35,659	35,759	35,859	35,959
35,060	35,160	35,260	35,360	35,460	35,560	35,660	35,760	35,860	35,960
35,061	35,161	35,261	35,361	35,461	35,561	35,661	35,761	35,861	35,961
35,062	35,162	35,262	35,362	35,462	35,562	35,662	35,762	35,862	35,962
35,063	35,163	35,263	35,363	35,463	35,563	35,663	35,763	35,863	35,963
35,064	35,164	35,264	35,364	35,464	35,564	35,664	35,764	35,864	35,964
35,065	35,165	35,265	35,365	35,465	35,565	35,665	35,765	35,865	35,965
35,066	35,166	35,266	35,366	35,466	35,566	35,666	35,766	35,866	35,966
35,067	35,167	35,267	35,367	35,467	35,567	35,667	35,767	35,867	35,967
35,068	35,168	35,268	35,368	35,468	35,568	35,668	35,768	35,868	35,968
35,069	35,169	35,269	35,369	35,469	35,569	35,669	35,769	35,869	35,969
35,070	35,170	35,270	35,370	35,470	35,570	35,670	35,770	35,870	35,970
35,071	35,171	35,271	35,371	35,471	35,571	35,671	35,771	35,871	35,971
35,072	35,172	35,272	35,372	35,472	35,572	35,672	35,772	35,872	35,972
35,073	35,173	35,273	35,373	35,473	35,573	35,673	35,773	35,873	35,973
35,074	35,174	35,274	35,374	35,474	35,574	35,674	35,774	35,874	35,974
35,075	35,175	35,275	35,375	35,475	35,575	35,675	35,775	35,875	35,975
35,076	35,176	35,276	35,376	35,476	35,576	35,676	35,776	35,876	35,976
35,077	35,177	35,277	35,377	35,477	35,577	35,677	35,777	35,877	35,977
35,078	35,178	35,278	35,378	35,478	35,578	35,678	35,778	35,878	35,978
35,079	35,179	35,279	35,379	35,479	35,579	35,679	35,779	35,879	35,979
35,080	35,180	35,280	35,380	35,480	35,580	35,680	35,780	35,880	35,980
35,081	35,181	35,281	35,381	35,481	35,581	35,681	35,781	35,881	35,981
35,082	35,182	35,282	35,382	35,482	35,582	35,682	35,782	35,882	35,982
35,083	35,183	35,283	35,383	35,483	35,583	35,683	35,783	35,883	35,983
35,084	35,184	35,284	35,384	35,484	35,584	35,684	35,784	35,884	35,984
35,085	35,185	35,285	35,385	35,485	35,585	35,685	35,785	35,885	35,985
35,086	35,186	35,286	35,386	35,486	35,586	35,686	35,786	35,886	35,986
35,087	35,187	35,287	35,387	35,487	35,587	35,687	35,787	35,887	35,987
35,088	35,188	35,288	35,388	35,488	35,588	35,688	35,788	35,888	35,988
35,089	35,189	35,289	35,389	35,489	35,589	35,689	35,789	35,889	35,989
35,090	35,190	35,290	35,390	35,490	35,590	35,690	35,790	35,890	35,990
35,091	35,191	35,291	35,391	35,491	35,591	35,691	35,791	35,891	35,991
35,092	35,192	35,292	35,392	35,492	35,592	35,692	35,792	35,892	35,992
35,093	35,193	35,293	35,393	35,493	35,593	35,693	35,793	35,893	35,993
35,094	35,194	35,294	35,394	35,494	35,594	35,694	35,794	35,894	35,994
35,095	35,195	35,295	35,395	35,495	35,595	35,695	35,795	35,895	35,995
35,096	35,196	35,296	35,396	35,496	35,596	35,696	35,796	35,896	35,996
35,097	35,197	35,297	35,397	35,497	35,597	35,697	35,797	35,897	35,997
35,098	35,198	35,298	35,398	35,498	35,598	35,698	35,798	35,898	35,998
35,099	35,199	35,299	35,399	35,499	35,599	35,699	35,799	35,899	35,999

36,000	36,100	36,200	36,300	36,400	36,500	36,600	36,700	36,800	36,900
36,001	36,101	36,201	36,301	36,401	36,501	36,601	36,701	36,801	36,901
36,002	36,102	36,202	36,302	36,402	36,502	36,602	36,702	36,802	36,902
36,003	36,103	36,203	36,303	36,403	36,503	36,603	36,703	36,803	36,903
36,004	36,104	36,204	36,304	36,404	36,504	36,604	36,704	36,804	36,904
36,005	36,105	36,205	36,305	36,405	36,505	36,605	36,705	36,805	36,905
36,006	36,106	36,206	36,306	36,406	36,506	36,606	36,706	36,806	36,906
36,007	36,107	36,207	36,307	36,407	36,507	36,607	36,707	36,807	36,907
36,008	36,108	36,208	36,308	36,408	36,508	36,608	36,708	36,808	36,908
36,009	36,109	36,209	36,309	36,409	36,509	36,609	36,709	36,809	36,909
36,010	36,110	36,210	36,310	36,410	36,510	36,610	36,710	36,810	36,910
36,011	36,111	36,211	36,311	36,411	36,511	36,611	36,711	36,811	36,911
36,012	36,112	36,212	36,312	36,412	36,512	36,612	36,712	36,812	36,912
36,013	36,113	36,213	36,313	36,413	36,513	36,613	36,713	36,813	36,913
36,014	36,114	36,214	36,314	36,414	36,514	36,614	36,714	36,814	36,914
36,015	36,115	36,215	36,315	36,415	36,515	36,615	36,715	36,815	36,915
36,016	36,116	36,216	36,316	36,416	36,516	36,616	36,716	36,816	36,916
36,017	36,117	36,217	36,317	36,417	36,517	36,617	36,717	36,817	36,917
36,018	36,118	36,218	36,318	36,418	36,518	36,618	36,718	36,818	36,918
36,019	36,119	36,219	36,319	36,419	36,519	36,619	36,719	36,819	36,919
36,020	36,120	36,220	36,320	36,420	36,520	36,620	36,720	36,820	36,920
36,021	36,121	36,221	36,321	36,421	36,521	36,621	36,721	36,821	36,921
36,022	36,122	36,222	36,322	36,422	36,522	36,622	36,722	36,822	36,922
36,023	36,123	36,223	36,323	36,423	36,523	36,623	36,723	36,823	36,923
36,024	36,124	36,224	36,324	36,424	36,524	36,624	36,724	36,824	36,924
36,025	36,125	36,225	36,325	36,425	36,525	36,625	36,725	36,825	36,925
36,026	36,126	36,226	36,326	36,426	36,526	36,626	36,726	36,826	36,926
36,027	36,127	36,227	36,327	36,427	36,527	36,627	36,727	36,827	36,927
36,028	36,128	36,228	36,328	36,428	36,528	36,628	36,728	36,828	36,928
36,029	36,129	36,229	36,329	36,429	36,529	36,629	36,729	36,829	36,929
36,030	36,130	36,230	36,330	36,430	36,530	36,630	36,730	36,830	36,930
36,031	36,131	36,231	36,331	36,431	36,531	36,631	36,731	36,831	36,931
36,032	36,132	36,232	36,332	36,432	36,532	36,632	36,732	36,832	36,932
36,033	36,133	36,233	36,333	36,433	36,533	36,633	36,733	36,833	36,933
36,034	36,134	36,234	36,334	36,434	36,534	36,634	36,734	36,834	36,934
36,035	36,135	36,235	36,335	36,435	36,535	36,635	36,735	36,835	36,935
36,036	36,136	36,236	36,336	36,436	36,536	36,636	36,736	36,836	36,936
36,037	36,137	36,237	36,337	36,437	36,537	36,637	36,737	36,837	36,937
36,038	36,138	36,238	36,338	36,438	36,538	36,638	36,738	36,838	36,938
36,039	36,139	36,239	36,339	36,439	36,539	36,639	36,739	36,839	36,939
36,040	36,140	36,240	36,340	36,440	36,540	36,640	36,740	36,840	36,940
36,041	36,141	36,241	36,341	36,441	36,541	36,641	36,741	36,841	36,941
36,042	36,142	36,242	36,342	36,442	36,542	36,642	36,742	36,842	36,942
36,043	36,143	36,243	36,343	36,443	36,543	36,643	36,743	36,843	36,943
36,044	36,144	36,244	36,344	36,444	36,544	36,644	36,744	36,844	36,944
36,045	36,145	36,245	36,345	36,445	36,545	36,645	36,745	36,845	36,945
36,046	36,146	36,246	36,346	36,446	36,546	36,646	36,746	36,846	36,946
36,047	36,147	36,247	36,347	36,447	36,547	36,647	36,747	36,847	36,947
36,048	36,148	36,248	36,348	36,448	36,548	36,648	36,748	36,848	36,948
36,049	36,149	36,249	36,349	36,449	36,549	36,649	36,749	36,849	36,949
36,050	36,150	36,250	36,350	36,450	36,550	36,650	36,750	36,850	36,950
36,051	36,151	36,251	36,351	36,451	36,551	36,651	36,751	36,851	36,951
36,052	36,152	36,252	36,352	36,452	36,552	36,652	36,752	36,852	36,952
36,053	36,153	36,253	36,353	36,453	36,553	36,653	36,753	36,853	36,953
36,054	36,154	36,254	36,354	36,454	36,554	36,654	36,754	36,854	36,954
36,055	36,155	36,255	36,355	36,455	36,555	36,655	36,755	36,855	36,955
36,056	36,156	36,256	36,356	36,456	36,556	36,656	36,756	36,856	36,956
36,057	36,157	36,257	36,357	36,457	36,557	36,657	36,757	36,857	36,957
36,058	36,158	36,258	36,358	36,458	36,558	36,658	36,758	36,858	36,958
36,059	36,159	36,259	36,359	36,459	36,559	36,659	36,759	36,859	36,959
36,060	36,160	36,260	36,360	36,460	36,560	36,660	36,760	36,860	36,960
36,061	36,161	36,261	36,361	36,461	36,561	36,661	36,761	36,861	36,961
36,062	36,162	36,262	36,362	36,462	36,562	36,662	36,762	36,862	36,962
36,063	36,163	36,263	36,363	36,463	36,563	36,663	36,763	36,863	36,963
36,064	36,164	36,264	36,364	36,464	36,564	36,664	36,764	36,864	36,964
36,065	36,165	36,265	36,365	36,465	36,565	36,665	36,765	36,865	36,965
36,066	36,166	36,266	36,366	36,466	36,566	36,666	36,766	36,866	36,966
36,067	36,167	36,267	36,367	36,467	36,567	36,667	36,767	36,867	36,967
36,068	36,168	36,268	36,368	36,468	36,568	36,668	36,768	36,868	36,968
36,069	36,169	36,269	36,369	36,469	36,569	36,669	36,769	36,869	36,969
36,070	36,170	36,270	36,370	36,470	36,570	36,670	36,770	36,870	36,970
36,071	36,171	36,271	36,371	36,471	36,571	36,671	36,771	36,871	36,971
36,072	36,172	36,272	36,372	36,472	36,572	36,672	36,772	36,872	36,972
36,073	36,173	36,273	36,373	36,473	36,573	36,673	36,773	36,873	36,973
36,074	36,174	36,274	36,374	36,474	36,574	36,674	36,774	36,874	36,974
36,075	36,175	36,275	36,375	36,475	36,575	36,675	36,775	36,875	36,975
36,076	36,176	36,276	36,376	36,476	36,576	36,676	36,776	36,876	36,976
36,077	36,177	36,277	36,377	36,477	36,577	36,677	36,777	36,877	36,977
36,078	36,178	36,278	36,378	36,478	36,578	36,678	36,778	36,878	36,978
36,079	36,179	36,279	36,379	36,479	36,579	36,679	36,779	36,879	36,979
36,080	36,180	36,280	36,380	36,480	36,580	36,680	36,780	36,880	36,980
36,081	36,181	36,281	36,381	36,481	36,581	36,681	36,781	36,881	36,981
36,082	36,182	36,282	36,382	36,482	36,582	36,682	36,782	36,882	36,982
36,083	36,183	36,283	36,383	36,483	36,583	36,683	36,783	36,883	36,983
36,084	36,184	36,284	36,384	36,484	36,584	36,684	36,784	36,884	36,984
36,085	36,185	36,285	36,385	36,485	36,585	36,685	36,785	36,885	36,985
36,086	36,186	36,286	36,386	36,486	36,586	36,686	36,786	36,886	36,986
36,087	36,187	36,287	36,387	36,487	36,587	36,687	36,787	36,887	36,987
36,088	36,188	36,288	36,388	36,488	36,588	36,688	36,788	36,888	36,988
36,089	36,189	36,289	36,389	36,489	36,589	36,689	36,789	36,889	36,989
36,090	36,190	36,290	36,390	36,490	36,590	36,690	36,790	36,890	36,990
36,091	36,191	36,291	36,391	36,491	36,591	36,691	36,791	36,891	36,991
36,092	36,192	36,292	36,392	36,492	36,592	36,692	36,792	36,892	36,992
36,093	36,193	36,293	36,393	36,493	36,593	36,693	36,793	36,893	36,993
36,094	36,194	36,294	36,394	36,494	36,594	36,694	36,794	36,894	36,994
36,095	36,195	36,295	36,395	36,495	36,595	36,695	36,795	36,895	36,995
36,096	36,196	36,296	36,396	36,496	36,596	36,696	36,796	36,896	36,996
36,097	36,197	36,297	36,397	36,497	36,597	36,697	36,797	36,897	36,997
36,098	36,198	36,298	36,398	36,498	36,598	36,698	36,798	36,898	36,998
36,099	36,199	36,299	36,399	36,499	36,599	36,699	36,799	36,899	36,999

37,000	37,100	37,200	37,300	37,400	37,500	37,600	37,700	37,800	37,900
37,001	37,101	37,201	37,301	37,401	37,501	37,601	37,701	37,801	37,901
37,002	37,102	37,202	37,302	37,402	37,502	37,602	37,702	37,802	37,902
37,003	37,103	37,203	37,303	37,403	37,503	37,603	37,703	37,803	37,903
37,004	37,104	37,204	37,304	37,404	37,504	37,604	37,704	37,804	37,904
37,005	37,105	37,205	37,305	37,405	37,505	37,605	37,705	37,805	37,905
37,006	37,106	37,206	37,306	37,406	37,506	37,606	37,706	37,806	37,906
37,007	37,107	37,207	37,307	37,407	37,507	37,607	37,707	37,807	37,907
37,008	37,108	37,208	37,308	37,408	37,508	37,608	37,708	37,808	37,908
37,009	37,109	37,209	37,309	37,409	37,509	37,609	37,709	37,809	37,909
37,010	37,110	37,210	37,310	37,410	37,510	37,610	37,710	37,810	37,910
37,011	37,111	37,211	37,311	37,411	37,511	37,611	37,711	37,811	37,911
37,012	37,112	37,212	37,312	37,412	37,512	37,612	37,712	37,812	37,912
37,013	37,113	37,213	37,313	37,413	37,513	37,613	37,713	37,813	37,913
37,014	37,114	37,214	37,314	37,414	37,514	37,614	37,714	37,814	37,914
37,015	37,115	37,215	37,315	37,415	37,515	37,615	37,715	37,815	37,915
37,016	37,116	37,216	37,316	37,416	37,516	37,616	37,716	37,816	37,916
37,017	37,117	37,217	37,317	37,417	37,517	37,617	37,717	37,817	37,917
37,018	37,118	37,218	37,318	37,418	37,518	37,618	37,718	37,818	37,918
37,019	37,119	37,219	37,319	37,419	37,519	37,619	37,719	37,819	37,919
37,020	37,120	37,220	37,320	37,420	37,520	37,620	37,720	37,820	37,920
37,021	37,121	37,221	37,321	37,421	37,521	37,621	37,721	37,821	37,921
37,022	37,122	37,222	37,322	37,422	37,522	37,622	37,722	37,822	37,922
37,023	37,123	37,223	37,323	37,423	37,523	37,623	37,723	37,823	37,923
37,024	37,124	37,224	37,324	37,424	37,524	37,624	37,724	37,824	37,924
37,025	37,125	37,225	37,325	37,425	37,525	37,625	37,725	37,825	37,925
37,026	37,126	37,226	37,326	37,426	37,526	37,626	37,726	37,826	37,926
37,027	37,127	37,227	37,327	37,427	37,527	37,627	37,727	37,827	37,927
37,028	37,128	37,228	37,328	37,428	37,528	37,628	37,728	37,828	37,928
37,029	37,129	37,229	37,329	37,429	37,529	37,629	37,729	37,829	37,929
37,030	37,130	37,230	37,330	37,430	37,530	37,630	37,730	37,830	37,930
37,031	37,131	37,231	37,331	37,431	37,531	37,631	37,731	37,831	37,931
37,032	37,132	37,232	37,332	37,432	37,532	37,632	37,732	37,832	37,932
37,033	37,133	37,233	37,333	37,433	37,533	37,633	37,733	37,833	37,933
37,034	37,134	37,234	37,334	37,434	37,534	37,634	37,734	37,834	37,934
37,035	37,135	37,235	37,335	37,435	37,535	37,635	37,735	37,835	37,935
37,036	37,136	37,236	37,336	37,436	37,536	37,636	37,736	37,836	37,936
37,037	37,137	37,237	37,337	37,437	37,537	37,637	37,737	37,837	37,937
37,038	37,138	37,238	37,338	37,438	37,538	37,638	37,738	37,838	37,938
37,039	37,139	37,239	37,339	37,439	37,539	37,639	37,739	37,839	37,939
37,040	37,140	37,240	37,340	37,440	37,540	37,640	37,740	37,840	37,940
37,041	37,141	37,241	37,341	37,441	37,541	37,641	37,741	37,841	37,941
37,042	37,142	37,242	37,342	37,442	37,542	37,642	37,742	37,842	37,942
37,043	37,143	37,243	37,343	37,443	37,543	37,643	37,743	37,843	37,943
37,044	37,144	37,244	37,344	37,444	37,544	37,644	37,744	37,844	37,944
37,045	37,145	37,245	37,345	37,445	37,545	37,645	37,745	37,845	37,945
37,046	37,146	37,246	37,346	37,446	37,546	37,646	37,746	37,846	37,946
37,047	37,147	37,247	37,347	37,447	37,547	37,647	37,747	37,847	37,947
37,048	37,148	37,248	37,348	37,448	37,548	37,648	37,748	37,848	37,948
37,049	37,149	37,249	37,349	37,449	37,549	37,649	37,749	37,849	37,949
37,050	37,150	37,250	37,350	37,450	37,550	37,650	37,750	37,850	37,950
37,051	37,151	37,251	37,351	37,451	37,551	37,651	37,751	37,851	37,951
37,052	37,152	37,252	37,352	37,452	37,552	37,652	37,752	37,852	37,952
37,053	37,153	37,253	37,353	37,453	37,553	37,653	37,753	37,853	37,953
37,054	37,154	37,254	37,354	37,454	37,554	37,654	37,754	37,854	37,954
37,055	37,155	37,255	37,355	37,455	37,555	37,655	37,755	37,855	37,955
37,056	37,156	37,256	37,356	37,456	37,556	37,656	37,756	37,856	37,956
37,057	37,157	37,257	37,357	37,457	37,557	37,657	37,757	37,857	37,957
37,058	37,158	37,258	37,358	37,458	37,558	37,658	37,758	37,858	37,958
37,059	37,159	37,259	37,359	37,459	37,559	37,659	37,759	37,859	37,959
37,060	37,160	37,260	37,360	37,460	37,560	37,660	37,760	37,860	37,960
37,061	37,161	37,261	37,361	37,461	37,561	37,661	37,761	37,861	37,961
37,062	37,162	37,262	37,362	37,462	37,562	37,662	37,762	37,862	37,962
37,063	37,163	37,263	37,363	37,463	37,563	37,663	37,763	37,863	37,963
37,064	37,164	37,264	37,364	37,464	37,564	37,664	37,764	37,864	37,964
37,065	37,165	37,265	37,365	37,465	37,565	37,665	37,765	37,865	37,965
37,066	37,166	37,266	37,366	37,466	37,566	37,666	37,766	37,866	37,966
37,067	37,167	37,267	37,367	37,467	37,567	37,667	37,767	37,867	37,967
37,068	37,168	37,268	37,368	37,468	37,568	37,668	37,768	37,868	37,968
37,069	37,169	37,269	37,369	37,469	37,569	37,669	37,769	37,869	37,969
37,070	37,170	37,270	37,370	37,470	37,570	37,670	37,770	37,870	37,970
37,071	37,171	37,271	37,371	37,471	37,571	37,671	37,771	37,871	37,971
37,072	37,172	37,272	37,372	37,472	37,572	37,672	37,772	37,872	37,972
37,073	37,173	37,273	37,373	37,473	37,573	37,673	37,773	37,873	37,973
37,074	37,174	37,274	37,374	37,474	37,574	37,674	37,774	37,874	37,974
37,075	37,175	37,275	37,375	37,475	37,575	37,675	37,775	37,875	37,975
37,076	37,176	37,276	37,376	37,476	37,576	37,676	37,776	37,876	37,976
37,077	37,177	37,277	37,377	37,477	37,577	37,677	37,777	37,877	37,977
37,078	37,178	37,278	37,378	37,478	37,578	37,678	37,778	37,878	37,978
37,079	37,179	37,279	37,379	37,479	37,579	37,679	37,779	37,879	37,979
37,080	37,180	37,280	37,380	37,480	37,580	37,680	37,780	37,880	37,980
37,081	37,181	37,281	37,381	37,481	37,581	37,681	37,781	37,881	37,981
37,082	37,182	37,282	37,382	37,482	37,582	37,682	37,782	37,882	37,982
37,083	37,183	37,283	37,383	37,483	37,583	37,683	37,783	37,883	37,983
37,084	37,184	37,284	37,384	37,484	37,584	37,684	37,784	37,884	37,984
37,085	37,185	37,285	37,385	37,485	37,585	37,685	37,785	37,885	37,985
37,086	37,186	37,286	37,386	37,486	37,586	37,686	37,786	37,886	37,986
37,087	37,187	37,287	37,387	37,487	37,587	37,687	37,787	37,887	37,987
37,088	37,188	37,288	37,388	37,488	37,588	37,688	37,788	37,888	37,988
37,089	37,189	37,289	37,389	37,489	37,589	37,689	37,789	37,889	37,989
37,090	37,190	37,290	37,390	37,490	37,590	37,690	37,790	37,890	37,990
37,091	37,191	37,291	37,391	37,491	37,591	37,691	37,791	37,891	37,991
37,092	37,192	37,292	37,392	37,492	37,592	37,692	37,792	37,892	37,992
37,093	37,193	37,293	37,393	37,493	37,593	37,693	37,793	37,893	37,993
37,094	37,194	37,294	37,394	37,494	37,594	37,694	37,794	37,894	37,994
37,095	37,195	37,295	37,395	37,495	37,595	37,695	37,795	37,895	37,995
37,096	37,196	37,296	37,396	37,496	37,596	37,696	37,796	37,896	37,996
37,097	37,197	37,297	37,397	37,497	37,597	37,697	37,797	37,897	37,997
37,098	37,198	37,298	37,398	37,498	37,598	37,698	37,798	37,898	37,998
37,099	37,199	37,299	37,399	37,499	37,599	37,699	37,799	37,899	37,999

38,000	38,100	38,200	38,300	38,400	38,500	38,600	38,700	38,800	38,900
38,001	38,101	38,201	38,301	38,401	38,501	38,601	38,701	38,801	38,901
38,002	38,102	38,202	38,302	38,402	38,502	38,602	38,702	38,802	38,902
38,003	38,103	38,203	38,303	38,403	38,503	38,603	38,703	38,803	38,903
38,004	38,104	38,204	38,304	38,404	38,504	38,604	38,704	38,804	38,904
38,005	38,105	38,205	38,305	38,405	38,505	38,605	38,705	38,805	38,905
38,006	38,106	38,206	38,306	38,406	38,506	38,606	38,706	38,806	38,906
38,007	38,107	38,207	38,307	38,407	38,507	38,607	38,707	38,807	38,907
38,008	38,108	38,208	38,308	38,408	38,508	38,608	38,708	38,808	38,908
38,009	38,109	38,209	38,309	38,409	38,509	38,609	38,709	38,809	38,909
38,010	38,110	38,210	38,310	38,410	38,510	38,610	38,710	38,810	38,910
38,011	38,111	38,211	38,311	38,411	38,511	38,611	38,711	38,811	38,911
38,012	38,112	38,212	38,312	38,412	38,512	38,612	38,712	38,812	38,912
38,013	38,113	38,213	38,313	38,413	38,513	38,613	38,713	38,813	38,913
38,014	38,114	38,214	38,314	38,414	38,514	38,614	38,714	38,814	38,914
38,015	38,115	38,215	38,315	38,415	38,515	38,615	38,715	38,815	38,915
38,016	38,116	38,216	38,316	38,416	38,516	38,616	38,716	38,816	38,916
38,017	38,117	38,217	38,317	38,417	38,517	38,617	38,717	38,817	38,917
38,018	38,118	38,218	38,318	38,418	38,518	38,618	38,718	38,818	38,918
38,019	38,119	38,219	38,319	38,419	38,519	38,619	38,719	38,819	38,919
38,020	38,120	38,220	38,320	38,420	38,520	38,620	38,720	38,820	38,920
38,021	38,121	38,221	38,321	38,421	38,521	38,621	38,721	38,821	38,921
38,022	38,122	38,222	38,322	38,422	38,522	38,622	38,722	38,822	38,922
38,023	38,123	38,223	38,323	38,423	38,523	38,623	38,723	38,823	38,923
38,024	38,124	38,224	38,324	38,424	38,524	38,624	38,724	38,824	38,924
38,025	38,125	38,225	38,325	38,425	38,525	38,625	38,725	38,825	38,925
38,026	38,126	38,226	38,326	38,426	38,526	38,626	38,726	38,826	38,926
38,027	38,127	38,227	38,327	38,427	38,527	38,627	38,727	38,827	38,927
38,028	38,128	38,228	38,328	38,428	38,528	38,628	38,728	38,828	38,928
38,029	38,129	38,229	38,329	38,429	38,529	38,629	38,729	38,829	38,929
38,030	38,130	38,230	38,330	38,430	38,530	38,630	38,730	38,830	38,930
38,031	38,131	38,231	38,331	38,431	38,531	38,631	38,731	38,831	38,931
38,032	38,132	38,232	38,332	38,432	38,532	38,632	38,732	38,832	38,932
38,033	38,133	38,233	38,333	38,433	38,533	38,633	38,733	38,833	38,933
38,034	38,134	38,234	38,334	38,434	38,534	38,634	38,734	38,834	38,934
38,035	38,135	38,235	38,335	38,435	38,535	38,635	38,735	38,835	38,935
38,036	38,136	38,236	38,336	38,436	38,536	38,636	38,736	38,836	38,936
38,037	38,137	38,237	38,337	38,437	38,537	38,637	38,737	38,837	38,937
38,038	38,138	38,238	38,338	38,438	38,538	38,638	38,738	38,838	38,938
38,039	38,139	38,239	38,339	38,439	38,539	38,639	38,739	38,839	38,939
38,040	38,140	38,240	38,340	38,440	38,540	38,640	38,740	38,840	38,940
38,041	38,141	38,241	38,341	38,441	38,541	38,641	38,741	38,841	38,941
38,042	38,142	38,242	38,342	38,442	38,542	38,642	38,742	38,842	38,942
38,043	38,143	38,243	38,343	38,443	38,543	38,643	38,743	38,843	38,943
38,044	38,144	38,244	38,344	38,444	38,544	38,644	38,744	38,844	38,944
38,045	38,145	38,245	38,345	38,445	38,545	38,645	38,745	38,845	38,945
38,046	38,146	38,246	38,346	38,446	38,546	38,646	38,746	38,846	38,946
38,047	38,147	38,247	38,347	38,447	38,547	38,647	38,747	38,847	38,947
38,048	38,148	38,248	38,348	38,448	38,548	38,648	38,748	38,848	38,948
38,049	38,149	38,249	38,349	38,449	38,549	38,649	38,749	38,849	38,949
38,050	38,150	38,250	38,350	38,450	38,550	38,650	38,750	38,850	38,950
38,051	38,151	38,251	38,351	38,451	38,551	38,651	38,751	38,851	38,951
38,052	38,152	38,252	38,352	38,452	38,552	38,652	38,752	38,852	38,952
38,053	38,153	38,253	38,353	38,453	38,553	38,653	38,753	38,853	38,953
38,054	38,154	38,254	38,354	38,454	38,554	38,654	38,754	38,854	38,954
38,055	38,155	38,255	38,355	38,455	38,555	38,655	38,755	38,855	38,955
38,056	38,156	38,256	38,356	38,456	38,556	38,656	38,756	38,856	38,956
38,057	38,157	38,257	38,357	38,457	38,557	38,657	38,757	38,857	38,957
38,058	38,158	38,258	38,358	38,458	38,558	38,658	38,758	38,858	38,958
38,059	38,159	38,259	38,359	38,459	38,559	38,659	38,759	38,859	38,959
38,060	38,160	38,260	38,360	38,460	38,560	38,660	38,760	38,860	38,960
38,061	38,161	38,261	38,361	38,461	38,561	38,661	38,761	38,861	38,961
38,062	38,162	38,262	38,362	38,462	38,562	38,662	38,762	38,862	38,962
38,063	38,163	38,263	38,363	38,463	38,563	38,663	38,763	38,863	38,963
38,064	38,164	38,264	38,364	38,464	38,564	38,664	38,764	38,864	38,964
38,065	38,165	38,265	38,365	38,465	38,565	38,665	38,765	38,865	38,965
38,066	38,166	38,266	38,366	38,466	38,566	38,666	38,766	38,866	38,966
38,067	38,167	38,267	38,367	38,467	38,567	38,667	38,767	38,867	38,967
38,068	38,168	38,268	38,368	38,468	38,568	38,668	38,768	38,868	38,968
38,069	38,169	38,269	38,369	38,469	38,569	38,669	38,769	38,869	38,969
38,070	38,170	38,270	38,370	38,470	38,570	38,670	38,770	38,870	38,970
38,071	38,171	38,271	38,371	38,471	38,571	38,671	38,771	38,871	38,971
38,072	38,172	38,272	38,372	38,472	38,572	38,672	38,772	38,872	38,972
38,073	38,173	38,273	38,373	38,473	38,573	38,673	38,773	38,873	38,973
38,074	38,174	38,274	38,374	38,474	38,574	38,674	38,774	38,874	38,974
38,075	38,175	38,275	38,375	38,475	38,575	38,675	38,775	38,875	38,975
38,076	38,176	38,276	38,376	38,476	38,576	38,676	38,776	38,876	38,976
38,077	38,177	38,277	38,377	38,477	38,577	38,677	38,777	38,877	38,977
38,078	38,178	38,278	38,378	38,478	38,578	38,678	38,778	38,878	38,978
38,079	38,179	38,279	38,379	38,479	38,579	38,679	38,779	38,879	38,979
38,080	38,180	38,280	38,380	38,480	38,580	38,680	38,780	38,880	38,980
38,081	38,181	38,281	38,381	38,481	38,581	38,681	38,781	38,881	38,981
38,082	38,182	38,282	38,382	38,482	38,582	38,682	38,782	38,882	38,982
38,083	38,183	38,283	38,383	38,483	38,583	38,683	38,783	38,883	38,983
38,084	38,184	38,284	38,384	38,484	38,584	38,684	38,784	38,884	38,984
38,085	38,185	38,285	38,385	38,485	38,585	38,685	38,785	38,885	38,985
38,086	38,186	38,286	38,386	38,486	38,586	38,686	38,786	38,886	38,986
38,087	38,187	38,287	38,387	38,487	38,587	38,687	38,787	38,887	38,987
38,088	38,188	38,288	38,388	38,488	38,588	38,688	38,788	38,888	38,988
38,089	38,189	38,289	38,389	38,489	38,589	38,689	38,789	38,889	38,989
38,090	38,190	38,290	38,390	38,490	38,590	38,690	38,790	38,890	38,990
38,091	38,191	38,291	38,391	38,491	38,591	38,691	38,791	38,891	38,991
38,092	38,192	38,292	38,392	38,492	38,592	38,692	38,792	38,892	38,992
38,093	38,193	38,293	38,393	38,493	38,593	38,693	38,793	38,893	38,993
38,094	38,194	38,294	38,394	38,494	38,594	38,694	38,794	38,894	38,994
38,095	38,195	38,295	38,395	38,495	38,595	38,695	38,795	38,895	38,995
38,096	38,196	38,296	38,396	38,496	38,596	38,696	38,796	38,896	38,996
38,097	38,197	38,297	38,397	38,497	38,597	38,697	38,797	38,897	38,997
38,098	38,198	38,298	38,398	38,498	38,598	38,698	38,798	38,898	38,998
38,099	38,199	38,299	38,399	38,499	38,599	38,699	38,799	38,899	38,999

39,000	39,100	39,200	39,300	39,400	39,500	39,600	39,700	39,800	39,900
39,001	39,101	39,201	39,301	39,401	39,501	39,601	39,701	39,801	39,901
39,002	39,102	39,202	39,302	39,402	39,502	39,602	39,702	39,802	39,902
39,003	39,103	39,203	39,303	39,403	39,503	39,603	39,703	39,803	39,903
39,004	39,104	39,204	39,304	39,404	39,504	39,604	39,704	39,804	39,904
39,005	39,105	39,205	39,305	39,405	39,505	39,605	39,705	39,805	39,905
39,006	39,106	39,206	39,306	39,406	39,506	39,606	39,706	39,806	39,906
39,007	39,107	39,207	39,307	39,407	39,507	39,607	39,707	39,807	39,907
39,008	39,108	39,208	39,308	39,408	39,508	39,608	39,708	39,808	39,908
39,009	39,109	39,209	39,309	39,409	39,509	39,609	39,709	39,809	39,909
39,010	39,110	39,210	39,310	39,410	39,510	39,610	39,710	39,810	39,910
39,011	39,111	39,211	39,311	39,411	39,511	39,611	39,711	39,811	39,911
39,012	39,112	39,212	39,312	39,412	39,512	39,612	39,712	39,812	39,912
39,013	39,113	39,213	39,313	39,413	39,513	39,613	39,713	39,813	39,913
39,014	39,114	39,214	39,314	39,414	39,514	39,614	39,714	39,814	39,914
39,015	39,115	39,215	39,315	39,415	39,515	39,615	39,715	39,815	39,915
39,016	39,116	39,216	39,316	39,416	39,516	39,616	39,716	39,816	39,916
39,017	39,117	39,217	39,317	39,417	39,517	39,617	39,717	39,817	39,917
39,018	39,118	39,218	39,318	39,418	39,518	39,618	39,718	39,818	39,918
39,019	39,119	39,219	39,319	39,419	39,519	39,619	39,719	39,819	39,919
39,020	39,120	39,220	39,320	39,420	39,520	39,620	39,720	39,820	39,920
39,021	39,121	39,221	39,321	39,421	39,521	39,621	39,721	39,821	39,921
39,022	39,122	39,222	39,322	39,422	39,522	39,622	39,722	39,822	39,922
39,023	39,123	39,223	39,323	39,423	39,523	39,623	39,723	39,823	39,923
39,024	39,124	39,224	39,324	39,424	39,524	39,624	39,724	39,824	39,924
39,025	39,125	39,225	39,325	39,425	39,525	39,625	39,725	39,825	39,925
39,026	39,126	39,226	39,326	39,426	39,526	39,626	39,726	39,826	39,926
39,027	39,127	39,227	39,327	39,427	39,527	39,627	39,727	39,827	39,927
39,028	39,128	39,228	39,328	39,428	39,528	39,628	39,728	39,828	39,928
39,029	39,129	39,229	39,329	39,429	39,529	39,629	39,729	39,829	39,929
39,030	39,130	39,230	39,330	39,430	39,530	39,630	39,730	39,830	39,930
39,031	39,131	39,231	39,331	39,431	39,531	39,631	39,731	39,831	39,931
39,032	39,132	39,232	39,332	39,432	39,532	39,632	39,732	39,832	39,932
39,033	39,133	39,233	39,333	39,433	39,533	39,633	39,733	39,833	39,933
39,034	39,134	39,234	39,334	39,434	39,534	39,634	39,734	39,834	39,934
39,035	39,135	39,235	39,335	39,435	39,535	39,635	39,735	39,835	39,935
39,036	39,136	39,236	39,336	39,436	39,536	39,636	39,736	39,836	39,936
39,037	39,137	39,237	39,337	39,437	39,537	39,637	39,737	39,837	39,937
39,038	39,138	39,238	39,338	39,438	39,538	39,638	39,738	39,838	39,938
39,039	39,139	39,239	39,339	39,439	39,539	39,639	39,739	39,839	39,939
39,040	39,140	39,240	39,340	39,440	39,540	39,640	39,740	39,840	39,940
39,041	39,141	39,241	39,341	39,441	39,541	39,641	39,741	39,841	39,941
39,042	39,142	39,242	39,342	39,442	39,542	39,642	39,742	39,842	39,942
39,043	39,143	39,243	39,343	39,443	39,543	39,643	39,743	39,843	39,943
39,044	39,144	39,244	39,344	39,444	39,544	39,644	39,744	39,844	39,944
39,045	39,145	39,245	39,345	39,445	39,545	39,645	39,745	39,845	39,945
39,046	39,146	39,246	39,346	39,446	39,546	39,646	39,746	39,846	39,946
39,047	39,147	39,247	39,347	39,447	39,547	39,647	39,747	39,847	39,947
39,048	39,148	39,248	39,348	39,448	39,548	39,648	39,748	39,848	39,948
39,049	39,149	39,249	39,349	39,449	39,549	39,649	39,749	39,849	39,949
39,050	39,150	39,250	39,350	39,450	39,550	39,650	39,750	39,850	39,950
39,051	39,151	39,251	39,351	39,451	39,551	39,651	39,751	39,851	39,951
39,052	39,152	39,252	39,352	39,452	39,552	39,652	39,752	39,852	39,952
39,053	39,153	39,253	39,353	39,453	39,553	39,653	39,753	39,853	39,953
39,054	39,154	39,254	39,354	39,454	39,554	39,654	39,754	39,854	39,954
39,055	39,155	39,255	39,355	39,455	39,555	39,655	39,755	39,855	39,955
39,056	39,156	39,256	39,356	39,456	39,556	39,656	39,756	39,856	39,956
39,057	39,157	39,257	39,357	39,457	39,557	39,657	39,757	39,857	39,957
39,058	39,158	39,258	39,358	39,458	39,558	39,658	39,758	39,858	39,958
39,059	39,159	39,259	39,359	39,459	39,559	39,659	39,759	39,859	39,959
39,060	39,160	39,260	39,360	39,460	39,560	39,660	39,760	39,860	39,960
39,061	39,161	39,261	39,361	39,461	39,561	39,661	39,761	39,861	39,961
39,062	39,162	39,262	39,362	39,462	39,562	39,662	39,762	39,862	39,962
39,063	39,163	39,263	39,363	39,463	39,563	39,663	39,763	39,863	39,963
39,064	39,164	39,264	39,364	39,464	39,564	39,664	39,764	39,864	39,964
39,065	39,165	39,265	39,365	39,465	39,565	39,665	39,765	39,865	39,965
39,066	39,166	39,266	39,366	39,466	39,566	39,666	39,766	39,866	39,966
39,067	39,167	39,267	39,367	39,467	39,567	39,667	39,767	39,867	39,967
39,068	39,168	39,268	39,368	39,468	39,568	39,668	39,768	39,868	39,968
39,069	39,169	39,269	39,369	39,469	39,569	39,669	39,769	39,869	39,969
39,070	39,170	39,270	39,370	39,470	39,570	39,670	39,770	39,870	39,970
39,071	39,171	39,271	39,371	39,471	39,571	39,671	39,771	39,871	39,971
39,072	39,172	39,272	39,372	39,472	39,572	39,672	39,772	39,872	39,972
39,073	39,173	39,273	39,373	39,473	39,573	39,673	39,773	39,873	39,973
39,074	39,174	39,274	39,374	39,474	39,574	39,674	39,774	39,874	39,974
39,075	39,175	39,275	39,375	39,475	39,575	39,675	39,775	39,875	39,975
39,076	39,176	39,276	39,376	39,476	39,576	39,676	39,776	39,876	39,976
39,077	39,177	39,277	39,377	39,477	39,577	39,677	39,777	39,877	39,977
39,078	39,178	39,278	39,378	39,478	39,578	39,678	39,778	39,878	39,978
39,079	39,179	39,279	39,379	39,479	39,579	39,679	39,779	39,879	39,979
39,080	39,180	39,280	39,380	39,480	39,580	39,680	39,780	39,880	39,980
39,081	39,181	39,281	39,381	39,481	39,581	39,681	39,781	39,881	39,981
39,082	39,182	39,282	39,382	39,482	39,582	39,682	39,782	39,882	39,982
39,083	39,183	39,283	39,383	39,483	39,583	39,683	39,783	39,883	39,983
39,084	39,184	39,284	39,384	39,484	39,584	39,684	39,784	39,884	39,984
39,085	39,185	39,285	39,385	39,485	39,585	39,685	39,785	39,885	39,985
39,086	39,186	39,286	39,386	39,486	39,586	39,686	39,786	39,886	39,986
39,087	39,187	39,287	39,387	39,487	39,587	39,687	39,787	39,887	39,987
39,088	39,188	39,288	39,388	39,488	39,588	39,688	39,788	39,888	39,988
39,089	39,189	39,289	39,389	39,489	39,589	39,689	39,789	39,889	39,989
39,090	39,190	39,290	39,390	39,490	39,590	39,690	39,790	39,890	39,990
39,091	39,191	39,291	39,391	39,491	39,591	39,691	39,791	39,891	39,991
39,092	39,192	39,292	39,392	39,492	39,592	39,692	39,792	39,892	39,992
39,093	39,193	39,293	39,393	39,493	39,593	39,693	39,793	39,893	39,993
39,094	39,194	39,294	39,394	39,494	39,594	39,694	39,794	39,894	39,994
39,095	39,195	39,295	39,395	39,495	39,595	39,695	39,795	39,895	39,995
39,096	39,196	39,296	39,396	39,496	39,596	39,696	39,796	39,896	39,996
39,097	39,197	39,297	39,397	39,497	39,597	39,697	39,797	39,897	39,997
39,098	39,198	39,298	39,398	39,498	39,598	39,698	39,798	39,898	39,998
39,099	39,199	39,299	39,399	39,499	39,599	39,699	39,799	39,899	39,999

40,000	40,100	40,200	40,300	40,400	40,500	40,600	40,700	40,800	40,900
40,001	40,101	40,201	40,301	40,401	40,501	40,601	40,701	40,801	40,901
40,002	40,102	40,202	40,302	40,402	40,502	40,602	40,702	40,802	40,902
40,003	40,103	40,203	40,303	40,403	40,503	40,603	40,703	40,803	40,903
40,004	40,104	40,204	40,304	40,404	40,504	40,604	40,704	40,804	40,904
40,005	40,105	40,205	40,305	40,405	40,505	40,605	40,705	40,805	40,905
40,006	40,106	40,206	40,306	40,406	40,506	40,606	40,706	40,806	40,906
40,007	40,107	40,207	40,307	40,407	40,507	40,607	40,707	40,807	40,907
40,008	40,108	40,208	40,308	40,408	40,508	40,608	40,708	40,808	40,908
40,009	40,109	40,209	40,309	40,409	40,509	40,609	40,709	40,809	40,909
40,010	40,110	40,210	40,310	40,410	40,510	40,610	40,710	40,810	40,910
40,011	40,111	40,211	40,311	40,411	40,511	40,611	40,711	40,811	40,911
40,012	40,112	40,212	40,312	40,412	40,512	40,612	40,712	40,812	40,912
40,013	40,113	40,213	40,313	40,413	40,513	40,613	40,713	40,813	40,913
40,014	40,114	40,214	40,314	40,414	40,514	40,614	40,714	40,814	40,914
40,015	40,115	40,215	40,315	40,415	40,515	40,615	40,715	40,815	40,915
40,016	40,116	40,216	40,316	40,416	40,516	40,616	40,716	40,816	40,916
40,017	40,117	40,217	40,317	40,417	40,517	40,617	40,717	40,817	40,917
40,018	40,118	40,218	40,318	40,418	40,518	40,618	40,718	40,818	40,918
40,019	40,119	40,219	40,319	40,419	40,519	40,619	40,719	40,819	40,919
40,020	40,120	40,220	40,320	40,420	40,520	40,620	40,720	40,820	40,920
40,021	40,121	40,221	40,321	40,421	40,521	40,621	40,721	40,821	40,921
40,022	40,122	40,222	40,322	40,422	40,522	40,622	40,722	40,822	40,922
40,023	40,123	40,223	40,323	40,423	40,523	40,623	40,723	40,823	40,923
40,024	40,124	40,224	40,324	40,424	40,524	40,624	40,724	40,824	40,924
40,025	40,125	40,225	40,325	40,425	40,525	40,625	40,725	40,825	40,925
40,026	40,126	40,226	40,326	40,426	40,526	40,626	40,726	40,826	40,926
40,027	40,127	40,227	40,327	40,427	40,527	40,627	40,727	40,827	40,927
40,028	40,128	40,228	40,328	40,428	40,528	40,628	40,728	40,828	40,928
40,029	40,129	40,229	40,329	40,429	40,529	40,629	40,729	40,829	40,929
40,030	40,130	40,230	40,330	40,430	40,530	40,630	40,730	40,830	40,930
40,031	40,131	40,231	40,331	40,431	40,531	40,631	40,731	40,831	40,931
40,032	40,132	40,232	40,332	40,432	40,532	40,632	40,732	40,832	40,932
40,033	40,133	40,233	40,333	40,433	40,533	40,633	40,733	40,833	40,933
40,034	40,134	40,234	40,334	40,434	40,534	40,634	40,734	40,834	40,934
40,035	40,135	40,235	40,335	40,435	40,535	40,635	40,735	40,835	40,935
40,036	40,136	40,236	40,336	40,436	40,536	40,636	40,736	40,836	40,936
40,037	40,137	40,237	40,337	40,437	40,537	40,637	40,737	40,837	40,937
40,038	40,138	40,238	40,338	40,438	40,538	40,638	40,738	40,838	40,938
40,039	40,139	40,239	40,339	40,439	40,539	40,639	40,739	40,839	40,939
40,040	40,140	40,240	40,340	40,440	40,540	40,640	40,740	40,840	40,940
40,041	40,141	40,241	40,341	40,441	40,541	40,641	40,741	40,841	40,941
40,042	40,142	40,242	40,342	40,442	40,542	40,642	40,742	40,842	40,942
40,043	40,143	40,243	40,343	40,443	40,543	40,643	40,743	40,843	40,943
40,044	40,144	40,244	40,344	40,444	40,544	40,644	40,744	40,844	40,944
40,045	40,145	40,245	40,345	40,445	40,545	40,645	40,745	40,845	40,945
40,046	40,146	40,246	40,346	40,446	40,546	40,646	40,746	40,846	40,946
40,047	40,147	40,247	40,347	40,447	40,547	40,647	40,747	40,847	40,947
40,048	40,148	40,248	40,348	40,448	40,548	40,648	40,748	40,848	40,948
40,049	40,149	40,249	40,349	40,449	40,549	40,649	40,749	40,849	40,949
40,050	40,150	40,250	40,350	40,450	40,550	40,650	40,750	40,850	40,950
40,051	40,151	40,251	40,351	40,451	40,551	40,651	40,751	40,851	40,951
40,052	40,152	40,252	40,352	40,452	40,552	40,652	40,752	40,852	40,952
40,053	40,153	40,253	40,353	40,453	40,553	40,653	40,753	40,853	40,953
40,054	40,154	40,254	40,354	40,454	40,554	40,654	40,754	40,854	40,954
40,055	40,155	40,255	40,355	40,455	40,555	40,655	40,755	40,855	40,955
40,056	40,156	40,256	40,356	40,456	40,556	40,656	40,756	40,856	40,956
40,057	40,157	40,257	40,357	40,457	40,557	40,657	40,757	40,857	40,957
40,058	40,158	40,258	40,358	40,458	40,558	40,658	40,758	40,858	40,958
40,059	40,159	40,259	40,359	40,459	40,559	40,659	40,759	40,859	40,959
40,060	40,160	40,260	40,360	40,460	40,560	40,660	40,760	40,860	40,960
40,061	40,161	40,261	40,361	40,461	40,561	40,661	40,761	40,861	40,961
40,062	40,162	40,262	40,362	40,462	40,562	40,662	40,762	40,862	40,962
40,063	40,163	40,263	40,363	40,463	40,563	40,663	40,763	40,863	40,963
40,064	40,164	40,264	40,364	40,464	40,564	40,664	40,764	40,864	40,964
40,065	40,165	40,265	40,365	40,465	40,565	40,665	40,765	40,865	40,965
40,066	40,166	40,266	40,366	40,466	40,566	40,666	40,766	40,866	40,966
40,067	40,167	40,267	40,367	40,467	40,567	40,667	40,767	40,867	40,967
40,068	40,168	40,268	40,368	40,468	40,568	40,668	40,768	40,868	40,968
40,069	40,169	40,269	40,369	40,469	40,569	40,669	40,769	40,869	40,969
40,070	40,170	40,270	40,370	40,470	40,570	40,670	40,770	40,870	40,970
40,071	40,171	40,271	40,371	40,471	40,571	40,671	40,771	40,871	40,971
40,072	40,172	40,272	40,372	40,472	40,572	40,672	40,772	40,872	40,972
40,073	40,173	40,273	40,373	40,473	40,573	40,673	40,773	40,873	40,973
40,074	40,174	40,274	40,374	40,474	40,574	40,674	40,774	40,874	40,974
40,075	40,175	40,275	40,375	40,475	40,575	40,675	40,775	40,875	40,975
40,076	40,176	40,276	40,376	40,476	40,576	40,676	40,776	40,876	40,976
40,077	40,177	40,277	40,377	40,477	40,577	40,677	40,777	40,877	40,977
40,078	40,178	40,278	40,378	40,478	40,578	40,678	40,778	40,878	40,978
40,079	40,179	40,279	40,379	40,479	40,579	40,679	40,779	40,879	40,979
40,080	40,180	40,280	40,380	40,480	40,580	40,680	40,780	40,880	40,980
40,081	40,181	40,281	40,381	40,481	40,581	40,681	40,781	40,881	40,981
40,082	40,182	40,282	40,382	40,482	40,582	40,682	40,782	40,882	40,982
40,083	40,183	40,283	40,383	40,483	40,583	40,683	40,783	40,883	40,983
40,084	40,184	40,284	40,384	40,484	40,584	40,684	40,784	40,884	40,984
40,085	40,185	40,285	40,385	40,485	40,585	40,685	40,785	40,885	40,985
40,086	40,186	40,286	40,386	40,486	40,586	40,686	40,786	40,886	40,986
40,087	40,187	40,287	40,387	40,487	40,587	40,687	40,787	40,887	40,987
40,088	40,188	40,288	40,388	40,488	40,588	40,688	40,788	40,888	40,988
40,089	40,189	40,289	40,389	40,489	40,589	40,689	40,789	40,889	40,989
40,090	40,190	40,290	40,390	40,490	40,590	40,690	40,790	40,890	40,990
40,091	40,191	40,291	40,391	40,491	40,591	40,691	40,791	40,891	40,991
40,092	40,192	40,292	40,392	40,492	40,592	40,692	40,792	40,892	40,992
40,093	40,193	40,293	40,393	40,493	40,593	40,693	40,793	40,893	40,993
40,094	40,194	40,294	40,394	40,494	40,594	40,694	40,794	40,894	40,994
40,095	40,195	40,295	40,395	40,495	40,595	40,695	40,795	40,895	40,995
40,096	40,196	40,296	40,396	40,496	40,596	40,696	40,796	40,896	40,996
40,097	40,197	40,297	40,397	40,497	40,597	40,697	40,797	40,897	40,997
40,098	40,198	40,298	40,398	40,498	40,598	40,698	40,798	40,898	40,998
40,099	40,199	40,299	40,399	40,499	40,599	40,699	40,799	40,899	40,999

41,000	41,100	41,200	41,300	41,400	41,500	41,600	41,700	41,800	41,900
41,001	41,101	41,201	41,301	41,401	41,501	41,601	41,701	41,801	41,901
41,002	41,102	41,202	41,302	41,402	41,502	41,602	41,702	41,802	41,902
41,003	41,103	41,203	41,303	41,403	41,503	41,603	41,703	41,803	41,903
41,004	41,104	41,204	41,304	41,404	41,504	41,604	41,704	41,804	41,904
41,005	41,105	41,205	41,305	41,405	41,505	41,605	41,705	41,805	41,905
41,006	41,106	41,206	41,306	41,406	41,506	41,606	41,706	41,806	41,906
41,007	41,107	41,207	41,307	41,407	41,507	41,607	41,707	41,807	41,907
41,008	41,108	41,208	41,308	41,408	41,508	41,608	41,708	41,808	41,908
41,009	41,109	41,209	41,309	41,409	41,509	41,609	41,709	41,809	41,909
41,010	41,110	41,210	41,310	41,410	41,510	41,610	41,710	41,810	41,910
41,011	41,111	41,211	41,311	41,411	41,511	41,611	41,711	41,811	41,911
41,012	41,112	41,212	41,312	41,412	41,512	41,612	41,712	41,812	41,912
41,013	41,113	41,213	41,313	41,413	41,513	41,613	41,713	41,813	41,913
41,014	41,114	41,214	41,314	41,414	41,514	41,614	41,714	41,814	41,914
41,015	41,115	41,215	41,315	41,415	41,515	41,615	41,715	41,815	41,915
41,016	41,116	41,216	41,316	41,416	41,516	41,616	41,716	41,816	41,916
41,017	41,117	41,217	41,317	41,417	41,517	41,617	41,717	41,817	41,917
41,018	41,118	41,218	41,318	41,418	41,518	41,618	41,718	41,818	41,918
41,019	41,119	41,219	41,319	41,419	41,519	41,619	41,719	41,819	41,919
41,020	41,120	41,220	41,320	41,420	41,520	41,620	41,720	41,820	41,920
41,021	41,121	41,221	41,321	41,421	41,521	41,621	41,721	41,821	41,921
41,022	41,122	41,222	41,322	41,422	41,522	41,622	41,722	41,822	41,922
41,023	41,123	41,223	41,323	41,423	41,523	41,623	41,723	41,823	41,923
41,024	41,124	41,224	41,324	41,424	41,524	41,624	41,724	41,824	41,924
41,025	41,125	41,225	41,325	41,425	41,525	41,625	41,725	41,825	41,925
41,026	41,126	41,226	41,326	41,426	41,526	41,626	41,726	41,826	41,926
41,027	41,127	41,227	41,327	41,427	41,527	41,627	41,727	41,827	41,927
41,028	41,128	41,228	41,328	41,428	41,528	41,628	41,728	41,828	41,928
41,029	41,129	41,229	41,329	41,429	41,529	41,629	41,729	41,829	41,929
41,030	41,130	41,230	41,330	41,430	41,530	41,630	41,730	41,830	41,930
41,031	41,131	41,231	41,331	41,431	41,531	41,631	41,731	41,831	41,931
41,032	41,132	41,232	41,332	41,432	41,532	41,632	41,732	41,832	41,932
41,033	41,133	41,233	41,333	41,433	41,533	41,633	41,733	41,833	41,933
41,034	41,134	41,234	41,334	41,434	41,534	41,634	41,734	41,834	41,934
41,035	41,135	41,235	41,335	41,435	41,535	41,635	41,735	41,835	41,935
41,036	41,136	41,236	41,336	41,436	41,536	41,636	41,736	41,836	41,936
41,037	41,137	41,237	41,337	41,437	41,537	41,637	41,737	41,837	41,937
41,038	41,138	41,238	41,338	41,438	41,538	41,638	41,738	41,838	41,938
41,039	41,139	41,239	41,339	41,439	41,539	41,639	41,739	41,839	41,939
41,040	41,140	41,240	41,340	41,440	41,540	41,640	41,740	41,840	41,940
41,041	41,141	41,241	41,341	41,441	41,541	41,641	41,741	41,841	41,941
41,042	41,142	41,242	41,342	41,442	41,542	41,642	41,742	41,842	41,942
41,043	41,143	41,243	41,343	41,443	41,543	41,643	41,743	41,843	41,943
41,044	41,144	41,244	41,344	41,444	41,544	41,644	41,744	41,844	41,944
41,045	41,145	41,245	41,345	41,445	41,545	41,645	41,745	41,845	41,945
41,046	41,146	41,246	41,346	41,446	41,546	41,646	41,746	41,846	41,946
41,047	41,147	41,247	41,347	41,447	41,547	41,647	41,747	41,847	41,947
41,048	41,148	41,248	41,348	41,448	41,548	41,648	41,748	41,848	41,948
41,049	41,149	41,249	41,349	41,449	41,549	41,649	41,749	41,849	41,949
41,050	41,150	41,250	41,350	41,450	41,550	41,650	41,750	41,850	41,950
41,051	41,151	41,251	41,351	41,451	41,551	41,651	41,751	41,851	41,951
41,052	41,152	41,252	41,352	41,452	41,552	41,652	41,752	41,852	41,952
41,053	41,153	41,253	41,353	41,453	41,553	41,653	41,753	41,853	41,953
41,054	41,154	41,254	41,354	41,454	41,554	41,654	41,754	41,854	41,954
41,055	41,155	41,255	41,355	41,455	41,555	41,655	41,755	41,855	41,955
41,056	41,156	41,256	41,356	41,456	41,556	41,656	41,756	41,856	41,956
41,057	41,157	41,257	41,357	41,457	41,557	41,657	41,757	41,857	41,957
41,058	41,158	41,258	41,358	41,458	41,558	41,658	41,758	41,858	41,958
41,059	41,159	41,259	41,359	41,459	41,559	41,659	41,759	41,859	41,959
41,060	41,160	41,260	41,360	41,460	41,560	41,660	41,760	41,860	41,960
41,061	41,161	41,261	41,361	41,461	41,561	41,661	41,761	41,861	41,961
41,062	41,162	41,262	41,362	41,462	41,562	41,662	41,762	41,862	41,962
41,063	41,163	41,263	41,363	41,463	41,563	41,663	41,763	41,863	41,963
41,064	41,164	41,264	41,364	41,464	41,564	41,664	41,764	41,864	41,964
41,065	41,165	41,265	41,365	41,465	41,565	41,665	41,765	41,865	41,965
41,066	41,166	41,266	41,366	41,466	41,566	41,666	41,766	41,866	41,966
41,067	41,167	41,267	41,367	41,467	41,567	41,667	41,767	41,867	41,967
41,068	41,168	41,268	41,368	41,468	41,568	41,668	41,768	41,868	41,968
41,069	41,169	41,269	41,369	41,469	41,569	41,669	41,769	41,869	41,969
41,070	41,170	41,270	41,370	41,470	41,570	41,670	41,770	41,870	41,970
41,071	41,171	41,271	41,371	41,471	41,571	41,671	41,771	41,871	41,971
41,072	41,172	41,272	41,372	41,472	41,572	41,672	41,772	41,872	41,972
41,073	41,173	41,273	41,373	41,473	41,573	41,673	41,773	41,873	41,973
41,074	41,174	41,274	41,374	41,474	41,574	41,674	41,774	41,874	41,974
41,075	41,175	41,275	41,375	41,475	41,575	41,675	41,775	41,875	41,975
41,076	41,176	41,276	41,376	41,476	41,576	41,676	41,776	41,876	41,976
41,077	41,177	41,277	41,377	41,477	41,577	41,677	41,777	41,877	41,977
41,078	41,178	41,278	41,378	41,478	41,578	41,678	41,778	41,878	41,978
41,079	41,179	41,279	41,379	41,479	41,579	41,679	41,779	41,879	41,979
41,080	41,180	41,280	41,380	41,480	41,580	41,680	41,780	41,880	41,980
41,081	41,181	41,281	41,381	41,481	41,581	41,681	41,781	41,881	41,981
41,082	41,182	41,282	41,382	41,482	41,582	41,682	41,782	41,882	41,982
41,083	41,183	41,283	41,383	41,483	41,583	41,683	41,783	41,883	41,983
41,084	41,184	41,284	41,384	41,484	41,584	41,684	41,784	41,884	41,984
41,085	41,185	41,285	41,385	41,485	41,585	41,685	41,785	41,885	41,985
41,086	41,186	41,286	41,386	41,486	41,586	41,686	41,786	41,886	41,986
41,087	41,187	41,287	41,387	41,487	41,587	41,687	41,787	41,887	41,987
41,088	41,188	41,288	41,388	41,488	41,588	41,688	41,788	41,888	41,988
41,089	41,189	41,289	41,389	41,489	41,589	41,689	41,789	41,889	41,989
41,090	41,190	41,290	41,390	41,490	41,590	41,690	41,790	41,890	41,990
41,091	41,191	41,291	41,391	41,491	41,591	41,691	41,791	41,891	41,991
41,092	41,192	41,292	41,392	41,492	41,592	41,692	41,792	41,892	41,992
41,093	41,193	41,293	41,393	41,493	41,593	41,693	41,793	41,893	41,993
41,094	41,194	41,294	41,394	41,494	41,594	41,694	41,794	41,894	41,994
41,095	41,195	41,295	41,395	41,495	41,595	41,695	41,795	41,895	41,995
41,096	41,196	41,296	41,396	41,496	41,596	41,696	41,796	41,896	41,996
41,097	41,197	41,297	41,397	41,497	41,597	41,697	41,797	41,897	41,997
41,098	41,198	41,298	41,398	41,498	41,598	41,698	41,798	41,898	41,998
41,099	41,199	41,299	41,399	41,499	41,599	41,699	41,799	41,899	41,999

42,000	42,100	42,200	42,300	42,400	42,500	42,600	42,700	42,800	42,900
42,001	42,101	42,201	42,301	42,401	42,501	42,601	42,701	42,801	42,901
42,002	42,102	42,202	42,302	42,402	42,502	42,602	42,702	42,802	42,902
42,003	42,103	42,203	42,303	42,403	42,503	42,603	42,703	42,803	42,903
42,004	42,104	42,204	42,304	42,404	42,504	42,604	42,704	42,804	42,904
42,005	42,105	42,205	42,305	42,405	42,505	42,605	42,705	42,805	42,905
42,006	42,106	42,206	42,306	42,406	42,506	42,606	42,706	42,806	42,906
42,007	42,107	42,207	42,307	42,407	42,507	42,607	42,707	42,807	42,907
42,008	42,108	42,208	42,308	42,408	42,508	42,608	42,708	42,808	42,908
42,009	42,109	42,209	42,309	42,409	42,509	42,609	42,709	42,809	42,909
42,010	42,110	42,210	42,310	42,410	42,510	42,610	42,710	42,810	42,910
42,011	42,111	42,211	42,311	42,411	42,511	42,611	42,711	42,811	42,911
42,012	42,112	42,212	42,312	42,412	42,512	42,612	42,712	42,812	42,912
42,013	42,113	42,213	42,313	42,413	42,513	42,613	42,713	42,813	42,913
42,014	42,114	42,214	42,314	42,414	42,514	42,614	42,714	42,814	42,914
42,015	42,115	42,215	42,315	42,415	42,515	42,615	42,715	42,815	42,915
42,016	42,116	42,216	42,316	42,416	42,516	42,616	42,716	42,816	42,916
42,017	42,117	42,217	42,317	42,417	42,517	42,617	42,717	42,817	42,917
42,018	42,118	42,218	42,318	42,418	42,518	42,618	42,718	42,818	42,918
42,019	42,119	42,219	42,319	42,419	42,519	42,619	42,719	42,819	42,919
42,020	42,120	42,220	42,320	42,420	42,520	42,620	42,720	42,820	42,920
42,021	42,121	42,221	42,321	42,421	42,521	42,621	42,721	42,821	42,921
42,022	42,122	42,222	42,322	42,422	42,522	42,622	42,722	42,822	42,922
42,023	42,123	42,223	42,323	42,423	42,523	42,623	42,723	42,823	42,923
42,024	42,124	42,224	42,324	42,424	42,524	42,624	42,724	42,824	42,924
42,025	42,125	42,225	42,325	42,425	42,525	42,625	42,725	42,825	42,925
42,026	42,126	42,226	42,326	42,426	42,526	42,626	42,726	42,826	42,926
42,027	42,127	42,227	42,327	42,427	42,527	42,627	42,727	42,827	42,927
42,028	42,128	42,228	42,328	42,428	42,528	42,628	42,728	42,828	42,928
42,029	42,129	42,229	42,329	42,429	42,529	42,629	42,729	42,829	42,929
42,030	42,130	42,230	42,330	42,430	42,530	42,630	42,730	42,830	42,930
42,031	42,131	42,231	42,331	42,431	42,531	42,631	42,731	42,831	42,931
42,032	42,132	42,232	42,332	42,432	42,532	42,632	42,732	42,832	42,932
42,033	42,133	42,233	42,333	42,433	42,533	42,633	42,733	42,833	42,933
42,034	42,134	42,234	42,334	42,434	42,534	42,634	42,734	42,834	42,934
42,035	42,135	42,235	42,335	42,435	42,535	42,635	42,735	42,835	42,935
42,036	42,136	42,236	42,336	42,436	42,536	42,636	42,736	42,836	42,936
42,037	42,137	42,237	42,337	42,437	42,537	42,637	42,737	42,837	42,937
42,038	42,138	42,238	42,338	42,438	42,538	42,638	42,738	42,838	42,938
42,039	42,139	42,239	42,339	42,439	42,539	42,639	42,739	42,839	42,939
42,040	42,140	42,240	42,340	42,440	42,540	42,640	42,740	42,840	42,940
42,041	42,141	42,241	42,341	42,441	42,541	42,641	42,741	42,841	42,941
42,042	42,142	42,242	42,342	42,442	42,542	42,642	42,742	42,842	42,942
42,043	42,143	42,243	42,343	42,443	42,543	42,643	42,743	42,843	42,943
42,044	42,144	42,244	42,344	42,444	42,544	42,644	42,744	42,844	42,944
42,045	42,145	42,245	42,345	42,445	42,545	42,645	42,745	42,845	42,945
42,046	42,146	42,246	42,346	42,446	42,546	42,646	42,746	42,846	42,946
42,047	42,147	42,247	42,347	42,447	42,547	42,647	42,747	42,847	42,947
42,048	42,148	42,248	42,348	42,448	42,548	42,648	42,748	42,848	42,948
42,049	42,149	42,249	42,349	42,449	42,549	42,649	42,749	42,849	42,949
42,050	42,150	42,250	42,350	42,450	42,550	42,650	42,750	42,850	42,950
42,051	42,151	42,251	42,351	42,451	42,551	42,651	42,751	42,851	42,951
42,052	42,152	42,252	42,352	42,452	42,552	42,652	42,752	42,852	42,952
42,053	42,153	42,253	42,353	42,453	42,553	42,653	42,753	42,853	42,953
42,054	42,154	42,254	42,354	42,454	42,554	42,654	42,754	42,854	42,954
42,055	42,155	42,255	42,355	42,455	42,555	42,655	42,755	42,855	42,955
42,056	42,156	42,256	42,356	42,456	42,556	42,656	42,756	42,856	42,956
42,057	42,157	42,257	42,357	42,457	42,557	42,657	42,757	42,857	42,957
42,058	42,158	42,258	42,358	42,458	42,558	42,658	42,758	42,858	42,958
42,059	42,159	42,259	42,359	42,459	42,559	42,659	42,759	42,859	42,959
42,060	42,160	42,260	42,360	42,460	42,560	42,660	42,760	42,860	42,960
42,061	42,161	42,261	42,361	42,461	42,561	42,661	42,761	42,861	42,961
42,062	42,162	42,262	42,362	42,462	42,562	42,662	42,762	42,862	42,962
42,063	42,163	42,263	42,363	42,463	42,563	42,663	42,763	42,863	42,963
42,064	42,164	42,264	42,364	42,464	42,564	42,664	42,764	42,864	42,964
42,065	42,165	42,265	42,365	42,465	42,565	42,665	42,765	42,865	42,965
42,066	42,166	42,266	42,366	42,466	42,566	42,666	42,766	42,866	42,966
42,067	42,167	42,267	42,367	42,467	42,567	42,667	42,767	42,867	42,967
42,068	42,168	42,268	42,368	42,468	42,568	42,668	42,768	42,868	42,968
42,069	42,169	42,269	42,369	42,469	42,569	42,669	42,769	42,869	42,969
42,070	42,170	42,270	42,370	42,470	42,570	42,670	42,770	42,870	42,970
42,071	42,171	42,271	42,371	42,471	42,571	42,671	42,771	42,871	42,971
42,072	42,172	42,272	42,372	42,472	42,572	42,672	42,772	42,872	42,972
42,073	42,173	42,273	42,373	42,473	42,573	42,673	42,773	42,873	42,973
42,074	42,174	42,274	42,374	42,474	42,574	42,674	42,774	42,874	42,974
42,075	42,175	42,275	42,375	42,475	42,575	42,675	42,775	42,875	42,975
42,076	42,176	42,276	42,376	42,476	42,576	42,676	42,776	42,876	42,976
42,077	42,177	42,277	42,377	42,477	42,577	42,677	42,777	42,877	42,977
42,078	42,178	42,278	42,378	42,478	42,578	42,678	42,778	42,878	42,978
42,079	42,179	42,279	42,379	42,479	42,579	42,679	42,779	42,879	42,979
42,080	42,180	42,280	42,380	42,480	42,580	42,680	42,780	42,880	42,980
42,081	42,181	42,281	42,381	42,481	42,581	42,681	42,781	42,881	42,981
42,082	42,182	42,282	42,382	42,482	42,582	42,682	42,782	42,882	42,982
42,083	42,183	42,283	42,383	42,483	42,583	42,683	42,783	42,883	42,983
42,084	42,184	42,284	42,384	42,484	42,584	42,684	42,784	42,884	42,984
42,085	42,185	42,285	42,385	42,485	42,585	42,685	42,785	42,885	42,985
42,086	42,186	42,286	42,386	42,486	42,586	42,686	42,786	42,886	42,986
42,087	42,187	42,287	42,387	42,487	42,587	42,687	42,787	42,887	42,987
42,088	42,188	42,288	42,388	42,488	42,588	42,688	42,788	42,888	42,988
42,089	42,189	42,289	42,389	42,489	42,589	42,689	42,789	42,889	42,989
42,090	42,190	42,290	42,390	42,490	42,590	42,690	42,790	42,890	42,990
42,091	42,191	42,291	42,391	42,491	42,591	42,691	42,791	42,891	42,991
42,092	42,192	42,292	42,392	42,492	42,592	42,692	42,792	42,892	42,992
42,093	42,193	42,293	42,393	42,493	42,593	42,693	42,793	42,893	42,993
42,094	42,194	42,294	42,394	42,494	42,594	42,694	42,794	42,894	42,994
42,095	42,195	42,295	42,395	42,495	42,595	42,695	42,795	42,895	42,995
42,096	42,196	42,296	42,396	42,496	42,596	42,696	42,796	42,896	42,996
42,097	42,197	42,297	42,397	42,497	42,597	42,697	42,797	42,897	42,997
42,098	42,198	42,298	42,398	42,498	42,598	42,698	42,798	42,898	42,998
42,099	42,199	42,299	42,399	42,499	42,599	42,699	42,799	42,899	42,999

43,000	43,100	43,200	43,300	43,400	43,500	43,600	43,700	43,800	43,900
43,001	43,101	43,201	43,301	43,401	43,501	43,601	43,701	43,801	43,901
43,002	43,102	43,202	43,302	43,402	43,502	43,602	43,702	43,802	43,902
43,003	43,103	43,203	43,303	43,403	43,503	43,603	43,703	43,803	43,903
43,004	43,104	43,204	43,304	43,404	43,504	43,604	43,704	43,804	43,904
43,005	43,105	43,205	43,305	43,405	43,505	43,605	43,705	43,805	43,905
43,006	43,106	43,206	43,306	43,406	43,506	43,606	43,706	43,806	43,906
43,007	43,107	43,207	43,307	43,407	43,507	43,607	43,707	43,807	43,907
43,008	43,108	43,208	43,308	43,408	43,508	43,608	43,708	43,808	43,908
43,009	43,109	43,209	43,309	43,409	43,509	43,609	43,709	43,809	43,909
43,010	43,110	43,210	43,310	43,410	43,510	43,610	43,710	43,810	43,910
43,011	43,111	43,211	43,311	43,411	43,511	43,611	43,711	43,811	43,911
43,012	43,112	43,212	43,312	43,412	43,512	43,612	43,712	43,812	43,912
43,013	43,113	43,213	43,313	43,413	43,513	43,613	43,713	43,813	43,913
43,014	43,114	43,214	43,314	43,414	43,514	43,614	43,714	43,814	43,914
43,015	43,115	43,215	43,315	43,415	43,515	43,615	43,715	43,815	43,915
43,016	43,116	43,216	43,316	43,416	43,516	43,616	43,716	43,816	43,916
43,017	43,117	43,217	43,317	43,417	43,517	43,617	43,717	43,817	43,917
43,018	43,118	43,218	43,318	43,418	43,518	43,618	43,718	43,818	43,918
43,019	43,119	43,219	43,319	43,419	43,519	43,619	43,719	43,819	43,919
43,020	43,120	43,220	43,320	43,420	43,520	43,620	43,720	43,820	43,920
43,021	43,121	43,221	43,321	43,421	43,521	43,621	43,721	43,821	43,921
43,022	43,122	43,222	43,322	43,422	43,522	43,622	43,722	43,822	43,922
43,023	43,123	43,223	43,323	43,423	43,523	43,623	43,723	43,823	43,923
43,024	43,124	43,224	43,324	43,424	43,524	43,624	43,724	43,824	43,924
43,025	43,125	43,225	43,325	43,425	43,525	43,625	43,725	43,825	43,925
43,026	43,126	43,226	43,326	43,426	43,526	43,626	43,726	43,826	43,926
43,027	43,127	43,227	43,327	43,427	43,527	43,627	43,727	43,827	43,927
43,028	43,128	43,228	43,328	43,428	43,528	43,628	43,728	43,828	43,928
43,029	43,129	43,229	43,329	43,429	43,529	43,629	43,729	43,829	43,929
43,030	43,130	43,230	43,330	43,430	43,530	43,630	43,730	43,830	43,930
43,031	43,131	43,231	43,331	43,431	43,531	43,631	43,731	43,831	43,931
43,032	43,132	43,232	43,332	43,432	43,532	43,632	43,732	43,832	43,932
43,033	43,133	43,233	43,333	43,433	43,533	43,633	43,733	43,833	43,933
43,034	43,134	43,234	43,334	43,434	43,534	43,634	43,734	43,834	43,934
43,035	43,135	43,235	43,335	43,435	43,535	43,635	43,735	43,835	43,935
43,036	43,136	43,236	43,336	43,436	43,536	43,636	43,736	43,836	43,936
43,037	43,137	43,237	43,337	43,437	43,537	43,637	43,737	43,837	43,937
43,038	43,138	43,238	43,338	43,438	43,538	43,638	43,738	43,838	43,938
43,039	43,139	43,239	43,339	43,439	43,539	43,639	43,739	43,839	43,939
43,040	43,140	43,240	43,340	43,440	43,540	43,640	43,740	43,840	43,940
43,041	43,141	43,241	43,341	43,441	43,541	43,641	43,741	43,841	43,941
43,042	43,142	43,242	43,342	43,442	43,542	43,642	43,742	43,842	43,942
43,043	43,143	43,243	43,343	43,443	43,543	43,643	43,743	43,843	43,943
43,044	43,144	43,244	43,344	43,444	43,544	43,644	43,744	43,844	43,944
43,045	43,145	43,245	43,345	43,445	43,545	43,645	43,745	43,845	43,945
43,046	43,146	43,246	43,346	43,446	43,546	43,646	43,746	43,846	43,946
43,047	43,147	43,247	43,347	43,447	43,547	43,647	43,747	43,847	43,947
43,048	43,148	43,248	43,348	43,448	43,548	43,648	43,748	43,848	43,948
43,049	43,149	43,249	43,349	43,449	43,549	43,649	43,749	43,849	43,949
43,050	43,150	43,250	43,350	43,450	43,550	43,650	43,750	43,850	43,950
43,051	43,151	43,251	43,351	43,451	43,551	43,651	43,751	43,851	43,951
43,052	43,152	43,252	43,352	43,452	43,552	43,652	43,752	43,852	43,952
43,053	43,153	43,253	43,353	43,453	43,553	43,653	43,753	43,853	43,953
43,054	43,154	43,254	43,354	43,454	43,554	43,654	43,754	43,854	43,954
43,055	43,155	43,255	43,355	43,455	43,555	43,655	43,755	43,855	43,955
43,056	43,156	43,256	43,356	43,456	43,556	43,656	43,756	43,856	43,956
43,057	43,157	43,257	43,357	43,457	43,557	43,657	43,757	43,857	43,957
43,058	43,158	43,258	43,358	43,458	43,558	43,658	43,758	43,858	43,958
43,059	43,159	43,259	43,359	43,459	43,559	43,659	43,759	43,859	43,959
43,060	43,160	43,260	43,360	43,460	43,560	43,660	43,760	43,860	43,960
43,061	43,161	43,261	43,361	43,461	43,561	43,661	43,761	43,861	43,961
43,062	43,162	43,262	43,362	43,462	43,562	43,662	43,762	43,862	43,962
43,063	43,163	43,263	43,363	43,463	43,563	43,663	43,763	43,863	43,963
43,064	43,164	43,264	43,364	43,464	43,564	43,664	43,764	43,864	43,964
43,065	43,165	43,265	43,365	43,465	43,565	43,665	43,765	43,865	43,965
43,066	43,166	43,266	43,366	43,466	43,566	43,666	43,766	43,866	43,966
43,067	43,167	43,267	43,367	43,467	43,567	43,667	43,767	43,867	43,967
43,068	43,168	43,268	43,368	43,468	43,568	43,668	43,768	43,868	43,968
43,069	43,169	43,269	43,369	43,469	43,569	43,669	43,769	43,869	43,969
43,070	43,170	43,270	43,370	43,470	43,570	43,670	43,770	43,870	43,970
43,071	43,171	43,271	43,371	43,471	43,571	43,671	43,771	43,871	43,971
43,072	43,172	43,272	43,372	43,472	43,572	43,672	43,772	43,872	43,972
43,073	43,173	43,273	43,373	43,473	43,573	43,673	43,773	43,873	43,973
43,074	43,174	43,274	43,374	43,474	43,574	43,674	43,774	43,874	43,974
43,075	43,175	43,275	43,375	43,475	43,575	43,675	43,775	43,875	43,975
43,076	43,176	43,276	43,376	43,476	43,576	43,676	43,776	43,876	43,976
43,077	43,177	43,277	43,377	43,477	43,577	43,677	43,777	43,877	43,977
43,078	43,178	43,278	43,378	43,478	43,578	43,678	43,778	43,878	43,978
43,079	43,179	43,279	43,379	43,479	43,579	43,679	43,779	43,879	43,979
43,080	43,180	43,280	43,380	43,480	43,580	43,680	43,780	43,880	43,980
43,081	43,181	43,281	43,381	43,481	43,581	43,681	43,781	43,881	43,981
43,082	43,182	43,282	43,382	43,482	43,582	43,682	43,782	43,882	43,982
43,083	43,183	43,283	43,383	43,483	43,583	43,683	43,783	43,883	43,983
43,084	43,184	43,284	43,384	43,484	43,584	43,684	43,784	43,884	43,984
43,085	43,185	43,285	43,385	43,485	43,585	43,685	43,785	43,885	43,985
43,086	43,186	43,286	43,386	43,486	43,586	43,686	43,786	43,886	43,986
43,087	43,187	43,287	43,387	43,487	43,587	43,687	43,787	43,887	43,987
43,088	43,188	43,288	43,388	43,488	43,588	43,688	43,788	43,888	43,988
43,089	43,189	43,289	43,389	43,489	43,589	43,689	43,789	43,889	43,989
43,090	43,190	43,290	43,390	43,490	43,590	43,690	43,790	43,890	43,990
43,091	43,191	43,291	43,391	43,491	43,591	43,691	43,791	43,891	43,991
43,092	43,192	43,292	43,392	43,492	43,592	43,692	43,792	43,892	43,992
43,093	43,193	43,293	43,393	43,493	43,593	43,693	43,793	43,893	43,993
43,094	43,194	43,294	43,394	43,494	43,594	43,694	43,794	43,894	43,994
43,095	43,195	43,295	43,395	43,495	43,595	43,695	43,795	43,895	43,995
43,096	43,196	43,296	43,396	43,496	43,596	43,696	43,796	43,896	43,996
43,097	43,197	43,297	43,397	43,497	43,597	43,697	43,797	43,897	43,997
43,098	43,198	43,298	43,398	43,498	43,598	43,698	43,798	43,898	43,998
43,099	43,199	43,299	43,399	43,499	43,599	43,699	43,799	43,899	43,999

44,000	44,100	44,200	44,300	44,400	44,500	44,600	44,700	44,800	44,900
44,001	44,101	44,201	44,301	44,401	44,501	44,601	44,701	44,801	44,901
44,002	44,102	44,202	44,302	44,402	44,502	44,602	44,702	44,802	44,902
44,003	44,103	44,203	44,303	44,403	44,503	44,603	44,703	44,803	44,903
44,004	44,104	44,204	44,304	44,404	44,504	44,604	44,704	44,804	44,904
44,005	44,105	44,205	44,305	44,405	44,505	44,605	44,705	44,805	44,905
44,006	44,106	44,206	44,306	44,406	44,506	44,606	44,706	44,806	44,906
44,007	44,107	44,207	44,307	44,407	44,507	44,607	44,707	44,807	44,907
44,008	44,108	44,208	44,308	44,408	44,508	44,608	44,708	44,808	44,908
44,009	44,109	44,209	44,309	44,409	44,509	44,609	44,709	44,809	44,909
44,010	44,110	44,210	44,310	44,410	44,510	44,610	44,710	44,810	44,910
44,011	44,111	44,211	44,311	44,411	44,511	44,611	44,711	44,811	44,911
44,012	44,112	44,212	44,312	44,412	44,512	44,612	44,712	44,812	44,912
44,013	44,113	44,213	44,313	44,413	44,513	44,613	44,713	44,813	44,913
44,014	44,114	44,214	44,314	44,414	44,514	44,614	44,714	44,814	44,914
44,015	44,115	44,215	44,315	44,415	44,515	44,615	44,715	44,815	44,915
44,016	44,116	44,216	44,316	44,416	44,516	44,616	44,716	44,816	44,916
44,017	44,117	44,217	44,317	44,417	44,517	44,617	44,717	44,817	44,917
44,018	44,118	44,218	44,318	44,418	44,518	44,618	44,718	44,818	44,918
44,019	44,119	44,219	44,319	44,419	44,519	44,619	44,719	44,819	44,919
44,020	44,120	44,220	44,320	44,420	44,520	44,620	44,720	44,820	44,920
44,021	44,121	44,221	44,321	44,421	44,521	44,621	44,721	44,821	44,921
44,022	44,122	44,222	44,322	44,422	44,522	44,622	44,722	44,822	44,922
44,023	44,123	44,223	44,323	44,423	44,523	44,623	44,723	44,823	44,923
44,024	44,124	44,224	44,324	44,424	44,524	44,624	44,724	44,824	44,924
44,025	44,125	44,225	44,325	44,425	44,525	44,625	44,725	44,825	44,925
44,026	44,126	44,226	44,326	44,426	44,526	44,626	44,726	44,826	44,926
44,027	44,127	44,227	44,327	44,427	44,527	44,627	44,727	44,827	44,927
44,028	44,128	44,228	44,328	44,428	44,528	44,628	44,728	44,828	44,928
44,029	44,129	44,229	44,329	44,429	44,529	44,629	44,729	44,829	44,929
44,030	44,130	44,230	44,330	44,430	44,530	44,630	44,730	44,830	44,930
44,031	44,131	44,231	44,331	44,431	44,531	44,631	44,731	44,831	44,931
44,032	44,132	44,232	44,332	44,432	44,532	44,632	44,732	44,832	44,932
44,033	44,133	44,233	44,333	44,433	44,533	44,633	44,733	44,833	44,933
44,034	44,134	44,234	44,334	44,434	44,534	44,634	44,734	44,834	44,934
44,035	44,135	44,235	44,335	44,435	44,535	44,635	44,735	44,835	44,935
44,036	44,136	44,236	44,336	44,436	44,536	44,636	44,736	44,836	44,936
44,037	44,137	44,237	44,337	44,437	44,537	44,637	44,737	44,837	44,937
44,038	44,138	44,238	44,338	44,438	44,538	44,638	44,738	44,838	44,938
44,039	44,139	44,239	44,339	44,439	44,539	44,639	44,739	44,839	44,939
44,040	44,140	44,240	44,340	44,440	44,540	44,640	44,740	44,840	44,940
44,041	44,141	44,241	44,341	44,441	44,541	44,641	44,741	44,841	44,941
44,042	44,142	44,242	44,342	44,442	44,542	44,642	44,742	44,842	44,942
44,043	44,143	44,243	44,343	44,443	44,543	44,643	44,743	44,843	44,943
44,044	44,144	44,244	44,344	44,444	44,544	44,644	44,744	44,844	44,944
44,045	44,145	44,245	44,345	44,445	44,545	44,645	44,745	44,845	44,945
44,046	44,146	44,246	44,346	44,446	44,546	44,646	44,746	44,846	44,946
44,047	44,147	44,247	44,347	44,447	44,547	44,647	44,747	44,847	44,947
44,048	44,148	44,248	44,348	44,448	44,548	44,648	44,748	44,848	44,948
44,049	44,149	44,249	44,349	44,449	44,549	44,649	44,749	44,849	44,949
44,050	44,150	44,250	44,350	44,450	44,550	44,650	44,750	44,850	44,950
44,051	44,151	44,251	44,351	44,451	44,551	44,651	44,751	44,851	44,951
44,052	44,152	44,252	44,352	44,452	44,552	44,652	44,752	44,852	44,952
44,053	44,153	44,253	44,353	44,453	44,553	44,653	44,753	44,853	44,953
44,054	44,154	44,254	44,354	44,454	44,554	44,654	44,754	44,854	44,954
44,055	44,155	44,255	44,355	44,455	44,555	44,655	44,755	44,855	44,955
44,056	44,156	44,256	44,356	44,456	44,556	44,656	44,756	44,856	44,956
44,057	44,157	44,257	44,357	44,457	44,557	44,657	44,757	44,857	44,957
44,058	44,158	44,258	44,358	44,458	44,558	44,658	44,758	44,858	44,958
44,059	44,159	44,259	44,359	44,459	44,559	44,659	44,759	44,859	44,959
44,060	44,160	44,260	44,360	44,460	44,560	44,660	44,760	44,860	44,960
44,061	44,161	44,261	44,361	44,461	44,561	44,661	44,761	44,861	44,961
44,062	44,162	44,262	44,362	44,462	44,562	44,662	44,762	44,862	44,962
44,063	44,163	44,263	44,363	44,463	44,563	44,663	44,763	44,863	44,963
44,064	44,164	44,264	44,364	44,464	44,564	44,664	44,764	44,864	44,964
44,065	44,165	44,265	44,365	44,465	44,565	44,665	44,765	44,865	44,965
44,066	44,166	44,266	44,366	44,466	44,566	44,666	44,766	44,866	44,966
44,067	44,167	44,267	44,367	44,467	44,567	44,667	44,767	44,867	44,967
44,068	44,168	44,268	44,368	44,468	44,568	44,668	44,768	44,868	44,968
44,069	44,169	44,269	44,369	44,469	44,569	44,669	44,769	44,869	44,969
44,070	44,170	44,270	44,370	44,470	44,570	44,670	44,770	44,870	44,970
44,071	44,171	44,271	44,371	44,471	44,571	44,671	44,771	44,871	44,971
44,072	44,172	44,272	44,372	44,472	44,572	44,672	44,772	44,872	44,972
44,073	44,173	44,273	44,373	44,473	44,573	44,673	44,773	44,873	44,973
44,074	44,174	44,274	44,374	44,474	44,574	44,674	44,774	44,874	44,974
44,075	44,175	44,275	44,375	44,475	44,575	44,675	44,775	44,875	44,975
44,076	44,176	44,276	44,376	44,476	44,576	44,676	44,776	44,876	44,976
44,077	44,177	44,277	44,377	44,477	44,577	44,677	44,777	44,877	44,977
44,078	44,178	44,278	44,378	44,478	44,578	44,678	44,778	44,878	44,978
44,079	44,179	44,279	44,379	44,479	44,579	44,679	44,779	44,879	44,979
44,080	44,180	44,280	44,380	44,480	44,580	44,680	44,780	44,880	44,980
44,081	44,181	44,281	44,381	44,481	44,581	44,681	44,781	44,881	44,981
44,082	44,182	44,282	44,382	44,482	44,582	44,682	44,782	44,882	44,982
44,083	44,183	44,283	44,383	44,483	44,583	44,683	44,783	44,883	44,983
44,084	44,184	44,284	44,384	44,484	44,584	44,684	44,784	44,884	44,984
44,085	44,185	44,285	44,385	44,485	44,585	44,685	44,785	44,885	44,985
44,086	44,186	44,286	44,386	44,486	44,586	44,686	44,786	44,886	44,986
44,087	44,187	44,287	44,387	44,487	44,587	44,687	44,787	44,887	44,987
44,088	44,188	44,288	44,388	44,488	44,588	44,688	44,788	44,888	44,988
44,089	44,189	44,289	44,389	44,489	44,589	44,689	44,789	44,889	44,989
44,090	44,190	44,290	44,390	44,490	44,590	44,690	44,790	44,890	44,990
44,091	44,191	44,291	44,391	44,491	44,591	44,691	44,791	44,891	44,991
44,092	44,192	44,292	44,392	44,492	44,592	44,692	44,792	44,892	44,992
44,093	44,193	44,293	44,393	44,493	44,593	44,693	44,793	44,893	44,993
44,094	44,194	44,294	44,394	44,494	44,594	44,694	44,794	44,894	44,994
44,095	44,195	44,295	44,395	44,495	44,595	44,695	44,795	44,895	44,995
44,096	44,196	44,296	44,396	44,496	44,596	44,696	44,796	44,896	44,996
44,097	44,197	44,297	44,397	44,497	44,597	44,697	44,797	44,897	44,997
44,098	44,198	44,298	44,398	44,498	44,598	44,698	44,798	44,898	44,998
44,099	44,199	44,299	44,399	44,499	44,599	44,699	44,799	44,899	44,999

45,000	45,100	45,200	45,300	45,400	45,500	45,600	45,700	45,800	45,900
45,001	45,101	45,201	45,301	45,401	45,501	45,601	45,701	45,801	45,901
45,002	45,102	45,202	45,302	45,402	45,502	45,602	45,702	45,802	45,902
45,003	45,103	45,203	45,303	45,403	45,503	45,603	45,703	45,803	45,903
45,004	45,104	45,204	45,304	45,404	45,504	45,604	45,704	45,804	45,904
45,005	45,105	45,205	45,305	45,405	45,505	45,605	45,705	45,805	45,905
45,006	45,106	45,206	45,306	45,406	45,506	45,606	45,706	45,806	45,906
45,007	45,107	45,207	45,307	45,407	45,507	45,607	45,707	45,807	45,907
45,008	45,108	45,208	45,308	45,408	45,508	45,608	45,708	45,808	45,908
45,009	45,109	45,209	45,309	45,409	45,509	45,609	45,709	45,809	45,909
45,010	45,110	45,210	45,310	45,410	45,510	45,610	45,710	45,810	45,910
45,011	45,111	45,211	45,311	45,411	45,511	45,611	45,711	45,811	45,911
45,012	45,112	45,212	45,312	45,412	45,512	45,612	45,712	45,812	45,912
45,013	45,113	45,213	45,313	45,413	45,513	45,613	45,713	45,813	45,913
45,014	45,114	45,214	45,314	45,414	45,514	45,614	45,714	45,814	45,914
45,015	45,115	45,215	45,315	45,415	45,515	45,615	45,715	45,815	45,915
45,016	45,116	45,216	45,316	45,416	45,516	45,616	45,716	45,816	45,916
45,017	45,117	45,217	45,317	45,417	45,517	45,617	45,717	45,817	45,917
45,018	45,118	45,218	45,318	45,418	45,518	45,618	45,718	45,818	45,918
45,019	45,119	45,219	45,319	45,419	45,519	45,619	45,719	45,819	45,919
45,020	45,120	45,220	45,320	45,420	45,520	45,620	45,720	45,820	45,920
45,021	45,121	45,221	45,321	45,421	45,521	45,621	45,721	45,821	45,921
45,022	45,122	45,222	45,322	45,422	45,522	45,622	45,722	45,822	45,922
45,023	45,123	45,223	45,323	45,423	45,523	45,623	45,723	45,823	45,923
45,024	45,124	45,224	45,324	45,424	45,524	45,624	45,724	45,824	45,924
45,025	45,125	45,225	45,325	45,425	45,525	45,625	45,725	45,825	45,925
45,026	45,126	45,226	45,326	45,426	45,526	45,626	45,726	45,826	45,926
45,027	45,127	45,227	45,327	45,427	45,527	45,627	45,727	45,827	45,927
45,028	45,128	45,228	45,328	45,428	45,528	45,628	45,728	45,828	45,928
45,029	45,129	45,229	45,329	45,429	45,529	45,629	45,729	45,829	45,929
45,030	45,130	45,230	45,330	45,430	45,530	45,630	45,730	45,830	45,930
45,031	45,131	45,231	45,331	45,431	45,531	45,631	45,731	45,831	45,931
45,032	45,132	45,232	45,332	45,432	45,532	45,632	45,732	45,832	45,932
45,033	45,133	45,233	45,333	45,433	45,533	45,633	45,733	45,833	45,933
45,034	45,134	45,234	45,334	45,434	45,534	45,634	45,734	45,834	45,934
45,035	45,135	45,235	45,335	45,435	45,535	45,635	45,735	45,835	45,935
45,036	45,136	45,236	45,336	45,436	45,536	45,636	45,736	45,836	45,936
45,037	45,137	45,237	45,337	45,437	45,537	45,637	45,737	45,837	45,937
45,038	45,138	45,238	45,338	45,438	45,538	45,638	45,738	45,838	45,938
45,039	45,139	45,239	45,339	45,439	45,539	45,639	45,739	45,839	45,939
45,040	45,140	45,240	45,340	45,440	45,540	45,640	45,740	45,840	45,940
45,041	45,141	45,241	45,341	45,441	45,541	45,641	45,741	45,841	45,941
45,042	45,142	45,242	45,342	45,442	45,542	45,642	45,742	45,842	45,942
45,043	45,143	45,243	45,343	45,443	45,543	45,643	45,743	45,843	45,943
45,044	45,144	45,244	45,344	45,444	45,544	45,644	45,744	45,844	45,944
45,045	45,145	45,245	45,345	45,445	45,545	45,645	45,745	45,845	45,945
45,046	45,146	45,246	45,346	45,446	45,546	45,646	45,746	45,846	45,946
45,047	45,147	45,247	45,347	45,447	45,547	45,647	45,747	45,847	45,947
45,048	45,148	45,248	45,348	45,448	45,548	45,648	45,748	45,848	45,948
45,049	45,149	45,249	45,349	45,449	45,549	45,649	45,749	45,849	45,949
45,050	45,150	45,250	45,350	45,450	45,550	45,650	45,750	45,850	45,950
45,051	45,151	45,251	45,351	45,451	45,551	45,651	45,751	45,851	45,951
45,052	45,152	45,252	45,352	45,452	45,552	45,652	45,752	45,852	45,952
45,053	45,153	45,253	45,353	45,453	45,553	45,653	45,753	45,853	45,953
45,054	45,154	45,254	45,354	45,454	45,554	45,654	45,754	45,854	45,954
45,055	45,155	45,255	45,355	45,455	45,555	45,655	45,755	45,855	45,955
45,056	45,156	45,256	45,356	45,456	45,556	45,656	45,756	45,856	45,956
45,057	45,157	45,257	45,357	45,457	45,557	45,657	45,757	45,857	45,957
45,058	45,158	45,258	45,358	45,458	45,558	45,658	45,758	45,858	45,958
45,059	45,159	45,259	45,359	45,459	45,559	45,659	45,759	45,859	45,959
45,060	45,160	45,260	45,360	45,460	45,560	45,660	45,760	45,860	45,960
45,061	45,161	45,261	45,361	45,461	45,561	45,661	45,761	45,861	45,961
45,062	45,162	45,262	45,362	45,462	45,562	45,662	45,762	45,862	45,962
45,063	45,163	45,263	45,363	45,463	45,563	45,663	45,763	45,863	45,963
45,064	45,164	45,264	45,364	45,464	45,564	45,664	45,764	45,864	45,964
45,065	45,165	45,265	45,365	45,465	45,565	45,665	45,765	45,865	45,965
45,066	45,166	45,266	45,366	45,466	45,566	45,666	45,766	45,866	45,966
45,067	45,167	45,267	45,367	45,467	45,567	45,667	45,767	45,867	45,967
45,068	45,168	45,268	45,368	45,468	45,568	45,668	45,768	45,868	45,968
45,069	45,169	45,269	45,369	45,469	45,569	45,669	45,769	45,869	45,969
45,070	45,170	45,270	45,370	45,470	45,570	45,670	45,770	45,870	45,970
45,071	45,171	45,271	45,371	45,471	45,571	45,671	45,771	45,871	45,971
45,072	45,172	45,272	45,372	45,472	45,572	45,672	45,772	45,872	45,972
45,073	45,173	45,273	45,373	45,473	45,573	45,673	45,773	45,873	45,973
45,074	45,174	45,274	45,374	45,474	45,574	45,674	45,774	45,874	45,974
45,075	45,175	45,275	45,375	45,475	45,575	45,675	45,775	45,875	45,975
45,076	45,176	45,276	45,376	45,476	45,576	45,676	45,776	45,876	45,976
45,077	45,177	45,277	45,377	45,477	45,577	45,677	45,777	45,877	45,977
45,078	45,178	45,278	45,378	45,478	45,578	45,678	45,778	45,878	45,978
45,079	45,179	45,279	45,379	45,479	45,579	45,679	45,779	45,879	45,979
45,080	45,180	45,280	45,380	45,480	45,580	45,680	45,780	45,880	45,980
45,081	45,181	45,281	45,381	45,481	45,581	45,681	45,781	45,881	45,981
45,082	45,182	45,282	45,382	45,482	45,582	45,682	45,782	45,882	45,982
45,083	45,183	45,283	45,383	45,483	45,583	45,683	45,783	45,883	45,983
45,084	45,184	45,284	45,384	45,484	45,584	45,684	45,784	45,884	45,984
45,085	45,185	45,285	45,385	45,485	45,585	45,685	45,785	45,885	45,985
45,086	45,186	45,286	45,386	45,486	45,586	45,686	45,786	45,886	45,986
45,087	45,187	45,287	45,387	45,487	45,587	45,687	45,787	45,887	45,987
45,088	45,188	45,288	45,388	45,488	45,588	45,688	45,788	45,888	45,988
45,089	45,189	45,289	45,389	45,489	45,589	45,689	45,789	45,889	45,989
45,090	45,190	45,290	45,390	45,490	45,590	45,690	45,790	45,890	45,990
45,091	45,191	45,291	45,391	45,491	45,591	45,691	45,791	45,891	45,991
45,092	45,192	45,292	45,392	45,492	45,592	45,692	45,792	45,892	45,992
45,093	45,193	45,293	45,393	45,493	45,593	45,693	45,793	45,893	45,993
45,094	45,194	45,294	45,394	45,494	45,594	45,694	45,794	45,894	45,994
45,095	45,195	45,295	45,395	45,495	45,595	45,695	45,795	45,895	45,995
45,096	45,196	45,296	45,396	45,496	45,596	45,696	45,796	45,896	45,996
45,097	45,197	45,297	45,397	45,497	45,597	45,697	45,797	45,897	45,997
45,098	45,198	45,298	45,398	45,498	45,598	45,698	45,798	45,898	45,998
45,099	45,199	45,299	45,399	45,499	45,599	45,699	45,799	45,899	45,999

46,000	46,100	46,200	46,300	46,400	46,500	46,600	46,700	46,800	46,900
46,001	46,101	46,201	46,301	46,401	46,501	46,601	46,701	46,801	46,901
46,002	46,102	46,202	46,302	46,402	46,502	46,602	46,702	46,802	46,902
46,003	46,103	46,203	46,303	46,403	46,503	46,603	46,703	46,803	46,903
46,004	46,104	46,204	46,304	46,404	46,504	46,604	46,704	46,804	46,904
46,005	46,105	46,205	46,305	46,405	46,505	46,605	46,705	46,805	46,905
46,006	46,106	46,206	46,306	46,406	46,506	46,606	46,706	46,806	46,906
46,007	46,107	46,207	46,307	46,407	46,507	46,607	46,707	46,807	46,907
46,008	46,108	46,208	46,308	46,408	46,508	46,608	46,708	46,808	46,908
46,009	46,109	46,209	46,309	46,409	46,509	46,609	46,709	46,809	46,909
46,010	46,110	46,210	46,310	46,410	46,510	46,610	46,710	46,810	46,910
46,011	46,111	46,211	46,311	46,411	46,511	46,611	46,711	46,811	46,911
46,012	46,112	46,212	46,312	46,412	46,512	46,612	46,712	46,812	46,912
46,013	46,113	46,213	46,313	46,413	46,513	46,613	46,713	46,813	46,913
46,014	46,114	46,214	46,314	46,414	46,514	46,614	46,714	46,814	46,914
46,015	46,115	46,215	46,315	46,415	46,515	46,615	46,715	46,815	46,915
46,016	46,116	46,216	46,316	46,416	46,516	46,616	46,716	46,816	46,916
46,017	46,117	46,217	46,317	46,417	46,517	46,617	46,717	46,817	46,917
46,018	46,118	46,218	46,318	46,418	46,518	46,618	46,718	46,818	46,918
46,019	46,119	46,219	46,319	46,419	46,519	46,619	46,719	46,819	46,919
46,020	46,120	46,220	46,320	46,420	46,520	46,620	46,720	46,820	46,920
46,021	46,121	46,221	46,321	46,421	46,521	46,621	46,721	46,821	46,921
46,022	46,122	46,222	46,322	46,422	46,522	46,622	46,722	46,822	46,922
46,023	46,123	46,223	46,323	46,423	46,523	46,623	46,723	46,823	46,923
46,024	46,124	46,224	46,324	46,424	46,524	46,624	46,724	46,824	46,924
46,025	46,125	46,225	46,325	46,425	46,525	46,625	46,725	46,825	46,925
46,026	46,126	46,226	46,326	46,426	46,526	46,626	46,726	46,826	46,926
46,027	46,127	46,227	46,327	46,427	46,527	46,627	46,727	46,827	46,927
46,028	46,128	46,228	46,328	46,428	46,528	46,628	46,728	46,828	46,928
46,029	46,129	46,229	46,329	46,429	46,529	46,629	46,729	46,829	46,929
46,030	46,130	46,230	46,330	46,430	46,530	46,630	46,730	46,830	46,930
46,031	46,131	46,231	46,331	46,431	46,531	46,631	46,731	46,831	46,931
46,032	46,132	46,232	46,332	46,432	46,532	46,632	46,732	46,832	46,932
46,033	46,133	46,233	46,333	46,433	46,533	46,633	46,733	46,833	46,933
46,034	46,134	46,234	46,334	46,434	46,534	46,634	46,734	46,834	46,934
46,035	46,135	46,235	46,335	46,435	46,535	46,635	46,735	46,835	46,935
46,036	46,136	46,236	46,336	46,436	46,536	46,636	46,736	46,836	46,936
46,037	46,137	46,237	46,337	46,437	46,537	46,637	46,737	46,837	46,937
46,038	46,138	46,238	46,338	46,438	46,538	46,638	46,738	46,838	46,938
46,039	46,139	46,239	46,339	46,439	46,539	46,639	46,739	46,839	46,939
46,040	46,140	46,240	46,340	46,440	46,540	46,640	46,740	46,840	46,940
46,041	46,141	46,241	46,341	46,441	46,541	46,641	46,741	46,841	46,941
46,042	46,142	46,242	46,342	46,442	46,542	46,642	46,742	46,842	46,942
46,043	46,143	46,243	46,343	46,443	46,543	46,643	46,743	46,843	46,943
46,044	46,144	46,244	46,344	46,444	46,544	46,644	46,744	46,844	46,944
46,045	46,145	46,245	46,345	46,445	46,545	46,645	46,745	46,845	46,945
46,046	46,146	46,246	46,346	46,446	46,546	46,646	46,746	46,846	46,946
46,047	46,147	46,247	46,347	46,447	46,547	46,647	46,747	46,847	46,947
46,048	46,148	46,248	46,348	46,448	46,548	46,648	46,748	46,848	46,948
46,049	46,149	46,249	46,349	46,449	46,549	46,649	46,749	46,849	46,949
46,050	46,150	46,250	46,350	46,450	46,550	46,650	46,750	46,850	46,950
46,051	46,151	46,251	46,351	46,451	46,551	46,651	46,751	46,851	46,951
46,052	46,152	46,252	46,352	46,452	46,552	46,652	46,752	46,852	46,952
46,053	46,153	46,253	46,353	46,453	46,553	46,653	46,753	46,853	46,953
46,054	46,154	46,254	46,354	46,454	46,554	46,654	46,754	46,854	46,954
46,055	46,155	46,255	46,355	46,455	46,555	46,655	46,755	46,855	46,955
46,056	46,156	46,256	46,356	46,456	46,556	46,656	46,756	46,856	46,956
46,057	46,157	46,257	46,357	46,457	46,557	46,657	46,757	46,857	46,957
46,058	46,158	46,258	46,358	46,458	46,558	46,658	46,758	46,858	46,958
46,059	46,159	46,259	46,359	46,459	46,559	46,659	46,759	46,859	46,959
46,060	46,160	46,260	46,360	46,460	46,560	46,660	46,760	46,860	46,960
46,061	46,161	46,261	46,361	46,461	46,561	46,661	46,761	46,861	46,961
46,062	46,162	46,262	46,362	46,462	46,562	46,662	46,762	46,862	46,962
46,063	46,163	46,263	46,363	46,463	46,563	46,663	46,763	46,863	46,963
46,064	46,164	46,264	46,364	46,464	46,564	46,664	46,764	46,864	46,964
46,065	46,165	46,265	46,365	46,465	46,565	46,665	46,765	46,865	46,965
46,066	46,166	46,266	46,366	46,466	46,566	46,666	46,766	46,866	46,966
46,067	46,167	46,267	46,367	46,467	46,567	46,667	46,767	46,867	46,967
46,068	46,168	46,268	46,368	46,468	46,568	46,668	46,768	46,868	46,968
46,069	46,169	46,269	46,369	46,469	46,569	46,669	46,769	46,869	46,969
46,070	46,170	46,270	46,370	46,470	46,570	46,670	46,770	46,870	46,970
46,071	46,171	46,271	46,371	46,471	46,571	46,671	46,771	46,871	46,971
46,072	46,172	46,272	46,372	46,472	46,572	46,672	46,772	46,872	46,972
46,073	46,173	46,273	46,373	46,473	46,573	46,673	46,773	46,873	46,973
46,074	46,174	46,274	46,374	46,474	46,574	46,674	46,774	46,874	46,974
46,075	46,175	46,275	46,375	46,475	46,575	46,675	46,775	46,875	46,975
46,076	46,176	46,276	46,376	46,476	46,576	46,676	46,776	46,876	46,976
46,077	46,177	46,277	46,377	46,477	46,577	46,677	46,777	46,877	46,977
46,078	46,178	46,278	46,378	46,478	46,578	46,678	46,778	46,878	46,978
46,079	46,179	46,279	46,379	46,479	46,579	46,679	46,779	46,879	46,979
46,080	46,180	46,280	46,380	46,480	46,580	46,680	46,780	46,880	46,980
46,081	46,181	46,281	46,381	46,481	46,581	46,681	46,781	46,881	46,981
46,082	46,182	46,282	46,382	46,482	46,582	46,682	46,782	46,882	46,982
46,083	46,183	46,283	46,383	46,483	46,583	46,683	46,783	46,883	46,983
46,084	46,184	46,284	46,384	46,484	46,584	46,684	46,784	46,884	46,984
46,085	46,185	46,285	46,385	46,485	46,585	46,685	46,785	46,885	46,985
46,086	46,186	46,286	46,386	46,486	46,586	46,686	46,786	46,886	46,986
46,087	46,187	46,287	46,387	46,487	46,587	46,687	46,787	46,887	46,987
46,088	46,188	46,288	46,388	46,488	46,588	46,688	46,788	46,888	46,988
46,089	46,189	46,289	46,389	46,489	46,589	46,689	46,789	46,889	46,989
46,090	46,190	46,290	46,390	46,490	46,590	46,690	46,790	46,890	46,990
46,091	46,191	46,291	46,391	46,491	46,591	46,691	46,791	46,891	46,991
46,092	46,192	46,292	46,392	46,492	46,592	46,692	46,792	46,892	46,992
46,093	46,193	46,293	46,393	46,493	46,593	46,693	46,793	46,893	46,993
46,094	46,194	46,294	46,394	46,494	46,594	46,694	46,794	46,894	46,994
46,095	46,195	46,295	46,395	46,495	46,595	46,695	46,795	46,895	46,995
46,096	46,196	46,296	46,396	46,496	46,596	46,696	46,796	46,896	46,996
46,097	46,197	46,297	46,397	46,497	46,597	46,697	46,797	46,897	46,997
46,098	46,198	46,298	46,398	46,498	46,598	46,698	46,798	46,898	46,998
46,099	46,199	46,299	46,399	46,499	46,599	46,699	46,799	46,899	46,999

47,000	47,100	47,200	47,300	47,400	47,500	47,600	47,700	47,800	47,900
47,001	47,101	47,201	47,301	47,401	47,501	47,601	47,701	47,801	47,901
47,002	47,102	47,202	47,302	47,402	47,502	47,602	47,702	47,802	47,902
47,003	47,103	47,203	47,303	47,403	47,503	47,603	47,703	47,803	47,903
47,004	47,104	47,204	47,304	47,404	47,504	47,604	47,704	47,804	47,904
47,005	47,105	47,205	47,305	47,405	47,505	47,605	47,705	47,805	47,905
47,006	47,106	47,206	47,306	47,406	47,506	47,606	47,706	47,806	47,906
47,007	47,107	47,207	47,307	47,407	47,507	47,607	47,707	47,807	47,907
47,008	47,108	47,208	47,308	47,408	47,508	47,608	47,708	47,808	47,908
47,009	47,109	47,209	47,309	47,409	47,509	47,609	47,709	47,809	47,909
47,010	47,110	47,210	47,310	47,410	47,510	47,610	47,710	47,810	47,910
47,011	47,111	47,211	47,311	47,411	47,511	47,611	47,711	47,811	47,911
47,012	47,112	47,212	47,312	47,412	47,512	47,612	47,712	47,812	47,912
47,013	47,113	47,213	47,313	47,413	47,513	47,613	47,713	47,813	47,913
47,014	47,114	47,214	47,314	47,414	47,514	47,614	47,714	47,814	47,914
47,015	47,115	47,215	47,315	47,415	47,515	47,615	47,715	47,815	47,915
47,016	47,116	47,216	47,316	47,416	47,516	47,616	47,716	47,816	47,916
47,017	47,117	47,217	47,317	47,417	47,517	47,617	47,717	47,817	47,917
47,018	47,118	47,218	47,318	47,418	47,518	47,618	47,718	47,818	47,918
47,019	47,119	47,219	47,319	47,419	47,519	47,619	47,719	47,819	47,919
47,020	47,120	47,220	47,320	47,420	47,520	47,620	47,720	47,820	47,920
47,021	47,121	47,221	47,321	47,421	47,521	47,621	47,721	47,821	47,921
47,022	47,122	47,222	47,322	47,422	47,522	47,622	47,722	47,822	47,922
47,023	47,123	47,223	47,323	47,423	47,523	47,623	47,723	47,823	47,923
47,024	47,124	47,224	47,324	47,424	47,524	47,624	47,724	47,824	47,924
47,025	47,125	47,225	47,325	47,425	47,525	47,625	47,725	47,825	47,925
47,026	47,126	47,226	47,326	47,426	47,526	47,626	47,726	47,826	47,926
47,027	47,127	47,227	47,327	47,427	47,527	47,627	47,727	47,827	47,927
47,028	47,128	47,228	47,328	47,428	47,528	47,628	47,728	47,828	47,928
47,029	47,129	47,229	47,329	47,429	47,529	47,629	47,729	47,829	47,929
47,030	47,130	47,230	47,330	47,430	47,530	47,630	47,730	47,830	47,930
47,031	47,131	47,231	47,331	47,431	47,531	47,631	47,731	47,831	47,931
47,032	47,132	47,232	47,332	47,432	47,532	47,632	47,732	47,832	47,932
47,033	47,133	47,233	47,333	47,433	47,533	47,633	47,733	47,833	47,933
47,034	47,134	47,234	47,334	47,434	47,534	47,634	47,734	47,834	47,934
47,035	47,135	47,235	47,335	47,435	47,535	47,635	47,735	47,835	47,935
47,036	47,136	47,236	47,336	47,436	47,536	47,636	47,736	47,836	47,936
47,037	47,137	47,237	47,337	47,437	47,537	47,637	47,737	47,837	47,937
47,038	47,138	47,238	47,338	47,438	47,538	47,638	47,738	47,838	47,938
47,039	47,139	47,239	47,339	47,439	47,539	47,639	47,739	47,839	47,939
47,040	47,140	47,240	47,340	47,440	47,540	47,640	47,740	47,840	47,940
47,041	47,141	47,241	47,341	47,441	47,541	47,641	47,741	47,841	47,941
47,042	47,142	47,242	47,342	47,442	47,542	47,642	47,742	47,842	47,942
47,043	47,143	47,243	47,343	47,443	47,543	47,643	47,743	47,843	47,943
47,044	47,144	47,244	47,344	47,444	47,544	47,644	47,744	47,844	47,944
47,045	47,145	47,245	47,345	47,445	47,545	47,645	47,745	47,845	47,945
47,046	47,146	47,246	47,346	47,446	47,546	47,646	47,746	47,846	47,946
47,047	47,147	47,247	47,347	47,447	47,547	47,647	47,747	47,847	47,947
47,048	47,148	47,248	47,348	47,448	47,548	47,648	47,748	47,848	47,948
47,049	47,149	47,249	47,349	47,449	47,549	47,649	47,749	47,849	47,949
47,050	47,150	47,250	47,350	47,450	47,550	47,650	47,750	47,850	47,950
47,051	47,151	47,251	47,351	47,451	47,551	47,651	47,751	47,851	47,951
47,052	47,152	47,252	47,352	47,452	47,552	47,652	47,752	47,852	47,952
47,053	47,153	47,253	47,353	47,453	47,553	47,653	47,753	47,853	47,953
47,054	47,154	47,254	47,354	47,454	47,554	47,654	47,754	47,854	47,954
47,055	47,155	47,255	47,355	47,455	47,555	47,655	47,755	47,855	47,955
47,056	47,156	47,256	47,356	47,456	47,556	47,656	47,756	47,856	47,956
47,057	47,157	47,257	47,357	47,457	47,557	47,657	47,757	47,857	47,957
47,058	47,158	47,258	47,358	47,458	47,558	47,658	47,758	47,858	47,958
47,059	47,159	47,259	47,359	47,459	47,559	47,659	47,759	47,859	47,959
47,060	47,160	47,260	47,360	47,460	47,560	47,660	47,760	47,860	47,960
47,061	47,161	47,261	47,361	47,461	47,561	47,661	47,761	47,861	47,961
47,062	47,162	47,262	47,362	47,462	47,562	47,662	47,762	47,862	47,962
47,063	47,163	47,263	47,363	47,463	47,563	47,663	47,763	47,863	47,963
47,064	47,164	47,264	47,364	47,464	47,564	47,664	47,764	47,864	47,964
47,065	47,165	47,265	47,365	47,465	47,565	47,665	47,765	47,865	47,965
47,066	47,166	47,266	47,366	47,466	47,566	47,666	47,766	47,866	47,966
47,067	47,167	47,267	47,367	47,467	47,567	47,667	47,767	47,867	47,967
47,068	47,168	47,268	47,368	47,468	47,568	47,668	47,768	47,868	47,968
47,069	47,169	47,269	47,369	47,469	47,569	47,669	47,769	47,869	47,969
47,070	47,170	47,270	47,370	47,470	47,570	47,670	47,770	47,870	47,970
47,071	47,171	47,271	47,371	47,471	47,571	47,671	47,771	47,871	47,971
47,072	47,172	47,272	47,372	47,472	47,572	47,672	47,772	47,872	47,972
47,073	47,173	47,273	47,373	47,473	47,573	47,673	47,773	47,873	47,973
47,074	47,174	47,274	47,374	47,474	47,574	47,674	47,774	47,874	47,974
47,075	47,175	47,275	47,375	47,475	47,575	47,675	47,775	47,875	47,975
47,076	47,176	47,276	47,376	47,476	47,576	47,676	47,776	47,876	47,976
47,077	47,177	47,277	47,377	47,477	47,577	47,677	47,777	47,877	47,977
47,078	47,178	47,278	47,378	47,478	47,578	47,678	47,778	47,878	47,978
47,079	47,179	47,279	47,379	47,479	47,579	47,679	47,779	47,879	47,979
47,080	47,180	47,280	47,380	47,480	47,580	47,680	47,780	47,880	47,980
47,081	47,181	47,281	47,381	47,481	47,581	47,681	47,781	47,881	47,981
47,082	47,182	47,282	47,382	47,482	47,582	47,682	47,782	47,882	47,982
47,083	47,183	47,283	47,383	47,483	47,583	47,683	47,783	47,883	47,983
47,084	47,184	47,284	47,384	47,484	47,584	47,684	47,784	47,884	47,984
47,085	47,185	47,285	47,385	47,485	47,585	47,685	47,785	47,885	47,985
47,086	47,186	47,286	47,386	47,486	47,586	47,686	47,786	47,886	47,986
47,087	47,187	47,287	47,387	47,487	47,587	47,687	47,787	47,887	47,987
47,088	47,188	47,288	47,388	47,488	47,588	47,688	47,788	47,888	47,988
47,089	47,189	47,289	47,389	47,489	47,589	47,689	47,789	47,889	47,989
47,090	47,190	47,290	47,390	47,490	47,590	47,690	47,790	47,890	47,990
47,091	47,191	47,291	47,391	47,491	47,591	47,691	47,791	47,891	47,991
47,092	47,192	47,292	47,392	47,492	47,592	47,692	47,792	47,892	47,992
47,093	47,193	47,293	47,393	47,493	47,593	47,693	47,793	47,893	47,993
47,094	47,194	47,294	47,394	47,494	47,594	47,694	47,794	47,894	47,994
47,095	47,195	47,295	47,395	47,495	47,595	47,695	47,795	47,895	47,995
47,096	47,196	47,296	47,396	47,496	47,596	47,696	47,796	47,896	47,996
47,097	47,197	47,297	47,397	47,497	47,597	47,697	47,797	47,897	47,997
47,098	47,198	47,298	47,398	47,498	47,598	47,698	47,798	47,898	47,998
47,099	47,199	47,299	47,399	47,499	47,599	47,699	47,799	47,899	47,999

48,000	48,100	48,200	48,300	48,400	48,500	48,600	48,700	48,800	48,900
48,001	48,101	48,201	48,301	48,401	48,501	48,601	48,701	48,801	48,901
48,002	48,102	48,202	48,302	48,402	48,502	48,602	48,702	48,802	48,902
48,003	48,103	48,203	48,303	48,403	48,503	48,603	48,703	48,803	48,903
48,004	48,104	48,204	48,304	48,404	48,504	48,604	48,704	48,804	48,904
48,005	48,105	48,205	48,305	48,405	48,505	48,605	48,705	48,805	48,905
48,006	48,106	48,206	48,306	48,406	48,506	48,606	48,706	48,806	48,906
48,007	48,107	48,207	48,307	48,407	48,507	48,607	48,707	48,807	48,907
48,008	48,108	48,208	48,308	48,408	48,508	48,608	48,708	48,808	48,908
48,009	48,109	48,209	48,309	48,409	48,509	48,609	48,709	48,809	48,909
48,010	48,110	48,210	48,310	48,410	48,510	48,610	48,710	48,810	48,910
48,011	48,111	48,211	48,311	48,411	48,511	48,611	48,711	48,811	48,911
48,012	48,112	48,212	48,312	48,412	48,512	48,612	48,712	48,812	48,912
48,013	48,113	48,213	48,313	48,413	48,513	48,613	48,713	48,813	48,913
48,014	48,114	48,214	48,314	48,414	48,514	48,614	48,714	48,814	48,914
48,015	48,115	48,215	48,315	48,415	48,515	48,615	48,715	48,815	48,915
48,016	48,116	48,216	48,316	48,416	48,516	48,616	48,716	48,816	48,916
48,017	48,117	48,217	48,317	48,417	48,517	48,617	48,717	48,817	48,917
48,018	48,118	48,218	48,318	48,418	48,518	48,618	48,718	48,818	48,918
48,019	48,119	48,219	48,319	48,419	48,519	48,619	48,719	48,819	48,919
48,020	48,120	48,220	48,320	48,420	48,520	48,620	48,720	48,820	48,920
48,021	48,121	48,221	48,321	48,421	48,521	48,621	48,721	48,821	48,921
48,022	48,122	48,222	48,322	48,422	48,522	48,622	48,722	48,822	48,922
48,023	48,123	48,223	48,323	48,423	48,523	48,623	48,723	48,823	48,923
48,024	48,124	48,224	48,324	48,424	48,524	48,624	48,724	48,824	48,924
48,025	48,125	48,225	48,325	48,425	48,525	48,625	48,725	48,825	48,925
48,026	48,126	48,226	48,326	48,426	48,526	48,626	48,726	48,826	48,926
48,027	48,127	48,227	48,327	48,427	48,527	48,627	48,727	48,827	48,927
48,028	48,128	48,228	48,328	48,428	48,528	48,628	48,728	48,828	48,928
48,029	48,129	48,229	48,329	48,429	48,529	48,629	48,729	48,829	48,929
48,030	48,130	48,230	48,330	48,430	48,530	48,630	48,730	48,830	48,930
48,031	48,131	48,231	48,331	48,431	48,531	48,631	48,731	48,831	48,931
48,032	48,132	48,232	48,332	48,432	48,532	48,632	48,732	48,832	48,932
48,033	48,133	48,233	48,333	48,433	48,533	48,633	48,733	48,833	48,933
48,034	48,134	48,234	48,334	48,434	48,534	48,634	48,734	48,834	48,934
48,035	48,135	48,235	48,335	48,435	48,535	48,635	48,735	48,835	48,935
48,036	48,136	48,236	48,336	48,436	48,536	48,636	48,736	48,836	48,936
48,037	48,137	48,237	48,337	48,437	48,537	48,637	48,737	48,837	48,937
48,038	48,138	48,238	48,338	48,438	48,538	48,638	48,738	48,838	48,938
48,039	48,139	48,239	48,339	48,439	48,539	48,639	48,739	48,839	48,939
48,040	48,140	48,240	48,340	48,440	48,540	48,640	48,740	48,840	48,940
48,041	48,141	48,241	48,341	48,441	48,541	48,641	48,741	48,841	48,941
48,042	48,142	48,242	48,342	48,442	48,542	48,642	48,742	48,842	48,942
48,043	48,143	48,243	48,343	48,443	48,543	48,643	48,743	48,843	48,943
48,044	48,144	48,244	48,344	48,444	48,544	48,644	48,744	48,844	48,944
48,045	48,145	48,245	48,345	48,445	48,545	48,645	48,745	48,845	48,945
48,046	48,146	48,246	48,346	48,446	48,546	48,646	48,746	48,846	48,946
48,047	48,147	48,247	48,347	48,447	48,547	48,647	48,747	48,847	48,947
48,048	48,148	48,248	48,348	48,448	48,548	48,648	48,748	48,848	48,948
48,049	48,149	48,249	48,349	48,449	48,549	48,649	48,749	48,849	48,949
48,050	48,150	48,250	48,350	48,450	48,550	48,650	48,750	48,850	48,950
48,051	48,151	48,251	48,351	48,451	48,551	48,651	48,751	48,851	48,951
48,052	48,152	48,252	48,352	48,452	48,552	48,652	48,752	48,852	48,952
48,053	48,153	48,253	48,353	48,453	48,553	48,653	48,753	48,853	48,953
48,054	48,154	48,254	48,354	48,454	48,554	48,654	48,754	48,854	48,954
48,055	48,155	48,255	48,355	48,455	48,555	48,655	48,755	48,855	48,955
48,056	48,156	48,256	48,356	48,456	48,556	48,656	48,756	48,856	48,956
48,057	48,157	48,257	48,357	48,457	48,557	48,657	48,757	48,857	48,957
48,058	48,158	48,258	48,358	48,458	48,558	48,658	48,758	48,858	48,958
48,059	48,159	48,259	48,359	48,459	48,559	48,659	48,759	48,859	48,959
48,060	48,160	48,260	48,360	48,460	48,560	48,660	48,760	48,860	48,960
48,061	48,161	48,261	48,361	48,461	48,561	48,661	48,761	48,861	48,961
48,062	48,162	48,262	48,362	48,462	48,562	48,662	48,762	48,862	48,962
48,063	48,163	48,263	48,363	48,463	48,563	48,663	48,763	48,863	48,963
48,064	48,164	48,264	48,364	48,464	48,564	48,664	48,764	48,864	48,964
48,065	48,165	48,265	48,365	48,465	48,565	48,665	48,765	48,865	48,965
48,066	48,166	48,266	48,366	48,466	48,566	48,666	48,766	48,866	48,966
48,067	48,167	48,267	48,367	48,467	48,567	48,667	48,767	48,867	48,967
48,068	48,168	48,268	48,368	48,468	48,568	48,668	48,768	48,868	48,968
48,069	48,169	48,269	48,369	48,469	48,569	48,669	48,769	48,869	48,969
48,070	48,170	48,270	48,370	48,470	48,570	48,670	48,770	48,870	48,970
48,071	48,171	48,271	48,371	48,471	48,571	48,671	48,771	48,871	48,971
48,072	48,172	48,272	48,372	48,472	48,572	48,672	48,772	48,872	48,972
48,073	48,173	48,273	48,373	48,473	48,573	48,673	48,773	48,873	48,973
48,074	48,174	48,274	48,374	48,474	48,574	48,674	48,774	48,874	48,974
48,075	48,175	48,275	48,375	48,475	48,575	48,675	48,775	48,875	48,975
48,076	48,176	48,276	48,376	48,476	48,576	48,676	48,776	48,876	48,976
48,077	48,177	48,277	48,377	48,477	48,577	48,677	48,777	48,877	48,977
48,078	48,178	48,278	48,378	48,478	48,578	48,678	48,778	48,878	48,978
48,079	48,179	48,279	48,379	48,479	48,579	48,679	48,779	48,879	48,979
48,080	48,180	48,280	48,380	48,480	48,580	48,680	48,780	48,880	48,980
48,081	48,181	48,281	48,381	48,481	48,581	48,681	48,781	48,881	48,981
48,082	48,182	48,282	48,382	48,482	48,582	48,682	48,782	48,882	48,982
48,083	48,183	48,283	48,383	48,483	48,583	48,683	48,783	48,883	48,983
48,084	48,184	48,284	48,384	48,484	48,584	48,684	48,784	48,884	48,984
48,085	48,185	48,285	48,385	48,485	48,585	48,685	48,785	48,885	48,985
48,086	48,186	48,286	48,386	48,486	48,586	48,686	48,786	48,886	48,986
48,087	48,187	48,287	48,387	48,487	48,587	48,687	48,787	48,887	48,987
48,088	48,188	48,288	48,388	48,488	48,588	48,688	48,788	48,888	48,988
48,089	48,189	48,289	48,389	48,489	48,589	48,689	48,789	48,889	48,989
48,090	48,190	48,290	48,390	48,490	48,590	48,690	48,790	48,890	48,990
48,091	48,191	48,291	48,391	48,491	48,591	48,691	48,791	48,891	48,991
48,092	48,192	48,292	48,392	48,492	48,592	48,692	48,792	48,892	48,992
48,093	48,193	48,293	48,393	48,493	48,593	48,693	48,793	48,893	48,993
48,094	48,194	48,294	48,394	48,494	48,594	48,694	48,794	48,894	48,994
48,095	48,195	48,295	48,395	48,495	48,595	48,695	48,795	48,895	48,995
48,096	48,196	48,296	48,396	48,496	48,596	48,696	48,796	48,896	48,996
48,097	48,197	48,297	48,397	48,497	48,597	48,697	48,797	48,897	48,997
48,098	48,198	48,298	48,398	48,498	48,598	48,698	48,798	48,898	48,998
48,099	48,199	48,299	48,399	48,499	48,599	48,699	48,799	48,899	48,999

49,000	49,100	49,200	49,300	49,400	49,500	49,600	49,700	49,800	49,900
49,001	49,101	49,201	49,301	49,401	49,501	49,601	49,701	49,801	49,901
49,002	49,102	49,202	49,302	49,402	49,502	49,602	49,702	49,802	49,902
49,003	49,103	49,203	49,303	49,403	49,503	49,603	49,703	49,803	49,903
49,004	49,104	49,204	49,304	49,404	49,504	49,604	49,704	49,804	49,904
49,005	49,105	49,205	49,305	49,405	49,505	49,605	49,705	49,805	49,905
49,006	49,106	49,206	49,306	49,406	49,506	49,606	49,706	49,806	49,906
49,007	49,107	49,207	49,307	49,407	49,507	49,607	49,707	49,807	49,907
49,008	49,108	49,208	49,308	49,408	49,508	49,608	49,708	49,808	49,908
49,009	49,109	49,209	49,309	49,409	49,509	49,609	49,709	49,809	49,909
49,010	49,110	49,210	49,310	49,410	49,510	49,610	49,710	49,810	49,910
49,011	49,111	49,211	49,311	49,411	49,511	49,611	49,711	49,811	49,911
49,012	49,112	49,212	49,312	49,412	49,512	49,612	49,712	49,812	49,912
49,013	49,113	49,213	49,313	49,413	49,513	49,613	49,713	49,813	49,913
49,014	49,114	49,214	49,314	49,414	49,514	49,614	49,714	49,814	49,914
49,015	49,115	49,215	49,315	49,415	49,515	49,615	49,715	49,815	49,915
49,016	49,116	49,216	49,316	49,416	49,516	49,616	49,716	49,816	49,916
49,017	49,117	49,217	49,317	49,417	49,517	49,617	49,717	49,817	49,917
49,018	49,118	49,218	49,318	49,418	49,518	49,618	49,718	49,818	49,918
49,019	49,119	49,219	49,319	49,419	49,519	49,619	49,719	49,819	49,919
49,020	49,120	49,220	49,320	49,420	49,520	49,620	49,720	49,820	49,920
49,021	49,121	49,221	49,321	49,421	49,521	49,621	49,721	49,821	49,921
49,022	49,122	49,222	49,322	49,422	49,522	49,622	49,722	49,822	49,922
49,023	49,123	49,223	49,323	49,423	49,523	49,623	49,723	49,823	49,923
49,024	49,124	49,224	49,324	49,424	49,524	49,624	49,724	49,824	49,924
49,025	49,125	49,225	49,325	49,425	49,525	49,625	49,725	49,825	49,925
49,026	49,126	49,226	49,326	49,426	49,526	49,626	49,726	49,826	49,926
49,027	49,127	49,227	49,327	49,427	49,527	49,627	49,727	49,827	49,927
49,028	49,128	49,228	49,328	49,428	49,528	49,628	49,728	49,828	49,928
49,029	49,129	49,229	49,329	49,429	49,529	49,629	49,729	49,829	49,929
49,030	49,130	49,230	49,330	49,430	49,530	49,630	49,730	49,830	49,930
49,031	49,131	49,231	49,331	49,431	49,531	49,631	49,731	49,831	49,931
49,032	49,132	49,232	49,332	49,432	49,532	49,632	49,732	49,832	49,932
49,033	49,133	49,233	49,333	49,433	49,533	49,633	49,733	49,833	49,933
49,034	49,134	49,234	49,334	49,434	49,534	49,634	49,734	49,834	49,934
49,035	49,135	49,235	49,335	49,435	49,535	49,635	49,735	49,835	49,935
49,036	49,136	49,236	49,336	49,436	49,536	49,636	49,736	49,836	49,936
49,037	49,137	49,237	49,337	49,437	49,537	49,637	49,737	49,837	49,937
49,038	49,138	49,238	49,338	49,438	49,538	49,638	49,738	49,838	49,938
49,039	49,139	49,239	49,339	49,439	49,539	49,639	49,739	49,839	49,939
49,040	49,140	49,240	49,340	49,440	49,540	49,640	49,740	49,840	49,940
49,041	49,141	49,241	49,341	49,441	49,541	49,641	49,741	49,841	49,941
49,042	49,142	49,242	49,342	49,442	49,542	49,642	49,742	49,842	49,942
49,043	49,143	49,243	49,343	49,443	49,543	49,643	49,743	49,843	49,943
49,044	49,144	49,244	49,344	49,444	49,544	49,644	49,744	49,844	49,944
49,045	49,145	49,245	49,345	49,445	49,545	49,645	49,745	49,845	49,945
49,046	49,146	49,246	49,346	49,446	49,546	49,646	49,746	49,846	49,946
49,047	49,147	49,247	49,347	49,447	49,547	49,647	49,747	49,847	49,947
49,048	49,148	49,248	49,348	49,448	49,548	49,648	49,748	49,848	49,948
49,049	49,149	49,249	49,349	49,449	49,549	49,649	49,749	49,849	49,949
49,050	49,150	49,250	49,350	49,450	49,550	49,650	49,750	49,850	49,950
49,051	49,151	49,251	49,351	49,451	49,551	49,651	49,751	49,851	49,951
49,052	49,152	49,252	49,352	49,452	49,552	49,652	49,752	49,852	49,952
49,053	49,153	49,253	49,353	49,453	49,553	49,653	49,753	49,853	49,953
49,054	49,154	49,254	49,354	49,454	49,554	49,654	49,754	49,854	49,954
49,055	49,155	49,255	49,355	49,455	49,555	49,655	49,755	49,855	49,955
49,056	49,156	49,256	49,356	49,456	49,556	49,656	49,756	49,856	49,956
49,057	49,157	49,257	49,357	49,457	49,557	49,657	49,757	49,857	49,957
49,058	49,158	49,258	49,358	49,458	49,558	49,658	49,758	49,858	49,958
49,059	49,159	49,259	49,359	49,459	49,559	49,659	49,759	49,859	49,959
49,060	49,160	49,260	49,360	49,460	49,560	49,660	49,760	49,860	49,960
49,061	49,161	49,261	49,361	49,461	49,561	49,661	49,761	49,861	49,961
49,062	49,162	49,262	49,362	49,462	49,562	49,662	49,762	49,862	49,962
49,063	49,163	49,263	49,363	49,463	49,563	49,663	49,763	49,863	49,963
49,064	49,164	49,264	49,364	49,464	49,564	49,664	49,764	49,864	49,964
49,065	49,165	49,265	49,365	49,465	49,565	49,665	49,765	49,865	49,965
49,066	49,166	49,266	49,366	49,466	49,566	49,666	49,766	49,866	49,966
49,067	49,167	49,267	49,367	49,467	49,567	49,667	49,767	49,867	49,967
49,068	49,168	49,268	49,368	49,468	49,568	49,668	49,768	49,868	49,968
49,069	49,169	49,269	49,369	49,469	49,569	49,669	49,769	49,869	49,969
49,070	49,170	49,270	49,370	49,470	49,570	49,670	49,770	49,870	49,970
49,071	49,171	49,271	49,371	49,471	49,571	49,671	49,771	49,871	49,971
49,072	49,172	49,272	49,372	49,472	49,572	49,672	49,772	49,872	49,972
49,073	49,173	49,273	49,373	49,473	49,573	49,673	49,773	49,873	49,973
49,074	49,174	49,274	49,374	49,474	49,574	49,674	49,774	49,874	49,974
49,075	49,175	49,275	49,375	49,475	49,575	49,675	49,775	49,875	49,975
49,076	49,176	49,276	49,376	49,476	49,576	49,676	49,776	49,876	49,976
49,077	49,177	49,277	49,377	49,477	49,577	49,677	49,777	49,877	49,977
49,078	49,178	49,278	49,378	49,478	49,578	49,678	49,778	49,878	49,978
49,079	49,179	49,279	49,379	49,479	49,579	49,679	49,779	49,879	49,979
49,080	49,180	49,280	49,380	49,480	49,580	49,680	49,780	49,880	49,980
49,081	49,181	49,281	49,381	49,481	49,581	49,681	49,781	49,881	49,981
49,082	49,182	49,282	49,382	49,482	49,582	49,682	49,782	49,882	49,982
49,083	49,183	49,283	49,383	49,483	49,583	49,683	49,783	49,883	49,983
49,084	49,184	49,284	49,384	49,484	49,584	49,684	49,784	49,884	49,984
49,085	49,185	49,285	49,385	49,485	49,585	49,685	49,785	49,885	49,985
49,086	49,186	49,286	49,386	49,486	49,586	49,686	49,786	49,886	49,986
49,087	49,187	49,287	49,387	49,487	49,587	49,687	49,787	49,887	49,987
49,088	49,188	49,288	49,388	49,488	49,588	49,688	49,788	49,888	49,988
49,089	49,189	49,289	49,389	49,489	49,589	49,689	49,789	49,889	49,989
49,090	49,190	49,290	49,390	49,490	49,590	49,690	49,790	49,890	49,990
49,091	49,191	49,291	49,391	49,491	49,591	49,691	49,791	49,891	49,991
49,092	49,192	49,292	49,392	49,492	49,592	49,692	49,792	49,892	49,992
49,093	49,193	49,293	49,393	49,493	49,593	49,693	49,793	49,893	49,993
49,094	49,194	49,294	49,394	49,494	49,594	49,694	49,794	49,894	49,994
49,095	49,195	49,295	49,395	49,495	49,595	49,695	49,795	49,895	49,995
49,096	49,196	49,296	49,396	49,496	49,596	49,696	49,796	49,896	49,996
49,097	49,197	49,297	49,397	49,497	49,597	49,697	49,797	49,897	49,997
49,098	49,198	49,298	49,398	49,498	49,598	49,698	49,798	49,898	49,998
49,099	49,199	49,299	49,399	49,499	49,599	49,699	49,799	49,899	49,999

50,000	50,100	50,200	50,300	50,400	50,500	50,600	50,700	50,800	50,900
50,001	50,101	50,201	50,301	50,401	50,501	50,601	50,701	50,801	50,901
50,002	50,102	50,202	50,302	50,402	50,502	50,602	50,702	50,802	50,902
50,003	50,103	50,203	50,303	50,403	50,503	50,603	50,703	50,803	50,903
50,004	50,104	50,204	50,304	50,404	50,504	50,604	50,704	50,804	50,904
50,005	50,105	50,205	50,305	50,405	50,505	50,605	50,705	50,805	50,905
50,006	50,106	50,206	50,306	50,406	50,506	50,606	50,706	50,806	50,906
50,007	50,107	50,207	50,307	50,407	50,507	50,607	50,707	50,807	50,907
50,008	50,108	50,208	50,308	50,408	50,508	50,608	50,708	50,808	50,908
50,009	50,109	50,209	50,309	50,409	50,509	50,609	50,709	50,809	50,909
50,010	50,110	50,210	50,310	50,410	50,510	50,610	50,710	50,810	50,910
50,011	50,111	50,211	50,311	50,411	50,511	50,611	50,711	50,811	50,911
50,012	50,112	50,212	50,312	50,412	50,512	50,612	50,712	50,812	50,912
50,013	50,113	50,213	50,313	50,413	50,513	50,613	50,713	50,813	50,913
50,014	50,114	50,214	50,314	50,414	50,514	50,614	50,714	50,814	50,914
50,015	50,115	50,215	50,315	50,415	50,515	50,615	50,715	50,815	50,915
50,016	50,116	50,216	50,316	50,416	50,516	50,616	50,716	50,816	50,916
50,017	50,117	50,217	50,317	50,417	50,517	50,617	50,717	50,817	50,917
50,018	50,118	50,218	50,318	50,418	50,518	50,618	50,718	50,818	50,918
50,019	50,119	50,219	50,319	50,419	50,519	50,619	50,719	50,819	50,919
50,020	50,120	50,220	50,320	50,420	50,520	50,620	50,720	50,820	50,920
50,021	50,121	50,221	50,321	50,421	50,521	50,621	50,721	50,821	50,921
50,022	50,122	50,222	50,322	50,422	50,522	50,622	50,722	50,822	50,922
50,023	50,123	50,223	50,323	50,423	50,523	50,623	50,723	50,823	50,923
50,024	50,124	50,224	50,324	50,424	50,524	50,624	50,724	50,824	50,924
50,025	50,125	50,225	50,325	50,425	50,525	50,625	50,725	50,825	50,925
50,026	50,126	50,226	50,326	50,426	50,526	50,626	50,726	50,826	50,926
50,027	50,127	50,227	50,327	50,427	50,527	50,627	50,727	50,827	50,927
50,028	50,128	50,228	50,328	50,428	50,528	50,628	50,728	50,828	50,928
50,029	50,129	50,229	50,329	50,429	50,529	50,629	50,729	50,829	50,929
50,030	50,130	50,230	50,330	50,430	50,530	50,630	50,730	50,830	50,930
50,031	50,131	50,231	50,331	50,431	50,531	50,631	50,731	50,831	50,931
50,032	50,132	50,232	50,332	50,432	50,532	50,632	50,732	50,832	50,932
50,033	50,133	50,233	50,333	50,433	50,533	50,633	50,733	50,833	50,933
50,034	50,134	50,234	50,334	50,434	50,534	50,634	50,734	50,834	50,934
50,035	50,135	50,235	50,335	50,435	50,535	50,635	50,735	50,835	50,935
50,036	50,136	50,236	50,336	50,436	50,536	50,636	50,736	50,836	50,936
50,037	50,137	50,237	50,337	50,437	50,537	50,637	50,737	50,837	50,937
50,038	50,138	50,238	50,338	50,438	50,538	50,638	50,738	50,838	50,938
50,039	50,139	50,239	50,339	50,439	50,539	50,639	50,739	50,839	50,939
50,040	50,140	50,240	50,340	50,440	50,540	50,640	50,740	50,840	50,940
50,041	50,141	50,241	50,341	50,441	50,541	50,641	50,741	50,841	50,941
50,042	50,142	50,242	50,342	50,442	50,542	50,642	50,742	50,842	50,942
50,043	50,143	50,243	50,343	50,443	50,543	50,643	50,743	50,843	50,943
50,044	50,144	50,244	50,344	50,444	50,544	50,644	50,744	50,844	50,944
50,045	50,145	50,245	50,345	50,445	50,545	50,645	50,745	50,845	50,945
50,046	50,146	50,246	50,346	50,446	50,546	50,646	50,746	50,846	50,946
50,047	50,147	50,247	50,347	50,447	50,547	50,647	50,747	50,847	50,947
50,048	50,148	50,248	50,348	50,448	50,548	50,648	50,748	50,848	50,948
50,049	50,149	50,249	50,349	50,449	50,549	50,649	50,749	50,849	50,949
50,050	50,150	50,250	50,350	50,450	50,550	50,650	50,750	50,850	50,950
50,051	50,151	50,251	50,351	50,451	50,551	50,651	50,751	50,851	50,951
50,052	50,152	50,252	50,352	50,452	50,552	50,652	50,752	50,852	50,952
50,053	50,153	50,253	50,353	50,453	50,553	50,653	50,753	50,853	50,953
50,054	50,154	50,254	50,354	50,454	50,554	50,654	50,754	50,854	50,954
50,055	50,155	50,255	50,355	50,455	50,555	50,655	50,755	50,855	50,955
50,056	50,156	50,256	50,356	50,456	50,556	50,656	50,756	50,856	50,956
50,057	50,157	50,257	50,357	50,457	50,557	50,657	50,757	50,857	50,957
50,058	50,158	50,258	50,358	50,458	50,558	50,658	50,758	50,858	50,958
50,059	50,159	50,259	50,359	50,459	50,559	50,659	50,759	50,859	50,959
50,060	50,160	50,260	50,360	50,460	50,560	50,660	50,760	50,860	50,960
50,061	50,161	50,261	50,361	50,461	50,561	50,661	50,761	50,861	50,961
50,062	50,162	50,262	50,362	50,462	50,562	50,662	50,762	50,862	50,962
50,063	50,163	50,263	50,363	50,463	50,563	50,663	50,763	50,863	50,963
50,064	50,164	50,264	50,364	50,464	50,564	50,664	50,764	50,864	50,964
50,065	50,165	50,265	50,365	50,465	50,565	50,665	50,765	50,865	50,965
50,066	50,166	50,266	50,366	50,466	50,566	50,666	50,766	50,866	50,966
50,067	50,167	50,267	50,367	50,467	50,567	50,667	50,767	50,867	50,967
50,068	50,168	50,268	50,368	50,468	50,568	50,668	50,768	50,868	50,968
50,069	50,169	50,269	50,369	50,469	50,569	50,669	50,769	50,869	50,969
50,070	50,170	50,270	50,370	50,470	50,570	50,670	50,770	50,870	50,970
50,071	50,171	50,271	50,371	50,471	50,571	50,671	50,771	50,871	50,971
50,072	50,172	50,272	50,372	50,472	50,572	50,672	50,772	50,872	50,972
50,073	50,173	50,273	50,373	50,473	50,573	50,673	50,773	50,873	50,973
50,074	50,174	50,274	50,374	50,474	50,574	50,674	50,774	50,874	50,974
50,075	50,175	50,275	50,375	50,475	50,575	50,675	50,775	50,875	50,975
50,076	50,176	50,276	50,376	50,476	50,576	50,676	50,776	50,876	50,976
50,077	50,177	50,277	50,377	50,477	50,577	50,677	50,777	50,877	50,977
50,078	50,178	50,278	50,378	50,478	50,578	50,678	50,778	50,878	50,978
50,079	50,179	50,279	50,379	50,479	50,579	50,679	50,779	50,879	50,979
50,080	50,180	50,280	50,380	50,480	50,580	50,680	50,780	50,880	50,980
50,081	50,181	50,281	50,381	50,481	50,581	50,681	50,781	50,881	50,981
50,082	50,182	50,282	50,382	50,482	50,582	50,682	50,782	50,882	50,982
50,083	50,183	50,283	50,383	50,483	50,583	50,683	50,783	50,883	50,983
50,084	50,184	50,284	50,384	50,484	50,584	50,684	50,784	50,884	50,984
50,085	50,185	50,285	50,385	50,485	50,585	50,685	50,785	50,885	50,985
50,086	50,186	50,286	50,386	50,486	50,586	50,686	50,786	50,886	50,986
50,087	50,187	50,287	50,387	50,487	50,587	50,687	50,787	50,887	50,987
50,088	50,188	50,288	50,388	50,488	50,588	50,688	50,788	50,888	50,988
50,089	50,189	50,289	50,389	50,489	50,589	50,689	50,789	50,889	50,989
50,090	50,190	50,290	50,390	50,490	50,590	50,690	50,790	50,890	50,990
50,091	50,191	50,291	50,391	50,491	50,591	50,691	50,791	50,891	50,991
50,092	50,192	50,292	50,392	50,492	50,592	50,692	50,792	50,892	50,992
50,093	50,193	50,293	50,393	50,493	50,593	50,693	50,793	50,893	50,993
50,094	50,194	50,294	50,394	50,494	50,594	50,694	50,794	50,894	50,994
50,095	50,195	50,295	50,395	50,495	50,595	50,695	50,795	50,895	50,995
50,096	50,196	50,296	50,396	50,496	50,596	50,696	50,796	50,896	50,996
50,097	50,197	50,297	50,397	50,497	50,597	50,697	50,797	50,897	50,997
50,098	50,198	50,298	50,398	50,498	50,598	50,698	50,798	50,898	50,998
50,099	50,199	50,299	50,399	50,499	50,599	50,699	50,799	50,899	50,999

51,000	51,100	51,200	51,300	51,400	51,500	51,600	51,700	51,800	51,900
51,001	51,101	51,201	51,301	51,401	51,501	51,601	51,701	51,801	51,901
51,002	51,102	51,202	51,302	51,402	51,502	51,602	51,702	51,802	51,902
51,003	51,103	51,203	51,303	51,403	51,503	51,603	51,703	51,803	51,903
51,004	51,104	51,204	51,304	51,404	51,504	51,604	51,704	51,804	51,904
51,005	51,105	51,205	51,305	51,405	51,505	51,605	51,705	51,805	51,905
51,006	51,106	51,206	51,306	51,406	51,506	51,606	51,706	51,806	51,906
51,007	51,107	51,207	51,307	51,407	51,507	51,607	51,707	51,807	51,907
51,008	51,108	51,208	51,308	51,408	51,508	51,608	51,708	51,808	51,908
51,009	51,109	51,209	51,309	51,409	51,509	51,609	51,709	51,809	51,909
51,010	51,110	51,210	51,310	51,410	51,510	51,610	51,710	51,810	51,910
51,011	51,111	51,211	51,311	51,411	51,511	51,611	51,711	51,811	51,911
51,012	51,112	51,212	51,312	51,412	51,512	51,612	51,712	51,812	51,912
51,013	51,113	51,213	51,313	51,413	51,513	51,613	51,713	51,813	51,913
51,014	51,114	51,214	51,314	51,414	51,514	51,614	51,714	51,814	51,914
51,015	51,115	51,215	51,315	51,415	51,515	51,615	51,715	51,815	51,915
51,016	51,116	51,216	51,316	51,416	51,516	51,616	51,716	51,816	51,916
51,017	51,117	51,217	51,317	51,417	51,517	51,617	51,717	51,817	51,917
51,018	51,118	51,218	51,318	51,418	51,518	51,618	51,718	51,818	51,918
51,019	51,119	51,219	51,319	51,419	51,519	51,619	51,719	51,819	51,919
51,020	51,120	51,220	51,320	51,420	51,520	51,620	51,720	51,820	51,920
51,021	51,121	51,221	51,321	51,421	51,521	51,621	51,721	51,821	51,921
51,022	51,122	51,222	51,322	51,422	51,522	51,622	51,722	51,822	51,922
51,023	51,123	51,223	51,323	51,423	51,523	51,623	51,723	51,823	51,923
51,024	51,124	51,224	51,324	51,424	51,524	51,624	51,724	51,824	51,924
51,025	51,125	51,225	51,325	51,425	51,525	51,625	51,725	51,825	51,925
51,026	51,126	51,226	51,326	51,426	51,526	51,626	51,726	51,826	51,926
51,027	51,127	51,227	51,327	51,427	51,527	51,627	51,727	51,827	51,927
51,028	51,128	51,228	51,328	51,428	51,528	51,628	51,728	51,828	51,928
51,029	51,129	51,229	51,329	51,429	51,529	51,629	51,729	51,829	51,929
51,030	51,130	51,230	51,330	51,430	51,530	51,630	51,730	51,830	51,930
51,031	51,131	51,231	51,331	51,431	51,531	51,631	51,731	51,831	51,931
51,032	51,132	51,232	51,332	51,432	51,532	51,632	51,732	51,832	51,932
51,033	51,133	51,233	51,333	51,433	51,533	51,633	51,733	51,833	51,933
51,034	51,134	51,234	51,334	51,434	51,534	51,634	51,734	51,834	51,934
51,035	51,135	51,235	51,335	51,435	51,535	51,635	51,735	51,835	51,935
51,036	51,136	51,236	51,336	51,436	51,536	51,636	51,736	51,836	51,936
51,037	51,137	51,237	51,337	51,437	51,537	51,637	51,737	51,837	51,937
51,038	51,138	51,238	51,338	51,438	51,538	51,638	51,738	51,838	51,938
51,039	51,139	51,239	51,339	51,439	51,539	51,639	51,739	51,839	51,939
51,040	51,140	51,240	51,340	51,440	51,540	51,640	51,740	51,840	51,940
51,041	51,141	51,241	51,341	51,441	51,541	51,641	51,741	51,841	51,941
51,042	51,142	51,242	51,342	51,442	51,542	51,642	51,742	51,842	51,942
51,043	51,143	51,243	51,343	51,443	51,543	51,643	51,743	51,843	51,943
51,044	51,144	51,244	51,344	51,444	51,544	51,644	51,744	51,844	51,944
51,045	51,145	51,245	51,345	51,445	51,545	51,645	51,745	51,845	51,945
51,046	51,146	51,246	51,346	51,446	51,546	51,646	51,746	51,846	51,946
51,047	51,147	51,247	51,347	51,447	51,547	51,647	51,747	51,847	51,947
51,048	51,148	51,248	51,348	51,448	51,548	51,648	51,748	51,848	51,948
51,049	51,149	51,249	51,349	51,449	51,549	51,649	51,749	51,849	51,949
51,050	51,150	51,250	51,350	51,450	51,550	51,650	51,750	51,850	51,950
51,051	51,151	51,251	51,351	51,451	51,551	51,651	51,751	51,851	51,951
51,052	51,152	51,252	51,352	51,452	51,552	51,652	51,752	51,852	51,952
51,053	51,153	51,253	51,353	51,453	51,553	51,653	51,753	51,853	51,953
51,054	51,154	51,254	51,354	51,454	51,554	51,654	51,754	51,854	51,954
51,055	51,155	51,255	51,355	51,455	51,555	51,655	51,755	51,855	51,955
51,056	51,156	51,256	51,356	51,456	51,556	51,656	51,756	51,856	51,956
51,057	51,157	51,257	51,357	51,457	51,557	51,657	51,757	51,857	51,957
51,058	51,158	51,258	51,358	51,458	51,558	51,658	51,758	51,858	51,958
51,059	51,159	51,259	51,359	51,459	51,559	51,659	51,759	51,859	51,959
51,060	51,160	51,260	51,360	51,460	51,560	51,660	51,760	51,860	51,960
51,061	51,161	51,261	51,361	51,461	51,561	51,661	51,761	51,861	51,961
51,062	51,162	51,262	51,362	51,462	51,562	51,662	51,762	51,862	51,962
51,063	51,163	51,263	51,363	51,463	51,563	51,663	51,763	51,863	51,963
51,064	51,164	51,264	51,364	51,464	51,564	51,664	51,764	51,864	51,964
51,065	51,165	51,265	51,365	51,465	51,565	51,665	51,765	51,865	51,965
51,066	51,166	51,266	51,366	51,466	51,566	51,666	51,766	51,866	51,966
51,067	51,167	51,267	51,367	51,467	51,567	51,667	51,767	51,867	51,967
51,068	51,168	51,268	51,368	51,468	51,568	51,668	51,768	51,868	51,968
51,069	51,169	51,269	51,369	51,469	51,569	51,669	51,769	51,869	51,969
51,070	51,170	51,270	51,370	51,470	51,570	51,670	51,770	51,870	51,970
51,071	51,171	51,271	51,371	51,471	51,571	51,671	51,771	51,871	51,971
51,072	51,172	51,272	51,372	51,472	51,572	51,672	51,772	51,872	51,972
51,073	51,173	51,273	51,373	51,473	51,573	51,673	51,773	51,873	51,973
51,074	51,174	51,274	51,374	51,474	51,574	51,674	51,774	51,874	51,974
51,075	51,175	51,275	51,375	51,475	51,575	51,675	51,775	51,875	51,975
51,076	51,176	51,276	51,376	51,476	51,576	51,676	51,776	51,876	51,976
51,077	51,177	51,277	51,377	51,477	51,577	51,677	51,777	51,877	51,977
51,078	51,178	51,278	51,378	51,478	51,578	51,678	51,778	51,878	51,978
51,079	51,179	51,279	51,379	51,479	51,579	51,679	51,779	51,879	51,979
51,080	51,180	51,280	51,380	51,480	51,580	51,680	51,780	51,880	51,980
51,081	51,181	51,281	51,381	51,481	51,581	51,681	51,781	51,881	51,981
51,082	51,182	51,282	51,382	51,482	51,582	51,682	51,782	51,882	51,982
51,083	51,183	51,283	51,383	51,483	51,583	51,683	51,783	51,883	51,983
51,084	51,184	51,284	51,384	51,484	51,584	51,684	51,784	51,884	51,984
51,085	51,185	51,285	51,385	51,485	51,585	51,685	51,785	51,885	51,985
51,086	51,186	51,286	51,386	51,486	51,586	51,686	51,786	51,886	51,986
51,087	51,187	51,287	51,387	51,487	51,587	51,687	51,787	51,887	51,987
51,088	51,188	51,288	51,388	51,488	51,588	51,688	51,788	51,888	51,988
51,089	51,189	51,289	51,389	51,489	51,589	51,689	51,789	51,889	51,989
51,090	51,190	51,290	51,390	51,490	51,590	51,690	51,790	51,890	51,990
51,091	51,191	51,291	51,391	51,491	51,591	51,691	51,791	51,891	51,991
51,092	51,192	51,292	51,392	51,492	51,592	51,692	51,792	51,892	51,992
51,093	51,193	51,293	51,393	51,493	51,593	51,693	51,793	51,893	51,993
51,094	51,194	51,294	51,394	51,494	51,594	51,694	51,794	51,894	51,994
51,095	51,195	51,295	51,395	51,495	51,595	51,695	51,795	51,895	51,995
51,096	51,196	51,296	51,396	51,496	51,596	51,696	51,796	51,896	51,996
51,097	51,197	51,297	51,397	51,497	51,597	51,697	51,797	51,897	51,997
51,098	51,198	51,298	51,398	51,498	51,598	51,698	51,798	51,898	51,998
51,099	51,199	51,299	51,399	51,499	51,599	51,699	51,799	51,899	51,999

52,000	52,100	52,200	52,300	52,400	52,500	52,600	52,700	52,800	52,900
52,001	52,101	52,201	52,301	52,401	52,501	52,601	52,701	52,801	52,901
52,002	52,102	52,202	52,302	52,402	52,502	52,602	52,702	52,802	52,902
52,003	52,103	52,203	52,303	52,403	52,503	52,603	52,703	52,803	52,903
52,004	52,104	52,204	52,304	52,404	52,504	52,604	52,704	52,804	52,904
52,005	52,105	52,205	52,305	52,405	52,505	52,605	52,705	52,805	52,905
52,006	52,106	52,206	52,306	52,406	52,506	52,606	52,706	52,806	52,906
52,007	52,107	52,207	52,307	52,407	52,507	52,607	52,707	52,807	52,907
52,008	52,108	52,208	52,308	52,408	52,508	52,608	52,708	52,808	52,908
52,009	52,109	52,209	52,309	52,409	52,509	52,609	52,709	52,809	52,909
52,010	52,110	52,210	52,310	52,410	52,510	52,610	52,710	52,810	52,910
52,011	52,111	52,211	52,311	52,411	52,511	52,611	52,711	52,811	52,911
52,012	52,112	52,212	52,312	52,412	52,512	52,612	52,712	52,812	52,912
52,013	52,113	52,213	52,313	52,413	52,513	52,613	52,713	52,813	52,913
52,014	52,114	52,214	52,314	52,414	52,514	52,614	52,714	52,814	52,914
52,015	52,115	52,215	52,315	52,415	52,515	52,615	52,715	52,815	52,915
52,016	52,116	52,216	52,316	52,416	52,516	52,616	52,716	52,816	52,916
52,017	52,117	52,217	52,317	52,417	52,517	52,617	52,717	52,817	52,917
52,018	52,118	52,218	52,318	52,418	52,518	52,618	52,718	52,818	52,918
52,019	52,119	52,219	52,319	52,419	52,519	52,619	52,719	52,819	52,919
52,020	52,120	52,220	52,320	52,420	52,520	52,620	52,720	52,820	52,920
52,021	52,121	52,221	52,321	52,421	52,521	52,621	52,721	52,821	52,921
52,022	52,122	52,222	52,322	52,422	52,522	52,622	52,722	52,822	52,922
52,023	52,123	52,223	52,323	52,423	52,523	52,623	52,723	52,823	52,923
52,024	52,124	52,224	52,324	52,424	52,524	52,624	52,724	52,824	52,924
52,025	52,125	52,225	52,325	52,425	52,525	52,625	52,725	52,825	52,925
52,026	52,126	52,226	52,326	52,426	52,526	52,626	52,726	52,826	52,926
52,027	52,127	52,227	52,327	52,427	52,527	52,627	52,727	52,827	52,927
52,028	52,128	52,228	52,328	52,428	52,528	52,628	52,728	52,828	52,928
52,029	52,129	52,229	52,329	52,429	52,529	52,629	52,729	52,829	52,929
52,030	52,130	52,230	52,330	52,430	52,530	52,630	52,730	52,830	52,930
52,031	52,131	52,231	52,331	52,431	52,531	52,631	52,731	52,831	52,931
52,032	52,132	52,232	52,332	52,432	52,532	52,632	52,732	52,832	52,932
52,033	52,133	52,233	52,333	52,433	52,533	52,633	52,733	52,833	52,933
52,034	52,134	52,234	52,334	52,434	52,534	52,634	52,734	52,834	52,934
52,035	52,135	52,235	52,335	52,435	52,535	52,635	52,735	52,835	52,935
52,036	52,136	52,236	52,336	52,436	52,536	52,636	52,736	52,836	52,936
52,037	52,137	52,237	52,337	52,437	52,537	52,637	52,737	52,837	52,937
52,038	52,138	52,238	52,338	52,438	52,538	52,638	52,738	52,838	52,938
52,039	52,139	52,239	52,339	52,439	52,539	52,639	52,739	52,839	52,939
52,040	52,140	52,240	52,340	52,440	52,540	52,640	52,740	52,840	52,940
52,041	52,141	52,241	52,341	52,441	52,541	52,641	52,741	52,841	52,941
52,042	52,142	52,242	52,342	52,442	52,542	52,642	52,742	52,842	52,942
52,043	52,143	52,243	52,343	52,443	52,543	52,643	52,743	52,843	52,943
52,044	52,144	52,244	52,344	52,444	52,544	52,644	52,744	52,844	52,944
52,045	52,145	52,245	52,345	52,445	52,545	52,645	52,745	52,845	52,945
52,046	52,146	52,246	52,346	52,446	52,546	52,646	52,746	52,846	52,946
52,047	52,147	52,247	52,347	52,447	52,547	52,647	52,747	52,847	52,947
52,048	52,148	52,248	52,348	52,448	52,548	52,648	52,748	52,848	52,948
52,049	52,149	52,249	52,349	52,449	52,549	52,649	52,749	52,849	52,949
52,050	52,150	52,250	52,350	52,450	52,550	52,650	52,750	52,850	52,950
52,051	52,151	52,251	52,351	52,451	52,551	52,651	52,751	52,851	52,951
52,052	52,152	52,252	52,352	52,452	52,552	52,652	52,752	52,852	52,952
52,053	52,153	52,253	52,353	52,453	52,553	52,653	52,753	52,853	52,953
52,054	52,154	52,254	52,354	52,454	52,554	52,654	52,754	52,854	52,954
52,055	52,155	52,255	52,355	52,455	52,555	52,655	52,755	52,855	52,955
52,056	52,156	52,256	52,356	52,456	52,556	52,656	52,756	52,856	52,956
52,057	52,157	52,257	52,357	52,457	52,557	52,657	52,757	52,857	52,957
52,058	52,158	52,258	52,358	52,458	52,558	52,658	52,758	52,858	52,958
52,059	52,159	52,259	52,359	52,459	52,559	52,659	52,759	52,859	52,959
52,060	52,160	52,260	52,360	52,460	52,560	52,660	52,760	52,860	52,960
52,061	52,161	52,261	52,361	52,461	52,561	52,661	52,761	52,861	52,961
52,062	52,162	52,262	52,362	52,462	52,562	52,662	52,762	52,862	52,962
52,063	52,163	52,263	52,363	52,463	52,563	52,663	52,763	52,863	52,963
52,064	52,164	52,264	52,364	52,464	52,564	52,664	52,764	52,864	52,964
52,065	52,165	52,265	52,365	52,465	52,565	52,665	52,765	52,865	52,965
52,066	52,166	52,266	52,366	52,466	52,566	52,666	52,766	52,866	52,966
52,067	52,167	52,267	52,367	52,467	52,567	52,667	52,767	52,867	52,967
52,068	52,168	52,268	52,368	52,468	52,568	52,668	52,768	52,868	52,968
52,069	52,169	52,269	52,369	52,469	52,569	52,669	52,769	52,869	52,969
52,070	52,170	52,270	52,370	52,470	52,570	52,670	52,770	52,870	52,970
52,071	52,171	52,271	52,371	52,471	52,571	52,671	52,771	52,871	52,971
52,072	52,172	52,272	52,372	52,472	52,572	52,672	52,772	52,872	52,972
52,073	52,173	52,273	52,373	52,473	52,573	52,673	52,773	52,873	52,973
52,074	52,174	52,274	52,374	52,474	52,574	52,674	52,774	52,874	52,974
52,075	52,175	52,275	52,375	52,475	52,575	52,675	52,775	52,875	52,975
52,076	52,176	52,276	52,376	52,476	52,576	52,676	52,776	52,876	52,976
52,077	52,177	52,277	52,377	52,477	52,577	52,677	52,777	52,877	52,977
52,078	52,178	52,278	52,378	52,478	52,578	52,678	52,778	52,878	52,978
52,079	52,179	52,279	52,379	52,479	52,579	52,679	52,779	52,879	52,979
52,080	52,180	52,280	52,380	52,480	52,580	52,680	52,780	52,880	52,980
52,081	52,181	52,281	52,381	52,481	52,581	52,681	52,781	52,881	52,981
52,082	52,182	52,282	52,382	52,482	52,582	52,682	52,782	52,882	52,982
52,083	52,183	52,283	52,383	52,483	52,583	52,683	52,783	52,883	52,983
52,084	52,184	52,284	52,384	52,484	52,584	52,684	52,784	52,884	52,984
52,085	52,185	52,285	52,385	52,485	52,585	52,685	52,785	52,885	52,985
52,086	52,186	52,286	52,386	52,486	52,586	52,686	52,786	52,886	52,986
52,087	52,187	52,287	52,387	52,487	52,587	52,687	52,787	52,887	52,987
52,088	52,188	52,288	52,388	52,488	52,588	52,688	52,788	52,888	52,988
52,089	52,189	52,289	52,389	52,489	52,589	52,689	52,789	52,889	52,989
52,090	52,190	52,290	52,390	52,490	52,590	52,690	52,790	52,890	52,990
52,091	52,191	52,291	52,391	52,491	52,591	52,691	52,791	52,891	52,991
52,092	52,192	52,292	52,392	52,492	52,592	52,692	52,792	52,892	52,992
52,093	52,193	52,293	52,393	52,493	52,593	52,693	52,793	52,893	52,993
52,094	52,194	52,294	52,394	52,494	52,594	52,694	52,794	52,894	52,994
52,095	52,195	52,295	52,395	52,495	52,595	52,695	52,795	52,895	52,995
52,096	52,196	52,296	52,396	52,496	52,596	52,696	52,796	52,896	52,996
52,097	52,197	52,297	52,397	52,497	52,597	52,697	52,797	52,897	52,997
52,098	52,198	52,298	52,398	52,498	52,598	52,698	52,798	52,898	52,998
52,099	52,199	52,299	52,399	52,499	52,599	52,699	52,799	52,899	52,999

53,000	53,100	53,200	53,300	53,400	53,500	53,600	53,700	53,800	53,900
53,001	53,101	53,201	53,301	53,401	53,501	53,601	53,701	53,801	53,901
53,002	53,102	53,202	53,302	53,402	53,502	53,602	53,702	53,802	53,902
53,003	53,103	53,203	53,303	53,403	53,503	53,603	53,703	53,803	53,903
53,004	53,104	53,204	53,304	53,404	53,504	53,604	53,704	53,804	53,904
53,005	53,105	53,205	53,305	53,405	53,505	53,605	53,705	53,805	53,905
53,006	53,106	53,206	53,306	53,406	53,506	53,606	53,706	53,806	53,906
53,007	53,107	53,207	53,307	53,407	53,507	53,607	53,707	53,807	53,907
53,008	53,108	53,208	53,308	53,408	53,508	53,608	53,708	53,808	53,908
53,009	53,109	53,209	53,309	53,409	53,509	53,609	53,709	53,809	53,909
53,010	53,110	53,210	53,310	53,410	53,510	53,610	53,710	53,810	53,910
53,011	53,111	53,211	53,311	53,411	53,511	53,611	53,711	53,811	53,911
53,012	53,112	53,212	53,312	53,412	53,512	53,612	53,712	53,812	53,912
53,013	53,113	53,213	53,313	53,413	53,513	53,613	53,713	53,813	53,913
53,014	53,114	53,214	53,314	53,414	53,514	53,614	53,714	53,814	53,914
53,015	53,115	53,215	53,315	53,415	53,515	53,615	53,715	53,815	53,915
53,016	53,116	53,216	53,316	53,416	53,516	53,616	53,716	53,816	53,916
53,017	53,117	53,217	53,317	53,417	53,517	53,617	53,717	53,817	53,917
53,018	53,118	53,218	53,318	53,418	53,518	53,618	53,718	53,818	53,918
53,019	53,119	53,219	53,319	53,419	53,519	53,619	53,719	53,819	53,919
53,020	53,120	53,220	53,320	53,420	53,520	53,620	53,720	53,820	53,920
53,021	53,121	53,221	53,321	53,421	53,521	53,621	53,721	53,821	53,921
53,022	53,122	53,222	53,322	53,422	53,522	53,622	53,722	53,822	53,922
53,023	53,123	53,223	53,323	53,423	53,523	53,623	53,723	53,823	53,923
53,024	53,124	53,224	53,324	53,424	53,524	53,624	53,724	53,824	53,924
53,025	53,125	53,225	53,325	53,425	53,525	53,625	53,725	53,825	53,925
53,026	53,126	53,226	53,326	53,426	53,526	53,626	53,726	53,826	53,926
53,027	53,127	53,227	53,327	53,427	53,527	53,627	53,727	53,827	53,927
53,028	53,128	53,228	53,328	53,428	53,528	53,628	53,728	53,828	53,928
53,029	53,129	53,229	53,329	53,429	53,529	53,629	53,729	53,829	53,929
53,030	53,130	53,230	53,330	53,430	53,530	53,630	53,730	53,830	53,930
53,031	53,131	53,231	53,331	53,431	53,531	53,631	53,731	53,831	53,931
53,032	53,132	53,232	53,332	53,432	53,532	53,632	53,732	53,832	53,932
53,033	53,133	53,233	53,333	53,433	53,533	53,633	53,733	53,833	53,933
53,034	53,134	53,234	53,334	53,434	53,534	53,634	53,734	53,834	53,934
53,035	53,135	53,235	53,335	53,435	53,535	53,635	53,735	53,835	53,935
53,036	53,136	53,236	53,336	53,436	53,536	53,636	53,736	53,836	53,936
53,037	53,137	53,237	53,337	53,437	53,537	53,637	53,737	53,837	53,937
53,038	53,138	53,238	53,338	53,438	53,538	53,638	53,738	53,838	53,938
53,039	53,139	53,239	53,339	53,439	53,539	53,639	53,739	53,839	53,939
53,040	53,140	53,240	53,340	53,440	53,540	53,640	53,740	53,840	53,940
53,041	53,141	53,241	53,341	53,441	53,541	53,641	53,741	53,841	53,941
53,042	53,142	53,242	53,342	53,442	53,542	53,642	53,742	53,842	53,942
53,043	53,143	53,243	53,343	53,443	53,543	53,643	53,743	53,843	53,943
53,044	53,144	53,244	53,344	53,444	53,544	53,644	53,744	53,844	53,944
53,045	53,145	53,245	53,345	53,445	53,545	53,645	53,745	53,845	53,945
53,046	53,146	53,246	53,346	53,446	53,546	53,646	53,746	53,846	53,946
53,047	53,147	53,247	53,347	53,447	53,547	53,647	53,747	53,847	53,947
53,048	53,148	53,248	53,348	53,448	53,548	53,648	53,748	53,848	53,948
53,049	53,149	53,249	53,349	53,449	53,549	53,649	53,749	53,849	53,949
53,050	53,150	53,250	53,350	53,450	53,550	53,650	53,750	53,850	53,950
53,051	53,151	53,251	53,351	53,451	53,551	53,651	53,751	53,851	53,951
53,052	53,152	53,252	53,352	53,452	53,552	53,652	53,752	53,852	53,952
53,053	53,153	53,253	53,353	53,453	53,553	53,653	53,753	53,853	53,953
53,054	53,154	53,254	53,354	53,454	53,554	53,654	53,754	53,854	53,954
53,055	53,155	53,255	53,355	53,455	53,555	53,655	53,755	53,855	53,955
53,056	53,156	53,256	53,356	53,456	53,556	53,656	53,756	53,856	53,956
53,057	53,157	53,257	53,357	53,457	53,557	53,657	53,757	53,857	53,957
53,058	53,158	53,258	53,358	53,458	53,558	53,658	53,758	53,858	53,958
53,059	53,159	53,259	53,359	53,459	53,559	53,659	53,759	53,859	53,959
53,060	53,160	53,260	53,360	53,460	53,560	53,660	53,760	53,860	53,960
53,061	53,161	53,261	53,361	53,461	53,561	53,661	53,761	53,861	53,961
53,062	53,162	53,262	53,362	53,462	53,562	53,662	53,762	53,862	53,962
53,063	53,163	53,263	53,363	53,463	53,563	53,663	53,763	53,863	53,963
53,064	53,164	53,264	53,364	53,464	53,564	53,664	53,764	53,864	53,964
53,065	53,165	53,265	53,365	53,465	53,565	53,665	53,765	53,865	53,965
53,066	53,166	53,266	53,366	53,466	53,566	53,666	53,766	53,866	53,966
53,067	53,167	53,267	53,367	53,467	53,567	53,667	53,767	53,867	53,967
53,068	53,168	53,268	53,368	53,468	53,568	53,668	53,768	53,868	53,968
53,069	53,169	53,269	53,369	53,469	53,569	53,669	53,769	53,869	53,969
53,070	53,170	53,270	53,370	53,470	53,570	53,670	53,770	53,870	53,970
53,071	53,171	53,271	53,371	53,471	53,571	53,671	53,771	53,871	53,971
53,072	53,172	53,272	53,372	53,472	53,572	53,672	53,772	53,872	53,972
53,073	53,173	53,273	53,373	53,473	53,573	53,673	53,773	53,873	53,973
53,074	53,174	53,274	53,374	53,474	53,574	53,674	53,774	53,874	53,974
53,075	53,175	53,275	53,375	53,475	53,575	53,675	53,775	53,875	53,975
53,076	53,176	53,276	53,376	53,476	53,576	53,676	53,776	53,876	53,976
53,077	53,177	53,277	53,377	53,477	53,577	53,677	53,777	53,877	53,977
53,078	53,178	53,278	53,378	53,478	53,578	53,678	53,778	53,878	53,978
53,079	53,179	53,279	53,379	53,479	53,579	53,679	53,779	53,879	53,979
53,080	53,180	53,280	53,380	53,480	53,580	53,680	53,780	53,880	53,980
53,081	53,181	53,281	53,381	53,481	53,581	53,681	53,781	53,881	53,981
53,082	53,182	53,282	53,382	53,482	53,582	53,682	53,782	53,882	53,982
53,083	53,183	53,283	53,383	53,483	53,583	53,683	53,783	53,883	53,983
53,084	53,184	53,284	53,384	53,484	53,584	53,684	53,784	53,884	53,984
53,085	53,185	53,285	53,385	53,485	53,585	53,685	53,785	53,885	53,985
53,086	53,186	53,286	53,386	53,486	53,586	53,686	53,786	53,886	53,986
53,087	53,187	53,287	53,387	53,487	53,587	53,687	53,787	53,887	53,987
53,088	53,188	53,288	53,388	53,488	53,588	53,688	53,788	53,888	53,988
53,089	53,189	53,289	53,389	53,489	53,589	53,689	53,789	53,889	53,989
53,090	53,190	53,290	53,390	53,490	53,590	53,690	53,790	53,890	53,990
53,091	53,191	53,291	53,391	53,491	53,591	53,691	53,791	53,891	53,991
53,092	53,192	53,292	53,392	53,492	53,592	53,692	53,792	53,892	53,992
53,093	53,193	53,293	53,393	53,493	53,593	53,693	53,793	53,893	53,993
53,094	53,194	53,294	53,394	53,494	53,594	53,694	53,794	53,894	53,994
53,095	53,195	53,295	53,395	53,495	53,595	53,695	53,795	53,895	53,995
53,096	53,196	53,296	53,396	53,496	53,596	53,696	53,796	53,896	53,996
53,097	53,197	53,297	53,397	53,497	53,597	53,697	53,797	53,897	53,997
53,098	53,198	53,298	53,398	53,498	53,598	53,698	53,798	53,898	53,998
53,099	53,199	53,299	53,399	53,499	53,599	53,699	53,799	53,899	53,999

54,000	54,100	54,200	54,300	54,400	54,500	54,600	54,700	54,800	54,900
54,001	54,101	54,201	54,301	54,401	54,501	54,601	54,701	54,801	54,901
54,002	54,102	54,202	54,302	54,402	54,502	54,602	54,702	54,802	54,902
54,003	54,103	54,203	54,303	54,403	54,503	54,603	54,703	54,803	54,903
54,004	54,104	54,204	54,304	54,404	54,504	54,604	54,704	54,804	54,904
54,005	54,105	54,205	54,305	54,405	54,505	54,605	54,705	54,805	54,905
54,006	54,106	54,206	54,306	54,406	54,506	54,606	54,706	54,806	54,906
54,007	54,107	54,207	54,307	54,407	54,507	54,607	54,707	54,807	54,907
54,008	54,108	54,208	54,308	54,408	54,508	54,608	54,708	54,808	54,908
54,009	54,109	54,209	54,309	54,409	54,509	54,609	54,709	54,809	54,909
54,010	54,110	54,210	54,310	54,410	54,510	54,610	54,710	54,810	54,910
54,011	54,111	54,211	54,311	54,411	54,511	54,611	54,711	54,811	54,911
54,012	54,112	54,212	54,312	54,412	54,512	54,612	54,712	54,812	54,912
54,013	54,113	54,213	54,313	54,413	54,513	54,613	54,713	54,813	54,913
54,014	54,114	54,214	54,314	54,414	54,514	54,614	54,714	54,814	54,914
54,015	54,115	54,215	54,315	54,415	54,515	54,615	54,715	54,815	54,915
54,016	54,116	54,216	54,316	54,416	54,516	54,616	54,716	54,816	54,916
54,017	54,117	54,217	54,317	54,417	54,517	54,617	54,717	54,817	54,917
54,018	54,118	54,218	54,318	54,418	54,518	54,618	54,718	54,818	54,918
54,019	54,119	54,219	54,319	54,419	54,519	54,619	54,719	54,819	54,919
54,020	54,120	54,220	54,320	54,420	54,520	54,620	54,720	54,820	54,920
54,021	54,121	54,221	54,321	54,421	54,521	54,621	54,721	54,821	54,921
54,022	54,122	54,222	54,322	54,422	54,522	54,622	54,722	54,822	54,922
54,023	54,123	54,223	54,323	54,423	54,523	54,623	54,723	54,823	54,923
54,024	54,124	54,224	54,324	54,424	54,524	54,624	54,724	54,824	54,924
54,025	54,125	54,225	54,325	54,425	54,525	54,625	54,725	54,825	54,925
54,026	54,126	54,226	54,326	54,426	54,526	54,626	54,726	54,826	54,926
54,027	54,127	54,227	54,327	54,427	54,527	54,627	54,727	54,827	54,927
54,028	54,128	54,228	54,328	54,428	54,528	54,628	54,728	54,828	54,928
54,029	54,129	54,229	54,329	54,429	54,529	54,629	54,729	54,829	54,929
54,030	54,130	54,230	54,330	54,430	54,530	54,630	54,730	54,830	54,930
54,031	54,131	54,231	54,331	54,431	54,531	54,631	54,731	54,831	54,931
54,032	54,132	54,232	54,332	54,432	54,532	54,632	54,732	54,832	54,932
54,033	54,133	54,233	54,333	54,433	54,533	54,633	54,733	54,833	54,933
54,034	54,134	54,234	54,334	54,434	54,534	54,634	54,734	54,834	54,934
54,035	54,135	54,235	54,335	54,435	54,535	54,635	54,735	54,835	54,935
54,036	54,136	54,236	54,336	54,436	54,536	54,636	54,736	54,836	54,936
54,037	54,137	54,237	54,337	54,437	54,537	54,637	54,737	54,837	54,937
54,038	54,138	54,238	54,338	54,438	54,538	54,638	54,738	54,838	54,938
54,039	54,139	54,239	54,339	54,439	54,539	54,639	54,739	54,839	54,939
54,040	54,140	54,240	54,340	54,440	54,540	54,640	54,740	54,840	54,940
54,041	54,141	54,241	54,341	54,441	54,541	54,641	54,741	54,841	54,941
54,042	54,142	54,242	54,342	54,442	54,542	54,642	54,742	54,842	54,942
54,043	54,143	54,243	54,343	54,443	54,543	54,643	54,743	54,843	54,943
54,044	54,144	54,244	54,344	54,444	54,544	54,644	54,744	54,844	54,944
54,045	54,145	54,245	54,345	54,445	54,545	54,645	54,745	54,845	54,945
54,046	54,146	54,246	54,346	54,446	54,546	54,646	54,746	54,846	54,946
54,047	54,147	54,247	54,347	54,447	54,547	54,647	54,747	54,847	54,947
54,048	54,148	54,248	54,348	54,448	54,548	54,648	54,748	54,848	54,948
54,049	54,149	54,249	54,349	54,449	54,549	54,649	54,749	54,849	54,949
54,050	54,150	54,250	54,350	54,450	54,550	54,650	54,750	54,850	54,950
54,051	54,151	54,251	54,351	54,451	54,551	54,651	54,751	54,851	54,951
54,052	54,152	54,252	54,352	54,452	54,552	54,652	54,752	54,852	54,952
54,053	54,153	54,253	54,353	54,453	54,553	54,653	54,753	54,853	54,953
54,054	54,154	54,254	54,354	54,454	54,554	54,654	54,754	54,854	54,954
54,055	54,155	54,255	54,355	54,455	54,555	54,655	54,755	54,855	54,955
54,056	54,156	54,256	54,356	54,456	54,556	54,656	54,756	54,856	54,956
54,057	54,157	54,257	54,357	54,457	54,557	54,657	54,757	54,857	54,957
54,058	54,158	54,258	54,358	54,458	54,558	54,658	54,758	54,858	54,958
54,059	54,159	54,259	54,359	54,459	54,559	54,659	54,759	54,859	54,959
54,060	54,160	54,260	54,360	54,460	54,560	54,660	54,760	54,860	54,960
54,061	54,161	54,261	54,361	54,461	54,561	54,661	54,761	54,861	54,961
54,062	54,162	54,262	54,362	54,462	54,562	54,662	54,762	54,862	54,962
54,063	54,163	54,263	54,363	54,463	54,563	54,663	54,763	54,863	54,963
54,064	54,164	54,264	54,364	54,464	54,564	54,664	54,764	54,864	54,964
54,065	54,165	54,265	54,365	54,465	54,565	54,665	54,765	54,865	54,965
54,066	54,166	54,266	54,366	54,466	54,566	54,666	54,766	54,866	54,966
54,067	54,167	54,267	54,367	54,467	54,567	54,667	54,767	54,867	54,967
54,068	54,168	54,268	54,368	54,468	54,568	54,668	54,768	54,868	54,968
54,069	54,169	54,269	54,369	54,469	54,569	54,669	54,769	54,869	54,969
54,070	54,170	54,270	54,370	54,470	54,570	54,670	54,770	54,870	54,970
54,071	54,171	54,271	54,371	54,471	54,571	54,671	54,771	54,871	54,971
54,072	54,172	54,272	54,372	54,472	54,572	54,672	54,772	54,872	54,972
54,073	54,173	54,273	54,373	54,473	54,573	54,673	54,773	54,873	54,973
54,074	54,174	54,274	54,374	54,474	54,574	54,674	54,774	54,874	54,974
54,075	54,175	54,275	54,375	54,475	54,575	54,675	54,775	54,875	54,975
54,076	54,176	54,276	54,376	54,476	54,576	54,676	54,776	54,876	54,976
54,077	54,177	54,277	54,377	54,477	54,577	54,677	54,777	54,877	54,977
54,078	54,178	54,278	54,378	54,478	54,578	54,678	54,778	54,878	54,978
54,079	54,179	54,279	54,379	54,479	54,579	54,679	54,779	54,879	54,979
54,080	54,180	54,280	54,380	54,480	54,580	54,680	54,780	54,880	54,980
54,081	54,181	54,281	54,381	54,481	54,581	54,681	54,781	54,881	54,981
54,082	54,182	54,282	54,382	54,482	54,582	54,682	54,782	54,882	54,982
54,083	54,183	54,283	54,383	54,483	54,583	54,683	54,783	54,883	54,983
54,084	54,184	54,284	54,384	54,484	54,584	54,684	54,784	54,884	54,984
54,085	54,185	54,285	54,385	54,485	54,585	54,685	54,785	54,885	54,985
54,086	54,186	54,286	54,386	54,486	54,586	54,686	54,786	54,886	54,986
54,087	54,187	54,287	54,387	54,487	54,587	54,687	54,787	54,887	54,987
54,088	54,188	54,288	54,388	54,488	54,588	54,688	54,788	54,888	54,988
54,089	54,189	54,289	54,389	54,489	54,589	54,689	54,789	54,889	54,989
54,090	54,190	54,290	54,390	54,490	54,590	54,690	54,790	54,890	54,990
54,091	54,191	54,291	54,391	54,491	54,591	54,691	54,791	54,891	54,991
54,092	54,192	54,292	54,392	54,492	54,592	54,692	54,792	54,892	54,992
54,093	54,193	54,293	54,393	54,493	54,593	54,693	54,793	54,893	54,993
54,094	54,194	54,294	54,394	54,494	54,594	54,694	54,794	54,894	54,994
54,095	54,195	54,295	54,395	54,495	54,595	54,695	54,795	54,895	54,995
54,096	54,196	54,296	54,396	54,496	54,596	54,696	54,796	54,896	54,996
54,097	54,197	54,297	54,397	54,497	54,597	54,697	54,797	54,897	54,997
54,098	54,198	54,298	54,398	54,498	54,598	54,698	54,798	54,898	54,998
54,099	54,199	54,299	54,399	54,499	54,599	54,699	54,799	54,899	54,999

55,000	55,100	55,200	55,300	55,400	55,500	55,600	55,700	55,800	55,900
55,001	55,101	55,201	55,301	55,401	55,501	55,601	55,701	55,801	55,901
55,002	55,102	55,202	55,302	55,402	55,502	55,602	55,702	55,802	55,902
55,003	55,103	55,203	55,303	55,403	55,503	55,603	55,703	55,803	55,903
55,004	55,104	55,204	55,304	55,404	55,504	55,604	55,704	55,804	55,904
55,005	55,105	55,205	55,305	55,405	55,505	55,605	55,705	55,805	55,905
55,006	55,106	55,206	55,306	55,406	55,506	55,606	55,706	55,806	55,906
55,007	55,107	55,207	55,307	55,407	55,507	55,607	55,707	55,807	55,907
55,008	55,108	55,208	55,308	55,408	55,508	55,608	55,708	55,808	55,908
55,009	55,109	55,209	55,309	55,409	55,509	55,609	55,709	55,809	55,909
55,010	55,110	55,210	55,310	55,410	55,510	55,610	55,710	55,810	55,910
55,011	55,111	55,211	55,311	55,411	55,511	55,611	55,711	55,811	55,911
55,012	55,112	55,212	55,312	55,412	55,512	55,612	55,712	55,812	55,912
55,013	55,113	55,213	55,313	55,413	55,513	55,613	55,713	55,813	55,913
55,014	55,114	55,214	55,314	55,414	55,514	55,614	55,714	55,814	55,914
55,015	55,115	55,215	55,315	55,415	55,515	55,615	55,715	55,815	55,915
55,016	55,116	55,216	55,316	55,416	55,516	55,616	55,716	55,816	55,916
55,017	55,117	55,217	55,317	55,417	55,517	55,617	55,717	55,817	55,917
55,018	55,118	55,218	55,318	55,418	55,518	55,618	55,718	55,818	55,918
55,019	55,119	55,219	55,319	55,419	55,519	55,619	55,719	55,819	55,919
55,020	55,120	55,220	55,320	55,420	55,520	55,620	55,720	55,820	55,920
55,021	55,121	55,221	55,321	55,421	55,521	55,621	55,721	55,821	55,921
55,022	55,122	55,222	55,322	55,422	55,522	55,622	55,722	55,822	55,922
55,023	55,123	55,223	55,323	55,423	55,523	55,623	55,723	55,823	55,923
55,024	55,124	55,224	55,324	55,424	55,524	55,624	55,724	55,824	55,924
55,025	55,125	55,225	55,325	55,425	55,525	55,625	55,725	55,825	55,925
55,026	55,126	55,226	55,326	55,426	55,526	55,626	55,726	55,826	55,926
55,027	55,127	55,227	55,327	55,427	55,527	55,627	55,727	55,827	55,927
55,028	55,128	55,228	55,328	55,428	55,528	55,628	55,728	55,828	55,928
55,029	55,129	55,229	55,329	55,429	55,529	55,629	55,729	55,829	55,929
55,030	55,130	55,230	55,330	55,430	55,530	55,630	55,730	55,830	55,930
55,031	55,131	55,231	55,331	55,431	55,531	55,631	55,731	55,831	55,931
55,032	55,132	55,232	55,332	55,432	55,532	55,632	55,732	55,832	55,932
55,033	55,133	55,233	55,333	55,433	55,533	55,633	55,733	55,833	55,933
55,034	55,134	55,234	55,334	55,434	55,534	55,634	55,734	55,834	55,934
55,035	55,135	55,235	55,335	55,435	55,535	55,635	55,735	55,835	55,935
55,036	55,136	55,236	55,336	55,436	55,536	55,636	55,736	55,836	55,936
55,037	55,137	55,237	55,337	55,437	55,537	55,637	55,737	55,837	55,937
55,038	55,138	55,238	55,338	55,438	55,538	55,638	55,738	55,838	55,938
55,039	55,139	55,239	55,339	55,439	55,539	55,639	55,739	55,839	55,939
55,040	55,140	55,240	55,340	55,440	55,540	55,640	55,740	55,840	55,940
55,041	55,141	55,241	55,341	55,441	55,541	55,641	55,741	55,841	55,941
55,042	55,142	55,242	55,342	55,442	55,542	55,642	55,742	55,842	55,942
55,043	55,143	55,243	55,343	55,443	55,543	55,643	55,743	55,843	55,943
55,044	55,144	55,244	55,344	55,444	55,544	55,644	55,744	55,844	55,944
55,045	55,145	55,245	55,345	55,445	55,545	55,645	55,745	55,845	55,945
55,046	55,146	55,246	55,346	55,446	55,546	55,646	55,746	55,846	55,946
55,047	55,147	55,247	55,347	55,447	55,547	55,647	55,747	55,847	55,947
55,048	55,148	55,248	55,348	55,448	55,548	55,648	55,748	55,848	55,948
55,049	55,149	55,249	55,349	55,449	55,549	55,649	55,749	55,849	55,949
55,050	55,150	55,250	55,350	55,450	55,550	55,650	55,750	55,850	55,950
55,051	55,151	55,251	55,351	55,451	55,551	55,651	55,751	55,851	55,951
55,052	55,152	55,252	55,352	55,452	55,552	55,652	55,752	55,852	55,952
55,053	55,153	55,253	55,353	55,453	55,553	55,653	55,753	55,853	55,953
55,054	55,154	55,254	55,354	55,454	55,554	55,654	55,754	55,854	55,954
55,055	55,155	55,255	55,355	55,455	55,555	55,655	55,755	55,855	55,955
55,056	55,156	55,256	55,356	55,456	55,556	55,656	55,756	55,856	55,956
55,057	55,157	55,257	55,357	55,457	55,557	55,657	55,757	55,857	55,957
55,058	55,158	55,258	55,358	55,458	55,558	55,658	55,758	55,858	55,958
55,059	55,159	55,259	55,359	55,459	55,559	55,659	55,759	55,859	55,959
55,060	55,160	55,260	55,360	55,460	55,560	55,660	55,760	55,860	55,960
55,061	55,161	55,261	55,361	55,461	55,561	55,661	55,761	55,861	55,961
55,062	55,162	55,262	55,362	55,462	55,562	55,662	55,762	55,862	55,962
55,063	55,163	55,263	55,363	55,463	55,563	55,663	55,763	55,863	55,963
55,064	55,164	55,264	55,364	55,464	55,564	55,664	55,764	55,864	55,964
55,065	55,165	55,265	55,365	55,465	55,565	55,665	55,765	55,865	55,965
55,066	55,166	55,266	55,366	55,466	55,566	55,666	55,766	55,866	55,966
55,067	55,167	55,267	55,367	55,467	55,567	55,667	55,767	55,867	55,967
55,068	55,168	55,268	55,368	55,468	55,568	55,668	55,768	55,868	55,968
55,069	55,169	55,269	55,369	55,469	55,569	55,669	55,769	55,869	55,969
55,070	55,170	55,270	55,370	55,470	55,570	55,670	55,770	55,870	55,970
55,071	55,171	55,271	55,371	55,471	55,571	55,671	55,771	55,871	55,971
55,072	55,172	55,272	55,372	55,472	55,572	55,672	55,772	55,872	55,972
55,073	55,173	55,273	55,373	55,473	55,573	55,673	55,773	55,873	55,973
55,074	55,174	55,274	55,374	55,474	55,574	55,674	55,774	55,874	55,974
55,075	55,175	55,275	55,375	55,475	55,575	55,675	55,775	55,875	55,975
55,076	55,176	55,276	55,376	55,476	55,576	55,676	55,776	55,876	55,976
55,077	55,177	55,277	55,377	55,477	55,577	55,677	55,777	55,877	55,977
55,078	55,178	55,278	55,378	55,478	55,578	55,678	55,778	55,878	55,978
55,079	55,179	55,279	55,379	55,479	55,579	55,679	55,779	55,879	55,979
55,080	55,180	55,280	55,380	55,480	55,580	55,680	55,780	55,880	55,980
55,081	55,181	55,281	55,381	55,481	55,581	55,681	55,781	55,881	55,981
55,082	55,182	55,282	55,382	55,482	55,582	55,682	55,782	55,882	55,982
55,083	55,183	55,283	55,383	55,483	55,583	55,683	55,783	55,883	55,983
55,084	55,184	55,284	55,384	55,484	55,584	55,684	55,784	55,884	55,984
55,085	55,185	55,285	55,385	55,485	55,585	55,685	55,785	55,885	55,985
55,086	55,186	55,286	55,386	55,486	55,586	55,686	55,786	55,886	55,986
55,087	55,187	55,287	55,387	55,487	55,587	55,687	55,787	55,887	55,987
55,088	55,188	55,288	55,388	55,488	55,588	55,688	55,788	55,888	55,988
55,089	55,189	55,289	55,389	55,489	55,589	55,689	55,789	55,889	55,989
55,090	55,190	55,290	55,390	55,490	55,590	55,690	55,790	55,890	55,990
55,091	55,191	55,291	55,391	55,491	55,591	55,691	55,791	55,891	55,991
55,092	55,192	55,292	55,392	55,492	55,592	55,692	55,792	55,892	55,992
55,093	55,193	55,293	55,393	55,493	55,593	55,693	55,793	55,893	55,993
55,094	55,194	55,294	55,394	55,494	55,594	55,694	55,794	55,894	55,994
55,095	55,195	55,295	55,395	55,495	55,595	55,695	55,795	55,895	55,995
55,096	55,196	55,296	55,396	55,496	55,596	55,696	55,796	55,896	55,996
55,097	55,197	55,297	55,397	55,497	55,597	55,697	55,797	55,897	55,997
55,098	55,198	55,298	55,398	55,498	55,598	55,698	55,798	55,898	55,998
55,099	55,199	55,299	55,399	55,499	55,599	55,699	55,799	55,899	55,999

56,000	56,100	56,200	56,300	56,400	56,500	56,600	56,700	56,800	56,900
56,001	56,101	56,201	56,301	56,401	56,501	56,601	56,701	56,801	56,901
56,002	56,102	56,202	56,302	56,402	56,502	56,602	56,702	56,802	56,902
56,003	56,103	56,203	56,303	56,403	56,503	56,603	56,703	56,803	56,903
56,004	56,104	56,204	56,304	56,404	56,504	56,604	56,704	56,804	56,904
56,005	56,105	56,205	56,305	56,405	56,505	56,605	56,705	56,805	56,905
56,006	56,106	56,206	56,306	56,406	56,506	56,606	56,706	56,806	56,906
56,007	56,107	56,207	56,307	56,407	56,507	56,607	56,707	56,807	56,907
56,008	56,108	56,208	56,308	56,408	56,508	56,608	56,708	56,808	56,908
56,009	56,109	56,209	56,309	56,409	56,509	56,609	56,709	56,809	56,909
56,010	56,110	56,210	56,310	56,410	56,510	56,610	56,710	56,810	56,910
56,011	56,111	56,211	56,311	56,411	56,511	56,611	56,711	56,811	56,911
56,012	56,112	56,212	56,312	56,412	56,512	56,612	56,712	56,812	56,912
56,013	56,113	56,213	56,313	56,413	56,513	56,613	56,713	56,813	56,913
56,014	56,114	56,214	56,314	56,414	56,514	56,614	56,714	56,814	56,914
56,015	56,115	56,215	56,315	56,415	56,515	56,615	56,715	56,815	56,915
56,016	56,116	56,216	56,316	56,416	56,516	56,616	56,716	56,816	56,916
56,017	56,117	56,217	56,317	56,417	56,517	56,617	56,717	56,817	56,917
56,018	56,118	56,218	56,318	56,418	56,518	56,618	56,718	56,818	56,918
56,019	56,119	56,219	56,319	56,419	56,519	56,619	56,719	56,819	56,919
56,020	56,120	56,220	56,320	56,420	56,520	56,620	56,720	56,820	56,920
56,021	56,121	56,221	56,321	56,421	56,521	56,621	56,721	56,821	56,921
56,022	56,122	56,222	56,322	56,422	56,522	56,622	56,722	56,822	56,922
56,023	56,123	56,223	56,323	56,423	56,523	56,623	56,723	56,823	56,923
56,024	56,124	56,224	56,324	56,424	56,524	56,624	56,724	56,824	56,924
56,025	56,125	56,225	56,325	56,425	56,525	56,625	56,725	56,825	56,925
56,026	56,126	56,226	56,326	56,426	56,526	56,626	56,726	56,826	56,926
56,027	56,127	56,227	56,327	56,427	56,527	56,627	56,727	56,827	56,927
56,028	56,128	56,228	56,328	56,428	56,528	56,628	56,728	56,828	56,928
56,029	56,129	56,229	56,329	56,429	56,529	56,629	56,729	56,829	56,929
56,030	56,130	56,230	56,330	56,430	56,530	56,630	56,730	56,830	56,930
56,031	56,131	56,231	56,331	56,431	56,531	56,631	56,731	56,831	56,931
56,032	56,132	56,232	56,332	56,432	56,532	56,632	56,732	56,832	56,932
56,033	56,133	56,233	56,333	56,433	56,533	56,633	56,733	56,833	56,933
56,034	56,134	56,234	56,334	56,434	56,534	56,634	56,734	56,834	56,934
56,035	56,135	56,235	56,335	56,435	56,535	56,635	56,735	56,835	56,935
56,036	56,136	56,236	56,336	56,436	56,536	56,636	56,736	56,836	56,936
56,037	56,137	56,237	56,337	56,437	56,537	56,637	56,737	56,837	56,937
56,038	56,138	56,238	56,338	56,438	56,538	56,638	56,738	56,838	56,938
56,039	56,139	56,239	56,339	56,439	56,539	56,639	56,739	56,839	56,939
56,040	56,140	56,240	56,340	56,440	56,540	56,640	56,740	56,840	56,940
56,041	56,141	56,241	56,341	56,441	56,541	56,641	56,741	56,841	56,941
56,042	56,142	56,242	56,342	56,442	56,542	56,642	56,742	56,842	56,942
56,043	56,143	56,243	56,343	56,443	56,543	56,643	56,743	56,843	56,943
56,044	56,144	56,244	56,344	56,444	56,544	56,644	56,744	56,844	56,944
56,045	56,145	56,245	56,345	56,445	56,545	56,645	56,745	56,845	56,945
56,046	56,146	56,246	56,346	56,446	56,546	56,646	56,746	56,846	56,946
56,047	56,147	56,247	56,347	56,447	56,547	56,647	56,747	56,847	56,947
56,048	56,148	56,248	56,348	56,448	56,548	56,648	56,748	56,848	56,948
56,049	56,149	56,249	56,349	56,449	56,549	56,649	56,749	56,849	56,949
56,050	56,150	56,250	56,350	56,450	56,550	56,650	56,750	56,850	56,950
56,051	56,151	56,251	56,351	56,451	56,551	56,651	56,751	56,851	56,951
56,052	56,152	56,252	56,352	56,452	56,552	56,652	56,752	56,852	56,952
56,053	56,153	56,253	56,353	56,453	56,553	56,653	56,753	56,853	56,953
56,054	56,154	56,254	56,354	56,454	56,554	56,654	56,754	56,854	56,954
56,055	56,155	56,255	56,355	56,455	56,555	56,655	56,755	56,855	56,955
56,056	56,156	56,256	56,356	56,456	56,556	56,656	56,756	56,856	56,956
56,057	56,157	56,257	56,357	56,457	56,557	56,657	56,757	56,857	56,957
56,058	56,158	56,258	56,358	56,458	56,558	56,658	56,758	56,858	56,958
56,059	56,159	56,259	56,359	56,459	56,559	56,659	56,759	56,859	56,959
56,060	56,160	56,260	56,360	56,460	56,560	56,660	56,760	56,860	56,960
56,061	56,161	56,261	56,361	56,461	56,561	56,661	56,761	56,861	56,961
56,062	56,162	56,262	56,362	56,462	56,562	56,662	56,762	56,862	56,962
56,063	56,163	56,263	56,363	56,463	56,563	56,663	56,763	56,863	56,963
56,064	56,164	56,264	56,364	56,464	56,564	56,664	56,764	56,864	56,964
56,065	56,165	56,265	56,365	56,465	56,565	56,665	56,765	56,865	56,965
56,066	56,166	56,266	56,366	56,466	56,566	56,666	56,766	56,866	56,966
56,067	56,167	56,267	56,367	56,467	56,567	56,667	56,767	56,867	56,967
56,068	56,168	56,268	56,368	56,468	56,568	56,668	56,768	56,868	56,968
56,069	56,169	56,269	56,369	56,469	56,569	56,669	56,769	56,869	56,969
56,070	56,170	56,270	56,370	56,470	56,570	56,670	56,770	56,870	56,970
56,071	56,171	56,271	56,371	56,471	56,571	56,671	56,771	56,871	56,971
56,072	56,172	56,272	56,372	56,472	56,572	56,672	56,772	56,872	56,972
56,073	56,173	56,273	56,373	56,473	56,573	56,673	56,773	56,873	56,973
56,074	56,174	56,274	56,374	56,474	56,574	56,674	56,774	56,874	56,974
56,075	56,175	56,275	56,375	56,475	56,575	56,675	56,775	56,875	56,975
56,076	56,176	56,276	56,376	56,476	56,576	56,676	56,776	56,876	56,976
56,077	56,177	56,277	56,377	56,477	56,577	56,677	56,777	56,877	56,977
56,078	56,178	56,278	56,378	56,478	56,578	56,678	56,778	56,878	56,978
56,079	56,179	56,279	56,379	56,479	56,579	56,679	56,779	56,879	56,979
56,080	56,180	56,280	56,380	56,480	56,580	56,680	56,780	56,880	56,980
56,081	56,181	56,281	56,381	56,481	56,581	56,681	56,781	56,881	56,981
56,082	56,182	56,282	56,382	56,482	56,582	56,682	56,782	56,882	56,982
56,083	56,183	56,283	56,383	56,483	56,583	56,683	56,783	56,883	56,983
56,084	56,184	56,284	56,384	56,484	56,584	56,684	56,784	56,884	56,984
56,085	56,185	56,285	56,385	56,485	56,585	56,685	56,785	56,885	56,985
56,086	56,186	56,286	56,386	56,486	56,586	56,686	56,786	56,886	56,986
56,087	56,187	56,287	56,387	56,487	56,587	56,687	56,787	56,887	56,987
56,088	56,188	56,288	56,388	56,488	56,588	56,688	56,788	56,888	56,988
56,089	56,189	56,289	56,389	56,489	56,589	56,689	56,789	56,889	56,989
56,090	56,190	56,290	56,390	56,490	56,590	56,690	56,790	56,890	56,990
56,091	56,191	56,291	56,391	56,491	56,591	56,691	56,791	56,891	56,991
56,092	56,192	56,292	56,392	56,492	56,592	56,692	56,792	56,892	56,992
56,093	56,193	56,293	56,393	56,493	56,593	56,693	56,793	56,893	56,993
56,094	56,194	56,294	56,394	56,494	56,594	56,694	56,794	56,894	56,994
56,095	56,195	56,295	56,395	56,495	56,595	56,695	56,795	56,895	56,995
56,096	56,196	56,296	56,396	56,496	56,596	56,696	56,796	56,896	56,996
56,097	56,197	56,297	56,397	56,497	56,597	56,697	56,797	56,897	56,997
56,098	56,198	56,298	56,398	56,498	56,598	56,698	56,798	56,898	56,998
56,099	56,199	56,299	56,399	56,499	56,599	56,699	56,799	56,899	56,999

57,000	57,100	57,200	57,300	57,400	57,500	57,600	57,700	57,800	57,900
57,001	57,101	57,201	57,301	57,401	57,501	57,601	57,701	57,801	57,901
57,002	57,102	57,202	57,302	57,402	57,502	57,602	57,702	57,802	57,902
57,003	57,103	57,203	57,303	57,403	57,503	57,603	57,703	57,803	57,903
57,004	57,104	57,204	57,304	57,404	57,504	57,604	57,704	57,804	57,904
57,005	57,105	57,205	57,305	57,405	57,505	57,605	57,705	57,805	57,905
57,006	57,106	57,206	57,306	57,406	57,506	57,606	57,706	57,806	57,906
57,007	57,107	57,207	57,307	57,407	57,507	57,607	57,707	57,807	57,907
57,008	57,108	57,208	57,308	57,408	57,508	57,608	57,708	57,808	57,908
57,009	57,109	57,209	57,309	57,409	57,509	57,609	57,709	57,809	57,909
57,010	57,110	57,210	57,310	57,410	57,510	57,610	57,710	57,810	57,910
57,011	57,111	57,211	57,311	57,411	57,511	57,611	57,711	57,811	57,911
57,012	57,112	57,212	57,312	57,412	57,512	57,612	57,712	57,812	57,912
57,013	57,113	57,213	57,313	57,413	57,513	57,613	57,713	57,813	57,913
57,014	57,114	57,214	57,314	57,414	57,514	57,614	57,714	57,814	57,914
57,015	57,115	57,215	57,315	57,415	57,515	57,615	57,715	57,815	57,915
57,016	57,116	57,216	57,316	57,416	57,516	57,616	57,716	57,816	57,916
57,017	57,117	57,217	57,317	57,417	57,517	57,617	57,717	57,817	57,917
57,018	57,118	57,218	57,318	57,418	57,518	57,618	57,718	57,818	57,918
57,019	57,119	57,219	57,319	57,419	57,519	57,619	57,719	57,819	57,919
57,020	57,120	57,220	57,320	57,420	57,520	57,620	57,720	57,820	57,920
57,021	57,121	57,221	57,321	57,421	57,521	57,621	57,721	57,821	57,921
57,022	57,122	57,222	57,322	57,422	57,522	57,622	57,722	57,822	57,922
57,023	57,123	57,223	57,323	57,423	57,523	57,623	57,723	57,823	57,923
57,024	57,124	57,224	57,324	57,424	57,524	57,624	57,724	57,824	57,924
57,025	57,125	57,225	57,325	57,425	57,525	57,625	57,725	57,825	57,925
57,026	57,126	57,226	57,326	57,426	57,526	57,626	57,726	57,826	57,926
57,027	57,127	57,227	57,327	57,427	57,527	57,627	57,727	57,827	57,927
57,028	57,128	57,228	57,328	57,428	57,528	57,628	57,728	57,828	57,928
57,029	57,129	57,229	57,329	57,429	57,529	57,629	57,729	57,829	57,929
57,030	57,130	57,230	57,330	57,430	57,530	57,630	57,730	57,830	57,930
57,031	57,131	57,231	57,331	57,431	57,531	57,631	57,731	57,831	57,931
57,032	57,132	57,232	57,332	57,432	57,532	57,632	57,732	57,832	57,932
57,033	57,133	57,233	57,333	57,433	57,533	57,633	57,733	57,833	57,933
57,034	57,134	57,234	57,334	57,434	57,534	57,634	57,734	57,834	57,934
57,035	57,135	57,235	57,335	57,435	57,535	57,635	57,735	57,835	57,935
57,036	57,136	57,236	57,336	57,436	57,536	57,636	57,736	57,836	57,936
57,037	57,137	57,237	57,337	57,437	57,537	57,637	57,737	57,837	57,937
57,038	57,138	57,238	57,338	57,438	57,538	57,638	57,738	57,838	57,938
57,039	57,139	57,239	57,339	57,439	57,539	57,639	57,739	57,839	57,939
57,040	57,140	57,240	57,340	57,440	57,540	57,640	57,740	57,840	57,940
57,041	57,141	57,241	57,341	57,441	57,541	57,641	57,741	57,841	57,941
57,042	57,142	57,242	57,342	57,442	57,542	57,642	57,742	57,842	57,942
57,043	57,143	57,243	57,343	57,443	57,543	57,643	57,743	57,843	57,943
57,044	57,144	57,244	57,344	57,444	57,544	57,644	57,744	57,844	57,944
57,045	57,145	57,245	57,345	57,445	57,545	57,645	57,745	57,845	57,945
57,046	57,146	57,246	57,346	57,446	57,546	57,646	57,746	57,846	57,946
57,047	57,147	57,247	57,347	57,447	57,547	57,647	57,747	57,847	57,947
57,048	57,148	57,248	57,348	57,448	57,548	57,648	57,748	57,848	57,948
57,049	57,149	57,249	57,349	57,449	57,549	57,649	57,749	57,849	57,949
57,050	57,150	57,250	57,350	57,450	57,550	57,650	57,750	57,850	57,950
57,051	57,151	57,251	57,351	57,451	57,551	57,651	57,751	57,851	57,951
57,052	57,152	57,252	57,352	57,452	57,552	57,652	57,752	57,852	57,952
57,053	57,153	57,253	57,353	57,453	57,553	57,653	57,753	57,853	57,953
57,054	57,154	57,254	57,354	57,454	57,554	57,654	57,754	57,854	57,954
57,055	57,155	57,255	57,355	57,455	57,555	57,655	57,755	57,855	57,955
57,056	57,156	57,256	57,356	57,456	57,556	57,656	57,756	57,856	57,956
57,057	57,157	57,257	57,357	57,457	57,557	57,657	57,757	57,857	57,957
57,058	57,158	57,258	57,358	57,458	57,558	57,658	57,758	57,858	57,958
57,059	57,159	57,259	57,359	57,459	57,559	57,659	57,759	57,859	57,959
57,060	57,160	57,260	57,360	57,460	57,560	57,660	57,760	57,860	57,960
57,061	57,161	57,261	57,361	57,461	57,561	57,661	57,761	57,861	57,961
57,062	57,162	57,262	57,362	57,462	57,562	57,662	57,762	57,862	57,962
57,063	57,163	57,263	57,363	57,463	57,563	57,663	57,763	57,863	57,963
57,064	57,164	57,264	57,364	57,464	57,564	57,664	57,764	57,864	57,964
57,065	57,165	57,265	57,365	57,465	57,565	57,665	57,765	57,865	57,965
57,066	57,166	57,266	57,366	57,466	57,566	57,666	57,766	57,866	57,966
57,067	57,167	57,267	57,367	57,467	57,567	57,667	57,767	57,867	57,967
57,068	57,168	57,268	57,368	57,468	57,568	57,668	57,768	57,868	57,968
57,069	57,169	57,269	57,369	57,469	57,569	57,669	57,769	57,869	57,969
57,070	57,170	57,270	57,370	57,470	57,570	57,670	57,770	57,870	57,970
57,071	57,171	57,271	57,371	57,471	57,571	57,671	57,771	57,871	57,971
57,072	57,172	57,272	57,372	57,472	57,572	57,672	57,772	57,872	57,972
57,073	57,173	57,273	57,373	57,473	57,573	57,673	57,773	57,873	57,973
57,074	57,174	57,274	57,374	57,474	57,574	57,674	57,774	57,874	57,974
57,075	57,175	57,275	57,375	57,475	57,575	57,675	57,775	57,875	57,975
57,076	57,176	57,276	57,376	57,476	57,576	57,676	57,776	57,876	57,976
57,077	57,177	57,277	57,377	57,477	57,577	57,677	57,777	57,877	57,977
57,078	57,178	57,278	57,378	57,478	57,578	57,678	57,778	57,878	57,978
57,079	57,179	57,279	57,379	57,479	57,579	57,679	57,779	57,879	57,979
57,080	57,180	57,280	57,380	57,480	57,580	57,680	57,780	57,880	57,980
57,081	57,181	57,281	57,381	57,481	57,581	57,681	57,781	57,881	57,981
57,082	57,182	57,282	57,382	57,482	57,582	57,682	57,782	57,882	57,982
57,083	57,183	57,283	57,383	57,483	57,583	57,683	57,783	57,883	57,983
57,084	57,184	57,284	57,384	57,484	57,584	57,684	57,784	57,884	57,984
57,085	57,185	57,285	57,385	57,485	57,585	57,685	57,785	57,885	57,985
57,086	57,186	57,286	57,386	57,486	57,586	57,686	57,786	57,886	57,986
57,087	57,187	57,287	57,387	57,487	57,587	57,687	57,787	57,887	57,987
57,088	57,188	57,288	57,388	57,488	57,588	57,688	57,788	57,888	57,988
57,089	57,189	57,289	57,389	57,489	57,589	57,689	57,789	57,889	57,989
57,090	57,190	57,290	57,390	57,490	57,590	57,690	57,790	57,890	57,990
57,091	57,191	57,291	57,391	57,491	57,591	57,691	57,791	57,891	57,991
57,092	57,192	57,292	57,392	57,492	57,592	57,692	57,792	57,892	57,992
57,093	57,193	57,293	57,393	57,493	57,593	57,693	57,793	57,893	57,993
57,094	57,194	57,294	57,394	57,494	57,594	57,694	57,794	57,894	57,994
57,095	57,195	57,295	57,395	57,495	57,595	57,695	57,795	57,895	57,995
57,096	57,196	57,296	57,396	57,496	57,596	57,696	57,796	57,896	57,996
57,097	57,197	57,297	57,397	57,497	57,597	57,697	57,797	57,897	57,997
57,098	57,198	57,298	57,398	57,498	57,598	57,698	57,798	57,898	57,998
57,099	57,199	57,299	57,399	57,499	57,599	57,699	57,799	57,899	57,999

58,000	58,100	58,200	58,300	58,400	58,500	58,600	58,700	58,800	58,900
58,001	58,101	58,201	58,301	58,401	58,501	58,601	58,701	58,801	58,901
58,002	58,102	58,202	58,302	58,402	58,502	58,602	58,702	58,802	58,902
58,003	58,103	58,203	58,303	58,403	58,503	58,603	58,703	58,803	58,903
58,004	58,104	58,204	58,304	58,404	58,504	58,604	58,704	58,804	58,904
58,005	58,105	58,205	58,305	58,405	58,505	58,605	58,705	58,805	58,905
58,006	58,106	58,206	58,306	58,406	58,506	58,606	58,706	58,806	58,906
58,007	58,107	58,207	58,307	58,407	58,507	58,607	58,707	58,807	58,907
58,008	58,108	58,208	58,308	58,408	58,508	58,608	58,708	58,808	58,908
58,009	58,109	58,209	58,309	58,409	58,509	58,609	58,709	58,809	58,909
58,010	58,110	58,210	58,310	58,410	58,510	58,610	58,710	58,810	58,910
58,011	58,111	58,211	58,311	58,411	58,511	58,611	58,711	58,811	58,911
58,012	58,112	58,212	58,312	58,412	58,512	58,612	58,712	58,812	58,912
58,013	58,113	58,213	58,313	58,413	58,513	58,613	58,713	58,813	58,913
58,014	58,114	58,214	58,314	58,414	58,514	58,614	58,714	58,814	58,914
58,015	58,115	58,215	58,315	58,415	58,515	58,615	58,715	58,815	58,915
58,016	58,116	58,216	58,316	58,416	58,516	58,616	58,716	58,816	58,916
58,017	58,117	58,217	58,317	58,417	58,517	58,617	58,717	58,817	58,917
58,018	58,118	58,218	58,318	58,418	58,518	58,618	58,718	58,818	58,918
58,019	58,119	58,219	58,319	58,419	58,519	58,619	58,719	58,819	58,919
58,020	58,120	58,220	58,320	58,420	58,520	58,620	58,720	58,820	58,920
58,021	58,121	58,221	58,321	58,421	58,521	58,621	58,721	58,821	58,921
58,022	58,122	58,222	58,322	58,422	58,522	58,622	58,722	58,822	58,922
58,023	58,123	58,223	58,323	58,423	58,523	58,623	58,723	58,823	58,923
58,024	58,124	58,224	58,324	58,424	58,524	58,624	58,724	58,824	58,924
58,025	58,125	58,225	58,325	58,425	58,525	58,625	58,725	58,825	58,925
58,026	58,126	58,226	58,326	58,426	58,526	58,626	58,726	58,826	58,926
58,027	58,127	58,227	58,327	58,427	58,527	58,627	58,727	58,827	58,927
58,028	58,128	58,228	58,328	58,428	58,528	58,628	58,728	58,828	58,928
58,029	58,129	58,229	58,329	58,429	58,529	58,629	58,729	58,829	58,929
58,030	58,130	58,230	58,330	58,430	58,530	58,630	58,730	58,830	58,930
58,031	58,131	58,231	58,331	58,431	58,531	58,631	58,731	58,831	58,931
58,032	58,132	58,232	58,332	58,432	58,532	58,632	58,732	58,832	58,932
58,033	58,133	58,233	58,333	58,433	58,533	58,633	58,733	58,833	58,933
58,034	58,134	58,234	58,334	58,434	58,534	58,634	58,734	58,834	58,934
58,035	58,135	58,235	58,335	58,435	58,535	58,635	58,735	58,835	58,935
58,036	58,136	58,236	58,336	58,436	58,536	58,636	58,736	58,836	58,936
58,037	58,137	58,237	58,337	58,437	58,537	58,637	58,737	58,837	58,937
58,038	58,138	58,238	58,338	58,438	58,538	58,638	58,738	58,838	58,938
58,039	58,139	58,239	58,339	58,439	58,539	58,639	58,739	58,839	58,939
58,040	58,140	58,240	58,340	58,440	58,540	58,640	58,740	58,840	58,940
58,041	58,141	58,241	58,341	58,441	58,541	58,641	58,741	58,841	58,941
58,042	58,142	58,242	58,342	58,442	58,542	58,642	58,742	58,842	58,942
58,043	58,143	58,243	58,343	58,443	58,543	58,643	58,743	58,843	58,943
58,044	58,144	58,244	58,344	58,444	58,544	58,644	58,744	58,844	58,944
58,045	58,145	58,245	58,345	58,445	58,545	58,645	58,745	58,845	58,945
58,046	58,146	58,246	58,346	58,446	58,546	58,646	58,746	58,846	58,946
58,047	58,147	58,247	58,347	58,447	58,547	58,647	58,747	58,847	58,947
58,048	58,148	58,248	58,348	58,448	58,548	58,648	58,748	58,848	58,948
58,049	58,149	58,249	58,349	58,449	58,549	58,649	58,749	58,849	58,949
58,050	58,150	58,250	58,350	58,450	58,550	58,650	58,750	58,850	58,950
58,051	58,151	58,251	58,351	58,451	58,551	58,651	58,751	58,851	58,951
58,052	58,152	58,252	58,352	58,452	58,552	58,652	58,752	58,852	58,952
58,053	58,153	58,253	58,353	58,453	58,553	58,653	58,753	58,853	58,953
58,054	58,154	58,254	58,354	58,454	58,554	58,654	58,754	58,854	58,954
58,055	58,155	58,255	58,355	58,455	58,555	58,655	58,755	58,855	58,955
58,056	58,156	58,256	58,356	58,456	58,556	58,656	58,756	58,856	58,956
58,057	58,157	58,257	58,357	58,457	58,557	58,657	58,757	58,857	58,957
58,058	58,158	58,258	58,358	58,458	58,558	58,658	58,758	58,858	58,958
58,059	58,159	58,259	58,359	58,459	58,559	58,659	58,759	58,859	58,959
58,060	58,160	58,260	58,360	58,460	58,560	58,660	58,760	58,860	58,960
58,061	58,161	58,261	58,361	58,461	58,561	58,661	58,761	58,861	58,961
58,062	58,162	58,262	58,362	58,462	58,562	58,662	58,762	58,862	58,962
58,063	58,163	58,263	58,363	58,463	58,563	58,663	58,763	58,863	58,963
58,064	58,164	58,264	58,364	58,464	58,564	58,664	58,764	58,864	58,964
58,065	58,165	58,265	58,365	58,465	58,565	58,665	58,765	58,865	58,965
58,066	58,166	58,266	58,366	58,466	58,566	58,666	58,766	58,866	58,966
58,067	58,167	58,267	58,367	58,467	58,567	58,667	58,767	58,867	58,967
58,068	58,168	58,268	58,368	58,468	58,568	58,668	58,768	58,868	58,968
58,069	58,169	58,269	58,369	58,469	58,569	58,669	58,769	58,869	58,969
58,070	58,170	58,270	58,370	58,470	58,570	58,670	58,770	58,870	58,970
58,071	58,171	58,271	58,371	58,471	58,571	58,671	58,771	58,871	58,971
58,072	58,172	58,272	58,372	58,472	58,572	58,672	58,772	58,872	58,972
58,073	58,173	58,273	58,373	58,473	58,573	58,673	58,773	58,873	58,973
58,074	58,174	58,274	58,374	58,474	58,574	58,674	58,774	58,874	58,974
58,075	58,175	58,275	58,375	58,475	58,575	58,675	58,775	58,875	58,975
58,076	58,176	58,276	58,376	58,476	58,576	58,676	58,776	58,876	58,976
58,077	58,177	58,277	58,377	58,477	58,577	58,677	58,777	58,877	58,977
58,078	58,178	58,278	58,378	58,478	58,578	58,678	58,778	58,878	58,978
58,079	58,179	58,279	58,379	58,479	58,579	58,679	58,779	58,879	58,979
58,080	58,180	58,280	58,380	58,480	58,580	58,680	58,780	58,880	58,980
58,081	58,181	58,281	58,381	58,481	58,581	58,681	58,781	58,881	58,981
58,082	58,182	58,282	58,382	58,482	58,582	58,682	58,782	58,882	58,982
58,083	58,183	58,283	58,383	58,483	58,583	58,683	58,783	58,883	58,983
58,084	58,184	58,284	58,384	58,484	58,584	58,684	58,784	58,884	58,984
58,085	58,185	58,285	58,385	58,485	58,585	58,685	58,785	58,885	58,985
58,086	58,186	58,286	58,386	58,486	58,586	58,686	58,786	58,886	58,986
58,087	58,187	58,287	58,387	58,487	58,587	58,687	58,787	58,887	58,987
58,088	58,188	58,288	58,388	58,488	58,588	58,688	58,788	58,888	58,988
58,089	58,189	58,289	58,389	58,489	58,589	58,689	58,789	58,889	58,989
58,090	58,190	58,290	58,390	58,490	58,590	58,690	58,790	58,890	58,990
58,091	58,191	58,291	58,391	58,491	58,591	58,691	58,791	58,891	58,991
58,092	58,192	58,292	58,392	58,492	58,592	58,692	58,792	58,892	58,992
58,093	58,193	58,293	58,393	58,493	58,593	58,693	58,793	58,893	58,993
58,094	58,194	58,294	58,394	58,494	58,594	58,694	58,794	58,894	58,994
58,095	58,195	58,295	58,395	58,495	58,595	58,695	58,795	58,895	58,995
58,096	58,196	58,296	58,396	58,496	58,596	58,696	58,796	58,896	58,996
58,097	58,197	58,297	58,397	58,497	58,597	58,697	58,797	58,897	58,997
58,098	58,198	58,298	58,398	58,498	58,598	58,698	58,798	58,898	58,998
58,099	58,199	58,299	58,399	58,499	58,599	58,699	58,799	58,899	58,999

59,000	59,100	59,200	59,300	59,400	59,500	59,600	59,700	59,800	59,900
59,001	59,101	59,201	59,301	59,401	59,501	59,601	59,701	59,801	59,901
59,002	59,102	59,202	59,302	59,402	59,502	59,602	59,702	59,802	59,902
59,003	59,103	59,203	59,303	59,403	59,503	59,603	59,703	59,803	59,903
59,004	59,104	59,204	59,304	59,404	59,504	59,604	59,704	59,804	59,904
59,005	59,105	59,205	59,305	59,405	59,505	59,605	59,705	59,805	59,905
59,006	59,106	59,206	59,306	59,406	59,506	59,606	59,706	59,806	59,906
59,007	59,107	59,207	59,307	59,407	59,507	59,607	59,707	59,807	59,907
59,008	59,108	59,208	59,308	59,408	59,508	59,608	59,708	59,808	59,908
59,009	59,109	59,209	59,309	59,409	59,509	59,609	59,709	59,809	59,909
59,010	59,110	59,210	59,310	59,410	59,510	59,610	59,710	59,810	59,910
59,011	59,111	59,211	59,311	59,411	59,511	59,611	59,711	59,811	59,911
59,012	59,112	59,212	59,312	59,412	59,512	59,612	59,712	59,812	59,912
59,013	59,113	59,213	59,313	59,413	59,513	59,613	59,713	59,813	59,913
59,014	59,114	59,214	59,314	59,414	59,514	59,614	59,714	59,814	59,914
59,015	59,115	59,215	59,315	59,415	59,515	59,615	59,715	59,815	59,915
59,016	59,116	59,216	59,316	59,416	59,516	59,616	59,716	59,816	59,916
59,017	59,117	59,217	59,317	59,417	59,517	59,617	59,717	59,817	59,917
59,018	59,118	59,218	59,318	59,418	59,518	59,618	59,718	59,818	59,918
59,019	59,119	59,219	59,319	59,419	59,519	59,619	59,719	59,819	59,919
59,020	59,120	59,220	59,320	59,420	59,520	59,620	59,720	59,820	59,920
59,021	59,121	59,221	59,321	59,421	59,521	59,621	59,721	59,821	59,921
59,022	59,122	59,222	59,322	59,422	59,522	59,622	59,722	59,822	59,922
59,023	59,123	59,223	59,323	59,423	59,523	59,623	59,723	59,823	59,923
59,024	59,124	59,224	59,324	59,424	59,524	59,624	59,724	59,824	59,924
59,025	59,125	59,225	59,325	59,425	59,525	59,625	59,725	59,825	59,925
59,026	59,126	59,226	59,326	59,426	59,526	59,626	59,726	59,826	59,926
59,027	59,127	59,227	59,327	59,427	59,527	59,627	59,727	59,827	59,927
59,028	59,128	59,228	59,328	59,428	59,528	59,628	59,728	59,828	59,928
59,029	59,129	59,229	59,329	59,429	59,529	59,629	59,729	59,829	59,929
59,030	59,130	59,230	59,330	59,430	59,530	59,630	59,730	59,830	59,930
59,031	59,131	59,231	59,331	59,431	59,531	59,631	59,731	59,831	59,931
59,032	59,132	59,232	59,332	59,432	59,532	59,632	59,732	59,832	59,932
59,033	59,133	59,233	59,333	59,433	59,533	59,633	59,733	59,833	59,933
59,034	59,134	59,234	59,334	59,434	59,534	59,634	59,734	59,834	59,934
59,035	59,135	59,235	59,335	59,435	59,535	59,635	59,735	59,835	59,935
59,036	59,136	59,236	59,336	59,436	59,536	59,636	59,736	59,836	59,936
59,037	59,137	59,237	59,337	59,437	59,537	59,637	59,737	59,837	59,937
59,038	59,138	59,238	59,338	59,438	59,538	59,638	59,738	59,838	59,938
59,039	59,139	59,239	59,339	59,439	59,539	59,639	59,739	59,839	59,939
59,040	59,140	59,240	59,340	59,440	59,540	59,640	59,740	59,840	59,940
59,041	59,141	59,241	59,341	59,441	59,541	59,641	59,741	59,841	59,941
59,042	59,142	59,242	59,342	59,442	59,542	59,642	59,742	59,842	59,942
59,043	59,143	59,243	59,343	59,443	59,543	59,643	59,743	59,843	59,943
59,044	59,144	59,244	59,344	59,444	59,544	59,644	59,744	59,844	59,944
59,045	59,145	59,245	59,345	59,445	59,545	59,645	59,745	59,845	59,945
59,046	59,146	59,246	59,346	59,446	59,546	59,646	59,746	59,846	59,946
59,047	59,147	59,247	59,347	59,447	59,547	59,647	59,747	59,847	59,947
59,048	59,148	59,248	59,348	59,448	59,548	59,648	59,748	59,848	59,948
59,049	59,149	59,249	59,349	59,449	59,549	59,649	59,749	59,849	59,949
59,050	59,150	59,250	59,350	59,450	59,550	59,650	59,750	59,850	59,950
59,051	59,151	59,251	59,351	59,451	59,551	59,651	59,751	59,851	59,951
59,052	59,152	59,252	59,352	59,452	59,552	59,652	59,752	59,852	59,952
59,053	59,153	59,253	59,353	59,453	59,553	59,653	59,753	59,853	59,953
59,054	59,154	59,254	59,354	59,454	59,554	59,654	59,754	59,854	59,954
59,055	59,155	59,255	59,355	59,455	59,555	59,655	59,755	59,855	59,955
59,056	59,156	59,256	59,356	59,456	59,556	59,656	59,756	59,856	59,956
59,057	59,157	59,257	59,357	59,457	59,557	59,657	59,757	59,857	59,957
59,058	59,158	59,258	59,358	59,458	59,558	59,658	59,758	59,858	59,958
59,059	59,159	59,259	59,359	59,459	59,559	59,659	59,759	59,859	59,959
59,060	59,160	59,260	59,360	59,460	59,560	59,660	59,760	59,860	59,960
59,061	59,161	59,261	59,361	59,461	59,561	59,661	59,761	59,861	59,961
59,062	59,162	59,262	59,362	59,462	59,562	59,662	59,762	59,862	59,962
59,063	59,163	59,263	59,363	59,463	59,563	59,663	59,763	59,863	59,963
59,064	59,164	59,264	59,364	59,464	59,564	59,664	59,764	59,864	59,964
59,065	59,165	59,265	59,365	59,465	59,565	59,665	59,765	59,865	59,965
59,066	59,166	59,266	59,366	59,466	59,566	59,666	59,766	59,866	59,966
59,067	59,167	59,267	59,367	59,467	59,567	59,667	59,767	59,867	59,967
59,068	59,168	59,268	59,368	59,468	59,568	59,668	59,768	59,868	59,968
59,069	59,169	59,269	59,369	59,469	59,569	59,669	59,769	59,869	59,969
59,070	59,170	59,270	59,370	59,470	59,570	59,670	59,770	59,870	59,970
59,071	59,171	59,271	59,371	59,471	59,571	59,671	59,771	59,871	59,971
59,072	59,172	59,272	59,372	59,472	59,572	59,672	59,772	59,872	59,972
59,073	59,173	59,273	59,373	59,473	59,573	59,673	59,773	59,873	59,973
59,074	59,174	59,274	59,374	59,474	59,574	59,674	59,774	59,874	59,974
59,075	59,175	59,275	59,375	59,475	59,575	59,675	59,775	59,875	59,975
59,076	59,176	59,276	59,376	59,476	59,576	59,676	59,776	59,876	59,976
59,077	59,177	59,277	59,377	59,477	59,577	59,677	59,777	59,877	59,977
59,078	59,178	59,278	59,378	59,478	59,578	59,678	59,778	59,878	59,978
59,079	59,179	59,279	59,379	59,479	59,579	59,679	59,779	59,879	59,979
59,080	59,180	59,280	59,380	59,480	59,580	59,680	59,780	59,880	59,980
59,081	59,181	59,281	59,381	59,481	59,581	59,681	59,781	59,881	59,981
59,082	59,182	59,282	59,382	59,482	59,582	59,682	59,782	59,882	59,982
59,083	59,183	59,283	59,383	59,483	59,583	59,683	59,783	59,883	59,983
59,084	59,184	59,284	59,384	59,484	59,584	59,684	59,784	59,884	59,984
59,085	59,185	59,285	59,385	59,485	59,585	59,685	59,785	59,885	59,985
59,086	59,186	59,286	59,386	59,486	59,586	59,686	59,786	59,886	59,986
59,087	59,187	59,287	59,387	59,487	59,587	59,687	59,787	59,887	59,987
59,088	59,188	59,288	59,388	59,488	59,588	59,688	59,788	59,888	59,988
59,089	59,189	59,289	59,389	59,489	59,589	59,689	59,789	59,889	59,989
59,090	59,190	59,290	59,390	59,490	59,590	59,690	59,790	59,890	59,990
59,091	59,191	59,291	59,391	59,491	59,591	59,691	59,791	59,891	59,991
59,092	59,192	59,292	59,392	59,492	59,592	59,692	59,792	59,892	59,992
59,093	59,193	59,293	59,393	59,493	59,593	59,693	59,793	59,893	59,993
59,094	59,194	59,294	59,394	59,494	59,594	59,694	59,794	59,894	59,994
59,095	59,195	59,295	59,395	59,495	59,595	59,695	59,795	59,895	59,995
59,096	59,196	59,296	59,396	59,496	59,596	59,696	59,796	59,896	59,996
59,097	59,197	59,297	59,397	59,497	59,597	59,697	59,797	59,897	59,997
59,098	59,198	59,298	59,398	59,498	59,598	59,698	59,798	59,898	59,998
59,099	59,199	59,299	59,399	59,499	59,599	59,699	59,799	59,899	59,999

60,000	60,100	60,200	60,300	60,400	60,500	60,600	60,700	60,800	60,900
60,001	60,101	60,201	60,301	60,401	60,501	60,601	60,701	60,801	60,901
60,002	60,102	60,202	60,302	60,402	60,502	60,602	60,702	60,802	60,902
60,003	60,103	60,203	60,303	60,403	60,503	60,603	60,703	60,803	60,903
60,004	60,104	60,204	60,304	60,404	60,504	60,604	60,704	60,804	60,904
60,005	60,105	60,205	60,305	60,405	60,505	60,605	60,705	60,805	60,905
60,006	60,106	60,206	60,306	60,406	60,506	60,606	60,706	60,806	60,906
60,007	60,107	60,207	60,307	60,407	60,507	60,607	60,707	60,807	60,907
60,008	60,108	60,208	60,308	60,408	60,508	60,608	60,708	60,808	60,908
60,009	60,109	60,209	60,309	60,409	60,509	60,609	60,709	60,809	60,909
60,010	60,110	60,210	60,310	60,410	60,510	60,610	60,710	60,810	60,910
60,011	60,111	60,211	60,311	60,411	60,511	60,611	60,711	60,811	60,911
60,012	60,112	60,212	60,312	60,412	60,512	60,612	60,712	60,812	60,912
60,013	60,113	60,213	60,313	60,413	60,513	60,613	60,713	60,813	60,913
60,014	60,114	60,214	60,314	60,414	60,514	60,614	60,714	60,814	60,914
60,015	60,115	60,215	60,315	60,415	60,515	60,615	60,715	60,815	60,915
60,016	60,116	60,216	60,316	60,416	60,516	60,616	60,716	60,816	60,916
60,017	60,117	60,217	60,317	60,417	60,517	60,617	60,717	60,817	60,917
60,018	60,118	60,218	60,318	60,418	60,518	60,618	60,718	60,818	60,918
60,019	60,119	60,219	60,319	60,419	60,519	60,619	60,719	60,819	60,919
60,020	60,120	60,220	60,320	60,420	60,520	60,620	60,720	60,820	60,920
60,021	60,121	60,221	60,321	60,421	60,521	60,621	60,721	60,821	60,921
60,022	60,122	60,222	60,322	60,422	60,522	60,622	60,722	60,822	60,922
60,023	60,123	60,223	60,323	60,423	60,523	60,623	60,723	60,823	60,923
60,024	60,124	60,224	60,324	60,424	60,524	60,624	60,724	60,824	60,924
60,025	60,125	60,225	60,325	60,425	60,525	60,625	60,725	60,825	60,925
60,026	60,126	60,226	60,326	60,426	60,526	60,626	60,726	60,826	60,926
60,027	60,127	60,227	60,327	60,427	60,527	60,627	60,727	60,827	60,927
60,028	60,128	60,228	60,328	60,428	60,528	60,628	60,728	60,828	60,928
60,029	60,129	60,229	60,329	60,429	60,529	60,629	60,729	60,829	60,929
60,030	60,130	60,230	60,330	60,430	60,530	60,630	60,730	60,830	60,930
60,031	60,131	60,231	60,331	60,431	60,531	60,631	60,731	60,831	60,931
60,032	60,132	60,232	60,332	60,432	60,532	60,632	60,732	60,832	60,932
60,033	60,133	60,233	60,333	60,433	60,533	60,633	60,733	60,833	60,933
60,034	60,134	60,234	60,334	60,434	60,534	60,634	60,734	60,834	60,934
60,035	60,135	60,235	60,335	60,435	60,535	60,635	60,735	60,835	60,935
60,036	60,136	60,236	60,336	60,436	60,536	60,636	60,736	60,836	60,936
60,037	60,137	60,237	60,337	60,437	60,537	60,637	60,737	60,837	60,937
60,038	60,138	60,238	60,338	60,438	60,538	60,638	60,738	60,838	60,938
60,039	60,139	60,239	60,339	60,439	60,539	60,639	60,739	60,839	60,939
60,040	60,140	60,240	60,340	60,440	60,540	60,640	60,740	60,840	60,940
60,041	60,141	60,241	60,341	60,441	60,541	60,641	60,741	60,841	60,941
60,042	60,142	60,242	60,342	60,442	60,542	60,642	60,742	60,842	60,942
60,043	60,143	60,243	60,343	60,443	60,543	60,643	60,743	60,843	60,943
60,044	60,144	60,244	60,344	60,444	60,544	60,644	60,744	60,844	60,944
60,045	60,145	60,245	60,345	60,445	60,545	60,645	60,745	60,845	60,945
60,046	60,146	60,246	60,346	60,446	60,546	60,646	60,746	60,846	60,946
60,047	60,147	60,247	60,347	60,447	60,547	60,647	60,747	60,847	60,947
60,048	60,148	60,248	60,348	60,448	60,548	60,648	60,748	60,848	60,948
60,049	60,149	60,249	60,349	60,449	60,549	60,649	60,749	60,849	60,949
60,050	60,150	60,250	60,350	60,450	60,550	60,650	60,750	60,850	60,950
60,051	60,151	60,251	60,351	60,451	60,551	60,651	60,751	60,851	60,951
60,052	60,152	60,252	60,352	60,452	60,552	60,652	60,752	60,852	60,952
60,053	60,153	60,253	60,353	60,453	60,553	60,653	60,753	60,853	60,953
60,054	60,154	60,254	60,354	60,454	60,554	60,654	60,754	60,854	60,954
60,055	60,155	60,255	60,355	60,455	60,555	60,655	60,755	60,855	60,955
60,056	60,156	60,256	60,356	60,456	60,556	60,656	60,756	60,856	60,956
60,057	60,157	60,257	60,357	60,457	60,557	60,657	60,757	60,857	60,957
60,058	60,158	60,258	60,358	60,458	60,558	60,658	60,758	60,858	60,958
60,059	60,159	60,259	60,359	60,459	60,559	60,659	60,759	60,859	60,959
60,060	60,160	60,260	60,360	60,460	60,560	60,660	60,760	60,860	60,960
60,061	60,161	60,261	60,361	60,461	60,561	60,661	60,761	60,861	60,961
60,062	60,162	60,262	60,362	60,462	60,562	60,662	60,762	60,862	60,962
60,063	60,163	60,263	60,363	60,463	60,563	60,663	60,763	60,863	60,963
60,064	60,164	60,264	60,364	60,464	60,564	60,664	60,764	60,864	60,964
60,065	60,165	60,265	60,365	60,465	60,565	60,665	60,765	60,865	60,965
60,066	60,166	60,266	60,366	60,466	60,566	60,666	60,766	60,866	60,966
60,067	60,167	60,267	60,367	60,467	60,567	60,667	60,767	60,867	60,967
60,068	60,168	60,268	60,368	60,468	60,568	60,668	60,768	60,868	60,968
60,069	60,169	60,269	60,369	60,469	60,569	60,669	60,769	60,869	60,969
60,070	60,170	60,270	60,370	60,470	60,570	60,670	60,770	60,870	60,970
60,071	60,171	60,271	60,371	60,471	60,571	60,671	60,771	60,871	60,971
60,072	60,172	60,272	60,372	60,472	60,572	60,672	60,772	60,872	60,972
60,073	60,173	60,273	60,373	60,473	60,573	60,673	60,773	60,873	60,973
60,074	60,174	60,274	60,374	60,474	60,574	60,674	60,774	60,874	60,974
60,075	60,175	60,275	60,375	60,475	60,575	60,675	60,775	60,875	60,975
60,076	60,176	60,276	60,376	60,476	60,576	60,676	60,776	60,876	60,976
60,077	60,177	60,277	60,377	60,477	60,577	60,677	60,777	60,877	60,977
60,078	60,178	60,278	60,378	60,478	60,578	60,678	60,778	60,878	60,978
60,079	60,179	60,279	60,379	60,479	60,579	60,679	60,779	60,879	60,979
60,080	60,180	60,280	60,380	60,480	60,580	60,680	60,780	60,880	60,980
60,081	60,181	60,281	60,381	60,481	60,581	60,681	60,781	60,881	60,981
60,082	60,182	60,282	60,382	60,482	60,582	60,682	60,782	60,882	60,982
60,083	60,183	60,283	60,383	60,483	60,583	60,683	60,783	60,883	60,983
60,084	60,184	60,284	60,384	60,484	60,584	60,684	60,784	60,884	60,984
60,085	60,185	60,285	60,385	60,485	60,585	60,685	60,785	60,885	60,985
60,086	60,186	60,286	60,386	60,486	60,586	60,686	60,786	60,886	60,986
60,087	60,187	60,287	60,387	60,487	60,587	60,687	60,787	60,887	60,987
60,088	60,188	60,288	60,388	60,488	60,588	60,688	60,788	60,888	60,988
60,089	60,189	60,289	60,389	60,489	60,589	60,689	60,789	60,889	60,989
60,090	60,190	60,290	60,390	60,490	60,590	60,690	60,790	60,890	60,990
60,091	60,191	60,291	60,391	60,491	60,591	60,691	60,791	60,891	60,991
60,092	60,192	60,292	60,392	60,492	60,592	60,692	60,792	60,892	60,992
60,093	60,193	60,293	60,393	60,493	60,593	60,693	60,793	60,893	60,993
60,094	60,194	60,294	60,394	60,494	60,594	60,694	60,794	60,894	60,994
60,095	60,195	60,295	60,395	60,495	60,595	60,695	60,795	60,895	60,995
60,096	60,196	60,296	60,396	60,496	60,596	60,696	60,796	60,896	60,996
60,097	60,197	60,297	60,397	60,497	60,597	60,697	60,797	60,897	60,997
60,098	60,198	60,298	60,398	60,498	60,598	60,698	60,798	60,898	60,998
60,099	60,199	60,299	60,399	60,499	60,599	60,699	60,799	60,899	60,999

61,000	61,100	61,200	61,300	61,400	61,500	61,600	61,700	61,800	61,900
61,001	61,101	61,201	61,301	61,401	61,501	61,601	61,701	61,801	61,901
61,002	61,102	61,202	61,302	61,402	61,502	61,602	61,702	61,802	61,902
61,003	61,103	61,203	61,303	61,403	61,503	61,603	61,703	61,803	61,903
61,004	61,104	61,204	61,304	61,404	61,504	61,604	61,704	61,804	61,904
61,005	61,105	61,205	61,305	61,405	61,505	61,605	61,705	61,805	61,905
61,006	61,106	61,206	61,306	61,406	61,506	61,606	61,706	61,806	61,906
61,007	61,107	61,207	61,307	61,407	61,507	61,607	61,707	61,807	61,907
61,008	61,108	61,208	61,308	61,408	61,508	61,608	61,708	61,808	61,908
61,009	61,109	61,209	61,309	61,409	61,509	61,609	61,709	61,809	61,909
61,010	61,110	61,210	61,310	61,410	61,510	61,610	61,710	61,810	61,910
61,011	61,111	61,211	61,311	61,411	61,511	61,611	61,711	61,811	61,911
61,012	61,112	61,212	61,312	61,412	61,512	61,612	61,712	61,812	61,912
61,013	61,113	61,213	61,313	61,413	61,513	61,613	61,713	61,813	61,913
61,014	61,114	61,214	61,314	61,414	61,514	61,614	61,714	61,814	61,914
61,015	61,115	61,215	61,315	61,415	61,515	61,615	61,715	61,815	61,915
61,016	61,116	61,216	61,316	61,416	61,516	61,616	61,716	61,816	61,916
61,017	61,117	61,217	61,317	61,417	61,517	61,617	61,717	61,817	61,917
61,018	61,118	61,218	61,318	61,418	61,518	61,618	61,718	61,818	61,918
61,019	61,119	61,219	61,319	61,419	61,519	61,619	61,719	61,819	61,919
61,020	61,120	61,220	61,320	61,420	61,520	61,620	61,720	61,820	61,920
61,021	61,121	61,221	61,321	61,421	61,521	61,621	61,721	61,821	61,921
61,022	61,122	61,222	61,322	61,422	61,522	61,622	61,722	61,822	61,922
61,023	61,123	61,223	61,323	61,423	61,523	61,623	61,723	61,823	61,923
61,024	61,124	61,224	61,324	61,424	61,524	61,624	61,724	61,824	61,924
61,025	61,125	61,225	61,325	61,425	61,525	61,625	61,725	61,825	61,925
61,026	61,126	61,226	61,326	61,426	61,526	61,626	61,726	61,826	61,926
61,027	61,127	61,227	61,327	61,427	61,527	61,627	61,727	61,827	61,927
61,028	61,128	61,228	61,328	61,428	61,528	61,628	61,728	61,828	61,928
61,029	61,129	61,229	61,329	61,429	61,529	61,629	61,729	61,829	61,929
61,030	61,130	61,230	61,330	61,430	61,530	61,630	61,730	61,830	61,930
61,031	61,131	61,231	61,331	61,431	61,531	61,631	61,731	61,831	61,931
61,032	61,132	61,232	61,332	61,432	61,532	61,632	61,732	61,832	61,932
61,033	61,133	61,233	61,333	61,433	61,533	61,633	61,733	61,833	61,933
61,034	61,134	61,234	61,334	61,434	61,534	61,634	61,734	61,834	61,934
61,035	61,135	61,235	61,335	61,435	61,535	61,635	61,735	61,835	61,935
61,036	61,136	61,236	61,336	61,436	61,536	61,636	61,736	61,836	61,936
61,037	61,137	61,237	61,337	61,437	61,537	61,637	61,737	61,837	61,937
61,038	61,138	61,238	61,338	61,438	61,538	61,638	61,738	61,838	61,938
61,039	61,139	61,239	61,339	61,439	61,539	61,639	61,739	61,839	61,939
61,040	61,140	61,240	61,340	61,440	61,540	61,640	61,740	61,840	61,940
61,041	61,141	61,241	61,341	61,441	61,541	61,641	61,741	61,841	61,941
61,042	61,142	61,242	61,342	61,442	61,542	61,642	61,742	61,842	61,942
61,043	61,143	61,243	61,343	61,443	61,543	61,643	61,743	61,843	61,943
61,044	61,144	61,244	61,344	61,444	61,544	61,644	61,744	61,844	61,944
61,045	61,145	61,245	61,345	61,445	61,545	61,645	61,745	61,845	61,945
61,046	61,146	61,246	61,346	61,446	61,546	61,646	61,746	61,846	61,946
61,047	61,147	61,247	61,347	61,447	61,547	61,647	61,747	61,847	61,947
61,048	61,148	61,248	61,348	61,448	61,548	61,648	61,748	61,848	61,948
61,049	61,149	61,249	61,349	61,449	61,549	61,649	61,749	61,849	61,949
61,050	61,150	61,250	61,350	61,450	61,550	61,650	61,750	61,850	61,950
61,051	61,151	61,251	61,351	61,451	61,551	61,651	61,751	61,851	61,951
61,052	61,152	61,252	61,352	61,452	61,552	61,652	61,752	61,852	61,952
61,053	61,153	61,253	61,353	61,453	61,553	61,653	61,753	61,853	61,953
61,054	61,154	61,254	61,354	61,454	61,554	61,654	61,754	61,854	61,954
61,055	61,155	61,255	61,355	61,455	61,555	61,655	61,755	61,855	61,955
61,056	61,156	61,256	61,356	61,456	61,556	61,656	61,756	61,856	61,956
61,057	61,157	61,257	61,357	61,457	61,557	61,657	61,757	61,857	61,957
61,058	61,158	61,258	61,358	61,458	61,558	61,658	61,758	61,858	61,958
61,059	61,159	61,259	61,359	61,459	61,559	61,659	61,759	61,859	61,959
61,060	61,160	61,260	61,360	61,460	61,560	61,660	61,760	61,860	61,960
61,061	61,161	61,261	61,361	61,461	61,561	61,661	61,761	61,861	61,961
61,062	61,162	61,262	61,362	61,462	61,562	61,662	61,762	61,862	61,962
61,063	61,163	61,263	61,363	61,463	61,563	61,663	61,763	61,863	61,963
61,064	61,164	61,264	61,364	61,464	61,564	61,664	61,764	61,864	61,964
61,065	61,165	61,265	61,365	61,465	61,565	61,665	61,765	61,865	61,965
61,066	61,166	61,266	61,366	61,466	61,566	61,666	61,766	61,866	61,966
61,067	61,167	61,267	61,367	61,467	61,567	61,667	61,767	61,867	61,967
61,068	61,168	61,268	61,368	61,468	61,568	61,668	61,768	61,868	61,968
61,069	61,169	61,269	61,369	61,469	61,569	61,669	61,769	61,869	61,969
61,070	61,170	61,270	61,370	61,470	61,570	61,670	61,770	61,870	61,970
61,071	61,171	61,271	61,371	61,471	61,571	61,671	61,771	61,871	61,971
61,072	61,172	61,272	61,372	61,472	61,572	61,672	61,772	61,872	61,972
61,073	61,173	61,273	61,373	61,473	61,573	61,673	61,773	61,873	61,973
61,074	61,174	61,274	61,374	61,474	61,574	61,674	61,774	61,874	61,974
61,075	61,175	61,275	61,375	61,475	61,575	61,675	61,775	61,875	61,975
61,076	61,176	61,276	61,376	61,476	61,576	61,676	61,776	61,876	61,976
61,077	61,177	61,277	61,377	61,477	61,577	61,677	61,777	61,877	61,977
61,078	61,178	61,278	61,378	61,478	61,578	61,678	61,778	61,878	61,978
61,079	61,179	61,279	61,379	61,479	61,579	61,679	61,779	61,879	61,979
61,080	61,180	61,280	61,380	61,480	61,580	61,680	61,780	61,880	61,980
61,081	61,181	61,281	61,381	61,481	61,581	61,681	61,781	61,881	61,981
61,082	61,182	61,282	61,382	61,482	61,582	61,682	61,782	61,882	61,982
61,083	61,183	61,283	61,383	61,483	61,583	61,683	61,783	61,883	61,983
61,084	61,184	61,284	61,384	61,484	61,584	61,684	61,784	61,884	61,984
61,085	61,185	61,285	61,385	61,485	61,585	61,685	61,785	61,885	61,985
61,086	61,186	61,286	61,386	61,486	61,586	61,686	61,786	61,886	61,986
61,087	61,187	61,287	61,387	61,487	61,587	61,687	61,787	61,887	61,987
61,088	61,188	61,288	61,388	61,488	61,588	61,688	61,788	61,888	61,988
61,089	61,189	61,289	61,389	61,489	61,589	61,689	61,789	61,889	61,989
61,090	61,190	61,290	61,390	61,490	61,590	61,690	61,790	61,890	61,990
61,091	61,191	61,291	61,391	61,491	61,591	61,691	61,791	61,891	61,991
61,092	61,192	61,292	61,392	61,492	61,592	61,692	61,792	61,892	61,992
61,093	61,193	61,293	61,393	61,493	61,593	61,693	61,793	61,893	61,993
61,094	61,194	61,294	61,394	61,494	61,594	61,694	61,794	61,894	61,994
61,095	61,195	61,295	61,395	61,495	61,595	61,695	61,795	61,895	61,995
61,096	61,196	61,296	61,396	61,496	61,596	61,696	61,796	61,896	61,996
61,097	61,197	61,297	61,397	61,497	61,597	61,697	61,797	61,897	61,997
61,098	61,198	61,298	61,398	61,498	61,598	61,698	61,798	61,898	61,998
61,099	61,199	61,299	61,399	61,499	61,599	61,699	61,799	61,899	61,999

62,000	62,100	62,200	62,300	62,400	62,500	62,600	62,700	62,800	62,900
62,001	62,101	62,201	62,301	62,401	62,501	62,601	62,701	62,801	62,901
62,002	62,102	62,202	62,302	62,402	62,502	62,602	62,702	62,802	62,902
62,003	62,103	62,203	62,303	62,403	62,503	62,603	62,703	62,803	62,903
62,004	62,104	62,204	62,304	62,404	62,504	62,604	62,704	62,804	62,904
62,005	62,105	62,205	62,305	62,405	62,505	62,605	62,705	62,805	62,905
62,006	62,106	62,206	62,306	62,406	62,506	62,606	62,706	62,806	62,906
62,007	62,107	62,207	62,307	62,407	62,507	62,607	62,707	62,807	62,907
62,008	62,108	62,208	62,308	62,408	62,508	62,608	62,708	62,808	62,908
62,009	62,109	62,209	62,309	62,409	62,509	62,609	62,709	62,809	62,909
62,010	62,110	62,210	62,310	62,410	62,510	62,610	62,710	62,810	62,910
62,011	62,111	62,211	62,311	62,411	62,511	62,611	62,711	62,811	62,911
62,012	62,112	62,212	62,312	62,412	62,512	62,612	62,712	62,812	62,912
62,013	62,113	62,213	62,313	62,413	62,513	62,613	62,713	62,813	62,913
62,014	62,114	62,214	62,314	62,414	62,514	62,614	62,714	62,814	62,914
62,015	62,115	62,215	62,315	62,415	62,515	62,615	62,715	62,815	62,915
62,016	62,116	62,216	62,316	62,416	62,516	62,616	62,716	62,816	62,916
62,017	62,117	62,217	62,317	62,417	62,517	62,617	62,717	62,817	62,917
62,018	62,118	62,218	62,318	62,418	62,518	62,618	62,718	62,818	62,918
62,019	62,119	62,219	62,319	62,419	62,519	62,619	62,719	62,819	62,919
62,020	62,120	62,220	62,320	62,420	62,520	62,620	62,720	62,820	62,920
62,021	62,121	62,221	62,321	62,421	62,521	62,621	62,721	62,821	62,921
62,022	62,122	62,222	62,322	62,422	62,522	62,622	62,722	62,822	62,922
62,023	62,123	62,223	62,323	62,423	62,523	62,623	62,723	62,823	62,923
62,024	62,124	62,224	62,324	62,424	62,524	62,624	62,724	62,824	62,924
62,025	62,125	62,225	62,325	62,425	62,525	62,625	62,725	62,825	62,925
62,026	62,126	62,226	62,326	62,426	62,526	62,626	62,726	62,826	62,926
62,027	62,127	62,227	62,327	62,427	62,527	62,627	62,727	62,827	62,927
62,028	62,128	62,228	62,328	62,428	62,528	62,628	62,728	62,828	62,928
62,029	62,129	62,229	62,329	62,429	62,529	62,629	62,729	62,829	62,929
62,030	62,130	62,230	62,330	62,430	62,530	62,630	62,730	62,830	62,930
62,031	62,131	62,231	62,331	62,431	62,531	62,631	62,731	62,831	62,931
62,032	62,132	62,232	62,332	62,432	62,532	62,632	62,732	62,832	62,932
62,033	62,133	62,233	62,333	62,433	62,533	62,633	62,733	62,833	62,933
62,034	62,134	62,234	62,334	62,434	62,534	62,634	62,734	62,834	62,934
62,035	62,135	62,235	62,335	62,435	62,535	62,635	62,735	62,835	62,935
62,036	62,136	62,236	62,336	62,436	62,536	62,636	62,736	62,836	62,936
62,037	62,137	62,237	62,337	62,437	62,537	62,637	62,737	62,837	62,937
62,038	62,138	62,238	62,338	62,438	62,538	62,638	62,738	62,838	62,938
62,039	62,139	62,239	62,339	62,439	62,539	62,639	62,739	62,839	62,939
62,040	62,140	62,240	62,340	62,440	62,540	62,640	62,740	62,840	62,940
62,041	62,141	62,241	62,341	62,441	62,541	62,641	62,741	62,841	62,941
62,042	62,142	62,242	62,342	62,442	62,542	62,642	62,742	62,842	62,942
62,043	62,143	62,243	62,343	62,443	62,543	62,643	62,743	62,843	62,943
62,044	62,144	62,244	62,344	62,444	62,544	62,644	62,744	62,844	62,944
62,045	62,145	62,245	62,345	62,445	62,545	62,645	62,745	62,845	62,945
62,046	62,146	62,246	62,346	62,446	62,546	62,646	62,746	62,846	62,946
62,047	62,147	62,247	62,347	62,447	62,547	62,647	62,747	62,847	62,947
62,048	62,148	62,248	62,348	62,448	62,548	62,648	62,748	62,848	62,948
62,049	62,149	62,249	62,349	62,449	62,549	62,649	62,749	62,849	62,949
62,050	62,150	62,250	62,350	62,450	62,550	62,650	62,750	62,850	62,950
62,051	62,151	62,251	62,351	62,451	62,551	62,651	62,751	62,851	62,951
62,052	62,152	62,252	62,352	62,452	62,552	62,652	62,752	62,852	62,952
62,053	62,153	62,253	62,353	62,453	62,553	62,653	62,753	62,853	62,953
62,054	62,154	62,254	62,354	62,454	62,554	62,654	62,754	62,854	62,954
62,055	62,155	62,255	62,355	62,455	62,555	62,655	62,755	62,855	62,955
62,056	62,156	62,256	62,356	62,456	62,556	62,656	62,756	62,856	62,956
62,057	62,157	62,257	62,357	62,457	62,557	62,657	62,757	62,857	62,957
62,058	62,158	62,258	62,358	62,458	62,558	62,658	62,758	62,858	62,958
62,059	62,159	62,259	62,359	62,459	62,559	62,659	62,759	62,859	62,959
62,060	62,160	62,260	62,360	62,460	62,560	62,660	62,760	62,860	62,960
62,061	62,161	62,261	62,361	62,461	62,561	62,661	62,761	62,861	62,961
62,062	62,162	62,262	62,362	62,462	62,562	62,662	62,762	62,862	62,962
62,063	62,163	62,263	62,363	62,463	62,563	62,663	62,763	62,863	62,963
62,064	62,164	62,264	62,364	62,464	62,564	62,664	62,764	62,864	62,964
62,065	62,165	62,265	62,365	62,465	62,565	62,665	62,765	62,865	62,965
62,066	62,166	62,266	62,366	62,466	62,566	62,666	62,766	62,866	62,966
62,067	62,167	62,267	62,367	62,467	62,567	62,667	62,767	62,867	62,967
62,068	62,168	62,268	62,368	62,468	62,568	62,668	62,768	62,868	62,968
62,069	62,169	62,269	62,369	62,469	62,569	62,669	62,769	62,869	62,969
62,070	62,170	62,270	62,370	62,470	62,570	62,670	62,770	62,870	62,970
62,071	62,171	62,271	62,371	62,471	62,571	62,671	62,771	62,871	62,971
62,072	62,172	62,272	62,372	62,472	62,572	62,672	62,772	62,872	62,972
62,073	62,173	62,273	62,373	62,473	62,573	62,673	62,773	62,873	62,973
62,074	62,174	62,274	62,374	62,474	62,574	62,674	62,774	62,874	62,974
62,075	62,175	62,275	62,375	62,475	62,575	62,675	62,775	62,875	62,975
62,076	62,176	62,276	62,376	62,476	62,576	62,676	62,776	62,876	62,976
62,077	62,177	62,277	62,377	62,477	62,577	62,677	62,777	62,877	62,977
62,078	62,178	62,278	62,378	62,478	62,578	62,678	62,778	62,878	62,978
62,079	62,179	62,279	62,379	62,479	62,579	62,679	62,779	62,879	62,979
62,080	62,180	62,280	62,380	62,480	62,580	62,680	62,780	62,880	62,980
62,081	62,181	62,281	62,381	62,481	62,581	62,681	62,781	62,881	62,981
62,082	62,182	62,282	62,382	62,482	62,582	62,682	62,782	62,882	62,982
62,083	62,183	62,283	62,383	62,483	62,583	62,683	62,783	62,883	62,983
62,084	62,184	62,284	62,384	62,484	62,584	62,684	62,784	62,884	62,984
62,085	62,185	62,285	62,385	62,485	62,585	62,685	62,785	62,885	62,985
62,086	62,186	62,286	62,386	62,486	62,586	62,686	62,786	62,886	62,986
62,087	62,187	62,287	62,387	62,487	62,587	62,687	62,787	62,887	62,987
62,088	62,188	62,288	62,388	62,488	62,588	62,688	62,788	62,888	62,988
62,089	62,189	62,289	62,389	62,489	62,589	62,689	62,789	62,889	62,989
62,090	62,190	62,290	62,390	62,490	62,590	62,690	62,790	62,890	62,990
62,091	62,191	62,291	62,391	62,491	62,591	62,691	62,791	62,891	62,991
62,092	62,192	62,292	62,392	62,492	62,592	62,692	62,792	62,892	62,992
62,093	62,193	62,293	62,393	62,493	62,593	62,693	62,793	62,893	62,993
62,094	62,194	62,294	62,394	62,494	62,594	62,694	62,794	62,894	62,994
62,095	62,195	62,295	62,395	62,495	62,595	62,695	62,795	62,895	62,995
62,096	62,196	62,296	62,396	62,496	62,596	62,696	62,796	62,896	62,996
62,097	62,197	62,297	62,397	62,497	62,597	62,697	62,797	62,897	62,997
62,098	62,198	62,298	62,398	62,498	62,598	62,698	62,798	62,898	62,998
62,099	62,199	62,299	62,399	62,499	62,599	62,699	62,799	62,899	62,999

63,000	63,100	63,200	63,300	63,400	63,500	63,600	63,700	63,800	63,900
63,001	63,101	63,201	63,301	63,401	63,501	63,601	63,701	63,801	63,901
63,002	63,102	63,202	63,302	63,402	63,502	63,602	63,702	63,802	63,902
63,003	63,103	63,203	63,303	63,403	63,503	63,603	63,703	63,803	63,903
63,004	63,104	63,204	63,304	63,404	63,504	63,604	63,704	63,804	63,904
63,005	63,105	63,205	63,305	63,405	63,505	63,605	63,705	63,805	63,905
63,006	63,106	63,206	63,306	63,406	63,506	63,606	63,706	63,806	63,906
63,007	63,107	63,207	63,307	63,407	63,507	63,607	63,707	63,807	63,907
63,008	63,108	63,208	63,308	63,408	63,508	63,608	63,708	63,808	63,908
63,009	63,109	63,209	63,309	63,409	63,509	63,609	63,709	63,809	63,909
63,010	63,110	63,210	63,310	63,410	63,510	63,610	63,710	63,810	63,910
63,011	63,111	63,211	63,311	63,411	63,511	63,611	63,711	63,811	63,911
63,012	63,112	63,212	63,312	63,412	63,512	63,612	63,712	63,812	63,912
63,013	63,113	63,213	63,313	63,413	63,513	63,613	63,713	63,813	63,913
63,014	63,114	63,214	63,314	63,414	63,514	63,614	63,714	63,814	63,914
63,015	63,115	63,215	63,315	63,415	63,515	63,615	63,715	63,815	63,915
63,016	63,116	63,216	63,316	63,416	63,516	63,616	63,716	63,816	63,916
63,017	63,117	63,217	63,317	63,417	63,517	63,617	63,717	63,817	63,917
63,018	63,118	63,218	63,318	63,418	63,518	63,618	63,718	63,818	63,918
63,019	63,119	63,219	63,319	63,419	63,519	63,619	63,719	63,819	63,919
63,020	63,120	63,220	63,320	63,420	63,520	63,620	63,720	63,820	63,920
63,021	63,121	63,221	63,321	63,421	63,521	63,621	63,721	63,821	63,921
63,022	63,122	63,222	63,322	63,422	63,522	63,622	63,722	63,822	63,922
63,023	63,123	63,223	63,323	63,423	63,523	63,623	63,723	63,823	63,923
63,024	63,124	63,224	63,324	63,424	63,524	63,624	63,724	63,824	63,924
63,025	63,125	63,225	63,325	63,425	63,525	63,625	63,725	63,825	63,925
63,026	63,126	63,226	63,326	63,426	63,526	63,626	63,726	63,826	63,926
63,027	63,127	63,227	63,327	63,427	63,527	63,627	63,727	63,827	63,927
63,028	63,128	63,228	63,328	63,428	63,528	63,628	63,728	63,828	63,928
63,029	63,129	63,229	63,329	63,429	63,529	63,629	63,729	63,829	63,929
63,030	63,130	63,230	63,330	63,430	63,530	63,630	63,730	63,830	63,930
63,031	63,131	63,231	63,331	63,431	63,531	63,631	63,731	63,831	63,931
63,032	63,132	63,232	63,332	63,432	63,532	63,632	63,732	63,832	63,932
63,033	63,133	63,233	63,333	63,433	63,533	63,633	63,733	63,833	63,933
63,034	63,134	63,234	63,334	63,434	63,534	63,634	63,734	63,834	63,934
63,035	63,135	63,235	63,335	63,435	63,535	63,635	63,735	63,835	63,935
63,036	63,136	63,236	63,336	63,436	63,536	63,636	63,736	63,836	63,936
63,037	63,137	63,237	63,337	63,437	63,537	63,637	63,737	63,837	63,937
63,038	63,138	63,238	63,338	63,438	63,538	63,638	63,738	63,838	63,938
63,039	63,139	63,239	63,339	63,439	63,539	63,639	63,739	63,839	63,939
63,040	63,140	63,240	63,340	63,440	63,540	63,640	63,740	63,840	63,940
63,041	63,141	63,241	63,341	63,441	63,541	63,641	63,741	63,841	63,941
63,042	63,142	63,242	63,342	63,442	63,542	63,642	63,742	63,842	63,942
63,043	63,143	63,243	63,343	63,443	63,543	63,643	63,743	63,843	63,943
63,044	63,144	63,244	63,344	63,444	63,544	63,644	63,744	63,844	63,944
63,045	63,145	63,245	63,345	63,445	63,545	63,645	63,745	63,845	63,945
63,046	63,146	63,246	63,346	63,446	63,546	63,646	63,746	63,846	63,946
63,047	63,147	63,247	63,347	63,447	63,547	63,647	63,747	63,847	63,947
63,048	63,148	63,248	63,348	63,448	63,548	63,648	63,748	63,848	63,948
63,049	63,149	63,249	63,349	63,449	63,549	63,649	63,749	63,849	63,949
63,050	63,150	63,250	63,350	63,450	63,550	63,650	63,750	63,850	63,950
63,051	63,151	63,251	63,351	63,451	63,551	63,651	63,751	63,851	63,951
63,052	63,152	63,252	63,352	63,452	63,552	63,652	63,752	63,852	63,952
63,053	63,153	63,253	63,353	63,453	63,553	63,653	63,753	63,853	63,953
63,054	63,154	63,254	63,354	63,454	63,554	63,654	63,754	63,854	63,954
63,055	63,155	63,255	63,355	63,455	63,555	63,655	63,755	63,855	63,955
63,056	63,156	63,256	63,356	63,456	63,556	63,656	63,756	63,856	63,956
63,057	63,157	63,257	63,357	63,457	63,557	63,657	63,757	63,857	63,957
63,058	63,158	63,258	63,358	63,458	63,558	63,658	63,758	63,858	63,958
63,059	63,159	63,259	63,359	63,459	63,559	63,659	63,759	63,859	63,959
63,060	63,160	63,260	63,360	63,460	63,560	63,660	63,760	63,860	63,960
63,061	63,161	63,261	63,361	63,461	63,561	63,661	63,761	63,861	63,961
63,062	63,162	63,262	63,362	63,462	63,562	63,662	63,762	63,862	63,962
63,063	63,163	63,263	63,363	63,463	63,563	63,663	63,763	63,863	63,963
63,064	63,164	63,264	63,364	63,464	63,564	63,664	63,764	63,864	63,964
63,065	63,165	63,265	63,365	63,465	63,565	63,665	63,765	63,865	63,965
63,066	63,166	63,266	63,366	63,466	63,566	63,666	63,766	63,866	63,966
63,067	63,167	63,267	63,367	63,467	63,567	63,667	63,767	63,867	63,967
63,068	63,168	63,268	63,368	63,468	63,568	63,668	63,768	63,868	63,968
63,069	63,169	63,269	63,369	63,469	63,569	63,669	63,769	63,869	63,969
63,070	63,170	63,270	63,370	63,470	63,570	63,670	63,770	63,870	63,970
63,071	63,171	63,271	63,371	63,471	63,571	63,671	63,771	63,871	63,971
63,072	63,172	63,272	63,372	63,472	63,572	63,672	63,772	63,872	63,972
63,073	63,173	63,273	63,373	63,473	63,573	63,673	63,773	63,873	63,973
63,074	63,174	63,274	63,374	63,474	63,574	63,674	63,774	63,874	63,974
63,075	63,175	63,275	63,375	63,475	63,575	63,675	63,775	63,875	63,975
63,076	63,176	63,276	63,376	63,476	63,576	63,676	63,776	63,876	63,976
63,077	63,177	63,277	63,377	63,477	63,577	63,677	63,777	63,877	63,977
63,078	63,178	63,278	63,378	63,478	63,578	63,678	63,778	63,878	63,978
63,079	63,179	63,279	63,379	63,479	63,579	63,679	63,779	63,879	63,979
63,080	63,180	63,280	63,380	63,480	63,580	63,680	63,780	63,880	63,980
63,081	63,181	63,281	63,381	63,481	63,581	63,681	63,781	63,881	63,981
63,082	63,182	63,282	63,382	63,482	63,582	63,682	63,782	63,882	63,982
63,083	63,183	63,283	63,383	63,483	63,583	63,683	63,783	63,883	63,983
63,084	63,184	63,284	63,384	63,484	63,584	63,684	63,784	63,884	63,984
63,085	63,185	63,285	63,385	63,485	63,585	63,685	63,785	63,885	63,985
63,086	63,186	63,286	63,386	63,486	63,586	63,686	63,786	63,886	63,986
63,087	63,187	63,287	63,387	63,487	63,587	63,687	63,787	63,887	63,987
63,088	63,188	63,288	63,388	63,488	63,588	63,688	63,788	63,888	63,988
63,089	63,189	63,289	63,389	63,489	63,589	63,689	63,789	63,889	63,989
63,090	63,190	63,290	63,390	63,490	63,590	63,690	63,790	63,890	63,990
63,091	63,191	63,291	63,391	63,491	63,591	63,691	63,791	63,891	63,991
63,092	63,192	63,292	63,392	63,492	63,592	63,692	63,792	63,892	63,992
63,093	63,193	63,293	63,393	63,493	63,593	63,693	63,793	63,893	63,993
63,094	63,194	63,294	63,394	63,494	63,594	63,694	63,794	63,894	63,994
63,095	63,195	63,295	63,395	63,495	63,595	63,695	63,795	63,895	63,995
63,096	63,196	63,296	63,396	63,496	63,596	63,696	63,796	63,896	63,996
63,097	63,197	63,297	63,397	63,497	63,597	63,697	63,797	63,897	63,997
63,098	63,198	63,298	63,398	63,498	63,598	63,698	63,798	63,898	63,998
63,099	63,199	63,299	63,399	63,499	63,599	63,699	63,799	63,899	63,999

64,000	64,100	64,200	64,300	64,400	64,500	64,600	64,700	64,800	64,900
64,001	64,101	64,201	64,301	64,401	64,501	64,601	64,701	64,801	64,901
64,002	64,102	64,202	64,302	64,402	64,502	64,602	64,702	64,802	64,902
64,003	64,103	64,203	64,303	64,403	64,503	64,603	64,703	64,803	64,903
64,004	64,104	64,204	64,304	64,404	64,504	64,604	64,704	64,804	64,904
64,005	64,105	64,205	64,305	64,405	64,505	64,605	64,705	64,805	64,905
64,006	64,106	64,206	64,306	64,406	64,506	64,606	64,706	64,806	64,906
64,007	64,107	64,207	64,307	64,407	64,507	64,607	64,707	64,807	64,907
64,008	64,108	64,208	64,308	64,408	64,508	64,608	64,708	64,808	64,908
64,009	64,109	64,209	64,309	64,409	64,509	64,609	64,709	64,809	64,909
64,010	64,110	64,210	64,310	64,410	64,510	64,610	64,710	64,810	64,910
64,011	64,111	64,211	64,311	64,411	64,511	64,611	64,711	64,811	64,911
64,012	64,112	64,212	64,312	64,412	64,512	64,612	64,712	64,812	64,912
64,013	64,113	64,213	64,313	64,413	64,513	64,613	64,713	64,813	64,913
64,014	64,114	64,214	64,314	64,414	64,514	64,614	64,714	64,814	64,914
64,015	64,115	64,215	64,315	64,415	64,515	64,615	64,715	64,815	64,915
64,016	64,116	64,216	64,316	64,416	64,516	64,616	64,716	64,816	64,916
64,017	64,117	64,217	64,317	64,417	64,517	64,617	64,717	64,817	64,917
64,018	64,118	64,218	64,318	64,418	64,518	64,618	64,718	64,818	64,918
64,019	64,119	64,219	64,319	64,419	64,519	64,619	64,719	64,819	64,919
64,020	64,120	64,220	64,320	64,420	64,520	64,620	64,720	64,820	64,920
64,021	64,121	64,221	64,321	64,421	64,521	64,621	64,721	64,821	64,921
64,022	64,122	64,222	64,322	64,422	64,522	64,622	64,722	64,822	64,922
64,023	64,123	64,223	64,323	64,423	64,523	64,623	64,723	64,823	64,923
64,024	64,124	64,224	64,324	64,424	64,524	64,624	64,724	64,824	64,924
64,025	64,125	64,225	64,325	64,425	64,525	64,625	64,725	64,825	64,925
64,026	64,126	64,226	64,326	64,426	64,526	64,626	64,726	64,826	64,926
64,027	64,127	64,227	64,327	64,427	64,527	64,627	64,727	64,827	64,927
64,028	64,128	64,228	64,328	64,428	64,528	64,628	64,728	64,828	64,928
64,029	64,129	64,229	64,329	64,429	64,529	64,629	64,729	64,829	64,929
64,030	64,130	64,230	64,330	64,430	64,530	64,630	64,730	64,830	64,930
64,031	64,131	64,231	64,331	64,431	64,531	64,631	64,731	64,831	64,931
64,032	64,132	64,232	64,332	64,432	64,532	64,632	64,732	64,832	64,932
64,033	64,133	64,233	64,333	64,433	64,533	64,633	64,733	64,833	64,933
64,034	64,134	64,234	64,334	64,434	64,534	64,634	64,734	64,834	64,934
64,035	64,135	64,235	64,335	64,435	64,535	64,635	64,735	64,835	64,935
64,036	64,136	64,236	64,336	64,436	64,536	64,636	64,736	64,836	64,936
64,037	64,137	64,237	64,337	64,437	64,537	64,637	64,737	64,837	64,937
64,038	64,138	64,238	64,338	64,438	64,538	64,638	64,738	64,838	64,938
64,039	64,139	64,239	64,339	64,439	64,539	64,639	64,739	64,839	64,939
64,040	64,140	64,240	64,340	64,440	64,540	64,640	64,740	64,840	64,940
64,041	64,141	64,241	64,341	64,441	64,541	64,641	64,741	64,841	64,941
64,042	64,142	64,242	64,342	64,442	64,542	64,642	64,742	64,842	64,942
64,043	64,143	64,243	64,343	64,443	64,543	64,643	64,743	64,843	64,943
64,044	64,144	64,244	64,344	64,444	64,544	64,644	64,744	64,844	64,944
64,045	64,145	64,245	64,345	64,445	64,545	64,645	64,745	64,845	64,945
64,046	64,146	64,246	64,346	64,446	64,546	64,646	64,746	64,846	64,946
64,047	64,147	64,247	64,347	64,447	64,547	64,647	64,747	64,847	64,947
64,048	64,148	64,248	64,348	64,448	64,548	64,648	64,748	64,848	64,948
64,049	64,149	64,249	64,349	64,449	64,549	64,649	64,749	64,849	64,949
64,050	64,150	64,250	64,350	64,450	64,550	64,650	64,750	64,850	64,950
64,051	64,151	64,251	64,351	64,451	64,551	64,651	64,751	64,851	64,951
64,052	64,152	64,252	64,352	64,452	64,552	64,652	64,752	64,852	64,952
64,053	64,153	64,253	64,353	64,453	64,553	64,653	64,753	64,853	64,953
64,054	64,154	64,254	64,354	64,454	64,554	64,654	64,754	64,854	64,954
64,055	64,155	64,255	64,355	64,455	64,555	64,655	64,755	64,855	64,955
64,056	64,156	64,256	64,356	64,456	64,556	64,656	64,756	64,856	64,956
64,057	64,157	64,257	64,357	64,457	64,557	64,657	64,757	64,857	64,957
64,058	64,158	64,258	64,358	64,458	64,558	64,658	64,758	64,858	64,958
64,059	64,159	64,259	64,359	64,459	64,559	64,659	64,759	64,859	64,959
64,060	64,160	64,260	64,360	64,460	64,560	64,660	64,760	64,860	64,960
64,061	64,161	64,261	64,361	64,461	64,561	64,661	64,761	64,861	64,961
64,062	64,162	64,262	64,362	64,462	64,562	64,662	64,762	64,862	64,962
64,063	64,163	64,263	64,363	64,463	64,563	64,663	64,763	64,863	64,963
64,064	64,164	64,264	64,364	64,464	64,564	64,664	64,764	64,864	64,964
64,065	64,165	64,265	64,365	64,465	64,565	64,665	64,765	64,865	64,965
64,066	64,166	64,266	64,366	64,466	64,566	64,666	64,766	64,866	64,966
64,067	64,167	64,267	64,367	64,467	64,567	64,667	64,767	64,867	64,967
64,068	64,168	64,268	64,368	64,468	64,568	64,668	64,768	64,868	64,968
64,069	64,169	64,269	64,369	64,469	64,569	64,669	64,769	64,869	64,969
64,070	64,170	64,270	64,370	64,470	64,570	64,670	64,770	64,870	64,970
64,071	64,171	64,271	64,371	64,471	64,571	64,671	64,771	64,871	64,971
64,072	64,172	64,272	64,372	64,472	64,572	64,672	64,772	64,872	64,972
64,073	64,173	64,273	64,373	64,473	64,573	64,673	64,773	64,873	64,973
64,074	64,174	64,274	64,374	64,474	64,574	64,674	64,774	64,874	64,974
64,075	64,175	64,275	64,375	64,475	64,575	64,675	64,775	64,875	64,975
64,076	64,176	64,276	64,376	64,476	64,576	64,676	64,776	64,876	64,976
64,077	64,177	64,277	64,377	64,477	64,577	64,677	64,777	64,877	64,977
64,078	64,178	64,278	64,378	64,478	64,578	64,678	64,778	64,878	64,978
64,079	64,179	64,279	64,379	64,479	64,579	64,679	64,779	64,879	64,979
64,080	64,180	64,280	64,380	64,480	64,580	64,680	64,780	64,880	64,980
64,081	64,181	64,281	64,381	64,481	64,581	64,681	64,781	64,881	64,981
64,082	64,182	64,282	64,382	64,482	64,582	64,682	64,782	64,882	64,982
64,083	64,183	64,283	64,383	64,483	64,583	64,683	64,783	64,883	64,983
64,084	64,184	64,284	64,384	64,484	64,584	64,684	64,784	64,884	64,984
64,085	64,185	64,285	64,385	64,485	64,585	64,685	64,785	64,885	64,985
64,086	64,186	64,286	64,386	64,486	64,586	64,686	64,786	64,886	64,986
64,087	64,187	64,287	64,387	64,487	64,587	64,687	64,787	64,887	64,987
64,088	64,188	64,288	64,388	64,488	64,588	64,688	64,788	64,888	64,988
64,089	64,189	64,289	64,389	64,489	64,589	64,689	64,789	64,889	64,989
64,090	64,190	64,290	64,390	64,490	64,590	64,690	64,790	64,890	64,990
64,091	64,191	64,291	64,391	64,491	64,591	64,691	64,791	64,891	64,991
64,092	64,192	64,292	64,392	64,492	64,592	64,692	64,792	64,892	64,992
64,093	64,193	64,293	64,393	64,493	64,593	64,693	64,793	64,893	64,993
64,094	64,194	64,294	64,394	64,494	64,594	64,694	64,794	64,894	64,994
64,095	64,195	64,295	64,395	64,495	64,595	64,695	64,795	64,895	64,995
64,096	64,196	64,296	64,396	64,496	64,596	64,696	64,796	64,896	64,996
64,097	64,197	64,297	64,397	64,497	64,597	64,697	64,797	64,897	64,997
64,098	64,198	64,298	64,398	64,498	64,598	64,698	64,798	64,898	64,998
64,099	64,199	64,299	64,399	64,499	64,599	64,699	64,799	64,899	64,999

65,000	65,100	65,200	65,300	65,400	65,500	65,600	65,700	65,800	65,900
65,001	65,101	65,201	65,301	65,401	65,501	65,601	65,701	65,801	65,901
65,002	65,102	65,202	65,302	65,402	65,502	65,602	65,702	65,802	65,902
65,003	65,103	65,203	65,303	65,403	65,503	65,603	65,703	65,803	65,903
65,004	65,104	65,204	65,304	65,404	65,504	65,604	65,704	65,804	65,904
65,005	65,105	65,205	65,305	65,405	65,505	65,605	65,705	65,805	65,905
65,006	65,106	65,206	65,306	65,406	65,506	65,606	65,706	65,806	65,906
65,007	65,107	65,207	65,307	65,407	65,507	65,607	65,707	65,807	65,907
65,008	65,108	65,208	65,308	65,408	65,508	65,608	65,708	65,808	65,908
65,009	65,109	65,209	65,309	65,409	65,509	65,609	65,709	65,809	65,909
65,010	65,110	65,210	65,310	65,410	65,510	65,610	65,710	65,810	65,910
65,011	65,111	65,211	65,311	65,411	65,511	65,611	65,711	65,811	65,911
65,012	65,112	65,212	65,312	65,412	65,512	65,612	65,712	65,812	65,912
65,013	65,113	65,213	65,313	65,413	65,513	65,613	65,713	65,813	65,913
65,014	65,114	65,214	65,314	65,414	65,514	65,614	65,714	65,814	65,914
65,015	65,115	65,215	65,315	65,415	65,515	65,615	65,715	65,815	65,915
65,016	65,116	65,216	65,316	65,416	65,516	65,616	65,716	65,816	65,916
65,017	65,117	65,217	65,317	65,417	65,517	65,617	65,717	65,817	65,917
65,018	65,118	65,218	65,318	65,418	65,518	65,618	65,718	65,818	65,918
65,019	65,119	65,219	65,319	65,419	65,519	65,619	65,719	65,819	65,919
65,020	65,120	65,220	65,320	65,420	65,520	65,620	65,720	65,820	65,920
65,021	65,121	65,221	65,321	65,421	65,521	65,621	65,721	65,821	65,921
65,022	65,122	65,222	65,322	65,422	65,522	65,622	65,722	65,822	65,922
65,023	65,123	65,223	65,323	65,423	65,523	65,623	65,723	65,823	65,923
65,024	65,124	65,224	65,324	65,424	65,524	65,624	65,724	65,824	65,924
65,025	65,125	65,225	65,325	65,425	65,525	65,625	65,725	65,825	65,925
65,026	65,126	65,226	65,326	65,426	65,526	65,626	65,726	65,826	65,926
65,027	65,127	65,227	65,327	65,427	65,527	65,627	65,727	65,827	65,927
65,028	65,128	65,228	65,328	65,428	65,528	65,628	65,728	65,828	65,928
65,029	65,129	65,229	65,329	65,429	65,529	65,629	65,729	65,829	65,929
65,030	65,130	65,230	65,330	65,430	65,530	65,630	65,730	65,830	65,930
65,031	65,131	65,231	65,331	65,431	65,531	65,631	65,731	65,831	65,931
65,032	65,132	65,232	65,332	65,432	65,532	65,632	65,732	65,832	65,932
65,033	65,133	65,233	65,333	65,433	65,533	65,633	65,733	65,833	65,933
65,034	65,134	65,234	65,334	65,434	65,534	65,634	65,734	65,834	65,934
65,035	65,135	65,235	65,335	65,435	65,535	65,635	65,735	65,835	65,935
65,036	65,136	65,236	65,336	65,436	65,536	65,636	65,736	65,836	65,936
65,037	65,137	65,237	65,337	65,437	65,537	65,637	65,737	65,837	65,937
65,038	65,138	65,238	65,338	65,438	65,538	65,638	65,738	65,838	65,938
65,039	65,139	65,239	65,339	65,439	65,539	65,639	65,739	65,839	65,939
65,040	65,140	65,240	65,340	65,440	65,540	65,640	65,740	65,840	65,940
65,041	65,141	65,241	65,341	65,441	65,541	65,641	65,741	65,841	65,941
65,042	65,142	65,242	65,342	65,442	65,542	65,642	65,742	65,842	65,942
65,043	65,143	65,243	65,343	65,443	65,543	65,643	65,743	65,843	65,943
65,044	65,144	65,244	65,344	65,444	65,544	65,644	65,744	65,844	65,944
65,045	65,145	65,245	65,345	65,445	65,545	65,645	65,745	65,845	65,945
65,046	65,146	65,246	65,346	65,446	65,546	65,646	65,746	65,846	65,946
65,047	65,147	65,247	65,347	65,447	65,547	65,647	65,747	65,847	65,947
65,048	65,148	65,248	65,348	65,448	65,548	65,648	65,748	65,848	65,948
65,049	65,149	65,249	65,349	65,449	65,549	65,649	65,749	65,849	65,949
65,050	65,150	65,250	65,350	65,450	65,550	65,650	65,750	65,850	65,950
65,051	65,151	65,251	65,351	65,451	65,551	65,651	65,751	65,851	65,951
65,052	65,152	65,252	65,352	65,452	65,552	65,652	65,752	65,852	65,952
65,053	65,153	65,253	65,353	65,453	65,553	65,653	65,753	65,853	65,953
65,054	65,154	65,254	65,354	65,454	65,554	65,654	65,754	65,854	65,954
65,055	65,155	65,255	65,355	65,455	65,555	65,655	65,755	65,855	65,955
65,056	65,156	65,256	65,356	65,456	65,556	65,656	65,756	65,856	65,956
65,057	65,157	65,257	65,357	65,457	65,557	65,657	65,757	65,857	65,957
65,058	65,158	65,258	65,358	65,458	65,558	65,658	65,758	65,858	65,958
65,059	65,159	65,259	65,359	65,459	65,559	65,659	65,759	65,859	65,959
65,060	65,160	65,260	65,360	65,460	65,560	65,660	65,760	65,860	65,960
65,061	65,161	65,261	65,361	65,461	65,561	65,661	65,761	65,861	65,961
65,062	65,162	65,262	65,362	65,462	65,562	65,662	65,762	65,862	65,962
65,063	65,163	65,263	65,363	65,463	65,563	65,663	65,763	65,863	65,963
65,064	65,164	65,264	65,364	65,464	65,564	65,664	65,764	65,864	65,964
65,065	65,165	65,265	65,365	65,465	65,565	65,665	65,765	65,865	65,965
65,066	65,166	65,266	65,366	65,466	65,566	65,666	65,766	65,866	65,966
65,067	65,167	65,267	65,367	65,467	65,567	65,667	65,767	65,867	65,967
65,068	65,168	65,268	65,368	65,468	65,568	65,668	65,768	65,868	65,968
65,069	65,169	65,269	65,369	65,469	65,569	65,669	65,769	65,869	65,969
65,070	65,170	65,270	65,370	65,470	65,570	65,670	65,770	65,870	65,970
65,071	65,171	65,271	65,371	65,471	65,571	65,671	65,771	65,871	65,971
65,072	65,172	65,272	65,372	65,472	65,572	65,672	65,772	65,872	65,972
65,073	65,173	65,273	65,373	65,473	65,573	65,673	65,773	65,873	65,973
65,074	65,174	65,274	65,374	65,474	65,574	65,674	65,774	65,874	65,974
65,075	65,175	65,275	65,375	65,475	65,575	65,675	65,775	65,875	65,975
65,076	65,176	65,276	65,376	65,476	65,576	65,676	65,776	65,876	65,976
65,077	65,177	65,277	65,377	65,477	65,577	65,677	65,777	65,877	65,977
65,078	65,178	65,278	65,378	65,478	65,578	65,678	65,778	65,878	65,978
65,079	65,179	65,279	65,379	65,479	65,579	65,679	65,779	65,879	65,979
65,080	65,180	65,280	65,380	65,480	65,580	65,680	65,780	65,880	65,980
65,081	65,181	65,281	65,381	65,481	65,581	65,681	65,781	65,881	65,981
65,082	65,182	65,282	65,382	65,482	65,582	65,682	65,782	65,882	65,982
65,083	65,183	65,283	65,383	65,483	65,583	65,683	65,783	65,883	65,983
65,084	65,184	65,284	65,384	65,484	65,584	65,684	65,784	65,884	65,984
65,085	65,185	65,285	65,385	65,485	65,585	65,685	65,785	65,885	65,985
65,086	65,186	65,286	65,386	65,486	65,586	65,686	65,786	65,886	65,986
65,087	65,187	65,287	65,387	65,487	65,587	65,687	65,787	65,887	65,987
65,088	65,188	65,288	65,388	65,488	65,588	65,688	65,788	65,888	65,988
65,089	65,189	65,289	65,389	65,489	65,589	65,689	65,789	65,889	65,989
65,090	65,190	65,290	65,390	65,490	65,590	65,690	65,790	65,890	65,990
65,091	65,191	65,291	65,391	65,491	65,591	65,691	65,791	65,891	65,991
65,092	65,192	65,292	65,392	65,492	65,592	65,692	65,792	65,892	65,992
65,093	65,193	65,293	65,393	65,493	65,593	65,693	65,793	65,893	65,993
65,094	65,194	65,294	65,394	65,494	65,594	65,694	65,794	65,894	65,994
65,095	65,195	65,295	65,395	65,495	65,595	65,695	65,795	65,895	65,995
65,096	65,196	65,296	65,396	65,496	65,596	65,696	65,796	65,896	65,996
65,097	65,197	65,297	65,397	65,497	65,597	65,697	65,797	65,897	65,997
65,098	65,198	65,298	65,398	65,498	65,598	65,698	65,798	65,898	65,998
65,099	65,199	65,299	65,399	65,499	65,599	65,699	65,799	65,899	65,999

66,000	66,100	66,200	66,300	66,400	66,500	66,600	66,700	66,800	66,900
66,001	66,101	66,201	66,301	66,401	66,501	66,601	66,701	66,801	66,901
66,002	66,102	66,202	66,302	66,402	66,502	66,602	66,702	66,802	66,902
66,003	66,103	66,203	66,303	66,403	66,503	66,603	66,703	66,803	66,903
66,004	66,104	66,204	66,304	66,404	66,504	66,604	66,704	66,804	66,904
66,005	66,105	66,205	66,305	66,405	66,505	66,605	66,705	66,805	66,905
66,006	66,106	66,206	66,306	66,406	66,506	66,606	66,706	66,806	66,906
66,007	66,107	66,207	66,307	66,407	66,507	66,607	66,707	66,807	66,907
66,008	66,108	66,208	66,308	66,408	66,508	66,608	66,708	66,808	66,908
66,009	66,109	66,209	66,309	66,409	66,509	66,609	66,709	66,809	66,909
66,010	66,110	66,210	66,310	66,410	66,510	66,610	66,710	66,810	66,910
66,011	66,111	66,211	66,311	66,411	66,511	66,611	66,711	66,811	66,911
66,012	66,112	66,212	66,312	66,412	66,512	66,612	66,712	66,812	66,912
66,013	66,113	66,213	66,313	66,413	66,513	66,613	66,713	66,813	66,913
66,014	66,114	66,214	66,314	66,414	66,514	66,614	66,714	66,814	66,914
66,015	66,115	66,215	66,315	66,415	66,515	66,615	66,715	66,815	66,915
66,016	66,116	66,216	66,316	66,416	66,516	66,616	66,716	66,816	66,916
66,017	66,117	66,217	66,317	66,417	66,517	66,617	66,717	66,817	66,917
66,018	66,118	66,218	66,318	66,418	66,518	66,618	66,718	66,818	66,918
66,019	66,119	66,219	66,319	66,419	66,519	66,619	66,719	66,819	66,919
66,020	66,120	66,220	66,320	66,420	66,520	66,620	66,720	66,820	66,920
66,021	66,121	66,221	66,321	66,421	66,521	66,621	66,721	66,821	66,921
66,022	66,122	66,222	66,322	66,422	66,522	66,622	66,722	66,822	66,922
66,023	66,123	66,223	66,323	66,423	66,523	66,623	66,723	66,823	66,923
66,024	66,124	66,224	66,324	66,424	66,524	66,624	66,724	66,824	66,924
66,025	66,125	66,225	66,325	66,425	66,525	66,625	66,725	66,825	66,925
66,026	66,126	66,226	66,326	66,426	66,526	66,626	66,726	66,826	66,926
66,027	66,127	66,227	66,327	66,427	66,527	66,627	66,727	66,827	66,927
66,028	66,128	66,228	66,328	66,428	66,528	66,628	66,728	66,828	66,928
66,029	66,129	66,229	66,329	66,429	66,529	66,629	66,729	66,829	66,929
66,030	66,130	66,230	66,330	66,430	66,530	66,630	66,730	66,830	66,930
66,031	66,131	66,231	66,331	66,431	66,531	66,631	66,731	66,831	66,931
66,032	66,132	66,232	66,332	66,432	66,532	66,632	66,732	66,832	66,932
66,033	66,133	66,233	66,333	66,433	66,533	66,633	66,733	66,833	66,933
66,034	66,134	66,234	66,334	66,434	66,534	66,634	66,734	66,834	66,934
66,035	66,135	66,235	66,335	66,435	66,535	66,635	66,735	66,835	66,935
66,036	66,136	66,236	66,336	66,436	66,536	66,636	66,736	66,836	66,936
66,037	66,137	66,237	66,337	66,437	66,537	66,637	66,737	66,837	66,937
66,038	66,138	66,238	66,338	66,438	66,538	66,638	66,738	66,838	66,938
66,039	66,139	66,239	66,339	66,439	66,539	66,639	66,739	66,839	66,939
66,040	66,140	66,240	66,340	66,440	66,540	66,640	66,740	66,840	66,940
66,041	66,141	66,241	66,341	66,441	66,541	66,641	66,741	66,841	66,941
66,042	66,142	66,242	66,342	66,442	66,542	66,642	66,742	66,842	66,942
66,043	66,143	66,243	66,343	66,443	66,543	66,643	66,743	66,843	66,943
66,044	66,144	66,244	66,344	66,444	66,544	66,644	66,744	66,844	66,944
66,045	66,145	66,245	66,345	66,445	66,545	66,645	66,745	66,845	66,945
66,046	66,146	66,246	66,346	66,446	66,546	66,646	66,746	66,846	66,946
66,047	66,147	66,247	66,347	66,447	66,547	66,647	66,747	66,847	66,947
66,048	66,148	66,248	66,348	66,448	66,548	66,648	66,748	66,848	66,948
66,049	66,149	66,249	66,349	66,449	66,549	66,649	66,749	66,849	66,949
66,050	66,150	66,250	66,350	66,450	66,550	66,650	66,750	66,850	66,950
66,051	66,151	66,251	66,351	66,451	66,551	66,651	66,751	66,851	66,951
66,052	66,152	66,252	66,352	66,452	66,552	66,652	66,752	66,852	66,952
66,053	66,153	66,253	66,353	66,453	66,553	66,653	66,753	66,853	66,953
66,054	66,154	66,254	66,354	66,454	66,554	66,654	66,754	66,854	66,954
66,055	66,155	66,255	66,355	66,455	66,555	66,655	66,755	66,855	66,955
66,056	66,156	66,256	66,356	66,456	66,556	66,656	66,756	66,856	66,956
66,057	66,157	66,257	66,357	66,457	66,557	66,657	66,757	66,857	66,957
66,058	66,158	66,258	66,358	66,458	66,558	66,658	66,758	66,858	66,958
66,059	66,159	66,259	66,359	66,459	66,559	66,659	66,759	66,859	66,959
66,060	66,160	66,260	66,360	66,460	66,560	66,660	66,760	66,860	66,960
66,061	66,161	66,261	66,361	66,461	66,561	66,661	66,761	66,861	66,961
66,062	66,162	66,262	66,362	66,462	66,562	66,662	66,762	66,862	66,962
66,063	66,163	66,263	66,363	66,463	66,563	66,663	66,763	66,863	66,963
66,064	66,164	66,264	66,364	66,464	66,564	66,664	66,764	66,864	66,964
66,065	66,165	66,265	66,365	66,465	66,565	66,665	66,765	66,865	66,965
66,066	66,166	66,266	66,366	66,466	66,566	66,666	66,766	66,866	66,966
66,067	66,167	66,267	66,367	66,467	66,567	66,667	66,767	66,867	66,967
66,068	66,168	66,268	66,368	66,468	66,568	66,668	66,768	66,868	66,968
66,069	66,169	66,269	66,369	66,469	66,569	66,669	66,769	66,869	66,969
66,070	66,170	66,270	66,370	66,470	66,570	66,670	66,770	66,870	66,970
66,071	66,171	66,271	66,371	66,471	66,571	66,671	66,771	66,871	66,971
66,072	66,172	66,272	66,372	66,472	66,572	66,672	66,772	66,872	66,972
66,073	66,173	66,273	66,373	66,473	66,573	66,673	66,773	66,873	66,973
66,074	66,174	66,274	66,374	66,474	66,574	66,674	66,774	66,874	66,974
66,075	66,175	66,275	66,375	66,475	66,575	66,675	66,775	66,875	66,975
66,076	66,176	66,276	66,376	66,476	66,576	66,676	66,776	66,876	66,976
66,077	66,177	66,277	66,377	66,477	66,577	66,677	66,777	66,877	66,977
66,078	66,178	66,278	66,378	66,478	66,578	66,678	66,778	66,878	66,978
66,079	66,179	66,279	66,379	66,479	66,579	66,679	66,779	66,879	66,979
66,080	66,180	66,280	66,380	66,480	66,580	66,680	66,780	66,880	66,980
66,081	66,181	66,281	66,381	66,481	66,581	66,681	66,781	66,881	66,981
66,082	66,182	66,282	66,382	66,482	66,582	66,682	66,782	66,882	66,982
66,083	66,183	66,283	66,383	66,483	66,583	66,683	66,783	66,883	66,983
66,084	66,184	66,284	66,384	66,484	66,584	66,684	66,784	66,884	66,984
66,085	66,185	66,285	66,385	66,485	66,585	66,685	66,785	66,885	66,985
66,086	66,186	66,286	66,386	66,486	66,586	66,686	66,786	66,886	66,986
66,087	66,187	66,287	66,387	66,487	66,587	66,687	66,787	66,887	66,987
66,088	66,188	66,288	66,388	66,488	66,588	66,688	66,788	66,888	66,988
66,089	66,189	66,289	66,389	66,489	66,589	66,689	66,789	66,889	66,989
66,090	66,190	66,290	66,390	66,490	66,590	66,690	66,790	66,890	66,990
66,091	66,191	66,291	66,391	66,491	66,591	66,691	66,791	66,891	66,991
66,092	66,192	66,292	66,392	66,492	66,592	66,692	66,792	66,892	66,992
66,093	66,193	66,293	66,393	66,493	66,593	66,693	66,793	66,893	66,993
66,094	66,194	66,294	66,394	66,494	66,594	66,694	66,794	66,894	66,994
66,095	66,195	66,295	66,395	66,495	66,595	66,695	66,795	66,895	66,995
66,096	66,196	66,296	66,396	66,496	66,596	66,696	66,796	66,896	66,996
66,097	66,197	66,297	66,397	66,497	66,597	66,697	66,797	66,897	66,997
66,098	66,198	66,298	66,398	66,498	66,598	66,698	66,798	66,898	66,998
66,099	66,199	66,299	66,399	66,499	66,599	66,699	66,799	66,899	66,999

67,000	67,100	67,200	67,300	67,400	67,500	67,600	67,700	67,800	67,900
67,001	67,101	67,201	67,301	67,401	67,501	67,601	67,701	67,801	67,901
67,002	67,102	67,202	67,302	67,402	67,502	67,602	67,702	67,802	67,902
67,003	67,103	67,203	67,303	67,403	67,503	67,603	67,703	67,803	67,903
67,004	67,104	67,204	67,304	67,404	67,504	67,604	67,704	67,804	67,904
67,005	67,105	67,205	67,305	67,405	67,505	67,605	67,705	67,805	67,905
67,006	67,106	67,206	67,306	67,406	67,506	67,606	67,706	67,806	67,906
67,007	67,107	67,207	67,307	67,407	67,507	67,607	67,707	67,807	67,907
67,008	67,108	67,208	67,308	67,408	67,508	67,608	67,708	67,808	67,908
67,009	67,109	67,209	67,309	67,409	67,509	67,609	67,709	67,809	67,909
67,010	67,110	67,210	67,310	67,410	67,510	67,610	67,710	67,810	67,910
67,011	67,111	67,211	67,311	67,411	67,511	67,611	67,711	67,811	67,911
67,012	67,112	67,212	67,312	67,412	67,512	67,612	67,712	67,812	67,912
67,013	67,113	67,213	67,313	67,413	67,513	67,613	67,713	67,813	67,913
67,014	67,114	67,214	67,314	67,414	67,514	67,614	67,714	67,814	67,914
67,015	67,115	67,215	67,315	67,415	67,515	67,615	67,715	67,815	67,915
67,016	67,116	67,216	67,316	67,416	67,516	67,616	67,716	67,816	67,916
67,017	67,117	67,217	67,317	67,417	67,517	67,617	67,717	67,817	67,917
67,018	67,118	67,218	67,318	67,418	67,518	67,618	67,718	67,818	67,918
67,019	67,119	67,219	67,319	67,419	67,519	67,619	67,719	67,819	67,919
67,020	67,120	67,220	67,320	67,420	67,520	67,620	67,720	67,820	67,920
67,021	67,121	67,221	67,321	67,421	67,521	67,621	67,721	67,821	67,921
67,022	67,122	67,222	67,322	67,422	67,522	67,622	67,722	67,822	67,922
67,023	67,123	67,223	67,323	67,423	67,523	67,623	67,723	67,823	67,923
67,024	67,124	67,224	67,324	67,424	67,524	67,624	67,724	67,824	67,924
67,025	67,125	67,225	67,325	67,425	67,525	67,625	67,725	67,825	67,925
67,026	67,126	67,226	67,326	67,426	67,526	67,626	67,726	67,826	67,926
67,027	67,127	67,227	67,327	67,427	67,527	67,627	67,727	67,827	67,927
67,028	67,128	67,228	67,328	67,428	67,528	67,628	67,728	67,828	67,928
67,029	67,129	67,229	67,329	67,429	67,529	67,629	67,729	67,829	67,929
67,030	67,130	67,230	67,330	67,430	67,530	67,630	67,730	67,830	67,930
67,031	67,131	67,231	67,331	67,431	67,531	67,631	67,731	67,831	67,931
67,032	67,132	67,232	67,332	67,432	67,532	67,632	67,732	67,832	67,932
67,033	67,133	67,233	67,333	67,433	67,533	67,633	67,733	67,833	67,933
67,034	67,134	67,234	67,334	67,434	67,534	67,634	67,734	67,834	67,934
67,035	67,135	67,235	67,335	67,435	67,535	67,635	67,735	67,835	67,935
67,036	67,136	67,236	67,336	67,436	67,536	67,636	67,736	67,836	67,936
67,037	67,137	67,237	67,337	67,437	67,537	67,637	67,737	67,837	67,937
67,038	67,138	67,238	67,338	67,438	67,538	67,638	67,738	67,838	67,938
67,039	67,139	67,239	67,339	67,439	67,539	67,639	67,739	67,839	67,939
67,040	67,140	67,240	67,340	67,440	67,540	67,640	67,740	67,840	67,940
67,041	67,141	67,241	67,341	67,441	67,541	67,641	67,741	67,841	67,941
67,042	67,142	67,242	67,342	67,442	67,542	67,642	67,742	67,842	67,942
67,043	67,143	67,243	67,343	67,443	67,543	67,643	67,743	67,843	67,943
67,044	67,144	67,244	67,344	67,444	67,544	67,644	67,744	67,844	67,944
67,045	67,145	67,245	67,345	67,445	67,545	67,645	67,745	67,845	67,945
67,046	67,146	67,246	67,346	67,446	67,546	67,646	67,746	67,846	67,946
67,047	67,147	67,247	67,347	67,447	67,547	67,647	67,747	67,847	67,947
67,048	67,148	67,248	67,348	67,448	67,548	67,648	67,748	67,848	67,948
67,049	67,149	67,249	67,349	67,449	67,549	67,649	67,749	67,849	67,949
67,050	67,150	67,250	67,350	67,450	67,550	67,650	67,750	67,850	67,950
67,051	67,151	67,251	67,351	67,451	67,551	67,651	67,751	67,851	67,951
67,052	67,152	67,252	67,352	67,452	67,552	67,652	67,752	67,852	67,952
67,053	67,153	67,253	67,353	67,453	67,553	67,653	67,753	67,853	67,953
67,054	67,154	67,254	67,354	67,454	67,554	67,654	67,754	67,854	67,954
67,055	67,155	67,255	67,355	67,455	67,555	67,655	67,755	67,855	67,955
67,056	67,156	67,256	67,356	67,456	67,556	67,656	67,756	67,856	67,956
67,057	67,157	67,257	67,357	67,457	67,557	67,657	67,757	67,857	67,957
67,058	67,158	67,258	67,358	67,458	67,558	67,658	67,758	67,858	67,958
67,059	67,159	67,259	67,359	67,459	67,559	67,659	67,759	67,859	67,959
67,060	67,160	67,260	67,360	67,460	67,560	67,660	67,760	67,860	67,960
67,061	67,161	67,261	67,361	67,461	67,561	67,661	67,761	67,861	67,961
67,062	67,162	67,262	67,362	67,462	67,562	67,662	67,762	67,862	67,962
67,063	67,163	67,263	67,363	67,463	67,563	67,663	67,763	67,863	67,963
67,064	67,164	67,264	67,364	67,464	67,564	67,664	67,764	67,864	67,964
67,065	67,165	67,265	67,365	67,465	67,565	67,665	67,765	67,865	67,965
67,066	67,166	67,266	67,366	67,466	67,566	67,666	67,766	67,866	67,966
67,067	67,167	67,267	67,367	67,467	67,567	67,667	67,767	67,867	67,967
67,068	67,168	67,268	67,368	67,468	67,568	67,668	67,768	67,868	67,968
67,069	67,169	67,269	67,369	67,469	67,569	67,669	67,769	67,869	67,969
67,070	67,170	67,270	67,370	67,470	67,570	67,670	67,770	67,870	67,970
67,071	67,171	67,271	67,371	67,471	67,571	67,671	67,771	67,871	67,971
67,072	67,172	67,272	67,372	67,472	67,572	67,672	67,772	67,872	67,972
67,073	67,173	67,273	67,373	67,473	67,573	67,673	67,773	67,873	67,973
67,074	67,174	67,274	67,374	67,474	67,574	67,674	67,774	67,874	67,974
67,075	67,175	67,275	67,375	67,475	67,575	67,675	67,775	67,875	67,975
67,076	67,176	67,276	67,376	67,476	67,576	67,676	67,776	67,876	67,976
67,077	67,177	67,277	67,377	67,477	67,577	67,677	67,777	67,877	67,977
67,078	67,178	67,278	67,378	67,478	67,578	67,678	67,778	67,878	67,978
67,079	67,179	67,279	67,379	67,479	67,579	67,679	67,779	67,879	67,979
67,080	67,180	67,280	67,380	67,480	67,580	67,680	67,780	67,880	67,980
67,081	67,181	67,281	67,381	67,481	67,581	67,681	67,781	67,881	67,981
67,082	67,182	67,282	67,382	67,482	67,582	67,682	67,782	67,882	67,982
67,083	67,183	67,283	67,383	67,483	67,583	67,683	67,783	67,883	67,983
67,084	67,184	67,284	67,384	67,484	67,584	67,684	67,784	67,884	67,984
67,085	67,185	67,285	67,385	67,485	67,585	67,685	67,785	67,885	67,985
67,086	67,186	67,286	67,386	67,486	67,586	67,686	67,786	67,886	67,986
67,087	67,187	67,287	67,387	67,487	67,587	67,687	67,787	67,887	67,987
67,088	67,188	67,288	67,388	67,488	67,588	67,688	67,788	67,888	67,988
67,089	67,189	67,289	67,389	67,489	67,589	67,689	67,789	67,889	67,989
67,090	67,190	67,290	67,390	67,490	67,590	67,690	67,790	67,890	67,990
67,091	67,191	67,291	67,391	67,491	67,591	67,691	67,791	67,891	67,991
67,092	67,192	67,292	67,392	67,492	67,592	67,692	67,792	67,892	67,992
67,093	67,193	67,293	67,393	67,493	67,593	67,693	67,793	67,893	67,993
67,094	67,194	67,294	67,394	67,494	67,594	67,694	67,794	67,894	67,994
67,095	67,195	67,295	67,395	67,495	67,595	67,695	67,795	67,895	67,995
67,096	67,196	67,296	67,396	67,496	67,596	67,696	67,796	67,896	67,996
67,097	67,197	67,297	67,397	67,497	67,597	67,697	67,797	67,897	67,997
67,098	67,198	67,298	67,398	67,498	67,598	67,698	67,798	67,898	67,998
67,099	67,199	67,299	67,399	67,499	67,599	67,699	67,799	67,899	67,999

68,000	68,100	68,200	68,300	68,400	68,500	68,600	68,700	68,800	68,900
68,001	68,101	68,201	68,301	68,401	68,501	68,601	68,701	68,801	68,901
68,002	68,102	68,202	68,302	68,402	68,502	68,602	68,702	68,802	68,902
68,003	68,103	68,203	68,303	68,403	68,503	68,603	68,703	68,803	68,903
68,004	68,104	68,204	68,304	68,404	68,504	68,604	68,704	68,804	68,904
68,005	68,105	68,205	68,305	68,405	68,505	68,605	68,705	68,805	68,905
68,006	68,106	68,206	68,306	68,406	68,506	68,606	68,706	68,806	68,906
68,007	68,107	68,207	68,307	68,407	68,507	68,607	68,707	68,807	68,907
68,008	68,108	68,208	68,308	68,408	68,508	68,608	68,708	68,808	68,908
68,009	68,109	68,209	68,309	68,409	68,509	68,609	68,709	68,809	68,909
68,010	68,110	68,210	68,310	68,410	68,510	68,610	68,710	68,810	68,910
68,011	68,111	68,211	68,311	68,411	68,511	68,611	68,711	68,811	68,911
68,012	68,112	68,212	68,312	68,412	68,512	68,612	68,712	68,812	68,912
68,013	68,113	68,213	68,313	68,413	68,513	68,613	68,713	68,813	68,913
68,014	68,114	68,214	68,314	68,414	68,514	68,614	68,714	68,814	68,914
68,015	68,115	68,215	68,315	68,415	68,515	68,615	68,715	68,815	68,915
68,016	68,116	68,216	68,316	68,416	68,516	68,616	68,716	68,816	68,916
68,017	68,117	68,217	68,317	68,417	68,517	68,617	68,717	68,817	68,917
68,018	68,118	68,218	68,318	68,418	68,518	68,618	68,718	68,818	68,918
68,019	68,119	68,219	68,319	68,419	68,519	68,619	68,719	68,819	68,919
68,020	68,120	68,220	68,320	68,420	68,520	68,620	68,720	68,820	68,920
68,021	68,121	68,221	68,321	68,421	68,521	68,621	68,721	68,821	68,921
68,022	68,122	68,222	68,322	68,422	68,522	68,622	68,722	68,822	68,922
68,023	68,123	68,223	68,323	68,423	68,523	68,623	68,723	68,823	68,923
68,024	68,124	68,224	68,324	68,424	68,524	68,624	68,724	68,824	68,924
68,025	68,125	68,225	68,325	68,425	68,525	68,625	68,725	68,825	68,925
68,026	68,126	68,226	68,326	68,426	68,526	68,626	68,726	68,826	68,926
68,027	68,127	68,227	68,327	68,427	68,527	68,627	68,727	68,827	68,927
68,028	68,128	68,228	68,328	68,428	68,528	68,628	68,728	68,828	68,928
68,029	68,129	68,229	68,329	68,429	68,529	68,629	68,729	68,829	68,929
68,030	68,130	68,230	68,330	68,430	68,530	68,630	68,730	68,830	68,930
68,031	68,131	68,231	68,331	68,431	68,531	68,631	68,731	68,831	68,931
68,032	68,132	68,232	68,332	68,432	68,532	68,632	68,732	68,832	68,932
68,033	68,133	68,233	68,333	68,433	68,533	68,633	68,733	68,833	68,933
68,034	68,134	68,234	68,334	68,434	68,534	68,634	68,734	68,834	68,934
68,035	68,135	68,235	68,335	68,435	68,535	68,635	68,735	68,835	68,935
68,036	68,136	68,236	68,336	68,436	68,536	68,636	68,736	68,836	68,936
68,037	68,137	68,237	68,337	68,437	68,537	68,637	68,737	68,837	68,937
68,038	68,138	68,238	68,338	68,438	68,538	68,638	68,738	68,838	68,938
68,039	68,139	68,239	68,339	68,439	68,539	68,639	68,739	68,839	68,939
68,040	68,140	68,240	68,340	68,440	68,540	68,640	68,740	68,840	68,940
68,041	68,141	68,241	68,341	68,441	68,541	68,641	68,741	68,841	68,941
68,042	68,142	68,242	68,342	68,442	68,542	68,642	68,742	68,842	68,942
68,043	68,143	68,243	68,343	68,443	68,543	68,643	68,743	68,843	68,943
68,044	68,144	68,244	68,344	68,444	68,544	68,644	68,744	68,844	68,944
68,045	68,145	68,245	68,345	68,445	68,545	68,645	68,745	68,845	68,945
68,046	68,146	68,246	68,346	68,446	68,546	68,646	68,746	68,846	68,946
68,047	68,147	68,247	68,347	68,447	68,547	68,647	68,747	68,847	68,947
68,048	68,148	68,248	68,348	68,448	68,548	68,648	68,748	68,848	68,948
68,049	68,149	68,249	68,349	68,449	68,549	68,649	68,749	68,849	68,949
68,050	68,150	68,250	68,350	68,450	68,550	68,650	68,750	68,850	68,950
68,051	68,151	68,251	68,351	68,451	68,551	68,651	68,751	68,851	68,951
68,052	68,152	68,252	68,352	68,452	68,552	68,652	68,752	68,852	68,952
68,053	68,153	68,253	68,353	68,453	68,553	68,653	68,753	68,853	68,953
68,054	68,154	68,254	68,354	68,454	68,554	68,654	68,754	68,854	68,954
68,055	68,155	68,255	68,355	68,455	68,555	68,655	68,755	68,855	68,955
68,056	68,156	68,256	68,356	68,456	68,556	68,656	68,756	68,856	68,956
68,057	68,157	68,257	68,357	68,457	68,557	68,657	68,757	68,857	68,957
68,058	68,158	68,258	68,358	68,458	68,558	68,658	68,758	68,858	68,958
68,059	68,159	68,259	68,359	68,459	68,559	68,659	68,759	68,859	68,959
68,060	68,160	68,260	68,360	68,460	68,560	68,660	68,760	68,860	68,960
68,061	68,161	68,261	68,361	68,461	68,561	68,661	68,761	68,861	68,961
68,062	68,162	68,262	68,362	68,462	68,562	68,662	68,762	68,862	68,962
68,063	68,163	68,263	68,363	68,463	68,563	68,663	68,763	68,863	68,963
68,064	68,164	68,264	68,364	68,464	68,564	68,664	68,764	68,864	68,964
68,065	68,165	68,265	68,365	68,465	68,565	68,665	68,765	68,865	68,965
68,066	68,166	68,266	68,366	68,466	68,566	68,666	68,766	68,866	68,966
68,067	68,167	68,267	68,367	68,467	68,567	68,667	68,767	68,867	68,967
68,068	68,168	68,268	68,368	68,468	68,568	68,668	68,768	68,868	68,968
68,069	68,169	68,269	68,369	68,469	68,569	68,669	68,769	68,869	68,969
68,070	68,170	68,270	68,370	68,470	68,570	68,670	68,770	68,870	68,970
68,071	68,171	68,271	68,371	68,471	68,571	68,671	68,771	68,871	68,971
68,072	68,172	68,272	68,372	68,472	68,572	68,672	68,772	68,872	68,972
68,073	68,173	68,273	68,373	68,473	68,573	68,673	68,773	68,873	68,973
68,074	68,174	68,274	68,374	68,474	68,574	68,674	68,774	68,874	68,974
68,075	68,175	68,275	68,375	68,475	68,575	68,675	68,775	68,875	68,975
68,076	68,176	68,276	68,376	68,476	68,576	68,676	68,776	68,876	68,976
68,077	68,177	68,277	68,377	68,477	68,577	68,677	68,777	68,877	68,977
68,078	68,178	68,278	68,378	68,478	68,578	68,678	68,778	68,878	68,978
68,079	68,179	68,279	68,379	68,479	68,579	68,679	68,779	68,879	68,979
68,080	68,180	68,280	68,380	68,480	68,580	68,680	68,780	68,880	68,980
68,081	68,181	68,281	68,381	68,481	68,581	68,681	68,781	68,881	68,981
68,082	68,182	68,282	68,382	68,482	68,582	68,682	68,782	68,882	68,982
68,083	68,183	68,283	68,383	68,483	68,583	68,683	68,783	68,883	68,983
68,084	68,184	68,284	68,384	68,484	68,584	68,684	68,784	68,884	68,984
68,085	68,185	68,285	68,385	68,485	68,585	68,685	68,785	68,885	68,985
68,086	68,186	68,286	68,386	68,486	68,586	68,686	68,786	68,886	68,986
68,087	68,187	68,287	68,387	68,487	68,587	68,687	68,787	68,887	68,987
68,088	68,188	68,288	68,388	68,488	68,588	68,688	68,788	68,888	68,988
68,089	68,189	68,289	68,389	68,489	68,589	68,689	68,789	68,889	68,989
68,090	68,190	68,290	68,390	68,490	68,590	68,690	68,790	68,890	68,990
68,091	68,191	68,291	68,391	68,491	68,591	68,691	68,791	68,891	68,991
68,092	68,192	68,292	68,392	68,492	68,592	68,692	68,792	68,892	68,992
68,093	68,193	68,293	68,393	68,493	68,593	68,693	68,793	68,893	68,993
68,094	68,194	68,294	68,394	68,494	68,594	68,694	68,794	68,894	68,994
68,095	68,195	68,295	68,395	68,495	68,595	68,695	68,795	68,895	68,995
68,096	68,196	68,296	68,396	68,496	68,596	68,696	68,796	68,896	68,996
68,097	68,197	68,297	68,397	68,497	68,597	68,697	68,797	68,897	68,997
68,098	68,198	68,298	68,398	68,498	68,598	68,698	68,798	68,898	68,998
68,099	68,199	68,299	68,399	68,499	68,599	68,699	68,799	68,899	68,999

69,000	69,100	69,200	69,300	69,400	69,500	69,600	69,700	69,800	69,900
69,001	69,101	69,201	69,301	69,401	69,501	69,601	69,701	69,801	69,901
69,002	69,102	69,202	69,302	69,402	69,502	69,602	69,702	69,802	69,902
69,003	69,103	69,203	69,303	69,403	69,503	69,603	69,703	69,803	69,903
69,004	69,104	69,204	69,304	69,404	69,504	69,604	69,704	69,804	69,904
69,005	69,105	69,205	69,305	69,405	69,505	69,605	69,705	69,805	69,905
69,006	69,106	69,206	69,306	69,406	69,506	69,606	69,706	69,806	69,906
69,007	69,107	69,207	69,307	69,407	69,507	69,607	69,707	69,807	69,907
69,008	69,108	69,208	69,308	69,408	69,508	69,608	69,708	69,808	69,908
69,009	69,109	69,209	69,309	69,409	69,509	69,609	69,709	69,809	69,909
69,010	69,110	69,210	69,310	69,410	69,510	69,610	69,710	69,810	69,910
69,011	69,111	69,211	69,311	69,411	69,511	69,611	69,711	69,811	69,911
69,012	69,112	69,212	69,312	69,412	69,512	69,612	69,712	69,812	69,912
69,013	69,113	69,213	69,313	69,413	69,513	69,613	69,713	69,813	69,913
69,014	69,114	69,214	69,314	69,414	69,514	69,614	69,714	69,814	69,914
69,015	69,115	69,215	69,315	69,415	69,515	69,615	69,715	69,815	69,915
69,016	69,116	69,216	69,316	69,416	69,516	69,616	69,716	69,816	69,916
69,017	69,117	69,217	69,317	69,417	69,517	69,617	69,717	69,817	69,917
69,018	69,118	69,218	69,318	69,418	69,518	69,618	69,718	69,818	69,918
69,019	69,119	69,219	69,319	69,419	69,519	69,619	69,719	69,819	69,919
69,020	69,120	69,220	69,320	69,420	69,520	69,620	69,720	69,820	69,920
69,021	69,121	69,221	69,321	69,421	69,521	69,621	69,721	69,821	69,921
69,022	69,122	69,222	69,322	69,422	69,522	69,622	69,722	69,822	69,922
69,023	69,123	69,223	69,323	69,423	69,523	69,623	69,723	69,823	69,923
69,024	69,124	69,224	69,324	69,424	69,524	69,624	69,724	69,824	69,924
69,025	69,125	69,225	69,325	69,425	69,525	69,625	69,725	69,825	69,925
69,026	69,126	69,226	69,326	69,426	69,526	69,626	69,726	69,826	69,926
69,027	69,127	69,227	69,327	69,427	69,527	69,627	69,727	69,827	69,927
69,028	69,128	69,228	69,328	69,428	69,528	69,628	69,728	69,828	69,928
69,029	69,129	69,229	69,329	69,429	69,529	69,629	69,729	69,829	69,929
69,030	69,130	69,230	69,330	69,430	69,530	69,630	69,730	69,830	69,930
69,031	69,131	69,231	69,331	69,431	69,531	69,631	69,731	69,831	69,931
69,032	69,132	69,232	69,332	69,432	69,532	69,632	69,732	69,832	69,932
69,033	69,133	69,233	69,333	69,433	69,533	69,633	69,733	69,833	69,933
69,034	69,134	69,234	69,334	69,434	69,534	69,634	69,734	69,834	69,934
69,035	69,135	69,235	69,335	69,435	69,535	69,635	69,735	69,835	69,935
69,036	69,136	69,236	69,336	69,436	69,536	69,636	69,736	69,836	69,936
69,037	69,137	69,237	69,337	69,437	69,537	69,637	69,737	69,837	69,937
69,038	69,138	69,238	69,338	69,438	69,538	69,638	69,738	69,838	69,938
69,039	69,139	69,239	69,339	69,439	69,539	69,639	69,739	69,839	69,939
69,040	69,140	69,240	69,340	69,440	69,540	69,640	69,740	69,840	69,940
69,041	69,141	69,241	69,341	69,441	69,541	69,641	69,741	69,841	69,941
69,042	69,142	69,242	69,342	69,442	69,542	69,642	69,742	69,842	69,942
69,043	69,143	69,243	69,343	69,443	69,543	69,643	69,743	69,843	69,943
69,044	69,144	69,244	69,344	69,444	69,544	69,644	69,744	69,844	69,944
69,045	69,145	69,245	69,345	69,445	69,545	69,645	69,745	69,845	69,945
69,046	69,146	69,246	69,346	69,446	69,546	69,646	69,746	69,846	69,946
69,047	69,147	69,247	69,347	69,447	69,547	69,647	69,747	69,847	69,947
69,048	69,148	69,248	69,348	69,448	69,548	69,648	69,748	69,848	69,948
69,049	69,149	69,249	69,349	69,449	69,549	69,649	69,749	69,849	69,949
69,050	69,150	69,250	69,350	69,450	69,550	69,650	69,750	69,850	69,950
69,051	69,151	69,251	69,351	69,451	69,551	69,651	69,751	69,851	69,951
69,052	69,152	69,252	69,352	69,452	69,552	69,652	69,752	69,852	69,952
69,053	69,153	69,253	69,353	69,453	69,553	69,653	69,753	69,853	69,953
69,054	69,154	69,254	69,354	69,454	69,554	69,654	69,754	69,854	69,954
69,055	69,155	69,255	69,355	69,455	69,555	69,655	69,755	69,855	69,955
69,056	69,156	69,256	69,356	69,456	69,556	69,656	69,756	69,856	69,956
69,057	69,157	69,257	69,357	69,457	69,557	69,657	69,757	69,857	69,957
69,058	69,158	69,258	69,358	69,458	69,558	69,658	69,758	69,858	69,958
69,059	69,159	69,259	69,359	69,459	69,559	69,659	69,759	69,859	69,959
69,060	69,160	69,260	69,360	69,460	69,560	69,660	69,760	69,860	69,960
69,061	69,161	69,261	69,361	69,461	69,561	69,661	69,761	69,861	69,961
69,062	69,162	69,262	69,362	69,462	69,562	69,662	69,762	69,862	69,962
69,063	69,163	69,263	69,363	69,463	69,563	69,663	69,763	69,863	69,963
69,064	69,164	69,264	69,364	69,464	69,564	69,664	69,764	69,864	69,964
69,065	69,165	69,265	69,365	69,465	69,565	69,665	69,765	69,865	69,965
69,066	69,166	69,266	69,366	69,466	69,566	69,666	69,766	69,866	69,966
69,067	69,167	69,267	69,367	69,467	69,567	69,667	69,767	69,867	69,967
69,068	69,168	69,268	69,368	69,468	69,568	69,668	69,768	69,868	69,968
69,069	69,169	69,269	69,369	69,469	69,569	69,669	69,769	69,869	69,969
69,070	69,170	69,270	69,370	69,470	69,570	69,670	69,770	69,870	69,970
69,071	69,171	69,271	69,371	69,471	69,571	69,671	69,771	69,871	69,971
69,072	69,172	69,272	69,372	69,472	69,572	69,672	69,772	69,872	69,972
69,073	69,173	69,273	69,373	69,473	69,573	69,673	69,773	69,873	69,973
69,074	69,174	69,274	69,374	69,474	69,574	69,674	69,774	69,874	69,974
69,075	69,175	69,275	69,375	69,475	69,575	69,675	69,775	69,875	69,975
69,076	69,176	69,276	69,376	69,476	69,576	69,676	69,776	69,876	69,976
69,077	69,177	69,277	69,377	69,477	69,577	69,677	69,777	69,877	69,977
69,078	69,178	69,278	69,378	69,478	69,578	69,678	69,778	69,878	69,978
69,079	69,179	69,279	69,379	69,479	69,579	69,679	69,779	69,879	69,979
69,080	69,180	69,280	69,380	69,480	69,580	69,680	69,780	69,880	69,980
69,081	69,181	69,281	69,381	69,481	69,581	69,681	69,781	69,881	69,981
69,082	69,182	69,282	69,382	69,482	69,582	69,682	69,782	69,882	69,982
69,083	69,183	69,283	69,383	69,483	69,583	69,683	69,783	69,883	69,983
69,084	69,184	69,284	69,384	69,484	69,584	69,684	69,784	69,884	69,984
69,085	69,185	69,285	69,385	69,485	69,585	69,685	69,785	69,885	69,985
69,086	69,186	69,286	69,386	69,486	69,586	69,686	69,786	69,886	69,986
69,087	69,187	69,287	69,387	69,487	69,587	69,687	69,787	69,887	69,987
69,088	69,188	69,288	69,388	69,488	69,588	69,688	69,788	69,888	69,988
69,089	69,189	69,289	69,389	69,489	69,589	69,689	69,789	69,889	69,989
69,090	69,190	69,290	69,390	69,490	69,590	69,690	69,790	69,890	69,990
69,091	69,191	69,291	69,391	69,491	69,591	69,691	69,791	69,891	69,991
69,092	69,192	69,292	69,392	69,492	69,592	69,692	69,792	69,892	69,992
69,093	69,193	69,293	69,393	69,493	69,593	69,693	69,793	69,893	69,993
69,094	69,194	69,294	69,394	69,494	69,594	69,694	69,794	69,894	69,994
69,095	69,195	69,295	69,395	69,495	69,595	69,695	69,795	69,895	69,995
69,096	69,196	69,296	69,396	69,496	69,596	69,696	69,796	69,896	69,996
69,097	69,197	69,297	69,397	69,497	69,597	69,697	69,797	69,897	69,997
69,098	69,198	69,298	69,398	69,498	69,598	69,698	69,798	69,898	69,998
69,099	69,199	69,299	69,399	69,499	69,599	69,699	69,799	69,899	69,999

70,000	70,100	70,200	70,300	70,400	70,500	70,600	70,700	70,800	70,900
70,001	70,101	70,201	70,301	70,401	70,501	70,601	70,701	70,801	70,901
70,002	70,102	70,202	70,302	70,402	70,502	70,602	70,702	70,802	70,902
70,003	70,103	70,203	70,303	70,403	70,503	70,603	70,703	70,803	70,903
70,004	70,104	70,204	70,304	70,404	70,504	70,604	70,704	70,804	70,904
70,005	70,105	70,205	70,305	70,405	70,505	70,605	70,705	70,805	70,905
70,006	70,106	70,206	70,306	70,406	70,506	70,606	70,706	70,806	70,906
70,007	70,107	70,207	70,307	70,407	70,507	70,607	70,707	70,807	70,907
70,008	70,108	70,208	70,308	70,408	70,508	70,608	70,708	70,808	70,908
70,009	70,109	70,209	70,309	70,409	70,509	70,609	70,709	70,809	70,909
70,010	70,110	70,210	70,310	70,410	70,510	70,610	70,710	70,810	70,910
70,011	70,111	70,211	70,311	70,411	70,511	70,611	70,711	70,811	70,911
70,012	70,112	70,212	70,312	70,412	70,512	70,612	70,712	70,812	70,912
70,013	70,113	70,213	70,313	70,413	70,513	70,613	70,713	70,813	70,913
70,014	70,114	70,214	70,314	70,414	70,514	70,614	70,714	70,814	70,914
70,015	70,115	70,215	70,315	70,415	70,515	70,615	70,715	70,815	70,915
70,016	70,116	70,216	70,316	70,416	70,516	70,616	70,716	70,816	70,916
70,017	70,117	70,217	70,317	70,417	70,517	70,617	70,717	70,817	70,917
70,018	70,118	70,218	70,318	70,418	70,518	70,618	70,718	70,818	70,918
70,019	70,119	70,219	70,319	70,419	70,519	70,619	70,719	70,819	70,919
70,020	70,120	70,220	70,320	70,420	70,520	70,620	70,720	70,820	70,920
70,021	70,121	70,221	70,321	70,421	70,521	70,621	70,721	70,821	70,921
70,022	70,122	70,222	70,322	70,422	70,522	70,622	70,722	70,822	70,922
70,023	70,123	70,223	70,323	70,423	70,523	70,623	70,723	70,823	70,923
70,024	70,124	70,224	70,324	70,424	70,524	70,624	70,724	70,824	70,924
70,025	70,125	70,225	70,325	70,425	70,525	70,625	70,725	70,825	70,925
70,026	70,126	70,226	70,326	70,426	70,526	70,626	70,726	70,826	70,926
70,027	70,127	70,227	70,327	70,427	70,527	70,627	70,727	70,827	70,927
70,028	70,128	70,228	70,328	70,428	70,528	70,628	70,728	70,828	70,928
70,029	70,129	70,229	70,329	70,429	70,529	70,629	70,729	70,829	70,929
70,030	70,130	70,230	70,330	70,430	70,530	70,630	70,730	70,830	70,930
70,031	70,131	70,231	70,331	70,431	70,531	70,631	70,731	70,831	70,931
70,032	70,132	70,232	70,332	70,432	70,532	70,632	70,732	70,832	70,932
70,033	70,133	70,233	70,333	70,433	70,533	70,633	70,733	70,833	70,933
70,034	70,134	70,234	70,334	70,434	70,534	70,634	70,734	70,834	70,934
70,035	70,135	70,235	70,335	70,435	70,535	70,635	70,735	70,835	70,935
70,036	70,136	70,236	70,336	70,436	70,536	70,636	70,736	70,836	70,936
70,037	70,137	70,237	70,337	70,437	70,537	70,637	70,737	70,837	70,937
70,038	70,138	70,238	70,338	70,438	70,538	70,638	70,738	70,838	70,938
70,039	70,139	70,239	70,339	70,439	70,539	70,639	70,739	70,839	70,939
70,040	70,140	70,240	70,340	70,440	70,540	70,640	70,740	70,840	70,940
70,041	70,141	70,241	70,341	70,441	70,541	70,641	70,741	70,841	70,941
70,042	70,142	70,242	70,342	70,442	70,542	70,642	70,742	70,842	70,942
70,043	70,143	70,243	70,343	70,443	70,543	70,643	70,743	70,843	70,943
70,044	70,144	70,244	70,344	70,444	70,544	70,644	70,744	70,844	70,944
70,045	70,145	70,245	70,345	70,445	70,545	70,645	70,745	70,845	70,945
70,046	70,146	70,246	70,346	70,446	70,546	70,646	70,746	70,846	70,946
70,047	70,147	70,247	70,347	70,447	70,547	70,647	70,747	70,847	70,947
70,048	70,148	70,248	70,348	70,448	70,548	70,648	70,748	70,848	70,948
70,049	70,149	70,249	70,349	70,449	70,549	70,649	70,749	70,849	70,949
70,050	70,150	70,250	70,350	70,450	70,550	70,650	70,750	70,850	70,950
70,051	70,151	70,251	70,351	70,451	70,551	70,651	70,751	70,851	70,951
70,052	70,152	70,252	70,352	70,452	70,552	70,652	70,752	70,852	70,952
70,053	70,153	70,253	70,353	70,453	70,553	70,653	70,753	70,853	70,953
70,054	70,154	70,254	70,354	70,454	70,554	70,654	70,754	70,854	70,954
70,055	70,155	70,255	70,355	70,455	70,555	70,655	70,755	70,855	70,955
70,056	70,156	70,256	70,356	70,456	70,556	70,656	70,756	70,856	70,956
70,057	70,157	70,257	70,357	70,457	70,557	70,657	70,757	70,857	70,957
70,058	70,158	70,258	70,358	70,458	70,558	70,658	70,758	70,858	70,958
70,059	70,159	70,259	70,359	70,459	70,559	70,659	70,759	70,859	70,959
70,060	70,160	70,260	70,360	70,460	70,560	70,660	70,760	70,860	70,960
70,061	70,161	70,261	70,361	70,461	70,561	70,661	70,761	70,861	70,961
70,062	70,162	70,262	70,362	70,462	70,562	70,662	70,762	70,862	70,962
70,063	70,163	70,263	70,363	70,463	70,563	70,663	70,763	70,863	70,963
70,064	70,164	70,264	70,364	70,464	70,564	70,664	70,764	70,864	70,964
70,065	70,165	70,265	70,365	70,465	70,565	70,665	70,765	70,865	70,965
70,066	70,166	70,266	70,366	70,466	70,566	70,666	70,766	70,866	70,966
70,067	70,167	70,267	70,367	70,467	70,567	70,667	70,767	70,867	70,967
70,068	70,168	70,268	70,368	70,468	70,568	70,668	70,768	70,868	70,968
70,069	70,169	70,269	70,369	70,469	70,569	70,669	70,769	70,869	70,969
70,070	70,170	70,270	70,370	70,470	70,570	70,670	70,770	70,870	70,970
70,071	70,171	70,271	70,371	70,471	70,571	70,671	70,771	70,871	70,971
70,072	70,172	70,272	70,372	70,472	70,572	70,672	70,772	70,872	70,972
70,073	70,173	70,273	70,373	70,473	70,573	70,673	70,773	70,873	70,973
70,074	70,174	70,274	70,374	70,474	70,574	70,674	70,774	70,874	70,974
70,075	70,175	70,275	70,375	70,475	70,575	70,675	70,775	70,875	70,975
70,076	70,176	70,276	70,376	70,476	70,576	70,676	70,776	70,876	70,976
70,077	70,177	70,277	70,377	70,477	70,577	70,677	70,777	70,877	70,977
70,078	70,178	70,278	70,378	70,478	70,578	70,678	70,778	70,878	70,978
70,079	70,179	70,279	70,379	70,479	70,579	70,679	70,779	70,879	70,979
70,080	70,180	70,280	70,380	70,480	70,580	70,680	70,780	70,880	70,980
70,081	70,181	70,281	70,381	70,481	70,581	70,681	70,781	70,881	70,981
70,082	70,182	70,282	70,382	70,482	70,582	70,682	70,782	70,882	70,982
70,083	70,183	70,283	70,383	70,483	70,583	70,683	70,783	70,883	70,983
70,084	70,184	70,284	70,384	70,484	70,584	70,684	70,784	70,884	70,984
70,085	70,185	70,285	70,385	70,485	70,585	70,685	70,785	70,885	70,985
70,086	70,186	70,286	70,386	70,486	70,586	70,686	70,786	70,886	70,986
70,087	70,187	70,287	70,387	70,487	70,587	70,687	70,787	70,887	70,987
70,088	70,188	70,288	70,388	70,488	70,588	70,688	70,788	70,888	70,988
70,089	70,189	70,289	70,389	70,489	70,589	70,689	70,789	70,889	70,989
70,090	70,190	70,290	70,390	70,490	70,590	70,690	70,790	70,890	70,990
70,091	70,191	70,291	70,391	70,491	70,591	70,691	70,791	70,891	70,991
70,092	70,192	70,292	70,392	70,492	70,592	70,692	70,792	70,892	70,992
70,093	70,193	70,293	70,393	70,493	70,593	70,693	70,793	70,893	70,993
70,094	70,194	70,294	70,394	70,494	70,594	70,694	70,794	70,894	70,994
70,095	70,195	70,295	70,395	70,495	70,595	70,695	70,795	70,895	70,995
70,096	70,196	70,296	70,396	70,496	70,596	70,696	70,796	70,896	70,996
70,097	70,197	70,297	70,397	70,497	70,597	70,697	70,797	70,897	70,997
70,098	70,198	70,298	70,398	70,498	70,598	70,698	70,798	70,898	70,998
70,099	70,199	70,299	70,399	70,499	70,599	70,699	70,799	70,899	70,999

71,000	71,100	71,200	71,300	71,400	71,500	71,600	71,700	71,800	71,900
71,001	71,101	71,201	71,301	71,401	71,501	71,601	71,701	71,801	71,901
71,002	71,102	71,202	71,302	71,402	71,502	71,602	71,702	71,802	71,902
71,003	71,103	71,203	71,303	71,403	71,503	71,603	71,703	71,803	71,903
71,004	71,104	71,204	71,304	71,404	71,504	71,604	71,704	71,804	71,904
71,005	71,105	71,205	71,305	71,405	71,505	71,605	71,705	71,805	71,905
71,006	71,106	71,206	71,306	71,406	71,506	71,606	71,706	71,806	71,906
71,007	71,107	71,207	71,307	71,407	71,507	71,607	71,707	71,807	71,907
71,008	71,108	71,208	71,308	71,408	71,508	71,608	71,708	71,808	71,908
71,009	71,109	71,209	71,309	71,409	71,509	71,609	71,709	71,809	71,909
71,010	71,110	71,210	71,310	71,410	71,510	71,610	71,710	71,810	71,910
71,011	71,111	71,211	71,311	71,411	71,511	71,611	71,711	71,811	71,911
71,012	71,112	71,212	71,312	71,412	71,512	71,612	71,712	71,812	71,912
71,013	71,113	71,213	71,313	71,413	71,513	71,613	71,713	71,813	71,913
71,014	71,114	71,214	71,314	71,414	71,514	71,614	71,714	71,814	71,914
71,015	71,115	71,215	71,315	71,415	71,515	71,615	71,715	71,815	71,915
71,016	71,116	71,216	71,316	71,416	71,516	71,616	71,716	71,816	71,916
71,017	71,117	71,217	71,317	71,417	71,517	71,617	71,717	71,817	71,917
71,018	71,118	71,218	71,318	71,418	71,518	71,618	71,718	71,818	71,918
71,019	71,119	71,219	71,319	71,419	71,519	71,619	71,719	71,819	71,919
71,020	71,120	71,220	71,320	71,420	71,520	71,620	71,720	71,820	71,920
71,021	71,121	71,221	71,321	71,421	71,521	71,621	71,721	71,821	71,921
71,022	71,122	71,222	71,322	71,422	71,522	71,622	71,722	71,822	71,922
71,023	71,123	71,223	71,323	71,423	71,523	71,623	71,723	71,823	71,923
71,024	71,124	71,224	71,324	71,424	71,524	71,624	71,724	71,824	71,924
71,025	71,125	71,225	71,325	71,425	71,525	71,625	71,725	71,825	71,925
71,026	71,126	71,226	71,326	71,426	71,526	71,626	71,726	71,826	71,926
71,027	71,127	71,227	71,327	71,427	71,527	71,627	71,727	71,827	71,927
71,028	71,128	71,228	71,328	71,428	71,528	71,628	71,728	71,828	71,928
71,029	71,129	71,229	71,329	71,429	71,529	71,629	71,729	71,829	71,929
71,030	71,130	71,230	71,330	71,430	71,530	71,630	71,730	71,830	71,930
71,031	71,131	71,231	71,331	71,431	71,531	71,631	71,731	71,831	71,931
71,032	71,132	71,232	71,332	71,432	71,532	71,632	71,732	71,832	71,932
71,033	71,133	71,233	71,333	71,433	71,533	71,633	71,733	71,833	71,933
71,034	71,134	71,234	71,334	71,434	71,534	71,634	71,734	71,834	71,934
71,035	71,135	71,235	71,335	71,435	71,535	71,635	71,735	71,835	71,935
71,036	71,136	71,236	71,336	71,436	71,536	71,636	71,736	71,836	71,936
71,037	71,137	71,237	71,337	71,437	71,537	71,637	71,737	71,837	71,937
71,038	71,138	71,238	71,338	71,438	71,538	71,638	71,738	71,838	71,938
71,039	71,139	71,239	71,339	71,439	71,539	71,639	71,739	71,839	71,939
71,040	71,140	71,240	71,340	71,440	71,540	71,640	71,740	71,840	71,940
71,041	71,141	71,241	71,341	71,441	71,541	71,641	71,741	71,841	71,941
71,042	71,142	71,242	71,342	71,442	71,542	71,642	71,742	71,842	71,942
71,043	71,143	71,243	71,343	71,443	71,543	71,643	71,743	71,843	71,943
71,044	71,144	71,244	71,344	71,444	71,544	71,644	71,744	71,844	71,944
71,045	71,145	71,245	71,345	71,445	71,545	71,645	71,745	71,845	71,945
71,046	71,146	71,246	71,346	71,446	71,546	71,646	71,746	71,846	71,946
71,047	71,147	71,247	71,347	71,447	71,547	71,647	71,747	71,847	71,947
71,048	71,148	71,248	71,348	71,448	71,548	71,648	71,748	71,848	71,948
71,049	71,149	71,249	71,349	71,449	71,549	71,649	71,749	71,849	71,949
71,050	71,150	71,250	71,350	71,450	71,550	71,650	71,750	71,850	71,950
71,051	71,151	71,251	71,351	71,451	71,551	71,651	71,751	71,851	71,951
71,052	71,152	71,252	71,352	71,452	71,552	71,652	71,752	71,852	71,952
71,053	71,153	71,253	71,353	71,453	71,553	71,653	71,753	71,853	71,953
71,054	71,154	71,254	71,354	71,454	71,554	71,654	71,754	71,854	71,954
71,055	71,155	71,255	71,355	71,455	71,555	71,655	71,755	71,855	71,955
71,056	71,156	71,256	71,356	71,456	71,556	71,656	71,756	71,856	71,956
71,057	71,157	71,257	71,357	71,457	71,557	71,657	71,757	71,857	71,957
71,058	71,158	71,258	71,358	71,458	71,558	71,658	71,758	71,858	71,958
71,059	71,159	71,259	71,359	71,459	71,559	71,659	71,759	71,859	71,959
71,060	71,160	71,260	71,360	71,460	71,560	71,660	71,760	71,860	71,960
71,061	71,161	71,261	71,361	71,461	71,561	71,661	71,761	71,861	71,961
71,062	71,162	71,262	71,362	71,462	71,562	71,662	71,762	71,862	71,962
71,063	71,163	71,263	71,363	71,463	71,563	71,663	71,763	71,863	71,963
71,064	71,164	71,264	71,364	71,464	71,564	71,664	71,764	71,864	71,964
71,065	71,165	71,265	71,365	71,465	71,565	71,665	71,765	71,865	71,965
71,066	71,166	71,266	71,366	71,466	71,566	71,666	71,766	71,866	71,966
71,067	71,167	71,267	71,367	71,467	71,567	71,667	71,767	71,867	71,967
71,068	71,168	71,268	71,368	71,468	71,568	71,668	71,768	71,868	71,968
71,069	71,169	71,269	71,369	71,469	71,569	71,669	71,769	71,869	71,969
71,070	71,170	71,270	71,370	71,470	71,570	71,670	71,770	71,870	71,970
71,071	71,171	71,271	71,371	71,471	71,571	71,671	71,771	71,871	71,971
71,072	71,172	71,272	71,372	71,472	71,572	71,672	71,772	71,872	71,972
71,073	71,173	71,273	71,373	71,473	71,573	71,673	71,773	71,873	71,973
71,074	71,174	71,274	71,374	71,474	71,574	71,674	71,774	71,874	71,974
71,075	71,175	71,275	71,375	71,475	71,575	71,675	71,775	71,875	71,975
71,076	71,176	71,276	71,376	71,476	71,576	71,676	71,776	71,876	71,976
71,077	71,177	71,277	71,377	71,477	71,577	71,677	71,777	71,877	71,977
71,078	71,178	71,278	71,378	71,478	71,578	71,678	71,778	71,878	71,978
71,079	71,179	71,279	71,379	71,479	71,579	71,679	71,779	71,879	71,979
71,080	71,180	71,280	71,380	71,480	71,580	71,680	71,780	71,880	71,980
71,081	71,181	71,281	71,381	71,481	71,581	71,681	71,781	71,881	71,981
71,082	71,182	71,282	71,382	71,482	71,582	71,682	71,782	71,882	71,982
71,083	71,183	71,283	71,383	71,483	71,583	71,683	71,783	71,883	71,983
71,084	71,184	71,284	71,384	71,484	71,584	71,684	71,784	71,884	71,984
71,085	71,185	71,285	71,385	71,485	71,585	71,685	71,785	71,885	71,985
71,086	71,186	71,286	71,386	71,486	71,586	71,686	71,786	71,886	71,986
71,087	71,187	71,287	71,387	71,487	71,587	71,687	71,787	71,887	71,987
71,088	71,188	71,288	71,388	71,488	71,588	71,688	71,788	71,888	71,988
71,089	71,189	71,289	71,389	71,489	71,589	71,689	71,789	71,889	71,989
71,090	71,190	71,290	71,390	71,490	71,590	71,690	71,790	71,890	71,990
71,091	71,191	71,291	71,391	71,491	71,591	71,691	71,791	71,891	71,991
71,092	71,192	71,292	71,392	71,492	71,592	71,692	71,792	71,892	71,992
71,093	71,193	71,293	71,393	71,493	71,593	71,693	71,793	71,893	71,993
71,094	71,194	71,294	71,394	71,494	71,594	71,694	71,794	71,894	71,994
71,095	71,195	71,295	71,395	71,495	71,595	71,695	71,795	71,895	71,995
71,096	71,196	71,296	71,396	71,496	71,596	71,696	71,796	71,896	71,996
71,097	71,197	71,297	71,397	71,497	71,597	71,697	71,797	71,897	71,997
71,098	71,198	71,298	71,398	71,498	71,598	71,698	71,798	71,898	71,998
71,099	71,199	71,299	71,399	71,499	71,599	71,699	71,799	71,899	71,999

72,000	72,100	72,200	72,300	72,400	72,500	72,600	72,700	72,800	72,900
72,001	72,101	72,201	72,301	72,401	72,501	72,601	72,701	72,801	72,901
72,002	72,102	72,202	72,302	72,402	72,502	72,602	72,702	72,802	72,902
72,003	72,103	72,203	72,303	72,403	72,503	72,603	72,703	72,803	72,903
72,004	72,104	72,204	72,304	72,404	72,504	72,604	72,704	72,804	72,904
72,005	72,105	72,205	72,305	72,405	72,505	72,605	72,705	72,805	72,905
72,006	72,106	72,206	72,306	72,406	72,506	72,606	72,706	72,806	72,906
72,007	72,107	72,207	72,307	72,407	72,507	72,607	72,707	72,807	72,907
72,008	72,108	72,208	72,308	72,408	72,508	72,608	72,708	72,808	72,908
72,009	72,109	72,209	72,309	72,409	72,509	72,609	72,709	72,809	72,909
72,010	72,110	72,210	72,310	72,410	72,510	72,610	72,710	72,810	72,910
72,011	72,111	72,211	72,311	72,411	72,511	72,611	72,711	72,811	72,911
72,012	72,112	72,212	72,312	72,412	72,512	72,612	72,712	72,812	72,912
72,013	72,113	72,213	72,313	72,413	72,513	72,613	72,713	72,813	72,913
72,014	72,114	72,214	72,314	72,414	72,514	72,614	72,714	72,814	72,914
72,015	72,115	72,215	72,315	72,415	72,515	72,615	72,715	72,815	72,915
72,016	72,116	72,216	72,316	72,416	72,516	72,616	72,716	72,816	72,916
72,017	72,117	72,217	72,317	72,417	72,517	72,617	72,717	72,817	72,917
72,018	72,118	72,218	72,318	72,418	72,518	72,618	72,718	72,818	72,918
72,019	72,119	72,219	72,319	72,419	72,519	72,619	72,719	72,819	72,919
72,020	72,120	72,220	72,320	72,420	72,520	72,620	72,720	72,820	72,920
72,021	72,121	72,221	72,321	72,421	72,521	72,621	72,721	72,821	72,921
72,022	72,122	72,222	72,322	72,422	72,522	72,622	72,722	72,822	72,922
72,023	72,123	72,223	72,323	72,423	72,523	72,623	72,723	72,823	72,923
72,024	72,124	72,224	72,324	72,424	72,524	72,624	72,724	72,824	72,924
72,025	72,125	72,225	72,325	72,425	72,525	72,625	72,725	72,825	72,925
72,026	72,126	72,226	72,326	72,426	72,526	72,626	72,726	72,826	72,926
72,027	72,127	72,227	72,327	72,427	72,527	72,627	72,727	72,827	72,927
72,028	72,128	72,228	72,328	72,428	72,528	72,628	72,728	72,828	72,928
72,029	72,129	72,229	72,329	72,429	72,529	72,629	72,729	72,829	72,929
72,030	72,130	72,230	72,330	72,430	72,530	72,630	72,730	72,830	72,930
72,031	72,131	72,231	72,331	72,431	72,531	72,631	72,731	72,831	72,931
72,032	72,132	72,232	72,332	72,432	72,532	72,632	72,732	72,832	72,932
72,033	72,133	72,233	72,333	72,433	72,533	72,633	72,733	72,833	72,933
72,034	72,134	72,234	72,334	72,434	72,534	72,634	72,734	72,834	72,934
72,035	72,135	72,235	72,335	72,435	72,535	72,635	72,735	72,835	72,935
72,036	72,136	72,236	72,336	72,436	72,536	72,636	72,736	72,836	72,936
72,037	72,137	72,237	72,337	72,437	72,537	72,637	72,737	72,837	72,937
72,038	72,138	72,238	72,338	72,438	72,538	72,638	72,738	72,838	72,938
72,039	72,139	72,239	72,339	72,439	72,539	72,639	72,739	72,839	72,939
72,040	72,140	72,240	72,340	72,440	72,540	72,640	72,740	72,840	72,940
72,041	72,141	72,241	72,341	72,441	72,541	72,641	72,741	72,841	72,941
72,042	72,142	72,242	72,342	72,442	72,542	72,642	72,742	72,842	72,942
72,043	72,143	72,243	72,343	72,443	72,543	72,643	72,743	72,843	72,943
72,044	72,144	72,244	72,344	72,444	72,544	72,644	72,744	72,844	72,944
72,045	72,145	72,245	72,345	72,445	72,545	72,645	72,745	72,845	72,945
72,046	72,146	72,246	72,346	72,446	72,546	72,646	72,746	72,846	72,946
72,047	72,147	72,247	72,347	72,447	72,547	72,647	72,747	72,847	72,947
72,048	72,148	72,248	72,348	72,448	72,548	72,648	72,748	72,848	72,948
72,049	72,149	72,249	72,349	72,449	72,549	72,649	72,749	72,849	72,949
72,050	72,150	72,250	72,350	72,450	72,550	72,650	72,750	72,850	72,950
72,051	72,151	72,251	72,351	72,451	72,551	72,651	72,751	72,851	72,951
72,052	72,152	72,252	72,352	72,452	72,552	72,652	72,752	72,852	72,952
72,053	72,153	72,253	72,353	72,453	72,553	72,653	72,753	72,853	72,953
72,054	72,154	72,254	72,354	72,454	72,554	72,654	72,754	72,854	72,954
72,055	72,155	72,255	72,355	72,455	72,555	72,655	72,755	72,855	72,955
72,056	72,156	72,256	72,356	72,456	72,556	72,656	72,756	72,856	72,956
72,057	72,157	72,257	72,357	72,457	72,557	72,657	72,757	72,857	72,957
72,058	72,158	72,258	72,358	72,458	72,558	72,658	72,758	72,858	72,958
72,059	72,159	72,259	72,359	72,459	72,559	72,659	72,759	72,859	72,959
72,060	72,160	72,260	72,360	72,460	72,560	72,660	72,760	72,860	72,960
72,061	72,161	72,261	72,361	72,461	72,561	72,661	72,761	72,861	72,961
72,062	72,162	72,262	72,362	72,462	72,562	72,662	72,762	72,862	72,962
72,063	72,163	72,263	72,363	72,463	72,563	72,663	72,763	72,863	72,963
72,064	72,164	72,264	72,364	72,464	72,564	72,664	72,764	72,864	72,964
72,065	72,165	72,265	72,365	72,465	72,565	72,665	72,765	72,865	72,965
72,066	72,166	72,266	72,366	72,466	72,566	72,666	72,766	72,866	72,966
72,067	72,167	72,267	72,367	72,467	72,567	72,667	72,767	72,867	72,967
72,068	72,168	72,268	72,368	72,468	72,568	72,668	72,768	72,868	72,968
72,069	72,169	72,269	72,369	72,469	72,569	72,669	72,769	72,869	72,969
72,070	72,170	72,270	72,370	72,470	72,570	72,670	72,770	72,870	72,970
72,071	72,171	72,271	72,371	72,471	72,571	72,671	72,771	72,871	72,971
72,072	72,172	72,272	72,372	72,472	72,572	72,672	72,772	72,872	72,972
72,073	72,173	72,273	72,373	72,473	72,573	72,673	72,773	72,873	72,973
72,074	72,174	72,274	72,374	72,474	72,574	72,674	72,774	72,874	72,974
72,075	72,175	72,275	72,375	72,475	72,575	72,675	72,775	72,875	72,975
72,076	72,176	72,276	72,376	72,476	72,576	72,676	72,776	72,876	72,976
72,077	72,177	72,277	72,377	72,477	72,577	72,677	72,777	72,877	72,977
72,078	72,178	72,278	72,378	72,478	72,578	72,678	72,778	72,878	72,978
72,079	72,179	72,279	72,379	72,479	72,579	72,679	72,779	72,879	72,979
72,080	72,180	72,280	72,380	72,480	72,580	72,680	72,780	72,880	72,980
72,081	72,181	72,281	72,381	72,481	72,581	72,681	72,781	72,881	72,981
72,082	72,182	72,282	72,382	72,482	72,582	72,682	72,782	72,882	72,982
72,083	72,183	72,283	72,383	72,483	72,583	72,683	72,783	72,883	72,983
72,084	72,184	72,284	72,384	72,484	72,584	72,684	72,784	72,884	72,984
72,085	72,185	72,285	72,385	72,485	72,585	72,685	72,785	72,885	72,985
72,086	72,186	72,286	72,386	72,486	72,586	72,686	72,786	72,886	72,986
72,087	72,187	72,287	72,387	72,487	72,587	72,687	72,787	72,887	72,987
72,088	72,188	72,288	72,388	72,488	72,588	72,688	72,788	72,888	72,988
72,089	72,189	72,289	72,389	72,489	72,589	72,689	72,789	72,889	72,989
72,090	72,190	72,290	72,390	72,490	72,590	72,690	72,790	72,890	72,990
72,091	72,191	72,291	72,391	72,491	72,591	72,691	72,791	72,891	72,991
72,092	72,192	72,292	72,392	72,492	72,592	72,692	72,792	72,892	72,992
72,093	72,193	72,293	72,393	72,493	72,593	72,693	72,793	72,893	72,993
72,094	72,194	72,294	72,394	72,494	72,594	72,694	72,794	72,894	72,994
72,095	72,195	72,295	72,395	72,495	72,595	72,695	72,795	72,895	72,995
72,096	72,196	72,296	72,396	72,496	72,596	72,696	72,796	72,896	72,996
72,097	72,197	72,297	72,397	72,497	72,597	72,697	72,797	72,897	72,997
72,098	72,198	72,298	72,398	72,498	72,598	72,698	72,798	72,898	72,998
72,099	72,199	72,299	72,399	72,499	72,599	72,699	72,799	72,899	72,999

73,000	73,100	73,200	73,300	73,400	73,500	73,600	73,700	73,800	73,900
73,001	73,101	73,201	73,301	73,401	73,501	73,601	73,701	73,801	73,901
73,002	73,102	73,202	73,302	73,402	73,502	73,602	73,702	73,802	73,902
73,003	73,103	73,203	73,303	73,403	73,503	73,603	73,703	73,803	73,903
73,004	73,104	73,204	73,304	73,404	73,504	73,604	73,704	73,804	73,904
73,005	73,105	73,205	73,305	73,405	73,505	73,605	73,705	73,805	73,905
73,006	73,106	73,206	73,306	73,406	73,506	73,606	73,706	73,806	73,906
73,007	73,107	73,207	73,307	73,407	73,507	73,607	73,707	73,807	73,907
73,008	73,108	73,208	73,308	73,408	73,508	73,608	73,708	73,808	73,908
73,009	73,109	73,209	73,309	73,409	73,509	73,609	73,709	73,809	73,909
73,010	73,110	73,210	73,310	73,410	73,510	73,610	73,710	73,810	73,910
73,011	73,111	73,211	73,311	73,411	73,511	73,611	73,711	73,811	73,911
73,012	73,112	73,212	73,312	73,412	73,512	73,612	73,712	73,812	73,912
73,013	73,113	73,213	73,313	73,413	73,513	73,613	73,713	73,813	73,913
73,014	73,114	73,214	73,314	73,414	73,514	73,614	73,714	73,814	73,914
73,015	73,115	73,215	73,315	73,415	73,515	73,615	73,715	73,815	73,915
73,016	73,116	73,216	73,316	73,416	73,516	73,616	73,716	73,816	73,916
73,017	73,117	73,217	73,317	73,417	73,517	73,617	73,717	73,817	73,917
73,018	73,118	73,218	73,318	73,418	73,518	73,618	73,718	73,818	73,918
73,019	73,119	73,219	73,319	73,419	73,519	73,619	73,719	73,819	73,919
73,020	73,120	73,220	73,320	73,420	73,520	73,620	73,720	73,820	73,920
73,021	73,121	73,221	73,321	73,421	73,521	73,621	73,721	73,821	73,921
73,022	73,122	73,222	73,322	73,422	73,522	73,622	73,722	73,822	73,922
73,023	73,123	73,223	73,323	73,423	73,523	73,623	73,723	73,823	73,923
73,024	73,124	73,224	73,324	73,424	73,524	73,624	73,724	73,824	73,924
73,025	73,125	73,225	73,325	73,425	73,525	73,625	73,725	73,825	73,925
73,026	73,126	73,226	73,326	73,426	73,526	73,626	73,726	73,826	73,926
73,027	73,127	73,227	73,327	73,427	73,527	73,627	73,727	73,827	73,927
73,028	73,128	73,228	73,328	73,428	73,528	73,628	73,728	73,828	73,928
73,029	73,129	73,229	73,329	73,429	73,529	73,629	73,729	73,829	73,929
73,030	73,130	73,230	73,330	73,430	73,530	73,630	73,730	73,830	73,930
73,031	73,131	73,231	73,331	73,431	73,531	73,631	73,731	73,831	73,931
73,032	73,132	73,232	73,332	73,432	73,532	73,632	73,732	73,832	73,932
73,033	73,133	73,233	73,333	73,433	73,533	73,633	73,733	73,833	73,933
73,034	73,134	73,234	73,334	73,434	73,534	73,634	73,734	73,834	73,934
73,035	73,135	73,235	73,335	73,435	73,535	73,635	73,735	73,835	73,935
73,036	73,136	73,236	73,336	73,436	73,536	73,636	73,736	73,836	73,936
73,037	73,137	73,237	73,337	73,437	73,537	73,637	73,737	73,837	73,937
73,038	73,138	73,238	73,338	73,438	73,538	73,638	73,738	73,838	73,938
73,039	73,139	73,239	73,339	73,439	73,539	73,639	73,739	73,839	73,939
73,040	73,140	73,240	73,340	73,440	73,540	73,640	73,740	73,840	73,940
73,041	73,141	73,241	73,341	73,441	73,541	73,641	73,741	73,841	73,941
73,042	73,142	73,242	73,342	73,442	73,542	73,642	73,742	73,842	73,942
73,043	73,143	73,243	73,343	73,443	73,543	73,643	73,743	73,843	73,943
73,044	73,144	73,244	73,344	73,444	73,544	73,644	73,744	73,844	73,944
73,045	73,145	73,245	73,345	73,445	73,545	73,645	73,745	73,845	73,945
73,046	73,146	73,246	73,346	73,446	73,546	73,646	73,746	73,846	73,946
73,047	73,147	73,247	73,347	73,447	73,547	73,647	73,747	73,847	73,947
73,048	73,148	73,248	73,348	73,448	73,548	73,648	73,748	73,848	73,948
73,049	73,149	73,249	73,349	73,449	73,549	73,649	73,749	73,849	73,949
73,050	73,150	73,250	73,350	73,450	73,550	73,650	73,750	73,850	73,950
73,051	73,151	73,251	73,351	73,451	73,551	73,651	73,751	73,851	73,951
73,052	73,152	73,252	73,352	73,452	73,552	73,652	73,752	73,852	73,952
73,053	73,153	73,253	73,353	73,453	73,553	73,653	73,753	73,853	73,953
73,054	73,154	73,254	73,354	73,454	73,554	73,654	73,754	73,854	73,954
73,055	73,155	73,255	73,355	73,455	73,555	73,655	73,755	73,855	73,955
73,056	73,156	73,256	73,356	73,456	73,556	73,656	73,756	73,856	73,956
73,057	73,157	73,257	73,357	73,457	73,557	73,657	73,757	73,857	73,957
73,058	73,158	73,258	73,358	73,458	73,558	73,658	73,758	73,858	73,958
73,059	73,159	73,259	73,359	73,459	73,559	73,659	73,759	73,859	73,959
73,060	73,160	73,260	73,360	73,460	73,560	73,660	73,760	73,860	73,960
73,061	73,161	73,261	73,361	73,461	73,561	73,661	73,761	73,861	73,961
73,062	73,162	73,262	73,362	73,462	73,562	73,662	73,762	73,862	73,962
73,063	73,163	73,263	73,363	73,463	73,563	73,663	73,763	73,863	73,963
73,064	73,164	73,264	73,364	73,464	73,564	73,664	73,764	73,864	73,964
73,065	73,165	73,265	73,365	73,465	73,565	73,665	73,765	73,865	73,965
73,066	73,166	73,266	73,366	73,466	73,566	73,666	73,766	73,866	73,966
73,067	73,167	73,267	73,367	73,467	73,567	73,667	73,767	73,867	73,967
73,068	73,168	73,268	73,368	73,468	73,568	73,668	73,768	73,868	73,968
73,069	73,169	73,269	73,369	73,469	73,569	73,669	73,769	73,869	73,969
73,070	73,170	73,270	73,370	73,470	73,570	73,670	73,770	73,870	73,970
73,071	73,171	73,271	73,371	73,471	73,571	73,671	73,771	73,871	73,971
73,072	73,172	73,272	73,372	73,472	73,572	73,672	73,772	73,872	73,972
73,073	73,173	73,273	73,373	73,473	73,573	73,673	73,773	73,873	73,973
73,074	73,174	73,274	73,374	73,474	73,574	73,674	73,774	73,874	73,974
73,075	73,175	73,275	73,375	73,475	73,575	73,675	73,775	73,875	73,975
73,076	73,176	73,276	73,376	73,476	73,576	73,676	73,776	73,876	73,976
73,077	73,177	73,277	73,377	73,477	73,577	73,677	73,777	73,877	73,977
73,078	73,178	73,278	73,378	73,478	73,578	73,678	73,778	73,878	73,978
73,079	73,179	73,279	73,379	73,479	73,579	73,679	73,779	73,879	73,979
73,080	73,180	73,280	73,380	73,480	73,580	73,680	73,780	73,880	73,980
73,081	73,181	73,281	73,381	73,481	73,581	73,681	73,781	73,881	73,981
73,082	73,182	73,282	73,382	73,482	73,582	73,682	73,782	73,882	73,982
73,083	73,183	73,283	73,383	73,483	73,583	73,683	73,783	73,883	73,983
73,084	73,184	73,284	73,384	73,484	73,584	73,684	73,784	73,884	73,984
73,085	73,185	73,285	73,385	73,485	73,585	73,685	73,785	73,885	73,985
73,086	73,186	73,286	73,386	73,486	73,586	73,686	73,786	73,886	73,986
73,087	73,187	73,287	73,387	73,487	73,587	73,687	73,787	73,887	73,987
73,088	73,188	73,288	73,388	73,488	73,588	73,688	73,788	73,888	73,988
73,089	73,189	73,289	73,389	73,489	73,589	73,689	73,789	73,889	73,989
73,090	73,190	73,290	73,390	73,490	73,590	73,690	73,790	73,890	73,990
73,091	73,191	73,291	73,391	73,491	73,591	73,691	73,791	73,891	73,991
73,092	73,192	73,292	73,392	73,492	73,592	73,692	73,792	73,892	73,992
73,093	73,193	73,293	73,393	73,493	73,593	73,693	73,793	73,893	73,993
73,094	73,194	73,294	73,394	73,494	73,594	73,694	73,794	73,894	73,994
73,095	73,195	73,295	73,395	73,495	73,595	73,695	73,795	73,895	73,995
73,096	73,196	73,296	73,396	73,496	73,596	73,696	73,796	73,896	73,996
73,097	73,197	73,297	73,397	73,497	73,597	73,697	73,797	73,897	73,997
73,098	73,198	73,298	73,398	73,498	73,598	73,698	73,798	73,898	73,998
73,099	73,199	73,299	73,399	73,499	73,599	73,699	73,799	73,899	73,999

74,000	74,100	74,200	74,300	74,400	74,500	74,600	74,700	74,800	74,900
74,001	74,101	74,201	74,301	74,401	74,501	74,601	74,701	74,801	74,901
74,002	74,102	74,202	74,302	74,402	74,502	74,602	74,702	74,802	74,902
74,003	74,103	74,203	74,303	74,403	74,503	74,603	74,703	74,803	74,903
74,004	74,104	74,204	74,304	74,404	74,504	74,604	74,704	74,804	74,904
74,005	74,105	74,205	74,305	74,405	74,505	74,605	74,705	74,805	74,905
74,006	74,106	74,206	74,306	74,406	74,506	74,606	74,706	74,806	74,906
74,007	74,107	74,207	74,307	74,407	74,507	74,607	74,707	74,807	74,907
74,008	74,108	74,208	74,308	74,408	74,508	74,608	74,708	74,808	74,908
74,009	74,109	74,209	74,309	74,409	74,509	74,609	74,709	74,809	74,909
74,010	74,110	74,210	74,310	74,410	74,510	74,610	74,710	74,810	74,910
74,011	74,111	74,211	74,311	74,411	74,511	74,611	74,711	74,811	74,911
74,012	74,112	74,212	74,312	74,412	74,512	74,612	74,712	74,812	74,912
74,013	74,113	74,213	74,313	74,413	74,513	74,613	74,713	74,813	74,913
74,014	74,114	74,214	74,314	74,414	74,514	74,614	74,714	74,814	74,914
74,015	74,115	74,215	74,315	74,415	74,515	74,615	74,715	74,815	74,915
74,016	74,116	74,216	74,316	74,416	74,516	74,616	74,716	74,816	74,916
74,017	74,117	74,217	74,317	74,417	74,517	74,617	74,717	74,817	74,917
74,018	74,118	74,218	74,318	74,418	74,518	74,618	74,718	74,818	74,918
74,019	74,119	74,219	74,319	74,419	74,519	74,619	74,719	74,819	74,919
74,020	74,120	74,220	74,320	74,420	74,520	74,620	74,720	74,820	74,920
74,021	74,121	74,221	74,321	74,421	74,521	74,621	74,721	74,821	74,921
74,022	74,122	74,222	74,322	74,422	74,522	74,622	74,722	74,822	74,922
74,023	74,123	74,223	74,323	74,423	74,523	74,623	74,723	74,823	74,923
74,024	74,124	74,224	74,324	74,424	74,524	74,624	74,724	74,824	74,924
74,025	74,125	74,225	74,325	74,425	74,525	74,625	74,725	74,825	74,925
74,026	74,126	74,226	74,326	74,426	74,526	74,626	74,726	74,826	74,926
74,027	74,127	74,227	74,327	74,427	74,527	74,627	74,727	74,827	74,927
74,028	74,128	74,228	74,328	74,428	74,528	74,628	74,728	74,828	74,928
74,029	74,129	74,229	74,329	74,429	74,529	74,629	74,729	74,829	74,929
74,030	74,130	74,230	74,330	74,430	74,530	74,630	74,730	74,830	74,930
74,031	74,131	74,231	74,331	74,431	74,531	74,631	74,731	74,831	74,931
74,032	74,132	74,232	74,332	74,432	74,532	74,632	74,732	74,832	74,932
74,033	74,133	74,233	74,333	74,433	74,533	74,633	74,733	74,833	74,933
74,034	74,134	74,234	74,334	74,434	74,534	74,634	74,734	74,834	74,934
74,035	74,135	74,235	74,335	74,435	74,535	74,635	74,735	74,835	74,935
74,036	74,136	74,236	74,336	74,436	74,536	74,636	74,736	74,836	74,936
74,037	74,137	74,237	74,337	74,437	74,537	74,637	74,737	74,837	74,937
74,038	74,138	74,238	74,338	74,438	74,538	74,638	74,738	74,838	74,938
74,039	74,139	74,239	74,339	74,439	74,539	74,639	74,739	74,839	74,939
74,040	74,140	74,240	74,340	74,440	74,540	74,640	74,740	74,840	74,940
74,041	74,141	74,241	74,341	74,441	74,541	74,641	74,741	74,841	74,941
74,042	74,142	74,242	74,342	74,442	74,542	74,642	74,742	74,842	74,942
74,043	74,143	74,243	74,343	74,443	74,543	74,643	74,743	74,843	74,943
74,044	74,144	74,244	74,344	74,444	74,544	74,644	74,744	74,844	74,944
74,045	74,145	74,245	74,345	74,445	74,545	74,645	74,745	74,845	74,945
74,046	74,146	74,246	74,346	74,446	74,546	74,646	74,746	74,846	74,946
74,047	74,147	74,247	74,347	74,447	74,547	74,647	74,747	74,847	74,947
74,048	74,148	74,248	74,348	74,448	74,548	74,648	74,748	74,848	74,948
74,049	74,149	74,249	74,349	74,449	74,549	74,649	74,749	74,849	74,949
74,050	74,150	74,250	74,350	74,450	74,550	74,650	74,750	74,850	74,950
74,051	74,151	74,251	74,351	74,451	74,551	74,651	74,751	74,851	74,951
74,052	74,152	74,252	74,352	74,452	74,552	74,652	74,752	74,852	74,952
74,053	74,153	74,253	74,353	74,453	74,553	74,653	74,753	74,853	74,953
74,054	74,154	74,254	74,354	74,454	74,554	74,654	74,754	74,854	74,954
74,055	74,155	74,255	74,355	74,455	74,555	74,655	74,755	74,855	74,955
74,056	74,156	74,256	74,356	74,456	74,556	74,656	74,756	74,856	74,956
74,057	74,157	74,257	74,357	74,457	74,557	74,657	74,757	74,857	74,957
74,058	74,158	74,258	74,358	74,458	74,558	74,658	74,758	74,858	74,958
74,059	74,159	74,259	74,359	74,459	74,559	74,659	74,759	74,859	74,959
74,060	74,160	74,260	74,360	74,460	74,560	74,660	74,760	74,860	74,960
74,061	74,161	74,261	74,361	74,461	74,561	74,661	74,761	74,861	74,961
74,062	74,162	74,262	74,362	74,462	74,562	74,662	74,762	74,862	74,962
74,063	74,163	74,263	74,363	74,463	74,563	74,663	74,763	74,863	74,963
74,064	74,164	74,264	74,364	74,464	74,564	74,664	74,764	74,864	74,964
74,065	74,165	74,265	74,365	74,465	74,565	74,665	74,765	74,865	74,965
74,066	74,166	74,266	74,366	74,466	74,566	74,666	74,766	74,866	74,966
74,067	74,167	74,267	74,367	74,467	74,567	74,667	74,767	74,867	74,967
74,068	74,168	74,268	74,368	74,468	74,568	74,668	74,768	74,868	74,968
74,069	74,169	74,269	74,369	74,469	74,569	74,669	74,769	74,869	74,969
74,070	74,170	74,270	74,370	74,470	74,570	74,670	74,770	74,870	74,970
74,071	74,171	74,271	74,371	74,471	74,571	74,671	74,771	74,871	74,971
74,072	74,172	74,272	74,372	74,472	74,572	74,672	74,772	74,872	74,972
74,073	74,173	74,273	74,373	74,473	74,573	74,673	74,773	74,873	74,973
74,074	74,174	74,274	74,374	74,474	74,574	74,674	74,774	74,874	74,974
74,075	74,175	74,275	74,375	74,475	74,575	74,675	74,775	74,875	74,975
74,076	74,176	74,276	74,376	74,476	74,576	74,676	74,776	74,876	74,976
74,077	74,177	74,277	74,377	74,477	74,577	74,677	74,777	74,877	74,977
74,078	74,178	74,278	74,378	74,478	74,578	74,678	74,778	74,878	74,978
74,079	74,179	74,279	74,379	74,479	74,579	74,679	74,779	74,879	74,979
74,080	74,180	74,280	74,380	74,480	74,580	74,680	74,780	74,880	74,980
74,081	74,181	74,281	74,381	74,481	74,581	74,681	74,781	74,881	74,981
74,082	74,182	74,282	74,382	74,482	74,582	74,682	74,782	74,882	74,982
74,083	74,183	74,283	74,383	74,483	74,583	74,683	74,783	74,883	74,983
74,084	74,184	74,284	74,384	74,484	74,584	74,684	74,784	74,884	74,984
74,085	74,185	74,285	74,385	74,485	74,585	74,685	74,785	74,885	74,985
74,086	74,186	74,286	74,386	74,486	74,586	74,686	74,786	74,886	74,986
74,087	74,187	74,287	74,387	74,487	74,587	74,687	74,787	74,887	74,987
74,088	74,188	74,288	74,388	74,488	74,588	74,688	74,788	74,888	74,988
74,089	74,189	74,289	74,389	74,489	74,589	74,689	74,789	74,889	74,989
74,090	74,190	74,290	74,390	74,490	74,590	74,690	74,790	74,890	74,990
74,091	74,191	74,291	74,391	74,491	74,591	74,691	74,791	74,891	74,991
74,092	74,192	74,292	74,392	74,492	74,592	74,692	74,792	74,892	74,992
74,093	74,193	74,293	74,393	74,493	74,593	74,693	74,793	74,893	74,993
74,094	74,194	74,294	74,394	74,494	74,594	74,694	74,794	74,894	74,994
74,095	74,195	74,295	74,395	74,495	74,595	74,695	74,795	74,895	74,995
74,096	74,196	74,296	74,396	74,496	74,596	74,696	74,796	74,896	74,996
74,097	74,197	74,297	74,397	74,497	74,597	74,697	74,797	74,897	74,997
74,098	74,198	74,298	74,398	74,498	74,598	74,698	74,798	74,898	74,998
74,099	74,199	74,299	74,399	74,499	74,599	74,699	74,799	74,899	74,999

75,000	75,100	75,200	75,300	75,400	75,500	75,600	75,700	75,800	75,900
75,001	75,101	75,201	75,301	75,401	75,501	75,601	75,701	75,801	75,901
75,002	75,102	75,202	75,302	75,402	75,502	75,602	75,702	75,802	75,902
75,003	75,103	75,203	75,303	75,403	75,503	75,603	75,703	75,803	75,903
75,004	75,104	75,204	75,304	75,404	75,504	75,604	75,704	75,804	75,904
75,005	75,105	75,205	75,305	75,405	75,505	75,605	75,705	75,805	75,905
75,006	75,106	75,206	75,306	75,406	75,506	75,606	75,706	75,806	75,906
75,007	75,107	75,207	75,307	75,407	75,507	75,607	75,707	75,807	75,907
75,008	75,108	75,208	75,308	75,408	75,508	75,608	75,708	75,808	75,908
75,009	75,109	75,209	75,309	75,409	75,509	75,609	75,709	75,809	75,909
75,010	75,110	75,210	75,310	75,410	75,510	75,610	75,710	75,810	75,910
75,011	75,111	75,211	75,311	75,411	75,511	75,611	75,711	75,811	75,911
75,012	75,112	75,212	75,312	75,412	75,512	75,612	75,712	75,812	75,912
75,013	75,113	75,213	75,313	75,413	75,513	75,613	75,713	75,813	75,913
75,014	75,114	75,214	75,314	75,414	75,514	75,614	75,714	75,814	75,914
75,015	75,115	75,215	75,315	75,415	75,515	75,615	75,715	75,815	75,915
75,016	75,116	75,216	75,316	75,416	75,516	75,616	75,716	75,816	75,916
75,017	75,117	75,217	75,317	75,417	75,517	75,617	75,717	75,817	75,917
75,018	75,118	75,218	75,318	75,418	75,518	75,618	75,718	75,818	75,918
75,019	75,119	75,219	75,319	75,419	75,519	75,619	75,719	75,819	75,919
75,020	75,120	75,220	75,320	75,420	75,520	75,620	75,720	75,820	75,920
75,021	75,121	75,221	75,321	75,421	75,521	75,621	75,721	75,821	75,921
75,022	75,122	75,222	75,322	75,422	75,522	75,622	75,722	75,822	75,922
75,023	75,123	75,223	75,323	75,423	75,523	75,623	75,723	75,823	75,923
75,024	75,124	75,224	75,324	75,424	75,524	75,624	75,724	75,824	75,924
75,025	75,125	75,225	75,325	75,425	75,525	75,625	75,725	75,825	75,925
75,026	75,126	75,226	75,326	75,426	75,526	75,626	75,726	75,826	75,926
75,027	75,127	75,227	75,327	75,427	75,527	75,627	75,727	75,827	75,927
75,028	75,128	75,228	75,328	75,428	75,528	75,628	75,728	75,828	75,928
75,029	75,129	75,229	75,329	75,429	75,529	75,629	75,729	75,829	75,929
75,030	75,130	75,230	75,330	75,430	75,530	75,630	75,730	75,830	75,930
75,031	75,131	75,231	75,331	75,431	75,531	75,631	75,731	75,831	75,931
75,032	75,132	75,232	75,332	75,432	75,532	75,632	75,732	75,832	75,932
75,033	75,133	75,233	75,333	75,433	75,533	75,633	75,733	75,833	75,933
75,034	75,134	75,234	75,334	75,434	75,534	75,634	75,734	75,834	75,934
75,035	75,135	75,235	75,335	75,435	75,535	75,635	75,735	75,835	75,935
75,036	75,136	75,236	75,336	75,436	75,536	75,636	75,736	75,836	75,936
75,037	75,137	75,237	75,337	75,437	75,537	75,637	75,737	75,837	75,937
75,038	75,138	75,238	75,338	75,438	75,538	75,638	75,738	75,838	75,938
75,039	75,139	75,239	75,339	75,439	75,539	75,639	75,739	75,839	75,939
75,040	75,140	75,240	75,340	75,440	75,540	75,640	75,740	75,840	75,940
75,041	75,141	75,241	75,341	75,441	75,541	75,641	75,741	75,841	75,941
75,042	75,142	75,242	75,342	75,442	75,542	75,642	75,742	75,842	75,942
75,043	75,143	75,243	75,343	75,443	75,543	75,643	75,743	75,843	75,943
75,044	75,144	75,244	75,344	75,444	75,544	75,644	75,744	75,844	75,944
75,045	75,145	75,245	75,345	75,445	75,545	75,645	75,745	75,845	75,945
75,046	75,146	75,246	75,346	75,446	75,546	75,646	75,746	75,846	75,946
75,047	75,147	75,247	75,347	75,447	75,547	75,647	75,747	75,847	75,947
75,048	75,148	75,248	75,348	75,448	75,548	75,648	75,748	75,848	75,948
75,049	75,149	75,249	75,349	75,449	75,549	75,649	75,749	75,849	75,949
75,050	75,150	75,250	75,350	75,450	75,550	75,650	75,750	75,850	75,950
75,051	75,151	75,251	75,351	75,451	75,551	75,651	75,751	75,851	75,951
75,052	75,152	75,252	75,352	75,452	75,552	75,652	75,752	75,852	75,952
75,053	75,153	75,253	75,353	75,453	75,553	75,653	75,753	75,853	75,953
75,054	75,154	75,254	75,354	75,454	75,554	75,654	75,754	75,854	75,954
75,055	75,155	75,255	75,355	75,455	75,555	75,655	75,755	75,855	75,955
75,056	75,156	75,256	75,356	75,456	75,556	75,656	75,756	75,856	75,956
75,057	75,157	75,257	75,357	75,457	75,557	75,657	75,757	75,857	75,957
75,058	75,158	75,258	75,358	75,458	75,558	75,658	75,758	75,858	75,958
75,059	75,159	75,259	75,359	75,459	75,559	75,659	75,759	75,859	75,959
75,060	75,160	75,260	75,360	75,460	75,560	75,660	75,760	75,860	75,960
75,061	75,161	75,261	75,361	75,461	75,561	75,661	75,761	75,861	75,961
75,062	75,162	75,262	75,362	75,462	75,562	75,662	75,762	75,862	75,962
75,063	75,163	75,263	75,363	75,463	75,563	75,663	75,763	75,863	75,963
75,064	75,164	75,264	75,364	75,464	75,564	75,664	75,764	75,864	75,964
75,065	75,165	75,265	75,365	75,465	75,565	75,665	75,765	75,865	75,965
75,066	75,166	75,266	75,366	75,466	75,566	75,666	75,766	75,866	75,966
75,067	75,167	75,267	75,367	75,467	75,567	75,667	75,767	75,867	75,967
75,068	75,168	75,268	75,368	75,468	75,568	75,668	75,768	75,868	75,968
75,069	75,169	75,269	75,369	75,469	75,569	75,669	75,769	75,869	75,969
75,070	75,170	75,270	75,370	75,470	75,570	75,670	75,770	75,870	75,970
75,071	75,171	75,271	75,371	75,471	75,571	75,671	75,771	75,871	75,971
75,072	75,172	75,272	75,372	75,472	75,572	75,672	75,772	75,872	75,972
75,073	75,173	75,273	75,373	75,473	75,573	75,673	75,773	75,873	75,973
75,074	75,174	75,274	75,374	75,474	75,574	75,674	75,774	75,874	75,974
75,075	75,175	75,275	75,375	75,475	75,575	75,675	75,775	75,875	75,975
75,076	75,176	75,276	75,376	75,476	75,576	75,676	75,776	75,876	75,976
75,077	75,177	75,277	75,377	75,477	75,577	75,677	75,777	75,877	75,977
75,078	75,178	75,278	75,378	75,478	75,578	75,678	75,778	75,878	75,978
75,079	75,179	75,279	75,379	75,479	75,579	75,679	75,779	75,879	75,979
75,080	75,180	75,280	75,380	75,480	75,580	75,680	75,780	75,880	75,980
75,081	75,181	75,281	75,381	75,481	75,581	75,681	75,781	75,881	75,981
75,082	75,182	75,282	75,382	75,482	75,582	75,682	75,782	75,882	75,982
75,083	75,183	75,283	75,383	75,483	75,583	75,683	75,783	75,883	75,983
75,084	75,184	75,284	75,384	75,484	75,584	75,684	75,784	75,884	75,984
75,085	75,185	75,285	75,385	75,485	75,585	75,685	75,785	75,885	75,985
75,086	75,186	75,286	75,386	75,486	75,586	75,686	75,786	75,886	75,986
75,087	75,187	75,287	75,387	75,487	75,587	75,687	75,787	75,887	75,987
75,088	75,188	75,288	75,388	75,488	75,588	75,688	75,788	75,888	75,988
75,089	75,189	75,289	75,389	75,489	75,589	75,689	75,789	75,889	75,989
75,090	75,190	75,290	75,390	75,490	75,590	75,690	75,790	75,890	75,990
75,091	75,191	75,291	75,391	75,491	75,591	75,691	75,791	75,891	75,991
75,092	75,192	75,292	75,392	75,492	75,592	75,692	75,792	75,892	75,992
75,093	75,193	75,293	75,393	75,493	75,593	75,693	75,793	75,893	75,993
75,094	75,194	75,294	75,394	75,494	75,594	75,694	75,794	75,894	75,994
75,095	75,195	75,295	75,395	75,495	75,595	75,695	75,795	75,895	75,995
75,096	75,196	75,296	75,396	75,496	75,596	75,696	75,796	75,896	75,996
75,097	75,197	75,297	75,397	75,497	75,597	75,697	75,797	75,897	75,997
75,098	75,198	75,298	75,398	75,498	75,598	75,698	75,798	75,898	75,998
75,099	75,199	75,299	75,399	75,499	75,599	75,699	75,799	75,899	75,999

76,000	76,100	76,200	76,300	76,400	76,500	76,600	76,700	76,800	76,900
76,001	76,101	76,201	76,301	76,401	76,501	76,601	76,701	76,801	76,901
76,002	76,102	76,202	76,302	76,402	76,502	76,602	76,702	76,802	76,902
76,003	76,103	76,203	76,303	76,403	76,503	76,603	76,703	76,803	76,903
76,004	76,104	76,204	76,304	76,404	76,504	76,604	76,704	76,804	76,904
76,005	76,105	76,205	76,305	76,405	76,505	76,605	76,705	76,805	76,905
76,006	76,106	76,206	76,306	76,406	76,506	76,606	76,706	76,806	76,906
76,007	76,107	76,207	76,307	76,407	76,507	76,607	76,707	76,807	76,907
76,008	76,108	76,208	76,308	76,408	76,508	76,608	76,708	76,808	76,908
76,009	76,109	76,209	76,309	76,409	76,509	76,609	76,709	76,809	76,909
76,010	76,110	76,210	76,310	76,410	76,510	76,610	76,710	76,810	76,910
76,011	76,111	76,211	76,311	76,411	76,511	76,611	76,711	76,811	76,911
76,012	76,112	76,212	76,312	76,412	76,512	76,612	76,712	76,812	76,912
76,013	76,113	76,213	76,313	76,413	76,513	76,613	76,713	76,813	76,913
76,014	76,114	76,214	76,314	76,414	76,514	76,614	76,714	76,814	76,914
76,015	76,115	76,215	76,315	76,415	76,515	76,615	76,715	76,815	76,915
76,016	76,116	76,216	76,316	76,416	76,516	76,616	76,716	76,816	76,916
76,017	76,117	76,217	76,317	76,417	76,517	76,617	76,717	76,817	76,917
76,018	76,118	76,218	76,318	76,418	76,518	76,618	76,718	76,818	76,918
76,019	76,119	76,219	76,319	76,419	76,519	76,619	76,719	76,819	76,919
76,020	76,120	76,220	76,320	76,420	76,520	76,620	76,720	76,820	76,920
76,021	76,121	76,221	76,321	76,421	76,521	76,621	76,721	76,821	76,921
76,022	76,122	76,222	76,322	76,422	76,522	76,622	76,722	76,822	76,922
76,023	76,123	76,223	76,323	76,423	76,523	76,623	76,723	76,823	76,923
76,024	76,124	76,224	76,324	76,424	76,524	76,624	76,724	76,824	76,924
76,025	76,125	76,225	76,325	76,425	76,525	76,625	76,725	76,825	76,925
76,026	76,126	76,226	76,326	76,426	76,526	76,626	76,726	76,826	76,926
76,027	76,127	76,227	76,327	76,427	76,527	76,627	76,727	76,827	76,927
76,028	76,128	76,228	76,328	76,428	76,528	76,628	76,728	76,828	76,928
76,029	76,129	76,229	76,329	76,429	76,529	76,629	76,729	76,829	76,929
76,030	76,130	76,230	76,330	76,430	76,530	76,630	76,730	76,830	76,930
76,031	76,131	76,231	76,331	76,431	76,531	76,631	76,731	76,831	76,931
76,032	76,132	76,232	76,332	76,432	76,532	76,632	76,732	76,832	76,932
76,033	76,133	76,233	76,333	76,433	76,533	76,633	76,733	76,833	76,933
76,034	76,134	76,234	76,334	76,434	76,534	76,634	76,734	76,834	76,934
76,035	76,135	76,235	76,335	76,435	76,535	76,635	76,735	76,835	76,935
76,036	76,136	76,236	76,336	76,436	76,536	76,636	76,736	76,836	76,936
76,037	76,137	76,237	76,337	76,437	76,537	76,637	76,737	76,837	76,937
76,038	76,138	76,238	76,338	76,438	76,538	76,638	76,738	76,838	76,938
76,039	76,139	76,239	76,339	76,439	76,539	76,639	76,739	76,839	76,939
76,040	76,140	76,240	76,340	76,440	76,540	76,640	76,740	76,840	76,940
76,041	76,141	76,241	76,341	76,441	76,541	76,641	76,741	76,841	76,941
76,042	76,142	76,242	76,342	76,442	76,542	76,642	76,742	76,842	76,942
76,043	76,143	76,243	76,343	76,443	76,543	76,643	76,743	76,843	76,943
76,044	76,144	76,244	76,344	76,444	76,544	76,644	76,744	76,844	76,944
76,045	76,145	76,245	76,345	76,445	76,545	76,645	76,745	76,845	76,945
76,046	76,146	76,246	76,346	76,446	76,546	76,646	76,746	76,846	76,946
76,047	76,147	76,247	76,347	76,447	76,547	76,647	76,747	76,847	76,947
76,048	76,148	76,248	76,348	76,448	76,548	76,648	76,748	76,848	76,948
76,049	76,149	76,249	76,349	76,449	76,549	76,649	76,749	76,849	76,949
76,050	76,150	76,250	76,350	76,450	76,550	76,650	76,750	76,850	76,950
76,051	76,151	76,251	76,351	76,451	76,551	76,651	76,751	76,851	76,951
76,052	76,152	76,252	76,352	76,452	76,552	76,652	76,752	76,852	76,952
76,053	76,153	76,253	76,353	76,453	76,553	76,653	76,753	76,853	76,953
76,054	76,154	76,254	76,354	76,454	76,554	76,654	76,754	76,854	76,954
76,055	76,155	76,255	76,355	76,455	76,555	76,655	76,755	76,855	76,955
76,056	76,156	76,256	76,356	76,456	76,556	76,656	76,756	76,856	76,956
76,057	76,157	76,257	76,357	76,457	76,557	76,657	76,757	76,857	76,957
76,058	76,158	76,258	76,358	76,458	76,558	76,658	76,758	76,858	76,958
76,059	76,159	76,259	76,359	76,459	76,559	76,659	76,759	76,859	76,959
76,060	76,160	76,260	76,360	76,460	76,560	76,660	76,760	76,860	76,960
76,061	76,161	76,261	76,361	76,461	76,561	76,661	76,761	76,861	76,961
76,062	76,162	76,262	76,362	76,462	76,562	76,662	76,762	76,862	76,962
76,063	76,163	76,263	76,363	76,463	76,563	76,663	76,763	76,863	76,963
76,064	76,164	76,264	76,364	76,464	76,564	76,664	76,764	76,864	76,964
76,065	76,165	76,265	76,365	76,465	76,565	76,665	76,765	76,865	76,965
76,066	76,166	76,266	76,366	76,466	76,566	76,666	76,766	76,866	76,966
76,067	76,167	76,267	76,367	76,467	76,567	76,667	76,767	76,867	76,967
76,068	76,168	76,268	76,368	76,468	76,568	76,668	76,768	76,868	76,968
76,069	76,169	76,269	76,369	76,469	76,569	76,669	76,769	76,869	76,969
76,070	76,170	76,270	76,370	76,470	76,570	76,670	76,770	76,870	76,970
76,071	76,171	76,271	76,371	76,471	76,571	76,671	76,771	76,871	76,971
76,072	76,172	76,272	76,372	76,472	76,572	76,672	76,772	76,872	76,972
76,073	76,173	76,273	76,373	76,473	76,573	76,673	76,773	76,873	76,973
76,074	76,174	76,274	76,374	76,474	76,574	76,674	76,774	76,874	76,974
76,075	76,175	76,275	76,375	76,475	76,575	76,675	76,775	76,875	76,975
76,076	76,176	76,276	76,376	76,476	76,576	76,676	76,776	76,876	76,976
76,077	76,177	76,277	76,377	76,477	76,577	76,677	76,777	76,877	76,977
76,078	76,178	76,278	76,378	76,478	76,578	76,678	76,778	76,878	76,978
76,079	76,179	76,279	76,379	76,479	76,579	76,679	76,779	76,879	76,979
76,080	76,180	76,280	76,380	76,480	76,580	76,680	76,780	76,880	76,980
76,081	76,181	76,281	76,381	76,481	76,581	76,681	76,781	76,881	76,981
76,082	76,182	76,282	76,382	76,482	76,582	76,682	76,782	76,882	76,982
76,083	76,183	76,283	76,383	76,483	76,583	76,683	76,783	76,883	76,983
76,084	76,184	76,284	76,384	76,484	76,584	76,684	76,784	76,884	76,984
76,085	76,185	76,285	76,385	76,485	76,585	76,685	76,785	76,885	76,985
76,086	76,186	76,286	76,386	76,486	76,586	76,686	76,786	76,886	76,986
76,087	76,187	76,287	76,387	76,487	76,587	76,687	76,787	76,887	76,987
76,088	76,188	76,288	76,388	76,488	76,588	76,688	76,788	76,888	76,988
76,089	76,189	76,289	76,389	76,489	76,589	76,689	76,789	76,889	76,989
76,090	76,190	76,290	76,390	76,490	76,590	76,690	76,790	76,890	76,990
76,091	76,191	76,291	76,391	76,491	76,591	76,691	76,791	76,891	76,991
76,092	76,192	76,292	76,392	76,492	76,592	76,692	76,792	76,892	76,992
76,093	76,193	76,293	76,393	76,493	76,593	76,693	76,793	76,893	76,993
76,094	76,194	76,294	76,394	76,494	76,594	76,694	76,794	76,894	76,994
76,095	76,195	76,295	76,395	76,495	76,595	76,695	76,795	76,895	76,995
76,096	76,196	76,296	76,396	76,496	76,596	76,696	76,796	76,896	76,996
76,097	76,197	76,297	76,397	76,497	76,597	76,697	76,797	76,897	76,997
76,098	76,198	76,298	76,398	76,498	76,598	76,698	76,798	76,898	76,998
76,099	76,199	76,299	76,399	76,499	76,599	76,699	76,799	76,899	76,999

77,000	77,100	77,200	77,300	77,400	77,500	77,600	77,700	77,800	77,900
77,001	77,101	77,201	77,301	77,401	77,501	77,601	77,701	77,801	77,901
77,002	77,102	77,202	77,302	77,402	77,502	77,602	77,702	77,802	77,902
77,003	77,103	77,203	77,303	77,403	77,503	77,603	77,703	77,803	77,903
77,004	77,104	77,204	77,304	77,404	77,504	77,604	77,704	77,804	77,904
77,005	77,105	77,205	77,305	77,405	77,505	77,605	77,705	77,805	77,905
77,006	77,106	77,206	77,306	77,406	77,506	77,606	77,706	77,806	77,906
77,007	77,107	77,207	77,307	77,407	77,507	77,607	77,707	77,807	77,907
77,008	77,108	77,208	77,308	77,408	77,508	77,608	77,708	77,808	77,908
77,009	77,109	77,209	77,309	77,409	77,509	77,609	77,709	77,809	77,909
77,010	77,110	77,210	77,310	77,410	77,510	77,610	77,710	77,810	77,910
77,011	77,111	77,211	77,311	77,411	77,511	77,611	77,711	77,811	77,911
77,012	77,112	77,212	77,312	77,412	77,512	77,612	77,712	77,812	77,912
77,013	77,113	77,213	77,313	77,413	77,513	77,613	77,713	77,813	77,913
77,014	77,114	77,214	77,314	77,414	77,514	77,614	77,714	77,814	77,914
77,015	77,115	77,215	77,315	77,415	77,515	77,615	77,715	77,815	77,915
77,016	77,116	77,216	77,316	77,416	77,516	77,616	77,716	77,816	77,916
77,017	77,117	77,217	77,317	77,417	77,517	77,617	77,717	77,817	77,917
77,018	77,118	77,218	77,318	77,418	77,518	77,618	77,718	77,818	77,918
77,019	77,119	77,219	77,319	77,419	77,519	77,619	77,719	77,819	77,919
77,020	77,120	77,220	77,320	77,420	77,520	77,620	77,720	77,820	77,920
77,021	77,121	77,221	77,321	77,421	77,521	77,621	77,721	77,821	77,921
77,022	77,122	77,222	77,322	77,422	77,522	77,622	77,722	77,822	77,922
77,023	77,123	77,223	77,323	77,423	77,523	77,623	77,723	77,823	77,923
77,024	77,124	77,224	77,324	77,424	77,524	77,624	77,724	77,824	77,924
77,025	77,125	77,225	77,325	77,425	77,525	77,625	77,725	77,825	77,925
77,026	77,126	77,226	77,326	77,426	77,526	77,626	77,726	77,826	77,926
77,027	77,127	77,227	77,327	77,427	77,527	77,627	77,727	77,827	77,927
77,028	77,128	77,228	77,328	77,428	77,528	77,628	77,728	77,828	77,928
77,029	77,129	77,229	77,329	77,429	77,529	77,629	77,729	77,829	77,929
77,030	77,130	77,230	77,330	77,430	77,530	77,630	77,730	77,830	77,930
77,031	77,131	77,231	77,331	77,431	77,531	77,631	77,731	77,831	77,931
77,032	77,132	77,232	77,332	77,432	77,532	77,632	77,732	77,832	77,932
77,033	77,133	77,233	77,333	77,433	77,533	77,633	77,733	77,833	77,933
77,034	77,134	77,234	77,334	77,434	77,534	77,634	77,734	77,834	77,934
77,035	77,135	77,235	77,335	77,435	77,535	77,635	77,735	77,835	77,935
77,036	77,136	77,236	77,336	77,436	77,536	77,636	77,736	77,836	77,936
77,037	77,137	77,237	77,337	77,437	77,537	77,637	77,737	77,837	77,937
77,038	77,138	77,238	77,338	77,438	77,538	77,638	77,738	77,838	77,938
77,039	77,139	77,239	77,339	77,439	77,539	77,639	77,739	77,839	77,939
77,040	77,140	77,240	77,340	77,440	77,540	77,640	77,740	77,840	77,940
77,041	77,141	77,241	77,341	77,441	77,541	77,641	77,741	77,841	77,941
77,042	77,142	77,242	77,342	77,442	77,542	77,642	77,742	77,842	77,942
77,043	77,143	77,243	77,343	77,443	77,543	77,643	77,743	77,843	77,943
77,044	77,144	77,244	77,344	77,444	77,544	77,644	77,744	77,844	77,944
77,045	77,145	77,245	77,345	77,445	77,545	77,645	77,745	77,845	77,945
77,046	77,146	77,246	77,346	77,446	77,546	77,646	77,746	77,846	77,946
77,047	77,147	77,247	77,347	77,447	77,547	77,647	77,747	77,847	77,947
77,048	77,148	77,248	77,348	77,448	77,548	77,648	77,748	77,848	77,948
77,049	77,149	77,249	77,349	77,449	77,549	77,649	77,749	77,849	77,949
77,050	77,150	77,250	77,350	77,450	77,550	77,650	77,750	77,850	77,950
77,051	77,151	77,251	77,351	77,451	77,551	77,651	77,751	77,851	77,951
77,052	77,152	77,252	77,352	77,452	77,552	77,652	77,752	77,852	77,952
77,053	77,153	77,253	77,353	77,453	77,553	77,653	77,753	77,853	77,953
77,054	77,154	77,254	77,354	77,454	77,554	77,654	77,754	77,854	77,954
77,055	77,155	77,255	77,355	77,455	77,555	77,655	77,755	77,855	77,955
77,056	77,156	77,256	77,356	77,456	77,556	77,656	77,756	77,856	77,956
77,057	77,157	77,257	77,357	77,457	77,557	77,657	77,757	77,857	77,957
77,058	77,158	77,258	77,358	77,458	77,558	77,658	77,758	77,858	77,958
77,059	77,159	77,259	77,359	77,459	77,559	77,659	77,759	77,859	77,959
77,060	77,160	77,260	77,360	77,460	77,560	77,660	77,760	77,860	77,960
77,061	77,161	77,261	77,361	77,461	77,561	77,661	77,761	77,861	77,961
77,062	77,162	77,262	77,362	77,462	77,562	77,662	77,762	77,862	77,962
77,063	77,163	77,263	77,363	77,463	77,563	77,663	77,763	77,863	77,963
77,064	77,164	77,264	77,364	77,464	77,564	77,664	77,764	77,864	77,964
77,065	77,165	77,265	77,365	77,465	77,565	77,665	77,765	77,865	77,965
77,066	77,166	77,266	77,366	77,466	77,566	77,666	77,766	77,866	77,966
77,067	77,167	77,267	77,367	77,467	77,567	77,667	77,767	77,867	77,967
77,068	77,168	77,268	77,368	77,468	77,568	77,668	77,768	77,868	77,968
77,069	77,169	77,269	77,369	77,469	77,569	77,669	77,769	77,869	77,969
77,070	77,170	77,270	77,370	77,470	77,570	77,670	77,770	77,870	77,970
77,071	77,171	77,271	77,371	77,471	77,571	77,671	77,771	77,871	77,971
77,072	77,172	77,272	77,372	77,472	77,572	77,672	77,772	77,872	77,972
77,073	77,173	77,273	77,373	77,473	77,573	77,673	77,773	77,873	77,973
77,074	77,174	77,274	77,374	77,474	77,574	77,674	77,774	77,874	77,974
77,075	77,175	77,275	77,375	77,475	77,575	77,675	77,775	77,875	77,975
77,076	77,176	77,276	77,376	77,476	77,576	77,676	77,776	77,876	77,976
77,077	77,177	77,277	77,377	77,477	77,577	77,677	77,777	77,877	77,977
77,078	77,178	77,278	77,378	77,478	77,578	77,678	77,778	77,878	77,978
77,079	77,179	77,279	77,379	77,479	77,579	77,679	77,779	77,879	77,979
77,080	77,180	77,280	77,380	77,480	77,580	77,680	77,780	77,880	77,980
77,081	77,181	77,281	77,381	77,481	77,581	77,681	77,781	77,881	77,981
77,082	77,182	77,282	77,382	77,482	77,582	77,682	77,782	77,882	77,982
77,083	77,183	77,283	77,383	77,483	77,583	77,683	77,783	77,883	77,983
77,084	77,184	77,284	77,384	77,484	77,584	77,684	77,784	77,884	77,984
77,085	77,185	77,285	77,385	77,485	77,585	77,685	77,785	77,885	77,985
77,086	77,186	77,286	77,386	77,486	77,586	77,686	77,786	77,886	77,986
77,087	77,187	77,287	77,387	77,487	77,587	77,687	77,787	77,887	77,987
77,088	77,188	77,288	77,388	77,488	77,588	77,688	77,788	77,888	77,988
77,089	77,189	77,289	77,389	77,489	77,589	77,689	77,789	77,889	77,989
77,090	77,190	77,290	77,390	77,490	77,590	77,690	77,790	77,890	77,990
77,091	77,191	77,291	77,391	77,491	77,591	77,691	77,791	77,891	77,991
77,092	77,192	77,292	77,392	77,492	77,592	77,692	77,792	77,892	77,992
77,093	77,193	77,293	77,393	77,493	77,593	77,693	77,793	77,893	77,993
77,094	77,194	77,294	77,394	77,494	77,594	77,694	77,794	77,894	77,994
77,095	77,195	77,295	77,395	77,495	77,595	77,695	77,795	77,895	77,995
77,096	77,196	77,296	77,396	77,496	77,596	77,696	77,796	77,896	77,996
77,097	77,197	77,297	77,397	77,497	77,597	77,697	77,797	77,897	77,997
77,098	77,198	77,298	77,398	77,498	77,598	77,698	77,798	77,898	77,998
77,099	77,199	77,299	77,399	77,499	77,599	77,699	77,799	77,899	77,999

78,000	78,100	78,200	78,300	78,400	78,500	78,600	78,700	78,800	78,900
78,001	78,101	78,201	78,301	78,401	78,501	78,601	78,701	78,801	78,901
78,002	78,102	78,202	78,302	78,402	78,502	78,602	78,702	78,802	78,902
78,003	78,103	78,203	78,303	78,403	78,503	78,603	78,703	78,803	78,903
78,004	78,104	78,204	78,304	78,404	78,504	78,604	78,704	78,804	78,904
78,005	78,105	78,205	78,305	78,405	78,505	78,605	78,705	78,805	78,905
78,006	78,106	78,206	78,306	78,406	78,506	78,606	78,706	78,806	78,906
78,007	78,107	78,207	78,307	78,407	78,507	78,607	78,707	78,807	78,907
78,008	78,108	78,208	78,308	78,408	78,508	78,608	78,708	78,808	78,908
78,009	78,109	78,209	78,309	78,409	78,509	78,609	78,709	78,809	78,909
78,010	78,110	78,210	78,310	78,410	78,510	78,610	78,710	78,810	78,910
78,011	78,111	78,211	78,311	78,411	78,511	78,611	78,711	78,811	78,911
78,012	78,112	78,212	78,312	78,412	78,512	78,612	78,712	78,812	78,912
78,013	78,113	78,213	78,313	78,413	78,513	78,613	78,713	78,813	78,913
78,014	78,114	78,214	78,314	78,414	78,514	78,614	78,714	78,814	78,914
78,015	78,115	78,215	78,315	78,415	78,515	78,615	78,715	78,815	78,915
78,016	78,116	78,216	78,316	78,416	78,516	78,616	78,716	78,816	78,916
78,017	78,117	78,217	78,317	78,417	78,517	78,617	78,717	78,817	78,917
78,018	78,118	78,218	78,318	78,418	78,518	78,618	78,718	78,818	78,918
78,019	78,119	78,219	78,319	78,419	78,519	78,619	78,719	78,819	78,919
78,020	78,120	78,220	78,320	78,420	78,520	78,620	78,720	78,820	78,920
78,021	78,121	78,221	78,321	78,421	78,521	78,621	78,721	78,821	78,921
78,022	78,122	78,222	78,322	78,422	78,522	78,622	78,722	78,822	78,922
78,023	78,123	78,223	78,323	78,423	78,523	78,623	78,723	78,823	78,923
78,024	78,124	78,224	78,324	78,424	78,524	78,624	78,724	78,824	78,924
78,025	78,125	78,225	78,325	78,425	78,525	78,625	78,725	78,825	78,925
78,026	78,126	78,226	78,326	78,426	78,526	78,626	78,726	78,826	78,926
78,027	78,127	78,227	78,327	78,427	78,527	78,627	78,727	78,827	78,927
78,028	78,128	78,228	78,328	78,428	78,528	78,628	78,728	78,828	78,928
78,029	78,129	78,229	78,329	78,429	78,529	78,629	78,729	78,829	78,929
78,030	78,130	78,230	78,330	78,430	78,530	78,630	78,730	78,830	78,930
78,031	78,131	78,231	78,331	78,431	78,531	78,631	78,731	78,831	78,931
78,032	78,132	78,232	78,332	78,432	78,532	78,632	78,732	78,832	78,932
78,033	78,133	78,233	78,333	78,433	78,533	78,633	78,733	78,833	78,933
78,034	78,134	78,234	78,334	78,434	78,534	78,634	78,734	78,834	78,934
78,035	78,135	78,235	78,335	78,435	78,535	78,635	78,735	78,835	78,935
78,036	78,136	78,236	78,336	78,436	78,536	78,636	78,736	78,836	78,936
78,037	78,137	78,237	78,337	78,437	78,537	78,637	78,737	78,837	78,937
78,038	78,138	78,238	78,338	78,438	78,538	78,638	78,738	78,838	78,938
78,039	78,139	78,239	78,339	78,439	78,539	78,639	78,739	78,839	78,939
78,040	78,140	78,240	78,340	78,440	78,540	78,640	78,740	78,840	78,940
78,041	78,141	78,241	78,341	78,441	78,541	78,641	78,741	78,841	78,941
78,042	78,142	78,242	78,342	78,442	78,542	78,642	78,742	78,842	78,942
78,043	78,143	78,243	78,343	78,443	78,543	78,643	78,743	78,843	78,943
78,044	78,144	78,244	78,344	78,444	78,544	78,644	78,744	78,844	78,944
78,045	78,145	78,245	78,345	78,445	78,545	78,645	78,745	78,845	78,945
78,046	78,146	78,246	78,346	78,446	78,546	78,646	78,746	78,846	78,946
78,047	78,147	78,247	78,347	78,447	78,547	78,647	78,747	78,847	78,947
78,048	78,148	78,248	78,348	78,448	78,548	78,648	78,748	78,848	78,948
78,049	78,149	78,249	78,349	78,449	78,549	78,649	78,749	78,849	78,949
78,050	78,150	78,250	78,350	78,450	78,550	78,650	78,750	78,850	78,950
78,051	78,151	78,251	78,351	78,451	78,551	78,651	78,751	78,851	78,951
78,052	78,152	78,252	78,352	78,452	78,552	78,652	78,752	78,852	78,952
78,053	78,153	78,253	78,353	78,453	78,553	78,653	78,753	78,853	78,953
78,054	78,154	78,254	78,354	78,454	78,554	78,654	78,754	78,854	78,954
78,055	78,155	78,255	78,355	78,455	78,555	78,655	78,755	78,855	78,955
78,056	78,156	78,256	78,356	78,456	78,556	78,656	78,756	78,856	78,956
78,057	78,157	78,257	78,357	78,457	78,557	78,657	78,757	78,857	78,957
78,058	78,158	78,258	78,358	78,458	78,558	78,658	78,758	78,858	78,958
78,059	78,159	78,259	78,359	78,459	78,559	78,659	78,759	78,859	78,959
78,060	78,160	78,260	78,360	78,460	78,560	78,660	78,760	78,860	78,960
78,061	78,161	78,261	78,361	78,461	78,561	78,661	78,761	78,861	78,961
78,062	78,162	78,262	78,362	78,462	78,562	78,662	78,762	78,862	78,962
78,063	78,163	78,263	78,363	78,463	78,563	78,663	78,763	78,863	78,963
78,064	78,164	78,264	78,364	78,464	78,564	78,664	78,764	78,864	78,964
78,065	78,165	78,265	78,365	78,465	78,565	78,665	78,765	78,865	78,965
78,066	78,166	78,266	78,366	78,466	78,566	78,666	78,766	78,866	78,966
78,067	78,167	78,267	78,367	78,467	78,567	78,667	78,767	78,867	78,967
78,068	78,168	78,268	78,368	78,468	78,568	78,668	78,768	78,868	78,968
78,069	78,169	78,269	78,369	78,469	78,569	78,669	78,769	78,869	78,969
78,070	78,170	78,270	78,370	78,470	78,570	78,670	78,770	78,870	78,970
78,071	78,171	78,271	78,371	78,471	78,571	78,671	78,771	78,871	78,971
78,072	78,172	78,272	78,372	78,472	78,572	78,672	78,772	78,872	78,972
78,073	78,173	78,273	78,373	78,473	78,573	78,673	78,773	78,873	78,973
78,074	78,174	78,274	78,374	78,474	78,574	78,674	78,774	78,874	78,974
78,075	78,175	78,275	78,375	78,475	78,575	78,675	78,775	78,875	78,975
78,076	78,176	78,276	78,376	78,476	78,576	78,676	78,776	78,876	78,976
78,077	78,177	78,277	78,377	78,477	78,577	78,677	78,777	78,877	78,977
78,078	78,178	78,278	78,378	78,478	78,578	78,678	78,778	78,878	78,978
78,079	78,179	78,279	78,379	78,479	78,579	78,679	78,779	78,879	78,979
78,080	78,180	78,280	78,380	78,480	78,580	78,680	78,780	78,880	78,980
78,081	78,181	78,281	78,381	78,481	78,581	78,681	78,781	78,881	78,981
78,082	78,182	78,282	78,382	78,482	78,582	78,682	78,782	78,882	78,982
78,083	78,183	78,283	78,383	78,483	78,583	78,683	78,783	78,883	78,983
78,084	78,184	78,284	78,384	78,484	78,584	78,684	78,784	78,884	78,984
78,085	78,185	78,285	78,385	78,485	78,585	78,685	78,785	78,885	78,985
78,086	78,186	78,286	78,386	78,486	78,586	78,686	78,786	78,886	78,986
78,087	78,187	78,287	78,387	78,487	78,587	78,687	78,787	78,887	78,987
78,088	78,188	78,288	78,388	78,488	78,588	78,688	78,788	78,888	78,988
78,089	78,189	78,289	78,389	78,489	78,589	78,689	78,789	78,889	78,989
78,090	78,190	78,290	78,390	78,490	78,590	78,690	78,790	78,890	78,990
78,091	78,191	78,291	78,391	78,491	78,591	78,691	78,791	78,891	78,991
78,092	78,192	78,292	78,392	78,492	78,592	78,692	78,792	78,892	78,992
78,093	78,193	78,293	78,393	78,493	78,593	78,693	78,793	78,893	78,993
78,094	78,194	78,294	78,394	78,494	78,594	78,694	78,794	78,894	78,994
78,095	78,195	78,295	78,395	78,495	78,595	78,695	78,795	78,895	78,995
78,096	78,196	78,296	78,396	78,496	78,596	78,696	78,796	78,896	78,996
78,097	78,197	78,297	78,397	78,497	78,597	78,697	78,797	78,897	78,997
78,098	78,198	78,298	78,398	78,498	78,598	78,698	78,798	78,898	78,998
78,099	78,199	78,299	78,399	78,499	78,599	78,699	78,799	78,899	78,999

79,000	79,100	79,200	79,300	79,400	79,500	79,600	79,700	79,800	79,900
79,001	79,101	79,201	79,301	79,401	79,501	79,601	79,701	79,801	79,901
79,002	79,102	79,202	79,302	79,402	79,502	79,602	79,702	79,802	79,902
79,003	79,103	79,203	79,303	79,403	79,503	79,603	79,703	79,803	79,903
79,004	79,104	79,204	79,304	79,404	79,504	79,604	79,704	79,804	79,904
79,005	79,105	79,205	79,305	79,405	79,505	79,605	79,705	79,805	79,905
79,006	79,106	79,206	79,306	79,406	79,506	79,606	79,706	79,806	79,906
79,007	79,107	79,207	79,307	79,407	79,507	79,607	79,707	79,807	79,907
79,008	79,108	79,208	79,308	79,408	79,508	79,608	79,708	79,808	79,908
79,009	79,109	79,209	79,309	79,409	79,509	79,609	79,709	79,809	79,909
79,010	79,110	79,210	79,310	79,410	79,510	79,610	79,710	79,810	79,910
79,011	79,111	79,211	79,311	79,411	79,511	79,611	79,711	79,811	79,911
79,012	79,112	79,212	79,312	79,412	79,512	79,612	79,712	79,812	79,912
79,013	79,113	79,213	79,313	79,413	79,513	79,613	79,713	79,813	79,913
79,014	79,114	79,214	79,314	79,414	79,514	79,614	79,714	79,814	79,914
79,015	79,115	79,215	79,315	79,415	79,515	79,615	79,715	79,815	79,915
79,016	79,116	79,216	79,316	79,416	79,516	79,616	79,716	79,816	79,916
79,017	79,117	79,217	79,317	79,417	79,517	79,617	79,717	79,817	79,917
79,018	79,118	79,218	79,318	79,418	79,518	79,618	79,718	79,818	79,918
79,019	79,119	79,219	79,319	79,419	79,519	79,619	79,719	79,819	79,919
79,020	79,120	79,220	79,320	79,420	79,520	79,620	79,720	79,820	79,920
79,021	79,121	79,221	79,321	79,421	79,521	79,621	79,721	79,821	79,921
79,022	79,122	79,222	79,322	79,422	79,522	79,622	79,722	79,822	79,922
79,023	79,123	79,223	79,323	79,423	79,523	79,623	79,723	79,823	79,923
79,024	79,124	79,224	79,324	79,424	79,524	79,624	79,724	79,824	79,924
79,025	79,125	79,225	79,325	79,425	79,525	79,625	79,725	79,825	79,925
79,026	79,126	79,226	79,326	79,426	79,526	79,626	79,726	79,826	79,926
79,027	79,127	79,227	79,327	79,427	79,527	79,627	79,727	79,827	79,927
79,028	79,128	79,228	79,328	79,428	79,528	79,628	79,728	79,828	79,928
79,029	79,129	79,229	79,329	79,429	79,529	79,629	79,729	79,829	79,929
79,030	79,130	79,230	79,330	79,430	79,530	79,630	79,730	79,830	79,930
79,031	79,131	79,231	79,331	79,431	79,531	79,631	79,731	79,831	79,931
79,032	79,132	79,232	79,332	79,432	79,532	79,632	79,732	79,832	79,932
79,033	79,133	79,233	79,333	79,433	79,533	79,633	79,733	79,833	79,933
79,034	79,134	79,234	79,334	79,434	79,534	79,634	79,734	79,834	79,934
79,035	79,135	79,235	79,335	79,435	79,535	79,635	79,735	79,835	79,935
79,036	79,136	79,236	79,336	79,436	79,536	79,636	79,736	79,836	79,936
79,037	79,137	79,237	79,337	79,437	79,537	79,637	79,737	79,837	79,937
79,038	79,138	79,238	79,338	79,438	79,538	79,638	79,738	79,838	79,938
79,039	79,139	79,239	79,339	79,439	79,539	79,639	79,739	79,839	79,939
79,040	79,140	79,240	79,340	79,440	79,540	79,640	79,740	79,840	79,940
79,041	79,141	79,241	79,341	79,441	79,541	79,641	79,741	79,841	79,941
79,042	79,142	79,242	79,342	79,442	79,542	79,642	79,742	79,842	79,942
79,043	79,143	79,243	79,343	79,443	79,543	79,643	79,743	79,843	79,943
79,044	79,144	79,244	79,344	79,444	79,544	79,644	79,744	79,844	79,944
79,045	79,145	79,245	79,345	79,445	79,545	79,645	79,745	79,845	79,945
79,046	79,146	79,246	79,346	79,446	79,546	79,646	79,746	79,846	79,946
79,047	79,147	79,247	79,347	79,447	79,547	79,647	79,747	79,847	79,947
79,048	79,148	79,248	79,348	79,448	79,548	79,648	79,748	79,848	79,948
79,049	79,149	79,249	79,349	79,449	79,549	79,649	79,749	79,849	79,949
79,050	79,150	79,250	79,350	79,450	79,550	79,650	79,750	79,850	79,950
79,051	79,151	79,251	79,351	79,451	79,551	79,651	79,751	79,851	79,951
79,052	79,152	79,252	79,352	79,452	79,552	79,652	79,752	79,852	79,952
79,053	79,153	79,253	79,353	79,453	79,553	79,653	79,753	79,853	79,953
79,054	79,154	79,254	79,354	79,454	79,554	79,654	79,754	79,854	79,954
79,055	79,155	79,255	79,355	79,455	79,555	79,655	79,755	79,855	79,955
79,056	79,156	79,256	79,356	79,456	79,556	79,656	79,756	79,856	79,956
79,057	79,157	79,257	79,357	79,457	79,557	79,657	79,757	79,857	79,957
79,058	79,158	79,258	79,358	79,458	79,558	79,658	79,758	79,858	79,958
79,059	79,159	79,259	79,359	79,459	79,559	79,659	79,759	79,859	79,959
79,060	79,160	79,260	79,360	79,460	79,560	79,660	79,760	79,860	79,960
79,061	79,161	79,261	79,361	79,461	79,561	79,661	79,761	79,861	79,961
79,062	79,162	79,262	79,362	79,462	79,562	79,662	79,762	79,862	79,962
79,063	79,163	79,263	79,363	79,463	79,563	79,663	79,763	79,863	79,963
79,064	79,164	79,264	79,364	79,464	79,564	79,664	79,764	79,864	79,964
79,065	79,165	79,265	79,365	79,465	79,565	79,665	79,765	79,865	79,965
79,066	79,166	79,266	79,366	79,466	79,566	79,666	79,766	79,866	79,966
79,067	79,167	79,267	79,367	79,467	79,567	79,667	79,767	79,867	79,967
79,068	79,168	79,268	79,368	79,468	79,568	79,668	79,768	79,868	79,968
79,069	79,169	79,269	79,369	79,469	79,569	79,669	79,769	79,869	79,969
79,070	79,170	79,270	79,370	79,470	79,570	79,670	79,770	79,870	79,970
79,071	79,171	79,271	79,371	79,471	79,571	79,671	79,771	79,871	79,971
79,072	79,172	79,272	79,372	79,472	79,572	79,672	79,772	79,872	79,972
79,073	79,173	79,273	79,373	79,473	79,573	79,673	79,773	79,873	79,973
79,074	79,174	79,274	79,374	79,474	79,574	79,674	79,774	79,874	79,974
79,075	79,175	79,275	79,375	79,475	79,575	79,675	79,775	79,875	79,975
79,076	79,176	79,276	79,376	79,476	79,576	79,676	79,776	79,876	79,976
79,077	79,177	79,277	79,377	79,477	79,577	79,677	79,777	79,877	79,977
79,078	79,178	79,278	79,378	79,478	79,578	79,678	79,778	79,878	79,978
79,079	79,179	79,279	79,379	79,479	79,579	79,679	79,779	79,879	79,979
79,080	79,180	79,280	79,380	79,480	79,580	79,680	79,780	79,880	79,980
79,081	79,181	79,281	79,381	79,481	79,581	79,681	79,781	79,881	79,981
79,082	79,182	79,282	79,382	79,482	79,582	79,682	79,782	79,882	79,982
79,083	79,183	79,283	79,383	79,483	79,583	79,683	79,783	79,883	79,983
79,084	79,184	79,284	79,384	79,484	79,584	79,684	79,784	79,884	79,984
79,085	79,185	79,285	79,385	79,485	79,585	79,685	79,785	79,885	79,985
79,086	79,186	79,286	79,386	79,486	79,586	79,686	79,786	79,886	79,986
79,087	79,187	79,287	79,387	79,487	79,587	79,687	79,787	79,887	79,987
79,088	79,188	79,288	79,388	79,488	79,588	79,688	79,788	79,888	79,988
79,089	79,189	79,289	79,389	79,489	79,589	79,689	79,789	79,889	79,989
79,090	79,190	79,290	79,390	79,490	79,590	79,690	79,790	79,890	79,990
79,091	79,191	79,291	79,391	79,491	79,591	79,691	79,791	79,891	79,991
79,092	79,192	79,292	79,392	79,492	79,592	79,692	79,792	79,892	79,992
79,093	79,193	79,293	79,393	79,493	79,593	79,693	79,793	79,893	79,993
79,094	79,194	79,294	79,394	79,494	79,594	79,694	79,794	79,894	79,994
79,095	79,195	79,295	79,395	79,495	79,595	79,695	79,795	79,895	79,995
79,096	79,196	79,296	79,396	79,496	79,596	79,696	79,796	79,896	79,996
79,097	79,197	79,297	79,397	79,497	79,597	79,697	79,797	79,897	79,997
79,098	79,198	79,298	79,398	79,498	79,598	79,698	79,798	79,898	79,998
79,099	79,199	79,299	79,399	79,499	79,599	79,699	79,799	79,899	79,999

80,000	80,100	80,200	80,300	80,400	80,500	80,600	80,700	80,800	80,900
80,001	80,101	80,201	80,301	80,401	80,501	80,601	80,701	80,801	80,901
80,002	80,102	80,202	80,302	80,402	80,502	80,602	80,702	80,802	80,902
80,003	80,103	80,203	80,303	80,403	80,503	80,603	80,703	80,803	80,903
80,004	80,104	80,204	80,304	80,404	80,504	80,604	80,704	80,804	80,904
80,005	80,105	80,205	80,305	80,405	80,505	80,605	80,705	80,805	80,905
80,006	80,106	80,206	80,306	80,406	80,506	80,606	80,706	80,806	80,906
80,007	80,107	80,207	80,307	80,407	80,507	80,607	80,707	80,807	80,907
80,008	80,108	80,208	80,308	80,408	80,508	80,608	80,708	80,808	80,908
80,009	80,109	80,209	80,309	80,409	80,509	80,609	80,709	80,809	80,909
80,010	80,110	80,210	80,310	80,410	80,510	80,610	80,710	80,810	80,910
80,011	80,111	80,211	80,311	80,411	80,511	80,611	80,711	80,811	80,911
80,012	80,112	80,212	80,312	80,412	80,512	80,612	80,712	80,812	80,912
80,013	80,113	80,213	80,313	80,413	80,513	80,613	80,713	80,813	80,913
80,014	80,114	80,214	80,314	80,414	80,514	80,614	80,714	80,814	80,914
80,015	80,115	80,215	80,315	80,415	80,515	80,615	80,715	80,815	80,915
80,016	80,116	80,216	80,316	80,416	80,516	80,616	80,716	80,816	80,916
80,017	80,117	80,217	80,317	80,417	80,517	80,617	80,717	80,817	80,917
80,018	80,118	80,218	80,318	80,418	80,518	80,618	80,718	80,818	80,918
80,019	80,119	80,219	80,319	80,419	80,519	80,619	80,719	80,819	80,919
80,020	80,120	80,220	80,320	80,420	80,520	80,620	80,720	80,820	80,920
80,021	80,121	80,221	80,321	80,421	80,521	80,621	80,721	80,821	80,921
80,022	80,122	80,222	80,322	80,422	80,522	80,622	80,722	80,822	80,922
80,023	80,123	80,223	80,323	80,423	80,523	80,623	80,723	80,823	80,923
80,024	80,124	80,224	80,324	80,424	80,524	80,624	80,724	80,824	80,924
80,025	80,125	80,225	80,325	80,425	80,525	80,625	80,725	80,825	80,925
80,026	80,126	80,226	80,326	80,426	80,526	80,626	80,726	80,826	80,926
80,027	80,127	80,227	80,327	80,427	80,527	80,627	80,727	80,827	80,927
80,028	80,128	80,228	80,328	80,428	80,528	80,628	80,728	80,828	80,928
80,029	80,129	80,229	80,329	80,429	80,529	80,629	80,729	80,829	80,929
80,030	80,130	80,230	80,330	80,430	80,530	80,630	80,730	80,830	80,930
80,031	80,131	80,231	80,331	80,431	80,531	80,631	80,731	80,831	80,931
80,032	80,132	80,232	80,332	80,432	80,532	80,632	80,732	80,832	80,932
80,033	80,133	80,233	80,333	80,433	80,533	80,633	80,733	80,833	80,933
80,034	80,134	80,234	80,334	80,434	80,534	80,634	80,734	80,834	80,934
80,035	80,135	80,235	80,335	80,435	80,535	80,635	80,735	80,835	80,935
80,036	80,136	80,236	80,336	80,436	80,536	80,636	80,736	80,836	80,936
80,037	80,137	80,237	80,337	80,437	80,537	80,637	80,737	80,837	80,937
80,038	80,138	80,238	80,338	80,438	80,538	80,638	80,738	80,838	80,938
80,039	80,139	80,239	80,339	80,439	80,539	80,639	80,739	80,839	80,939
80,040	80,140	80,240	80,340	80,440	80,540	80,640	80,740	80,840	80,940
80,041	80,141	80,241	80,341	80,441	80,541	80,641	80,741	80,841	80,941
80,042	80,142	80,242	80,342	80,442	80,542	80,642	80,742	80,842	80,942
80,043	80,143	80,243	80,343	80,443	80,543	80,643	80,743	80,843	80,943
80,044	80,144	80,244	80,344	80,444	80,544	80,644	80,744	80,844	80,944
80,045	80,145	80,245	80,345	80,445	80,545	80,645	80,745	80,845	80,945
80,046	80,146	80,246	80,346	80,446	80,546	80,646	80,746	80,846	80,946
80,047	80,147	80,247	80,347	80,447	80,547	80,647	80,747	80,847	80,947
80,048	80,148	80,248	80,348	80,448	80,548	80,648	80,748	80,848	80,948
80,049	80,149	80,249	80,349	80,449	80,549	80,649	80,749	80,849	80,949
80,050	80,150	80,250	80,350	80,450	80,550	80,650	80,750	80,850	80,950
80,051	80,151	80,251	80,351	80,451	80,551	80,651	80,751	80,851	80,951
80,052	80,152	80,252	80,352	80,452	80,552	80,652	80,752	80,852	80,952
80,053	80,153	80,253	80,353	80,453	80,553	80,653	80,753	80,853	80,953
80,054	80,154	80,254	80,354	80,454	80,554	80,654	80,754	80,854	80,954
80,055	80,155	80,255	80,355	80,455	80,555	80,655	80,755	80,855	80,955
80,056	80,156	80,256	80,356	80,456	80,556	80,656	80,756	80,856	80,956
80,057	80,157	80,257	80,357	80,457	80,557	80,657	80,757	80,857	80,957
80,058	80,158	80,258	80,358	80,458	80,558	80,658	80,758	80,858	80,958
80,059	80,159	80,259	80,359	80,459	80,559	80,659	80,759	80,859	80,959
80,060	80,160	80,260	80,360	80,460	80,560	80,660	80,760	80,860	80,960
80,061	80,161	80,261	80,361	80,461	80,561	80,661	80,761	80,861	80,961
80,062	80,162	80,262	80,362	80,462	80,562	80,662	80,762	80,862	80,962
80,063	80,163	80,263	80,363	80,463	80,563	80,663	80,763	80,863	80,963
80,064	80,164	80,264	80,364	80,464	80,564	80,664	80,764	80,864	80,964
80,065	80,165	80,265	80,365	80,465	80,565	80,665	80,765	80,865	80,965
80,066	80,166	80,266	80,366	80,466	80,566	80,666	80,766	80,866	80,966
80,067	80,167	80,267	80,367	80,467	80,567	80,667	80,767	80,867	80,967
80,068	80,168	80,268	80,368	80,468	80,568	80,668	80,768	80,868	80,968
80,069	80,169	80,269	80,369	80,469	80,569	80,669	80,769	80,869	80,969
80,070	80,170	80,270	80,370	80,470	80,570	80,670	80,770	80,870	80,970
80,071	80,171	80,271	80,371	80,471	80,571	80,671	80,771	80,871	80,971
80,072	80,172	80,272	80,372	80,472	80,572	80,672	80,772	80,872	80,972
80,073	80,173	80,273	80,373	80,473	80,573	80,673	80,773	80,873	80,973
80,074	80,174	80,274	80,374	80,474	80,574	80,674	80,774	80,874	80,974
80,075	80,175	80,275	80,375	80,475	80,575	80,675	80,775	80,875	80,975
80,076	80,176	80,276	80,376	80,476	80,576	80,676	80,776	80,876	80,976
80,077	80,177	80,277	80,377	80,477	80,577	80,677	80,777	80,877	80,977
80,078	80,178	80,278	80,378	80,478	80,578	80,678	80,778	80,878	80,978
80,079	80,179	80,279	80,379	80,479	80,579	80,679	80,779	80,879	80,979
80,080	80,180	80,280	80,380	80,480	80,580	80,680	80,780	80,880	80,980
80,081	80,181	80,281	80,381	80,481	80,581	80,681	80,781	80,881	80,981
80,082	80,182	80,282	80,382	80,482	80,582	80,682	80,782	80,882	80,982
80,083	80,183	80,283	80,383	80,483	80,583	80,683	80,783	80,883	80,983
80,084	80,184	80,284	80,384	80,484	80,584	80,684	80,784	80,884	80,984
80,085	80,185	80,285	80,385	80,485	80,585	80,685	80,785	80,885	80,985
80,086	80,186	80,286	80,386	80,486	80,586	80,686	80,786	80,886	80,986
80,087	80,187	80,287	80,387	80,487	80,587	80,687	80,787	80,887	80,987
80,088	80,188	80,288	80,388	80,488	80,588	80,688	80,788	80,888	80,988
80,089	80,189	80,289	80,389	80,489	80,589	80,689	80,789	80,889	80,989
80,090	80,190	80,290	80,390	80,490	80,590	80,690	80,790	80,890	80,990
80,091	80,191	80,291	80,391	80,491	80,591	80,691	80,791	80,891	80,991
80,092	80,192	80,292	80,392	80,492	80,592	80,692	80,792	80,892	80,992
80,093	80,193	80,293	80,393	80,493	80,593	80,693	80,793	80,893	80,993
80,094	80,194	80,294	80,394	80,494	80,594	80,694	80,794	80,894	80,994
80,095	80,195	80,295	80,395	80,495	80,595	80,695	80,795	80,895	80,995
80,096	80,196	80,296	80,396	80,496	80,596	80,696	80,796	80,896	80,996
80,097	80,197	80,297	80,397	80,497	80,597	80,697	80,797	80,897	80,997
80,098	80,198	80,298	80,398	80,498	80,598	80,698	80,798	80,898	80,998
80,099	80,199	80,299	80,399	80,499	80,599	80,699	80,799	80,899	80,999

81,000	81,100	81,200	81,300	81,400	81,500	81,600	81,700	81,800	81,900
81,001	81,101	81,201	81,301	81,401	81,501	81,601	81,701	81,801	81,901
81,002	81,102	81,202	81,302	81,402	81,502	81,602	81,702	81,802	81,902
81,003	81,103	81,203	81,303	81,403	81,503	81,603	81,703	81,803	81,903
81,004	81,104	81,204	81,304	81,404	81,504	81,604	81,704	81,804	81,904
81,005	81,105	81,205	81,305	81,405	81,505	81,605	81,705	81,805	81,905
81,006	81,106	81,206	81,306	81,406	81,506	81,606	81,706	81,806	81,906
81,007	81,107	81,207	81,307	81,407	81,507	81,607	81,707	81,807	81,907
81,008	81,108	81,208	81,308	81,408	81,508	81,608	81,708	81,808	81,908
81,009	81,109	81,209	81,309	81,409	81,509	81,609	81,709	81,809	81,909
81,010	81,110	81,210	81,310	81,410	81,510	81,610	81,710	81,810	81,910
81,011	81,111	81,211	81,311	81,411	81,511	81,611	81,711	81,811	81,911
81,012	81,112	81,212	81,312	81,412	81,512	81,612	81,712	81,812	81,912
81,013	81,113	81,213	81,313	81,413	81,513	81,613	81,713	81,813	81,913
81,014	81,114	81,214	81,314	81,414	81,514	81,614	81,714	81,814	81,914
81,015	81,115	81,215	81,315	81,415	81,515	81,615	81,715	81,815	81,915
81,016	81,116	81,216	81,316	81,416	81,516	81,616	81,716	81,816	81,916
81,017	81,117	81,217	81,317	81,417	81,517	81,617	81,717	81,817	81,917
81,018	81,118	81,218	81,318	81,418	81,518	81,618	81,718	81,818	81,918
81,019	81,119	81,219	81,319	81,419	81,519	81,619	81,719	81,819	81,919
81,020	81,120	81,220	81,320	81,420	81,520	81,620	81,720	81,820	81,920
81,021	81,121	81,221	81,321	81,421	81,521	81,621	81,721	81,821	81,921
81,022	81,122	81,222	81,322	81,422	81,522	81,622	81,722	81,822	81,922
81,023	81,123	81,223	81,323	81,423	81,523	81,623	81,723	81,823	81,923
81,024	81,124	81,224	81,324	81,424	81,524	81,624	81,724	81,824	81,924
81,025	81,125	81,225	81,325	81,425	81,525	81,625	81,725	81,825	81,925
81,026	81,126	81,226	81,326	81,426	81,526	81,626	81,726	81,826	81,926
81,027	81,127	81,227	81,327	81,427	81,527	81,627	81,727	81,827	81,927
81,028	81,128	81,228	81,328	81,428	81,528	81,628	81,728	81,828	81,928
81,029	81,129	81,229	81,329	81,429	81,529	81,629	81,729	81,829	81,929
81,030	81,130	81,230	81,330	81,430	81,530	81,630	81,730	81,830	81,930
81,031	81,131	81,231	81,331	81,431	81,531	81,631	81,731	81,831	81,931
81,032	81,132	81,232	81,332	81,432	81,532	81,632	81,732	81,832	81,932
81,033	81,133	81,233	81,333	81,433	81,533	81,633	81,733	81,833	81,933
81,034	81,134	81,234	81,334	81,434	81,534	81,634	81,734	81,834	81,934
81,035	81,135	81,235	81,335	81,435	81,535	81,635	81,735	81,835	81,935
81,036	81,136	81,236	81,336	81,436	81,536	81,636	81,736	81,836	81,936
81,037	81,137	81,237	81,337	81,437	81,537	81,637	81,737	81,837	81,937
81,038	81,138	81,238	81,338	81,438	81,538	81,638	81,738	81,838	81,938
81,039	81,139	81,239	81,339	81,439	81,539	81,639	81,739	81,839	81,939
81,040	81,140	81,240	81,340	81,440	81,540	81,640	81,740	81,840	81,940
81,041	81,141	81,241	81,341	81,441	81,541	81,641	81,741	81,841	81,941
81,042	81,142	81,242	81,342	81,442	81,542	81,642	81,742	81,842	81,942
81,043	81,143	81,243	81,343	81,443	81,543	81,643	81,743	81,843	81,943
81,044	81,144	81,244	81,344	81,444	81,544	81,644	81,744	81,844	81,944
81,045	81,145	81,245	81,345	81,445	81,545	81,645	81,745	81,845	81,945
81,046	81,146	81,246	81,346	81,446	81,546	81,646	81,746	81,846	81,946
81,047	81,147	81,247	81,347	81,447	81,547	81,647	81,747	81,847	81,947
81,048	81,148	81,248	81,348	81,448	81,548	81,648	81,748	81,848	81,948
81,049	81,149	81,249	81,349	81,449	81,549	81,649	81,749	81,849	81,949
81,050	81,150	81,250	81,350	81,450	81,550	81,650	81,750	81,850	81,950
81,051	81,151	81,251	81,351	81,451	81,551	81,651	81,751	81,851	81,951
81,052	81,152	81,252	81,352	81,452	81,552	81,652	81,752	81,852	81,952
81,053	81,153	81,253	81,353	81,453	81,553	81,653	81,753	81,853	81,953
81,054	81,154	81,254	81,354	81,454	81,554	81,654	81,754	81,854	81,954
81,055	81,155	81,255	81,355	81,455	81,555	81,655	81,755	81,855	81,955
81,056	81,156	81,256	81,356	81,456	81,556	81,656	81,756	81,856	81,956
81,057	81,157	81,257	81,357	81,457	81,557	81,657	81,757	81,857	81,957
81,058	81,158	81,258	81,358	81,458	81,558	81,658	81,758	81,858	81,958
81,059	81,159	81,259	81,359	81,459	81,559	81,659	81,759	81,859	81,959
81,060	81,160	81,260	81,360	81,460	81,560	81,660	81,760	81,860	81,960
81,061	81,161	81,261	81,361	81,461	81,561	81,661	81,761	81,861	81,961
81,062	81,162	81,262	81,362	81,462	81,562	81,662	81,762	81,862	81,962
81,063	81,163	81,263	81,363	81,463	81,563	81,663	81,763	81,863	81,963
81,064	81,164	81,264	81,364	81,464	81,564	81,664	81,764	81,864	81,964
81,065	81,165	81,265	81,365	81,465	81,565	81,665	81,765	81,865	81,965
81,066	81,166	81,266	81,366	81,466	81,566	81,666	81,766	81,866	81,966
81,067	81,167	81,267	81,367	81,467	81,567	81,667	81,767	81,867	81,967
81,068	81,168	81,268	81,368	81,468	81,568	81,668	81,768	81,868	81,968
81,069	81,169	81,269	81,369	81,469	81,569	81,669	81,769	81,869	81,969
81,070	81,170	81,270	81,370	81,470	81,570	81,670	81,770	81,870	81,970
81,071	81,171	81,271	81,371	81,471	81,571	81,671	81,771	81,871	81,971
81,072	81,172	81,272	81,372	81,472	81,572	81,672	81,772	81,872	81,972
81,073	81,173	81,273	81,373	81,473	81,573	81,673	81,773	81,873	81,973
81,074	81,174	81,274	81,374	81,474	81,574	81,674	81,774	81,874	81,974
81,075	81,175	81,275	81,375	81,475	81,575	81,675	81,775	81,875	81,975
81,076	81,176	81,276	81,376	81,476	81,576	81,676	81,776	81,876	81,976
81,077	81,177	81,277	81,377	81,477	81,577	81,677	81,777	81,877	81,977
81,078	81,178	81,278	81,378	81,478	81,578	81,678	81,778	81,878	81,978
81,079	81,179	81,279	81,379	81,479	81,579	81,679	81,779	81,879	81,979
81,080	81,180	81,280	81,380	81,480	81,580	81,680	81,780	81,880	81,980
81,081	81,181	81,281	81,381	81,481	81,581	81,681	81,781	81,881	81,981
81,082	81,182	81,282	81,382	81,482	81,582	81,682	81,782	81,882	81,982
81,083	81,183	81,283	81,383	81,483	81,583	81,683	81,783	81,883	81,983
81,084	81,184	81,284	81,384	81,484	81,584	81,684	81,784	81,884	81,984
81,085	81,185	81,285	81,385	81,485	81,585	81,685	81,785	81,885	81,985
81,086	81,186	81,286	81,386	81,486	81,586	81,686	81,786	81,886	81,986
81,087	81,187	81,287	81,387	81,487	81,587	81,687	81,787	81,887	81,987
81,088	81,188	81,288	81,388	81,488	81,588	81,688	81,788	81,888	81,988
81,089	81,189	81,289	81,389	81,489	81,589	81,689	81,789	81,889	81,989
81,090	81,190	81,290	81,390	81,490	81,590	81,690	81,790	81,890	81,990
81,091	81,191	81,291	81,391	81,491	81,591	81,691	81,791	81,891	81,991
81,092	81,192	81,292	81,392	81,492	81,592	81,692	81,792	81,892	81,992
81,093	81,193	81,293	81,393	81,493	81,593	81,693	81,793	81,893	81,993
81,094	81,194	81,294	81,394	81,494	81,594	81,694	81,794	81,894	81,994
81,095	81,195	81,295	81,395	81,495	81,595	81,695	81,795	81,895	81,995
81,096	81,196	81,296	81,396	81,496	81,596	81,696	81,796	81,896	81,996
81,097	81,197	81,297	81,397	81,497	81,597	81,697	81,797	81,897	81,997
81,098	81,198	81,298	81,398	81,498	81,598	81,698	81,798	81,898	81,998
81,099	81,199	81,299	81,399	81,499	81,599	81,699	81,799	81,899	81,999

82,000	82,100	82,200	82,300	82,400	82,500	82,600	82,700	82,800	82,900
82,001	82,101	82,201	82,301	82,401	82,501	82,601	82,701	82,801	82,901
82,002	82,102	82,202	82,302	82,402	82,502	82,602	82,702	82,802	82,902
82,003	82,103	82,203	82,303	82,403	82,503	82,603	82,703	82,803	82,903
82,004	82,104	82,204	82,304	82,404	82,504	82,604	82,704	82,804	82,904
82,005	82,105	82,205	82,305	82,405	82,505	82,605	82,705	82,805	82,905
82,006	82,106	82,206	82,306	82,406	82,506	82,606	82,706	82,806	82,906
82,007	82,107	82,207	82,307	82,407	82,507	82,607	82,707	82,807	82,907
82,008	82,108	82,208	82,308	82,408	82,508	82,608	82,708	82,808	82,908
82,009	82,109	82,209	82,309	82,409	82,509	82,609	82,709	82,809	82,909
82,010	82,110	82,210	82,310	82,410	82,510	82,610	82,710	82,810	82,910
82,011	82,111	82,211	82,311	82,411	82,511	82,611	82,711	82,811	82,911
82,012	82,112	82,212	82,312	82,412	82,512	82,612	82,712	82,812	82,912
82,013	82,113	82,213	82,313	82,413	82,513	82,613	82,713	82,813	82,913
82,014	82,114	82,214	82,314	82,414	82,514	82,614	82,714	82,814	82,914
82,015	82,115	82,215	82,315	82,415	82,515	82,615	82,715	82,815	82,915
82,016	82,116	82,216	82,316	82,416	82,516	82,616	82,716	82,816	82,916
82,017	82,117	82,217	82,317	82,417	82,517	82,617	82,717	82,817	82,917
82,018	82,118	82,218	82,318	82,418	82,518	82,618	82,718	82,818	82,918
82,019	82,119	82,219	82,319	82,419	82,519	82,619	82,719	82,819	82,919
82,020	82,120	82,220	82,320	82,420	82,520	82,620	82,720	82,820	82,920
82,021	82,121	82,221	82,321	82,421	82,521	82,621	82,721	82,821	82,921
82,022	82,122	82,222	82,322	82,422	82,522	82,622	82,722	82,822	82,922
82,023	82,123	82,223	82,323	82,423	82,523	82,623	82,723	82,823	82,923
82,024	82,124	82,224	82,324	82,424	82,524	82,624	82,724	82,824	82,924
82,025	82,125	82,225	82,325	82,425	82,525	82,625	82,725	82,825	82,925
82,026	82,126	82,226	82,326	82,426	82,526	82,626	82,726	82,826	82,926
82,027	82,127	82,227	82,327	82,427	82,527	82,627	82,727	82,827	82,927
82,028	82,128	82,228	82,328	82,428	82,528	82,628	82,728	82,828	82,928
82,029	82,129	82,229	82,329	82,429	82,529	82,629	82,729	82,829	82,929
82,030	82,130	82,230	82,330	82,430	82,530	82,630	82,730	82,830	82,930
82,031	82,131	82,231	82,331	82,431	82,531	82,631	82,731	82,831	82,931
82,032	82,132	82,232	82,332	82,432	82,532	82,632	82,732	82,832	82,932
82,033	82,133	82,233	82,333	82,433	82,533	82,633	82,733	82,833	82,933
82,034	82,134	82,234	82,334	82,434	82,534	82,634	82,734	82,834	82,934
82,035	82,135	82,235	82,335	82,435	82,535	82,635	82,735	82,835	82,935
82,036	82,136	82,236	82,336	82,436	82,536	82,636	82,736	82,836	82,936
82,037	82,137	82,237	82,337	82,437	82,537	82,637	82,737	82,837	82,937
82,038	82,138	82,238	82,338	82,438	82,538	82,638	82,738	82,838	82,938
82,039	82,139	82,239	82,339	82,439	82,539	82,639	82,739	82,839	82,939
82,040	82,140	82,240	82,340	82,440	82,540	82,640	82,740	82,840	82,940
82,041	82,141	82,241	82,341	82,441	82,541	82,641	82,741	82,841	82,941
82,042	82,142	82,242	82,342	82,442	82,542	82,642	82,742	82,842	82,942
82,043	82,143	82,243	82,343	82,443	82,543	82,643	82,743	82,843	82,943
82,044	82,144	82,244	82,344	82,444	82,544	82,644	82,744	82,844	82,944
82,045	82,145	82,245	82,345	82,445	82,545	82,645	82,745	82,845	82,945
82,046	82,146	82,246	82,346	82,446	82,546	82,646	82,746	82,846	82,946
82,047	82,147	82,247	82,347	82,447	82,547	82,647	82,747	82,847	82,947
82,048	82,148	82,248	82,348	82,448	82,548	82,648	82,748	82,848	82,948
82,049	82,149	82,249	82,349	82,449	82,549	82,649	82,749	82,849	82,949
82,050	82,150	82,250	82,350	82,450	82,550	82,650	82,750	82,850	82,950
82,051	82,151	82,251	82,351	82,451	82,551	82,651	82,751	82,851	82,951
82,052	82,152	82,252	82,352	82,452	82,552	82,652	82,752	82,852	82,952
82,053	82,153	82,253	82,353	82,453	82,553	82,653	82,753	82,853	82,953
82,054	82,154	82,254	82,354	82,454	82,554	82,654	82,754	82,854	82,954
82,055	82,155	82,255	82,355	82,455	82,555	82,655	82,755	82,855	82,955
82,056	82,156	82,256	82,356	82,456	82,556	82,656	82,756	82,856	82,956
82,057	82,157	82,257	82,357	82,457	82,557	82,657	82,757	82,857	82,957
82,058	82,158	82,258	82,358	82,458	82,558	82,658	82,758	82,858	82,958
82,059	82,159	82,259	82,359	82,459	82,559	82,659	82,759	82,859	82,959
82,060	82,160	82,260	82,360	82,460	82,560	82,660	82,760	82,860	82,960
82,061	82,161	82,261	82,361	82,461	82,561	82,661	82,761	82,861	82,961
82,062	82,162	82,262	82,362	82,462	82,562	82,662	82,762	82,862	82,962
82,063	82,163	82,263	82,363	82,463	82,563	82,663	82,763	82,863	82,963
82,064	82,164	82,264	82,364	82,464	82,564	82,664	82,764	82,864	82,964
82,065	82,165	82,265	82,365	82,465	82,565	82,665	82,765	82,865	82,965
82,066	82,166	82,266	82,366	82,466	82,566	82,666	82,766	82,866	82,966
82,067	82,167	82,267	82,367	82,467	82,567	82,667	82,767	82,867	82,967
82,068	82,168	82,268	82,368	82,468	82,568	82,668	82,768	82,868	82,968
82,069	82,169	82,269	82,369	82,469	82,569	82,669	82,769	82,869	82,969
82,070	82,170	82,270	82,370	82,470	82,570	82,670	82,770	82,870	82,970
82,071	82,171	82,271	82,371	82,471	82,571	82,671	82,771	82,871	82,971
82,072	82,172	82,272	82,372	82,472	82,572	82,672	82,772	82,872	82,972
82,073	82,173	82,273	82,373	82,473	82,573	82,673	82,773	82,873	82,973
82,074	82,174	82,274	82,374	82,474	82,574	82,674	82,774	82,874	82,974
82,075	82,175	82,275	82,375	82,475	82,575	82,675	82,775	82,875	82,975
82,076	82,176	82,276	82,376	82,476	82,576	82,676	82,776	82,876	82,976
82,077	82,177	82,277	82,377	82,477	82,577	82,677	82,777	82,877	82,977
82,078	82,178	82,278	82,378	82,478	82,578	82,678	82,778	82,878	82,978
82,079	82,179	82,279	82,379	82,479	82,579	82,679	82,779	82,879	82,979
82,080	82,180	82,280	82,380	82,480	82,580	82,680	82,780	82,880	82,980
82,081	82,181	82,281	82,381	82,481	82,581	82,681	82,781	82,881	82,981
82,082	82,182	82,282	82,382	82,482	82,582	82,682	82,782	82,882	82,982
82,083	82,183	82,283	82,383	82,483	82,583	82,683	82,783	82,883	82,983
82,084	82,184	82,284	82,384	82,484	82,584	82,684	82,784	82,884	82,984
82,085	82,185	82,285	82,385	82,485	82,585	82,685	82,785	82,885	82,985
82,086	82,186	82,286	82,386	82,486	82,586	82,686	82,786	82,886	82,986
82,087	82,187	82,287	82,387	82,487	82,587	82,687	82,787	82,887	82,987
82,088	82,188	82,288	82,388	82,488	82,588	82,688	82,788	82,888	82,988
82,089	82,189	82,289	82,389	82,489	82,589	82,689	82,789	82,889	82,989
82,090	82,190	82,290	82,390	82,490	82,590	82,690	82,790	82,890	82,990
82,091	82,191	82,291	82,391	82,491	82,591	82,691	82,791	82,891	82,991
82,092	82,192	82,292	82,392	82,492	82,592	82,692	82,792	82,892	82,992
82,093	82,193	82,293	82,393	82,493	82,593	82,693	82,793	82,893	82,993
82,094	82,194	82,294	82,394	82,494	82,594	82,694	82,794	82,894	82,994
82,095	82,195	82,295	82,395	82,495	82,595	82,695	82,795	82,895	82,995
82,096	82,196	82,296	82,396	82,496	82,596	82,696	82,796	82,896	82,996
82,097	82,197	82,297	82,397	82,497	82,597	82,697	82,797	82,897	82,997
82,098	82,198	82,298	82,398	82,498	82,598	82,698	82,798	82,898	82,998
82,099	82,199	82,299	82,399	82,499	82,599	82,699	82,799	82,899	82,999

83,000	83,100	83,200	83,300	83,400	83,500	83,600	83,700	83,800	83,900
83,001	83,101	83,201	83,301	83,401	83,501	83,601	83,701	83,801	83,901
83,002	83,102	83,202	83,302	83,402	83,502	83,602	83,702	83,802	83,902
83,003	83,103	83,203	83,303	83,403	83,503	83,603	83,703	83,803	83,903
83,004	83,104	83,204	83,304	83,404	83,504	83,604	83,704	83,804	83,904
83,005	83,105	83,205	83,305	83,405	83,505	83,605	83,705	83,805	83,905
83,006	83,106	83,206	83,306	83,406	83,506	83,606	83,706	83,806	83,906
83,007	83,107	83,207	83,307	83,407	83,507	83,607	83,707	83,807	83,907
83,008	83,108	83,208	83,308	83,408	83,508	83,608	83,708	83,808	83,908
83,009	83,109	83,209	83,309	83,409	83,509	83,609	83,709	83,809	83,909
83,010	83,110	83,210	83,310	83,410	83,510	83,610	83,710	83,810	83,910
83,011	83,111	83,211	83,311	83,411	83,511	83,611	83,711	83,811	83,911
83,012	83,112	83,212	83,312	83,412	83,512	83,612	83,712	83,812	83,912
83,013	83,113	83,213	83,313	83,413	83,513	83,613	83,713	83,813	83,913
83,014	83,114	83,214	83,314	83,414	83,514	83,614	83,714	83,814	83,914
83,015	83,115	83,215	83,315	83,415	83,515	83,615	83,715	83,815	83,915
83,016	83,116	83,216	83,316	83,416	83,516	83,616	83,716	83,816	83,916
83,017	83,117	83,217	83,317	83,417	83,517	83,617	83,717	83,817	83,917
83,018	83,118	83,218	83,318	83,418	83,518	83,618	83,718	83,818	83,918
83,019	83,119	83,219	83,319	83,419	83,519	83,619	83,719	83,819	83,919
83,020	83,120	83,220	83,320	83,420	83,520	83,620	83,720	83,820	83,920
83,021	83,121	83,221	83,321	83,421	83,521	83,621	83,721	83,821	83,921
83,022	83,122	83,222	83,322	83,422	83,522	83,622	83,722	83,822	83,922
83,023	83,123	83,223	83,323	83,423	83,523	83,623	83,723	83,823	83,923
83,024	83,124	83,224	83,324	83,424	83,524	83,624	83,724	83,824	83,924
83,025	83,125	83,225	83,325	83,425	83,525	83,625	83,725	83,825	83,925
83,026	83,126	83,226	83,326	83,426	83,526	83,626	83,726	83,826	83,926
83,027	83,127	83,227	83,327	83,427	83,527	83,627	83,727	83,827	83,927
83,028	83,128	83,228	83,328	83,428	83,528	83,628	83,728	83,828	83,928
83,029	83,129	83,229	83,329	83,429	83,529	83,629	83,729	83,829	83,929
83,030	83,130	83,230	83,330	83,430	83,530	83,630	83,730	83,830	83,930
83,031	83,131	83,231	83,331	83,431	83,531	83,631	83,731	83,831	83,931
83,032	83,132	83,232	83,332	83,432	83,532	83,632	83,732	83,832	83,932
83,033	83,133	83,233	83,333	83,433	83,533	83,633	83,733	83,833	83,933
83,034	83,134	83,234	83,334	83,434	83,534	83,634	83,734	83,834	83,934
83,035	83,135	83,235	83,335	83,435	83,535	83,635	83,735	83,835	83,935
83,036	83,136	83,236	83,336	83,436	83,536	83,636	83,736	83,836	83,936
83,037	83,137	83,237	83,337	83,437	83,537	83,637	83,737	83,837	83,937
83,038	83,138	83,238	83,338	83,438	83,538	83,638	83,738	83,838	83,938
83,039	83,139	83,239	83,339	83,439	83,539	83,639	83,739	83,839	83,939
83,040	83,140	83,240	83,340	83,440	83,540	83,640	83,740	83,840	83,940
83,041	83,141	83,241	83,341	83,441	83,541	83,641	83,741	83,841	83,941
83,042	83,142	83,242	83,342	83,442	83,542	83,642	83,742	83,842	83,942
83,043	83,143	83,243	83,343	83,443	83,543	83,643	83,743	83,843	83,943
83,044	83,144	83,244	83,344	83,444	83,544	83,644	83,744	83,844	83,944
83,045	83,145	83,245	83,345	83,445	83,545	83,645	83,745	83,845	83,945
83,046	83,146	83,246	83,346	83,446	83,546	83,646	83,746	83,846	83,946
83,047	83,147	83,247	83,347	83,447	83,547	83,647	83,747	83,847	83,947
83,048	83,148	83,248	83,348	83,448	83,548	83,648	83,748	83,848	83,948
83,049	83,149	83,249	83,349	83,449	83,549	83,649	83,749	83,849	83,949
83,050	83,150	83,250	83,350	83,450	83,550	83,650	83,750	83,850	83,950
83,051	83,151	83,251	83,351	83,451	83,551	83,651	83,751	83,851	83,951
83,052	83,152	83,252	83,352	83,452	83,552	83,652	83,752	83,852	83,952
83,053	83,153	83,253	83,353	83,453	83,553	83,653	83,753	83,853	83,953
83,054	83,154	83,254	83,354	83,454	83,554	83,654	83,754	83,854	83,954
83,055	83,155	83,255	83,355	83,455	83,555	83,655	83,755	83,855	83,955
83,056	83,156	83,256	83,356	83,456	83,556	83,656	83,756	83,856	83,956
83,057	83,157	83,257	83,357	83,457	83,557	83,657	83,757	83,857	83,957
83,058	83,158	83,258	83,358	83,458	83,558	83,658	83,758	83,858	83,958
83,059	83,159	83,259	83,359	83,459	83,559	83,659	83,759	83,859	83,959
83,060	83,160	83,260	83,360	83,460	83,560	83,660	83,760	83,860	83,960
83,061	83,161	83,261	83,361	83,461	83,561	83,661	83,761	83,861	83,961
83,062	83,162	83,262	83,362	83,462	83,562	83,662	83,762	83,862	83,962
83,063	83,163	83,263	83,363	83,463	83,563	83,663	83,763	83,863	83,963
83,064	83,164	83,264	83,364	83,464	83,564	83,664	83,764	83,864	83,964
83,065	83,165	83,265	83,365	83,465	83,565	83,665	83,765	83,865	83,965
83,066	83,166	83,266	83,366	83,466	83,566	83,666	83,766	83,866	83,966
83,067	83,167	83,267	83,367	83,467	83,567	83,667	83,767	83,867	83,967
83,068	83,168	83,268	83,368	83,468	83,568	83,668	83,768	83,868	83,968
83,069	83,169	83,269	83,369	83,469	83,569	83,669	83,769	83,869	83,969
83,070	83,170	83,270	83,370	83,470	83,570	83,670	83,770	83,870	83,970
83,071	83,171	83,271	83,371	83,471	83,571	83,671	83,771	83,871	83,971
83,072	83,172	83,272	83,372	83,472	83,572	83,672	83,772	83,872	83,972
83,073	83,173	83,273	83,373	83,473	83,573	83,673	83,773	83,873	83,973
83,074	83,174	83,274	83,374	83,474	83,574	83,674	83,774	83,874	83,974
83,075	83,175	83,275	83,375	83,475	83,575	83,675	83,775	83,875	83,975
83,076	83,176	83,276	83,376	83,476	83,576	83,676	83,776	83,876	83,976
83,077	83,177	83,277	83,377	83,477	83,577	83,677	83,777	83,877	83,977
83,078	83,178	83,278	83,378	83,478	83,578	83,678	83,778	83,878	83,978
83,079	83,179	83,279	83,379	83,479	83,579	83,679	83,779	83,879	83,979
83,080	83,180	83,280	83,380	83,480	83,580	83,680	83,780	83,880	83,980
83,081	83,181	83,281	83,381	83,481	83,581	83,681	83,781	83,881	83,981
83,082	83,182	83,282	83,382	83,482	83,582	83,682	83,782	83,882	83,982
83,083	83,183	83,283	83,383	83,483	83,583	83,683	83,783	83,883	83,983
83,084	83,184	83,284	83,384	83,484	83,584	83,684	83,784	83,884	83,984
83,085	83,185	83,285	83,385	83,485	83,585	83,685	83,785	83,885	83,985
83,086	83,186	83,286	83,386	83,486	83,586	83,686	83,786	83,886	83,986
83,087	83,187	83,287	83,387	83,487	83,587	83,687	83,787	83,887	83,987
83,088	83,188	83,288	83,388	83,488	83,588	83,688	83,788	83,888	83,988
83,089	83,189	83,289	83,389	83,489	83,589	83,689	83,789	83,889	83,989
83,090	83,190	83,290	83,390	83,490	83,590	83,690	83,790	83,890	83,990
83,091	83,191	83,291	83,391	83,491	83,591	83,691	83,791	83,891	83,991
83,092	83,192	83,292	83,392	83,492	83,592	83,692	83,792	83,892	83,992
83,093	83,193	83,293	83,393	83,493	83,593	83,693	83,793	83,893	83,993
83,094	83,194	83,294	83,394	83,494	83,594	83,694	83,794	83,894	83,994
83,095	83,195	83,295	83,395	83,495	83,595	83,695	83,795	83,895	83,995
83,096	83,196	83,296	83,396	83,496	83,596	83,696	83,796	83,896	83,996
83,097	83,197	83,297	83,397	83,497	83,597	83,697	83,797	83,897	83,997
83,098	83,198	83,298	83,398	83,498	83,598	83,698	83,798	83,898	83,998
83,099	83,199	83,299	83,399	83,499	83,599	83,699	83,799	83,899	83,999

84,000	84,100	84,200	84,300	84,400	84,500	84,600	84,700	84,800	84,900
84,001	84,101	84,201	84,301	84,401	84,501	84,601	84,701	84,801	84,901
84,002	84,102	84,202	84,302	84,402	84,502	84,602	84,702	84,802	84,902
84,003	84,103	84,203	84,303	84,403	84,503	84,603	84,703	84,803	84,903
84,004	84,104	84,204	84,304	84,404	84,504	84,604	84,704	84,804	84,904
84,005	84,105	84,205	84,305	84,405	84,505	84,605	84,705	84,805	84,905
84,006	84,106	84,206	84,306	84,406	84,506	84,606	84,706	84,806	84,906
84,007	84,107	84,207	84,307	84,407	84,507	84,607	84,707	84,807	84,907
84,008	84,108	84,208	84,308	84,408	84,508	84,608	84,708	84,808	84,908
84,009	84,109	84,209	84,309	84,409	84,509	84,609	84,709	84,809	84,909
84,010	84,110	84,210	84,310	84,410	84,510	84,610	84,710	84,810	84,910
84,011	84,111	84,211	84,311	84,411	84,511	84,611	84,711	84,811	84,911
84,012	84,112	84,212	84,312	84,412	84,512	84,612	84,712	84,812	84,912
84,013	84,113	84,213	84,313	84,413	84,513	84,613	84,713	84,813	84,913
84,014	84,114	84,214	84,314	84,414	84,514	84,614	84,714	84,814	84,914
84,015	84,115	84,215	84,315	84,415	84,515	84,615	84,715	84,815	84,915
84,016	84,116	84,216	84,316	84,416	84,516	84,616	84,716	84,816	84,916
84,017	84,117	84,217	84,317	84,417	84,517	84,617	84,717	84,817	84,917
84,018	84,118	84,218	84,318	84,418	84,518	84,618	84,718	84,818	84,918
84,019	84,119	84,219	84,319	84,419	84,519	84,619	84,719	84,819	84,919
84,020	84,120	84,220	84,320	84,420	84,520	84,620	84,720	84,820	84,920
84,021	84,121	84,221	84,321	84,421	84,521	84,621	84,721	84,821	84,921
84,022	84,122	84,222	84,322	84,422	84,522	84,622	84,722	84,822	84,922
84,023	84,123	84,223	84,323	84,423	84,523	84,623	84,723	84,823	84,923
84,024	84,124	84,224	84,324	84,424	84,524	84,624	84,724	84,824	84,924
84,025	84,125	84,225	84,325	84,425	84,525	84,625	84,725	84,825	84,925
84,026	84,126	84,226	84,326	84,426	84,526	84,626	84,726	84,826	84,926
84,027	84,127	84,227	84,327	84,427	84,527	84,627	84,727	84,827	84,927
84,028	84,128	84,228	84,328	84,428	84,528	84,628	84,728	84,828	84,928
84,029	84,129	84,229	84,329	84,429	84,529	84,629	84,729	84,829	84,929
84,030	84,130	84,230	84,330	84,430	84,530	84,630	84,730	84,830	84,930
84,031	84,131	84,231	84,331	84,431	84,531	84,631	84,731	84,831	84,931
84,032	84,132	84,232	84,332	84,432	84,532	84,632	84,732	84,832	84,932
84,033	84,133	84,233	84,333	84,433	84,533	84,633	84,733	84,833	84,933
84,034	84,134	84,234	84,334	84,434	84,534	84,634	84,734	84,834	84,934
84,035	84,135	84,235	84,335	84,435	84,535	84,635	84,735	84,835	84,935
84,036	84,136	84,236	84,336	84,436	84,536	84,636	84,736	84,836	84,936
84,037	84,137	84,237	84,337	84,437	84,537	84,637	84,737	84,837	84,937
84,038	84,138	84,238	84,338	84,438	84,538	84,638	84,738	84,838	84,938
84,039	84,139	84,239	84,339	84,439	84,539	84,639	84,739	84,839	84,939
84,040	84,140	84,240	84,340	84,440	84,540	84,640	84,740	84,840	84,940
84,041	84,141	84,241	84,341	84,441	84,541	84,641	84,741	84,841	84,941
84,042	84,142	84,242	84,342	84,442	84,542	84,642	84,742	84,842	84,942
84,043	84,143	84,243	84,343	84,443	84,543	84,643	84,743	84,843	84,943
84,044	84,144	84,244	84,344	84,444	84,544	84,644	84,744	84,844	84,944
84,045	84,145	84,245	84,345	84,445	84,545	84,645	84,745	84,845	84,945
84,046	84,146	84,246	84,346	84,446	84,546	84,646	84,746	84,846	84,946
84,047	84,147	84,247	84,347	84,447	84,547	84,647	84,747	84,847	84,947
84,048	84,148	84,248	84,348	84,448	84,548	84,648	84,748	84,848	84,948
84,049	84,149	84,249	84,349	84,449	84,549	84,649	84,749	84,849	84,949
84,050	84,150	84,250	84,350	84,450	84,550	84,650	84,750	84,850	84,950
84,051	84,151	84,251	84,351	84,451	84,551	84,651	84,751	84,851	84,951
84,052	84,152	84,252	84,352	84,452	84,552	84,652	84,752	84,852	84,952
84,053	84,153	84,253	84,353	84,453	84,553	84,653	84,753	84,853	84,953
84,054	84,154	84,254	84,354	84,454	84,554	84,654	84,754	84,854	84,954
84,055	84,155	84,255	84,355	84,455	84,555	84,655	84,755	84,855	84,955
84,056	84,156	84,256	84,356	84,456	84,556	84,656	84,756	84,856	84,956
84,057	84,157	84,257	84,357	84,457	84,557	84,657	84,757	84,857	84,957
84,058	84,158	84,258	84,358	84,458	84,558	84,658	84,758	84,858	84,958
84,059	84,159	84,259	84,359	84,459	84,559	84,659	84,759	84,859	84,959
84,060	84,160	84,260	84,360	84,460	84,560	84,660	84,760	84,860	84,960
84,061	84,161	84,261	84,361	84,461	84,561	84,661	84,761	84,861	84,961
84,062	84,162	84,262	84,362	84,462	84,562	84,662	84,762	84,862	84,962
84,063	84,163	84,263	84,363	84,463	84,563	84,663	84,763	84,863	84,963
84,064	84,164	84,264	84,364	84,464	84,564	84,664	84,764	84,864	84,964
84,065	84,165	84,265	84,365	84,465	84,565	84,665	84,765	84,865	84,965
84,066	84,166	84,266	84,366	84,466	84,566	84,666	84,766	84,866	84,966
84,067	84,167	84,267	84,367	84,467	84,567	84,667	84,767	84,867	84,967
84,068	84,168	84,268	84,368	84,468	84,568	84,668	84,768	84,868	84,968
84,069	84,169	84,269	84,369	84,469	84,569	84,669	84,769	84,869	84,969
84,070	84,170	84,270	84,370	84,470	84,570	84,670	84,770	84,870	84,970
84,071	84,171	84,271	84,371	84,471	84,571	84,671	84,771	84,871	84,971
84,072	84,172	84,272	84,372	84,472	84,572	84,672	84,772	84,872	84,972
84,073	84,173	84,273	84,373	84,473	84,573	84,673	84,773	84,873	84,973
84,074	84,174	84,274	84,374	84,474	84,574	84,674	84,774	84,874	84,974
84,075	84,175	84,275	84,375	84,475	84,575	84,675	84,775	84,875	84,975
84,076	84,176	84,276	84,376	84,476	84,576	84,676	84,776	84,876	84,976
84,077	84,177	84,277	84,377	84,477	84,577	84,677	84,777	84,877	84,977
84,078	84,178	84,278	84,378	84,478	84,578	84,678	84,778	84,878	84,978
84,079	84,179	84,279	84,379	84,479	84,579	84,679	84,779	84,879	84,979
84,080	84,180	84,280	84,380	84,480	84,580	84,680	84,780	84,880	84,980
84,081	84,181	84,281	84,381	84,481	84,581	84,681	84,781	84,881	84,981
84,082	84,182	84,282	84,382	84,482	84,582	84,682	84,782	84,882	84,982
84,083	84,183	84,283	84,383	84,483	84,583	84,683	84,783	84,883	84,983
84,084	84,184	84,284	84,384	84,484	84,584	84,684	84,784	84,884	84,984
84,085	84,185	84,285	84,385	84,485	84,585	84,685	84,785	84,885	84,985
84,086	84,186	84,286	84,386	84,486	84,586	84,686	84,786	84,886	84,986
84,087	84,187	84,287	84,387	84,487	84,587	84,687	84,787	84,887	84,987
84,088	84,188	84,288	84,388	84,488	84,588	84,688	84,788	84,888	84,988
84,089	84,189	84,289	84,389	84,489	84,589	84,689	84,789	84,889	84,989
84,090	84,190	84,290	84,390	84,490	84,590	84,690	84,790	84,890	84,990
84,091	84,191	84,291	84,391	84,491	84,591	84,691	84,791	84,891	84,991
84,092	84,192	84,292	84,392	84,492	84,592	84,692	84,792	84,892	84,992
84,093	84,193	84,293	84,393	84,493	84,593	84,693	84,793	84,893	84,993
84,094	84,194	84,294	84,394	84,494	84,594	84,694	84,794	84,894	84,994
84,095	84,195	84,295	84,395	84,495	84,595	84,695	84,795	84,895	84,995
84,096	84,196	84,296	84,396	84,496	84,596	84,696	84,796	84,896	84,996
84,097	84,197	84,297	84,397	84,497	84,597	84,697	84,797	84,897	84,997
84,098	84,198	84,298	84,398	84,498	84,598	84,698	84,798	84,898	84,998
84,099	84,199	84,299	84,399	84,499	84,599	84,699	84,799	84,899	84,999

85,000	85,100	85,200	85,300	85,400	85,500	85,600	85,700	85,800	85,900
85,001	85,101	85,201	85,301	85,401	85,501	85,601	85,701	85,801	85,901
85,002	85,102	85,202	85,302	85,402	85,502	85,602	85,702	85,802	85,902
85,003	85,103	85,203	85,303	85,403	85,503	85,603	85,703	85,803	85,903
85,004	85,104	85,204	85,304	85,404	85,504	85,604	85,704	85,804	85,904
85,005	85,105	85,205	85,305	85,405	85,505	85,605	85,705	85,805	85,905
85,006	85,106	85,206	85,306	85,406	85,506	85,606	85,706	85,806	85,906
85,007	85,107	85,207	85,307	85,407	85,507	85,607	85,707	85,807	85,907
85,008	85,108	85,208	85,308	85,408	85,508	85,608	85,708	85,808	85,908
85,009	85,109	85,209	85,309	85,409	85,509	85,609	85,709	85,809	85,909
85,010	85,110	85,210	85,310	85,410	85,510	85,610	85,710	85,810	85,910
85,011	85,111	85,211	85,311	85,411	85,511	85,611	85,711	85,811	85,911
85,012	85,112	85,212	85,312	85,412	85,512	85,612	85,712	85,812	85,912
85,013	85,113	85,213	85,313	85,413	85,513	85,613	85,713	85,813	85,913
85,014	85,114	85,214	85,314	85,414	85,514	85,614	85,714	85,814	85,914
85,015	85,115	85,215	85,315	85,415	85,515	85,615	85,715	85,815	85,915
85,016	85,116	85,216	85,316	85,416	85,516	85,616	85,716	85,816	85,916
85,017	85,117	85,217	85,317	85,417	85,517	85,617	85,717	85,817	85,917
85,018	85,118	85,218	85,318	85,418	85,518	85,618	85,718	85,818	85,918
85,019	85,119	85,219	85,319	85,419	85,519	85,619	85,719	85,819	85,919
85,020	85,120	85,220	85,320	85,420	85,520	85,620	85,720	85,820	85,920
85,021	85,121	85,221	85,321	85,421	85,521	85,621	85,721	85,821	85,921
85,022	85,122	85,222	85,322	85,422	85,522	85,622	85,722	85,822	85,922
85,023	85,123	85,223	85,323	85,423	85,523	85,623	85,723	85,823	85,923
85,024	85,124	85,224	85,324	85,424	85,524	85,624	85,724	85,824	85,924
85,025	85,125	85,225	85,325	85,425	85,525	85,625	85,725	85,825	85,925
85,026	85,126	85,226	85,326	85,426	85,526	85,626	85,726	85,826	85,926
85,027	85,127	85,227	85,327	85,427	85,527	85,627	85,727	85,827	85,927
85,028	85,128	85,228	85,328	85,428	85,528	85,628	85,728	85,828	85,928
85,029	85,129	85,229	85,329	85,429	85,529	85,629	85,729	85,829	85,929
85,030	85,130	85,230	85,330	85,430	85,530	85,630	85,730	85,830	85,930
85,031	85,131	85,231	85,331	85,431	85,531	85,631	85,731	85,831	85,931
85,032	85,132	85,232	85,332	85,432	85,532	85,632	85,732	85,832	85,932
85,033	85,133	85,233	85,333	85,433	85,533	85,633	85,733	85,833	85,933
85,034	85,134	85,234	85,334	85,434	85,534	85,634	85,734	85,834	85,934
85,035	85,135	85,235	85,335	85,435	85,535	85,635	85,735	85,835	85,935
85,036	85,136	85,236	85,336	85,436	85,536	85,636	85,736	85,836	85,936
85,037	85,137	85,237	85,337	85,437	85,537	85,637	85,737	85,837	85,937
85,038	85,138	85,238	85,338	85,438	85,538	85,638	85,738	85,838	85,938
85,039	85,139	85,239	85,339	85,439	85,539	85,639	85,739	85,839	85,939
85,040	85,140	85,240	85,340	85,440	85,540	85,640	85,740	85,840	85,940
85,041	85,141	85,241	85,341	85,441	85,541	85,641	85,741	85,841	85,941
85,042	85,142	85,242	85,342	85,442	85,542	85,642	85,742	85,842	85,942
85,043	85,143	85,243	85,343	85,443	85,543	85,643	85,743	85,843	85,943
85,044	85,144	85,244	85,344	85,444	85,544	85,644	85,744	85,844	85,944
85,045	85,145	85,245	85,345	85,445	85,545	85,645	85,745	85,845	85,945
85,046	85,146	85,246	85,346	85,446	85,546	85,646	85,746	85,846	85,946
85,047	85,147	85,247	85,347	85,447	85,547	85,647	85,747	85,847	85,947
85,048	85,148	85,248	85,348	85,448	85,548	85,648	85,748	85,848	85,948
85,049	85,149	85,249	85,349	85,449	85,549	85,649	85,749	85,849	85,949
85,050	85,150	85,250	85,350	85,450	85,550	85,650	85,750	85,850	85,950
85,051	85,151	85,251	85,351	85,451	85,551	85,651	85,751	85,851	85,951
85,052	85,152	85,252	85,352	85,452	85,552	85,652	85,752	85,852	85,952
85,053	85,153	85,253	85,353	85,453	85,553	85,653	85,753	85,853	85,953
85,054	85,154	85,254	85,354	85,454	85,554	85,654	85,754	85,854	85,954
85,055	85,155	85,255	85,355	85,455	85,555	85,655	85,755	85,855	85,955
85,056	85,156	85,256	85,356	85,456	85,556	85,656	85,756	85,856	85,956
85,057	85,157	85,257	85,357	85,457	85,557	85,657	85,757	85,857	85,957
85,058	85,158	85,258	85,358	85,458	85,558	85,658	85,758	85,858	85,958
85,059	85,159	85,259	85,359	85,459	85,559	85,659	85,759	85,859	85,959
85,060	85,160	85,260	85,360	85,460	85,560	85,660	85,760	85,860	85,960
85,061	85,161	85,261	85,361	85,461	85,561	85,661	85,761	85,861	85,961
85,062	85,162	85,262	85,362	85,462	85,562	85,662	85,762	85,862	85,962
85,063	85,163	85,263	85,363	85,463	85,563	85,663	85,763	85,863	85,963
85,064	85,164	85,264	85,364	85,464	85,564	85,664	85,764	85,864	85,964
85,065	85,165	85,265	85,365	85,465	85,565	85,665	85,765	85,865	85,965
85,066	85,166	85,266	85,366	85,466	85,566	85,666	85,766	85,866	85,966
85,067	85,167	85,267	85,367	85,467	85,567	85,667	85,767	85,867	85,967
85,068	85,168	85,268	85,368	85,468	85,568	85,668	85,768	85,868	85,968
85,069	85,169	85,269	85,369	85,469	85,569	85,669	85,769	85,869	85,969
85,070	85,170	85,270	85,370	85,470	85,570	85,670	85,770	85,870	85,970
85,071	85,171	85,271	85,371	85,471	85,571	85,671	85,771	85,871	85,971
85,072	85,172	85,272	85,372	85,472	85,572	85,672	85,772	85,872	85,972
85,073	85,173	85,273	85,373	85,473	85,573	85,673	85,773	85,873	85,973
85,074	85,174	85,274	85,374	85,474	85,574	85,674	85,774	85,874	85,974
85,075	85,175	85,275	85,375	85,475	85,575	85,675	85,775	85,875	85,975
85,076	85,176	85,276	85,376	85,476	85,576	85,676	85,776	85,876	85,976
85,077	85,177	85,277	85,377	85,477	85,577	85,677	85,777	85,877	85,977
85,078	85,178	85,278	85,378	85,478	85,578	85,678	85,778	85,878	85,978
85,079	85,179	85,279	85,379	85,479	85,579	85,679	85,779	85,879	85,979
85,080	85,180	85,280	85,380	85,480	85,580	85,680	85,780	85,880	85,980
85,081	85,181	85,281	85,381	85,481	85,581	85,681	85,781	85,881	85,981
85,082	85,182	85,282	85,382	85,482	85,582	85,682	85,782	85,882	85,982
85,083	85,183	85,283	85,383	85,483	85,583	85,683	85,783	85,883	85,983
85,084	85,184	85,284	85,384	85,484	85,584	85,684	85,784	85,884	85,984
85,085	85,185	85,285	85,385	85,485	85,585	85,685	85,785	85,885	85,985
85,086	85,186	85,286	85,386	85,486	85,586	85,686	85,786	85,886	85,986
85,087	85,187	85,287	85,387	85,487	85,587	85,687	85,787	85,887	85,987
85,088	85,188	85,288	85,388	85,488	85,588	85,688	85,788	85,888	85,988
85,089	85,189	85,289	85,389	85,489	85,589	85,689	85,789	85,889	85,989
85,090	85,190	85,290	85,390	85,490	85,590	85,690	85,790	85,890	85,990
85,091	85,191	85,291	85,391	85,491	85,591	85,691	85,791	85,891	85,991
85,092	85,192	85,292	85,392	85,492	85,592	85,692	85,792	85,892	85,992
85,093	85,193	85,293	85,393	85,493	85,593	85,693	85,793	85,893	85,993
85,094	85,194	85,294	85,394	85,494	85,594	85,694	85,794	85,894	85,994
85,095	85,195	85,295	85,395	85,495	85,595	85,695	85,795	85,895	85,995
85,096	85,196	85,296	85,396	85,496	85,596	85,696	85,796	85,896	85,996
85,097	85,197	85,297	85,397	85,497	85,597	85,697	85,797	85,897	85,997
85,098	85,198	85,298	85,398	85,498	85,598	85,698	85,798	85,898	85,998
85,099	85,199	85,299	85,399	85,499	85,599	85,699	85,799	85,899	85,999

86,000	86,100	86,200	86,300	86,400	86,500	86,600	86,700	86,800	86,900
86,001	86,101	86,201	86,301	86,401	86,501	86,601	86,701	86,801	86,901
86,002	86,102	86,202	86,302	86,402	86,502	86,602	86,702	86,802	86,902
86,003	86,103	86,203	86,303	86,403	86,503	86,603	86,703	86,803	86,903
86,004	86,104	86,204	86,304	86,404	86,504	86,604	86,704	86,804	86,904
86,005	86,105	86,205	86,305	86,405	86,505	86,605	86,705	86,805	86,905
86,006	86,106	86,206	86,306	86,406	86,506	86,606	86,706	86,806	86,906
86,007	86,107	86,207	86,307	86,407	86,507	86,607	86,707	86,807	86,907
86,008	86,108	86,208	86,308	86,408	86,508	86,608	86,708	86,808	86,908
86,009	86,109	86,209	86,309	86,409	86,509	86,609	86,709	86,809	86,909
86,010	86,110	86,210	86,310	86,410	86,510	86,610	86,710	86,810	86,910
86,011	86,111	86,211	86,311	86,411	86,511	86,611	86,711	86,811	86,911
86,012	86,112	86,212	86,312	86,412	86,512	86,612	86,712	86,812	86,912
86,013	86,113	86,213	86,313	86,413	86,513	86,613	86,713	86,813	86,913
86,014	86,114	86,214	86,314	86,414	86,514	86,614	86,714	86,814	86,914
86,015	86,115	86,215	86,315	86,415	86,515	86,615	86,715	86,815	86,915
86,016	86,116	86,216	86,316	86,416	86,516	86,616	86,716	86,816	86,916
86,017	86,117	86,217	86,317	86,417	86,517	86,617	86,717	86,817	86,917
86,018	86,118	86,218	86,318	86,418	86,518	86,618	86,718	86,818	86,918
86,019	86,119	86,219	86,319	86,419	86,519	86,619	86,719	86,819	86,919
86,020	86,120	86,220	86,320	86,420	86,520	86,620	86,720	86,820	86,920
86,021	86,121	86,221	86,321	86,421	86,521	86,621	86,721	86,821	86,921
86,022	86,122	86,222	86,322	86,422	86,522	86,622	86,722	86,822	86,922
86,023	86,123	86,223	86,323	86,423	86,523	86,623	86,723	86,823	86,923
86,024	86,124	86,224	86,324	86,424	86,524	86,624	86,724	86,824	86,924
86,025	86,125	86,225	86,325	86,425	86,525	86,625	86,725	86,825	86,925
86,026	86,126	86,226	86,326	86,426	86,526	86,626	86,726	86,826	86,926
86,027	86,127	86,227	86,327	86,427	86,527	86,627	86,727	86,827	86,927
86,028	86,128	86,228	86,328	86,428	86,528	86,628	86,728	86,828	86,928
86,029	86,129	86,229	86,329	86,429	86,529	86,629	86,729	86,829	86,929
86,030	86,130	86,230	86,330	86,430	86,530	86,630	86,730	86,830	86,930
86,031	86,131	86,231	86,331	86,431	86,531	86,631	86,731	86,831	86,931
86,032	86,132	86,232	86,332	86,432	86,532	86,632	86,732	86,832	86,932
86,033	86,133	86,233	86,333	86,433	86,533	86,633	86,733	86,833	86,933
86,034	86,134	86,234	86,334	86,434	86,534	86,634	86,734	86,834	86,934
86,035	86,135	86,235	86,335	86,435	86,535	86,635	86,735	86,835	86,935
86,036	86,136	86,236	86,336	86,436	86,536	86,636	86,736	86,836	86,936
86,037	86,137	86,237	86,337	86,437	86,537	86,637	86,737	86,837	86,937
86,038	86,138	86,238	86,338	86,438	86,538	86,638	86,738	86,838	86,938
86,039	86,139	86,239	86,339	86,439	86,539	86,639	86,739	86,839	86,939
86,040	86,140	86,240	86,340	86,440	86,540	86,640	86,740	86,840	86,940
86,041	86,141	86,241	86,341	86,441	86,541	86,641	86,741	86,841	86,941
86,042	86,142	86,242	86,342	86,442	86,542	86,642	86,742	86,842	86,942
86,043	86,143	86,243	86,343	86,443	86,543	86,643	86,743	86,843	86,943
86,044	86,144	86,244	86,344	86,444	86,544	86,644	86,744	86,844	86,944
86,045	86,145	86,245	86,345	86,445	86,545	86,645	86,745	86,845	86,945
86,046	86,146	86,246	86,346	86,446	86,546	86,646	86,746	86,846	86,946
86,047	86,147	86,247	86,347	86,447	86,547	86,647	86,747	86,847	86,947
86,048	86,148	86,248	86,348	86,448	86,548	86,648	86,748	86,848	86,948
86,049	86,149	86,249	86,349	86,449	86,549	86,649	86,749	86,849	86,949
86,050	86,150	86,250	86,350	86,450	86,550	86,650	86,750	86,850	86,950
86,051	86,151	86,251	86,351	86,451	86,551	86,651	86,751	86,851	86,951
86,052	86,152	86,252	86,352	86,452	86,552	86,652	86,752	86,852	86,952
86,053	86,153	86,253	86,353	86,453	86,553	86,653	86,753	86,853	86,953
86,054	86,154	86,254	86,354	86,454	86,554	86,654	86,754	86,854	86,954
86,055	86,155	86,255	86,355	86,455	86,555	86,655	86,755	86,855	86,955
86,056	86,156	86,256	86,356	86,456	86,556	86,656	86,756	86,856	86,956
86,057	86,157	86,257	86,357	86,457	86,557	86,657	86,757	86,857	86,957
86,058	86,158	86,258	86,358	86,458	86,558	86,658	86,758	86,858	86,958
86,059	86,159	86,259	86,359	86,459	86,559	86,659	86,759	86,859	86,959
86,060	86,160	86,260	86,360	86,460	86,560	86,660	86,760	86,860	86,960
86,061	86,161	86,261	86,361	86,461	86,561	86,661	86,761	86,861	86,961
86,062	86,162	86,262	86,362	86,462	86,562	86,662	86,762	86,862	86,962
86,063	86,163	86,263	86,363	86,463	86,563	86,663	86,763	86,863	86,963
86,064	86,164	86,264	86,364	86,464	86,564	86,664	86,764	86,864	86,964
86,065	86,165	86,265	86,365	86,465	86,565	86,665	86,765	86,865	86,965
86,066	86,166	86,266	86,366	86,466	86,566	86,666	86,766	86,866	86,966
86,067	86,167	86,267	86,367	86,467	86,567	86,667	86,767	86,867	86,967
86,068	86,168	86,268	86,368	86,468	86,568	86,668	86,768	86,868	86,968
86,069	86,169	86,269	86,369	86,469	86,569	86,669	86,769	86,869	86,969
86,070	86,170	86,270	86,370	86,470	86,570	86,670	86,770	86,870	86,970
86,071	86,171	86,271	86,371	86,471	86,571	86,671	86,771	86,871	86,971
86,072	86,172	86,272	86,372	86,472	86,572	86,672	86,772	86,872	86,972
86,073	86,173	86,273	86,373	86,473	86,573	86,673	86,773	86,873	86,973
86,074	86,174	86,274	86,374	86,474	86,574	86,674	86,774	86,874	86,974
86,075	86,175	86,275	86,375	86,475	86,575	86,675	86,775	86,875	86,975
86,076	86,176	86,276	86,376	86,476	86,576	86,676	86,776	86,876	86,976
86,077	86,177	86,277	86,377	86,477	86,577	86,677	86,777	86,877	86,977
86,078	86,178	86,278	86,378	86,478	86,578	86,678	86,778	86,878	86,978
86,079	86,179	86,279	86,379	86,479	86,579	86,679	86,779	86,879	86,979
86,080	86,180	86,280	86,380	86,480	86,580	86,680	86,780	86,880	86,980
86,081	86,181	86,281	86,381	86,481	86,581	86,681	86,781	86,881	86,981
86,082	86,182	86,282	86,382	86,482	86,582	86,682	86,782	86,882	86,982
86,083	86,183	86,283	86,383	86,483	86,583	86,683	86,783	86,883	86,983
86,084	86,184	86,284	86,384	86,484	86,584	86,684	86,784	86,884	86,984
86,085	86,185	86,285	86,385	86,485	86,585	86,685	86,785	86,885	86,985
86,086	86,186	86,286	86,386	86,486	86,586	86,686	86,786	86,886	86,986
86,087	86,187	86,287	86,387	86,487	86,587	86,687	86,787	86,887	86,987
86,088	86,188	86,288	86,388	86,488	86,588	86,688	86,788	86,888	86,988
86,089	86,189	86,289	86,389	86,489	86,589	86,689	86,789	86,889	86,989
86,090	86,190	86,290	86,390	86,490	86,590	86,690	86,790	86,890	86,990
86,091	86,191	86,291	86,391	86,491	86,591	86,691	86,791	86,891	86,991
86,092	86,192	86,292	86,392	86,492	86,592	86,692	86,792	86,892	86,992
86,093	86,193	86,293	86,393	86,493	86,593	86,693	86,793	86,893	86,993
86,094	86,194	86,294	86,394	86,494	86,594	86,694	86,794	86,894	86,994
86,095	86,195	86,295	86,395	86,495	86,595	86,695	86,795	86,895	86,995
86,096	86,196	86,296	86,396	86,496	86,596	86,696	86,796	86,896	86,996
86,097	86,197	86,297	86,397	86,497	86,597	86,697	86,797	86,897	86,997
86,098	86,198	86,298	86,398	86,498	86,598	86,698	86,798	86,898	86,998
86,099	86,199	86,299	86,399	86,499	86,599	86,699	86,799	86,899	86,999

87,000	87,100	87,200	87,300	87,400	87,500	87,600	87,700	87,800	87,900
87,001	87,101	87,201	87,301	87,401	87,501	87,601	87,701	87,801	87,901
87,002	87,102	87,202	87,302	87,402	87,502	87,602	87,702	87,802	87,902
87,003	87,103	87,203	87,303	87,403	87,503	87,603	87,703	87,803	87,903
87,004	87,104	87,204	87,304	87,404	87,504	87,604	87,704	87,804	87,904
87,005	87,105	87,205	87,305	87,405	87,505	87,605	87,705	87,805	87,905
87,006	87,106	87,206	87,306	87,406	87,506	87,606	87,706	87,806	87,906
87,007	87,107	87,207	87,307	87,407	87,507	87,607	87,707	87,807	87,907
87,008	87,108	87,208	87,308	87,408	87,508	87,608	87,708	87,808	87,908
87,009	87,109	87,209	87,309	87,409	87,509	87,609	87,709	87,809	87,909
87,010	87,110	87,210	87,310	87,410	87,510	87,610	87,710	87,810	87,910
87,011	87,111	87,211	87,311	87,411	87,511	87,611	87,711	87,811	87,911
87,012	87,112	87,212	87,312	87,412	87,512	87,612	87,712	87,812	87,912
87,013	87,113	87,213	87,313	87,413	87,513	87,613	87,713	87,813	87,913
87,014	87,114	87,214	87,314	87,414	87,514	87,614	87,714	87,814	87,914
87,015	87,115	87,215	87,315	87,415	87,515	87,615	87,715	87,815	87,915
87,016	87,116	87,216	87,316	87,416	87,516	87,616	87,716	87,816	87,916
87,017	87,117	87,217	87,317	87,417	87,517	87,617	87,717	87,817	87,917
87,018	87,118	87,218	87,318	87,418	87,518	87,618	87,718	87,818	87,918
87,019	87,119	87,219	87,319	87,419	87,519	87,619	87,719	87,819	87,919
87,020	87,120	87,220	87,320	87,420	87,520	87,620	87,720	87,820	87,920
87,021	87,121	87,221	87,321	87,421	87,521	87,621	87,721	87,821	87,921
87,022	87,122	87,222	87,322	87,422	87,522	87,622	87,722	87,822	87,922
87,023	87,123	87,223	87,323	87,423	87,523	87,623	87,723	87,823	87,923
87,024	87,124	87,224	87,324	87,424	87,524	87,624	87,724	87,824	87,924
87,025	87,125	87,225	87,325	87,425	87,525	87,625	87,725	87,825	87,925
87,026	87,126	87,226	87,326	87,426	87,526	87,626	87,726	87,826	87,926
87,027	87,127	87,227	87,327	87,427	87,527	87,627	87,727	87,827	87,927
87,028	87,128	87,228	87,328	87,428	87,528	87,628	87,728	87,828	87,928
87,029	87,129	87,229	87,329	87,429	87,529	87,629	87,729	87,829	87,929
87,030	87,130	87,230	87,330	87,430	87,530	87,630	87,730	87,830	87,930
87,031	87,131	87,231	87,331	87,431	87,531	87,631	87,731	87,831	87,931
87,032	87,132	87,232	87,332	87,432	87,532	87,632	87,732	87,832	87,932
87,033	87,133	87,233	87,333	87,433	87,533	87,633	87,733	87,833	87,933
87,034	87,134	87,234	87,334	87,434	87,534	87,634	87,734	87,834	87,934
87,035	87,135	87,235	87,335	87,435	87,535	87,635	87,735	87,835	87,935
87,036	87,136	87,236	87,336	87,436	87,536	87,636	87,736	87,836	87,936
87,037	87,137	87,237	87,337	87,437	87,537	87,637	87,737	87,837	87,937
87,038	87,138	87,238	87,338	87,438	87,538	87,638	87,738	87,838	87,938
87,039	87,139	87,239	87,339	87,439	87,539	87,639	87,739	87,839	87,939
87,040	87,140	87,240	87,340	87,440	87,540	87,640	87,740	87,840	87,940
87,041	87,141	87,241	87,341	87,441	87,541	87,641	87,741	87,841	87,941
87,042	87,142	87,242	87,342	87,442	87,542	87,642	87,742	87,842	87,942
87,043	87,143	87,243	87,343	87,443	87,543	87,643	87,743	87,843	87,943
87,044	87,144	87,244	87,344	87,444	87,544	87,644	87,744	87,844	87,944
87,045	87,145	87,245	87,345	87,445	87,545	87,645	87,745	87,845	87,945
87,046	87,146	87,246	87,346	87,446	87,546	87,646	87,746	87,846	87,946
87,047	87,147	87,247	87,347	87,447	87,547	87,647	87,747	87,847	87,947
87,048	87,148	87,248	87,348	87,448	87,548	87,648	87,748	87,848	87,948
87,049	87,149	87,249	87,349	87,449	87,549	87,649	87,749	87,849	87,949
87,050	87,150	87,250	87,350	87,450	87,550	87,650	87,750	87,850	87,950
87,051	87,151	87,251	87,351	87,451	87,551	87,651	87,751	87,851	87,951
87,052	87,152	87,252	87,352	87,452	87,552	87,652	87,752	87,852	87,952
87,053	87,153	87,253	87,353	87,453	87,553	87,653	87,753	87,853	87,953
87,054	87,154	87,254	87,354	87,454	87,554	87,654	87,754	87,854	87,954
87,055	87,155	87,255	87,355	87,455	87,555	87,655	87,755	87,855	87,955
87,056	87,156	87,256	87,356	87,456	87,556	87,656	87,756	87,856	87,956
87,057	87,157	87,257	87,357	87,457	87,557	87,657	87,757	87,857	87,957
87,058	87,158	87,258	87,358	87,458	87,558	87,658	87,758	87,858	87,958
87,059	87,159	87,259	87,359	87,459	87,559	87,659	87,759	87,859	87,959
87,060	87,160	87,260	87,360	87,460	87,560	87,660	87,760	87,860	87,960
87,061	87,161	87,261	87,361	87,461	87,561	87,661	87,761	87,861	87,961
87,062	87,162	87,262	87,362	87,462	87,562	87,662	87,762	87,862	87,962
87,063	87,163	87,263	87,363	87,463	87,563	87,663	87,763	87,863	87,963
87,064	87,164	87,264	87,364	87,464	87,564	87,664	87,764	87,864	87,964
87,065	87,165	87,265	87,365	87,465	87,565	87,665	87,765	87,865	87,965
87,066	87,166	87,266	87,366	87,466	87,566	87,666	87,766	87,866	87,966
87,067	87,167	87,267	87,367	87,467	87,567	87,667	87,767	87,867	87,967
87,068	87,168	87,268	87,368	87,468	87,568	87,668	87,768	87,868	87,968
87,069	87,169	87,269	87,369	87,469	87,569	87,669	87,769	87,869	87,969
87,070	87,170	87,270	87,370	87,470	87,570	87,670	87,770	87,870	87,970
87,071	87,171	87,271	87,371	87,471	87,571	87,671	87,771	87,871	87,971
87,072	87,172	87,272	87,372	87,472	87,572	87,672	87,772	87,872	87,972
87,073	87,173	87,273	87,373	87,473	87,573	87,673	87,773	87,873	87,973
87,074	87,174	87,274	87,374	87,474	87,574	87,674	87,774	87,874	87,974
87,075	87,175	87,275	87,375	87,475	87,575	87,675	87,775	87,875	87,975
87,076	87,176	87,276	87,376	87,476	87,576	87,676	87,776	87,876	87,976
87,077	87,177	87,277	87,377	87,477	87,577	87,677	87,777	87,877	87,977
87,078	87,178	87,278	87,378	87,478	87,578	87,678	87,778	87,878	87,978
87,079	87,179	87,279	87,379	87,479	87,579	87,679	87,779	87,879	87,979
87,080	87,180	87,280	87,380	87,480	87,580	87,680	87,780	87,880	87,980
87,081	87,181	87,281	87,381	87,481	87,581	87,681	87,781	87,881	87,981
87,082	87,182	87,282	87,382	87,482	87,582	87,682	87,782	87,882	87,982
87,083	87,183	87,283	87,383	87,483	87,583	87,683	87,783	87,883	87,983
87,084	87,184	87,284	87,384	87,484	87,584	87,684	87,784	87,884	87,984
87,085	87,185	87,285	87,385	87,485	87,585	87,685	87,785	87,885	87,985
87,086	87,186	87,286	87,386	87,486	87,586	87,686	87,786	87,886	87,986
87,087	87,187	87,287	87,387	87,487	87,587	87,687	87,787	87,887	87,987
87,088	87,188	87,288	87,388	87,488	87,588	87,688	87,788	87,888	87,988
87,089	87,189	87,289	87,389	87,489	87,589	87,689	87,789	87,889	87,989
87,090	87,190	87,290	87,390	87,490	87,590	87,690	87,790	87,890	87,990
87,091	87,191	87,291	87,391	87,491	87,591	87,691	87,791	87,891	87,991
87,092	87,192	87,292	87,392	87,492	87,592	87,692	87,792	87,892	87,992
87,093	87,193	87,293	87,393	87,493	87,593	87,693	87,793	87,893	87,993
87,094	87,194	87,294	87,394	87,494	87,594	87,694	87,794	87,894	87,994
87,095	87,195	87,295	87,395	87,495	87,595	87,695	87,795	87,895	87,995
87,096	87,196	87,296	87,396	87,496	87,596	87,696	87,796	87,896	87,996
87,097	87,197	87,297	87,397	87,497	87,597	87,697	87,797	87,897	87,997
87,098	87,198	87,298	87,398	87,498	87,598	87,698	87,798	87,898	87,998
87,099	87,199	87,299	87,399	87,499	87,599	87,699	87,799	87,899	87,999

88,000	88,100	88,200	88,300	88,400	88,500	88,600	88,700	88,800	88,900
88,001	88,101	88,201	88,301	88,401	88,501	88,601	88,701	88,801	88,901
88,002	88,102	88,202	88,302	88,402	88,502	88,602	88,702	88,802	88,902
88,003	88,103	88,203	88,303	88,403	88,503	88,603	88,703	88,803	88,903
88,004	88,104	88,204	88,304	88,404	88,504	88,604	88,704	88,804	88,904
88,005	88,105	88,205	88,305	88,405	88,505	88,605	88,705	88,805	88,905
88,006	88,106	88,206	88,306	88,406	88,506	88,606	88,706	88,806	88,906
88,007	88,107	88,207	88,307	88,407	88,507	88,607	88,707	88,807	88,907
88,008	88,108	88,208	88,308	88,408	88,508	88,608	88,708	88,808	88,908
88,009	88,109	88,209	88,309	88,409	88,509	88,609	88,709	88,809	88,909
88,010	88,110	88,210	88,310	88,410	88,510	88,610	88,710	88,810	88,910
88,011	88,111	88,211	88,311	88,411	88,511	88,611	88,711	88,811	88,911
88,012	88,112	88,212	88,312	88,412	88,512	88,612	88,712	88,812	88,912
88,013	88,113	88,213	88,313	88,413	88,513	88,613	88,713	88,813	88,913
88,014	88,114	88,214	88,314	88,414	88,514	88,614	88,714	88,814	88,914
88,015	88,115	88,215	88,315	88,415	88,515	88,615	88,715	88,815	88,915
88,016	88,116	88,216	88,316	88,416	88,516	88,616	88,716	88,816	88,916
88,017	88,117	88,217	88,317	88,417	88,517	88,617	88,717	88,817	88,917
88,018	88,118	88,218	88,318	88,418	88,518	88,618	88,718	88,818	88,918
88,019	88,119	88,219	88,319	88,419	88,519	88,619	88,719	88,819	88,919
88,020	88,120	88,220	88,320	88,420	88,520	88,620	88,720	88,820	88,920
88,021	88,121	88,221	88,321	88,421	88,521	88,621	88,721	88,821	88,921
88,022	88,122	88,222	88,322	88,422	88,522	88,622	88,722	88,822	88,922
88,023	88,123	88,223	88,323	88,423	88,523	88,623	88,723	88,823	88,923
88,024	88,124	88,224	88,324	88,424	88,524	88,624	88,724	88,824	88,924
88,025	88,125	88,225	88,325	88,425	88,525	88,625	88,725	88,825	88,925
88,026	88,126	88,226	88,326	88,426	88,526	88,626	88,726	88,826	88,926
88,027	88,127	88,227	88,327	88,427	88,527	88,627	88,727	88,827	88,927
88,028	88,128	88,228	88,328	88,428	88,528	88,628	88,728	88,828	88,928
88,029	88,129	88,229	88,329	88,429	88,529	88,629	88,729	88,829	88,929
88,030	88,130	88,230	88,330	88,430	88,530	88,630	88,730	88,830	88,930
88,031	88,131	88,231	88,331	88,431	88,531	88,631	88,731	88,831	88,931
88,032	88,132	88,232	88,332	88,432	88,532	88,632	88,732	88,832	88,932
88,033	88,133	88,233	88,333	88,433	88,533	88,633	88,733	88,833	88,933
88,034	88,134	88,234	88,334	88,434	88,534	88,634	88,734	88,834	88,934
88,035	88,135	88,235	88,335	88,435	88,535	88,635	88,735	88,835	88,935
88,036	88,136	88,236	88,336	88,436	88,536	88,636	88,736	88,836	88,936
88,037	88,137	88,237	88,337	88,437	88,537	88,637	88,737	88,837	88,937
88,038	88,138	88,238	88,338	88,438	88,538	88,638	88,738	88,838	88,938
88,039	88,139	88,239	88,339	88,439	88,539	88,639	88,739	88,839	88,939
88,040	88,140	88,240	88,340	88,440	88,540	88,640	88,740	88,840	88,940
88,041	88,141	88,241	88,341	88,441	88,541	88,641	88,741	88,841	88,941
88,042	88,142	88,242	88,342	88,442	88,542	88,642	88,742	88,842	88,942
88,043	88,143	88,243	88,343	88,443	88,543	88,643	88,743	88,843	88,943
88,044	88,144	88,244	88,344	88,444	88,544	88,644	88,744	88,844	88,944
88,045	88,145	88,245	88,345	88,445	88,545	88,645	88,745	88,845	88,945
88,046	88,146	88,246	88,346	88,446	88,546	88,646	88,746	88,846	88,946
88,047	88,147	88,247	88,347	88,447	88,547	88,647	88,747	88,847	88,947
88,048	88,148	88,248	88,348	88,448	88,548	88,648	88,748	88,848	88,948
88,049	88,149	88,249	88,349	88,449	88,549	88,649	88,749	88,849	88,949
88,050	88,150	88,250	88,350	88,450	88,550	88,650	88,750	88,850	88,950
88,051	88,151	88,251	88,351	88,451	88,551	88,651	88,751	88,851	88,951
88,052	88,152	88,252	88,352	88,452	88,552	88,652	88,752	88,852	88,952
88,053	88,153	88,253	88,353	88,453	88,553	88,653	88,753	88,853	88,953
88,054	88,154	88,254	88,354	88,454	88,554	88,654	88,754	88,854	88,954
88,055	88,155	88,255	88,355	88,455	88,555	88,655	88,755	88,855	88,955
88,056	88,156	88,256	88,356	88,456	88,556	88,656	88,756	88,856	88,956
88,057	88,157	88,257	88,357	88,457	88,557	88,657	88,757	88,857	88,957
88,058	88,158	88,258	88,358	88,458	88,558	88,658	88,758	88,858	88,958
88,059	88,159	88,259	88,359	88,459	88,559	88,659	88,759	88,859	88,959
88,060	88,160	88,260	88,360	88,460	88,560	88,660	88,760	88,860	88,960
88,061	88,161	88,261	88,361	88,461	88,561	88,661	88,761	88,861	88,961
88,062	88,162	88,262	88,362	88,462	88,562	88,662	88,762	88,862	88,962
88,063	88,163	88,263	88,363	88,463	88,563	88,663	88,763	88,863	88,963
88,064	88,164	88,264	88,364	88,464	88,564	88,664	88,764	88,864	88,964
88,065	88,165	88,265	88,365	88,465	88,565	88,665	88,765	88,865	88,965
88,066	88,166	88,266	88,366	88,466	88,566	88,666	88,766	88,866	88,966
88,067	88,167	88,267	88,367	88,467	88,567	88,667	88,767	88,867	88,967
88,068	88,168	88,268	88,368	88,468	88,568	88,668	88,768	88,868	88,968
88,069	88,169	88,269	88,369	88,469	88,569	88,669	88,769	88,869	88,969
88,070	88,170	88,270	88,370	88,470	88,570	88,670	88,770	88,870	88,970
88,071	88,171	88,271	88,371	88,471	88,571	88,671	88,771	88,871	88,971
88,072	88,172	88,272	88,372	88,472	88,572	88,672	88,772	88,872	88,972
88,073	88,173	88,273	88,373	88,473	88,573	88,673	88,773	88,873	88,973
88,074	88,174	88,274	88,374	88,474	88,574	88,674	88,774	88,874	88,974
88,075	88,175	88,275	88,375	88,475	88,575	88,675	88,775	88,875	88,975
88,076	88,176	88,276	88,376	88,476	88,576	88,676	88,776	88,876	88,976
88,077	88,177	88,277	88,377	88,477	88,577	88,677	88,777	88,877	88,977
88,078	88,178	88,278	88,378	88,478	88,578	88,678	88,778	88,878	88,978
88,079	88,179	88,279	88,379	88,479	88,579	88,679	88,779	88,879	88,979
88,080	88,180	88,280	88,380	88,480	88,580	88,680	88,780	88,880	88,980
88,081	88,181	88,281	88,381	88,481	88,581	88,681	88,781	88,881	88,981
88,082	88,182	88,282	88,382	88,482	88,582	88,682	88,782	88,882	88,982
88,083	88,183	88,283	88,383	88,483	88,583	88,683	88,783	88,883	88,983
88,084	88,184	88,284	88,384	88,484	88,584	88,684	88,784	88,884	88,984
88,085	88,185	88,285	88,385	88,485	88,585	88,685	88,785	88,885	88,985
88,086	88,186	88,286	88,386	88,486	88,586	88,686	88,786	88,886	88,986
88,087	88,187	88,287	88,387	88,487	88,587	88,687	88,787	88,887	88,987
88,088	88,188	88,288	88,388	88,488	88,588	88,688	88,788	88,888	88,988
88,089	88,189	88,289	88,389	88,489	88,589	88,689	88,789	88,889	88,989
88,090	88,190	88,290	88,390	88,490	88,590	88,690	88,790	88,890	88,990
88,091	88,191	88,291	88,391	88,491	88,591	88,691	88,791	88,891	88,991
88,092	88,192	88,292	88,392	88,492	88,592	88,692	88,792	88,892	88,992
88,093	88,193	88,293	88,393	88,493	88,593	88,693	88,793	88,893	88,993
88,094	88,194	88,294	88,394	88,494	88,594	88,694	88,794	88,894	88,994
88,095	88,195	88,295	88,395	88,495	88,595	88,695	88,795	88,895	88,995
88,096	88,196	88,296	88,396	88,496	88,596	88,696	88,796	88,896	88,996
88,097	88,197	88,297	88,397	88,497	88,597	88,697	88,797	88,897	88,997
88,098	88,198	88,298	88,398	88,498	88,598	88,698	88,798	88,898	88,998
88,099	88,199	88,299	88,399	88,499	88,599	88,699	88,799	88,899	88,999

89,000	89,100	89,200	89,300	89,400	89,500	89,600	89,700	89,800	89,900
89,001	89,101	89,201	89,301	89,401	89,501	89,601	89,701	89,801	89,901
89,002	89,102	89,202	89,302	89,402	89,502	89,602	89,702	89,802	89,902
89,003	89,103	89,203	89,303	89,403	89,503	89,603	89,703	89,803	89,903
89,004	89,104	89,204	89,304	89,404	89,504	89,604	89,704	89,804	89,904
89,005	89,105	89,205	89,305	89,405	89,505	89,605	89,705	89,805	89,905
89,006	89,106	89,206	89,306	89,406	89,506	89,606	89,706	89,806	89,906
89,007	89,107	89,207	89,307	89,407	89,507	89,607	89,707	89,807	89,907
89,008	89,108	89,208	89,308	89,408	89,508	89,608	89,708	89,808	89,908
89,009	89,109	89,209	89,309	89,409	89,509	89,609	89,709	89,809	89,909
89,010	89,110	89,210	89,310	89,410	89,510	89,610	89,710	89,810	89,910
89,011	89,111	89,211	89,311	89,411	89,511	89,611	89,711	89,811	89,911
89,012	89,112	89,212	89,312	89,412	89,512	89,612	89,712	89,812	89,912
89,013	89,113	89,213	89,313	89,413	89,513	89,613	89,713	89,813	89,913
89,014	89,114	89,214	89,314	89,414	89,514	89,614	89,714	89,814	89,914
89,015	89,115	89,215	89,315	89,415	89,515	89,615	89,715	89,815	89,915
89,016	89,116	89,216	89,316	89,416	89,516	89,616	89,716	89,816	89,916
89,017	89,117	89,217	89,317	89,417	89,517	89,617	89,717	89,817	89,917
89,018	89,118	89,218	89,318	89,418	89,518	89,618	89,718	89,818	89,918
89,019	89,119	89,219	89,319	89,419	89,519	89,619	89,719	89,819	89,919
89,020	89,120	89,220	89,320	89,420	89,520	89,620	89,720	89,820	89,920
89,021	89,121	89,221	89,321	89,421	89,521	89,621	89,721	89,821	89,921
89,022	89,122	89,222	89,322	89,422	89,522	89,622	89,722	89,822	89,922
89,023	89,123	89,223	89,323	89,423	89,523	89,623	89,723	89,823	89,923
89,024	89,124	89,224	89,324	89,424	89,524	89,624	89,724	89,824	89,924
89,025	89,125	89,225	89,325	89,425	89,525	89,625	89,725	89,825	89,925
89,026	89,126	89,226	89,326	89,426	89,526	89,626	89,726	89,826	89,926
89,027	89,127	89,227	89,327	89,427	89,527	89,627	89,727	89,827	89,927
89,028	89,128	89,228	89,328	89,428	89,528	89,628	89,728	89,828	89,928
89,029	89,129	89,229	89,329	89,429	89,529	89,629	89,729	89,829	89,929
89,030	89,130	89,230	89,330	89,430	89,530	89,630	89,730	89,830	89,930
89,031	89,131	89,231	89,331	89,431	89,531	89,631	89,731	89,831	89,931
89,032	89,132	89,232	89,332	89,432	89,532	89,632	89,732	89,832	89,932
89,033	89,133	89,233	89,333	89,433	89,533	89,633	89,733	89,833	89,933
89,034	89,134	89,234	89,334	89,434	89,534	89,634	89,734	89,834	89,934
89,035	89,135	89,235	89,335	89,435	89,535	89,635	89,735	89,835	89,935
89,036	89,136	89,236	89,336	89,436	89,536	89,636	89,736	89,836	89,936
89,037	89,137	89,237	89,337	89,437	89,537	89,637	89,737	89,837	89,937
89,038	89,138	89,238	89,338	89,438	89,538	89,638	89,738	89,838	89,938
89,039	89,139	89,239	89,339	89,439	89,539	89,639	89,739	89,839	89,939
89,040	89,140	89,240	89,340	89,440	89,540	89,640	89,740	89,840	89,940
89,041	89,141	89,241	89,341	89,441	89,541	89,641	89,741	89,841	89,941
89,042	89,142	89,242	89,342	89,442	89,542	89,642	89,742	89,842	89,942
89,043	89,143	89,243	89,343	89,443	89,543	89,643	89,743	89,843	89,943
89,044	89,144	89,244	89,344	89,444	89,544	89,644	89,744	89,844	89,944
89,045	89,145	89,245	89,345	89,445	89,545	89,645	89,745	89,845	89,945
89,046	89,146	89,246	89,346	89,446	89,546	89,646	89,746	89,846	89,946
89,047	89,147	89,247	89,347	89,447	89,547	89,647	89,747	89,847	89,947
89,048	89,148	89,248	89,348	89,448	89,548	89,648	89,748	89,848	89,948
89,049	89,149	89,249	89,349	89,449	89,549	89,649	89,749	89,849	89,949
89,050	89,150	89,250	89,350	89,450	89,550	89,650	89,750	89,850	89,950
89,051	89,151	89,251	89,351	89,451	89,551	89,651	89,751	89,851	89,951
89,052	89,152	89,252	89,352	89,452	89,552	89,652	89,752	89,852	89,952
89,053	89,153	89,253	89,353	89,453	89,553	89,653	89,753	89,853	89,953
89,054	89,154	89,254	89,354	89,454	89,554	89,654	89,754	89,854	89,954
89,055	89,155	89,255	89,355	89,455	89,555	89,655	89,755	89,855	89,955
89,056	89,156	89,256	89,356	89,456	89,556	89,656	89,756	89,856	89,956
89,057	89,157	89,257	89,357	89,457	89,557	89,657	89,757	89,857	89,957
89,058	89,158	89,258	89,358	89,458	89,558	89,658	89,758	89,858	89,958
89,059	89,159	89,259	89,359	89,459	89,559	89,659	89,759	89,859	89,959
89,060	89,160	89,260	89,360	89,460	89,560	89,660	89,760	89,860	89,960
89,061	89,161	89,261	89,361	89,461	89,561	89,661	89,761	89,861	89,961
89,062	89,162	89,262	89,362	89,462	89,562	89,662	89,762	89,862	89,962
89,063	89,163	89,263	89,363	89,463	89,563	89,663	89,763	89,863	89,963
89,064	89,164	89,264	89,364	89,464	89,564	89,664	89,764	89,864	89,964
89,065	89,165	89,265	89,365	89,465	89,565	89,665	89,765	89,865	89,965
89,066	89,166	89,266	89,366	89,466	89,566	89,666	89,766	89,866	89,966
89,067	89,167	89,267	89,367	89,467	89,567	89,667	89,767	89,867	89,967
89,068	89,168	89,268	89,368	89,468	89,568	89,668	89,768	89,868	89,968
89,069	89,169	89,269	89,369	89,469	89,569	89,669	89,769	89,869	89,969
89,070	89,170	89,270	89,370	89,470	89,570	89,670	89,770	89,870	89,970
89,071	89,171	89,271	89,371	89,471	89,571	89,671	89,771	89,871	89,971
89,072	89,172	89,272	89,372	89,472	89,572	89,672	89,772	89,872	89,972
89,073	89,173	89,273	89,373	89,473	89,573	89,673	89,773	89,873	89,973
89,074	89,174	89,274	89,374	89,474	89,574	89,674	89,774	89,874	89,974
89,075	89,175	89,275	89,375	89,475	89,575	89,675	89,775	89,875	89,975
89,076	89,176	89,276	89,376	89,476	89,576	89,676	89,776	89,876	89,976
89,077	89,177	89,277	89,377	89,477	89,577	89,677	89,777	89,877	89,977
89,078	89,178	89,278	89,378	89,478	89,578	89,678	89,778	89,878	89,978
89,079	89,179	89,279	89,379	89,479	89,579	89,679	89,779	89,879	89,979
89,080	89,180	89,280	89,380	89,480	89,580	89,680	89,780	89,880	89,980
89,081	89,181	89,281	89,381	89,481	89,581	89,681	89,781	89,881	89,981
89,082	89,182	89,282	89,382	89,482	89,582	89,682	89,782	89,882	89,982
89,083	89,183	89,283	89,383	89,483	89,583	89,683	89,783	89,883	89,983
89,084	89,184	89,284	89,384	89,484	89,584	89,684	89,784	89,884	89,984
89,085	89,185	89,285	89,385	89,485	89,585	89,685	89,785	89,885	89,985
89,086	89,186	89,286	89,386	89,486	89,586	89,686	89,786	89,886	89,986
89,087	89,187	89,287	89,387	89,487	89,587	89,687	89,787	89,887	89,987
89,088	89,188	89,288	89,388	89,488	89,588	89,688	89,788	89,888	89,988
89,089	89,189	89,289	89,389	89,489	89,589	89,689	89,789	89,889	89,989
89,090	89,190	89,290	89,390	89,490	89,590	89,690	89,790	89,890	89,990
89,091	89,191	89,291	89,391	89,491	89,591	89,691	89,791	89,891	89,991
89,092	89,192	89,292	89,392	89,492	89,592	89,692	89,792	89,892	89,992
89,093	89,193	89,293	89,393	89,493	89,593	89,693	89,793	89,893	89,993
89,094	89,194	89,294	89,394	89,494	89,594	89,694	89,794	89,894	89,994
89,095	89,195	89,295	89,395	89,495	89,595	89,695	89,795	89,895	89,995
89,096	89,196	89,296	89,396	89,496	89,596	89,696	89,796	89,896	89,996
89,097	89,197	89,297	89,397	89,497	89,597	89,697	89,797	89,897	89,997
89,098	89,198	89,298	89,398	89,498	89,598	89,698	89,798	89,898	89,998
89,099	89,199	89,299	89,399	89,499	89,599	89,699	89,799	89,899	89,999

90,000	90,100	90,200	90,300	90,400	90,500	90,600	90,700	90,800	90,900
90,001	90,101	90,201	90,301	90,401	90,501	90,601	90,701	90,801	90,901
90,002	90,102	90,202	90,302	90,402	90,502	90,602	90,702	90,802	90,902
90,003	90,103	90,203	90,303	90,403	90,503	90,603	90,703	90,803	90,903
90,004	90,104	90,204	90,304	90,404	90,504	90,604	90,704	90,804	90,904
90,005	90,105	90,205	90,305	90,405	90,505	90,605	90,705	90,805	90,905
90,006	90,106	90,206	90,306	90,406	90,506	90,606	90,706	90,806	90,906
90,007	90,107	90,207	90,307	90,407	90,507	90,607	90,707	90,807	90,907
90,008	90,108	90,208	90,308	90,408	90,508	90,608	90,708	90,808	90,908
90,009	90,109	90,209	90,309	90,409	90,509	90,609	90,709	90,809	90,909
90,010	90,110	90,210	90,310	90,410	90,510	90,610	90,710	90,810	90,910
90,011	90,111	90,211	90,311	90,411	90,511	90,611	90,711	90,811	90,911
90,012	90,112	90,212	90,312	90,412	90,512	90,612	90,712	90,812	90,912
90,013	90,113	90,213	90,313	90,413	90,513	90,613	90,713	90,813	90,913
90,014	90,114	90,214	90,314	90,414	90,514	90,614	90,714	90,814	90,914
90,015	90,115	90,215	90,315	90,415	90,515	90,615	90,715	90,815	90,915
90,016	90,116	90,216	90,316	90,416	90,516	90,616	90,716	90,816	90,916
90,017	90,117	90,217	90,317	90,417	90,517	90,617	90,717	90,817	90,917
90,018	90,118	90,218	90,318	90,418	90,518	90,618	90,718	90,818	90,918
90,019	90,119	90,219	90,319	90,419	90,519	90,619	90,719	90,819	90,919
90,020	90,120	90,220	90,320	90,420	90,520	90,620	90,720	90,820	90,920
90,021	90,121	90,221	90,321	90,421	90,521	90,621	90,721	90,821	90,921
90,022	90,122	90,222	90,322	90,422	90,522	90,622	90,722	90,822	90,922
90,023	90,123	90,223	90,323	90,423	90,523	90,623	90,723	90,823	90,923
90,024	90,124	90,224	90,324	90,424	90,524	90,624	90,724	90,824	90,924
90,025	90,125	90,225	90,325	90,425	90,525	90,625	90,725	90,825	90,925
90,026	90,126	90,226	90,326	90,426	90,526	90,626	90,726	90,826	90,926
90,027	90,127	90,227	90,327	90,427	90,527	90,627	90,727	90,827	90,927
90,028	90,128	90,228	90,328	90,428	90,528	90,628	90,728	90,828	90,928
90,029	90,129	90,229	90,329	90,429	90,529	90,629	90,729	90,829	90,929
90,030	90,130	90,230	90,330	90,430	90,530	90,630	90,730	90,830	90,930
90,031	90,131	90,231	90,331	90,431	90,531	90,631	90,731	90,831	90,931
90,032	90,132	90,232	90,332	90,432	90,532	90,632	90,732	90,832	90,932
90,033	90,133	90,233	90,333	90,433	90,533	90,633	90,733	90,833	90,933
90,034	90,134	90,234	90,334	90,434	90,534	90,634	90,734	90,834	90,934
90,035	90,135	90,235	90,335	90,435	90,535	90,635	90,735	90,835	90,935
90,036	90,136	90,236	90,336	90,436	90,536	90,636	90,736	90,836	90,936
90,037	90,137	90,237	90,337	90,437	90,537	90,637	90,737	90,837	90,937
90,038	90,138	90,238	90,338	90,438	90,538	90,638	90,738	90,838	90,938
90,039	90,139	90,239	90,339	90,439	90,539	90,639	90,739	90,839	90,939
90,040	90,140	90,240	90,340	90,440	90,540	90,640	90,740	90,840	90,940
90,041	90,141	90,241	90,341	90,441	90,541	90,641	90,741	90,841	90,941
90,042	90,142	90,242	90,342	90,442	90,542	90,642	90,742	90,842	90,942
90,043	90,143	90,243	90,343	90,443	90,543	90,643	90,743	90,843	90,943
90,044	90,144	90,244	90,344	90,444	90,544	90,644	90,744	90,844	90,944
90,045	90,145	90,245	90,345	90,445	90,545	90,645	90,745	90,845	90,945
90,046	90,146	90,246	90,346	90,446	90,546	90,646	90,746	90,846	90,946
90,047	90,147	90,247	90,347	90,447	90,547	90,647	90,747	90,847	90,947
90,048	90,148	90,248	90,348	90,448	90,548	90,648	90,748	90,848	90,948
90,049	90,149	90,249	90,349	90,449	90,549	90,649	90,749	90,849	90,949
90,050	90,150	90,250	90,350	90,450	90,550	90,650	90,750	90,850	90,950
90,051	90,151	90,251	90,351	90,451	90,551	90,651	90,751	90,851	90,951
90,052	90,152	90,252	90,352	90,452	90,552	90,652	90,752	90,852	90,952
90,053	90,153	90,253	90,353	90,453	90,553	90,653	90,753	90,853	90,953
90,054	90,154	90,254	90,354	90,454	90,554	90,654	90,754	90,854	90,954
90,055	90,155	90,255	90,355	90,455	90,555	90,655	90,755	90,855	90,955
90,056	90,156	90,256	90,356	90,456	90,556	90,656	90,756	90,856	90,956
90,057	90,157	90,257	90,357	90,457	90,557	90,657	90,757	90,857	90,957
90,058	90,158	90,258	90,358	90,458	90,558	90,658	90,758	90,858	90,958
90,059	90,159	90,259	90,359	90,459	90,559	90,659	90,759	90,859	90,959
90,060	90,160	90,260	90,360	90,460	90,560	90,660	90,760	90,860	90,960
90,061	90,161	90,261	90,361	90,461	90,561	90,661	90,761	90,861	90,961
90,062	90,162	90,262	90,362	90,462	90,562	90,662	90,762	90,862	90,962
90,063	90,163	90,263	90,363	90,463	90,563	90,663	90,763	90,863	90,963
90,064	90,164	90,264	90,364	90,464	90,564	90,664	90,764	90,864	90,964
90,065	90,165	90,265	90,365	90,465	90,565	90,665	90,765	90,865	90,965
90,066	90,166	90,266	90,366	90,466	90,566	90,666	90,766	90,866	90,966
90,067	90,167	90,267	90,367	90,467	90,567	90,667	90,767	90,867	90,967
90,068	90,168	90,268	90,368	90,468	90,568	90,668	90,768	90,868	90,968
90,069	90,169	90,269	90,369	90,469	90,569	90,669	90,769	90,869	90,969
90,070	90,170	90,270	90,370	90,470	90,570	90,670	90,770	90,870	90,970
90,071	90,171	90,271	90,371	90,471	90,571	90,671	90,771	90,871	90,971
90,072	90,172	90,272	90,372	90,472	90,572	90,672	90,772	90,872	90,972
90,073	90,173	90,273	90,373	90,473	90,573	90,673	90,773	90,873	90,973
90,074	90,174	90,274	90,374	90,474	90,574	90,674	90,774	90,874	90,974
90,075	90,175	90,275	90,375	90,475	90,575	90,675	90,775	90,875	90,975
90,076	90,176	90,276	90,376	90,476	90,576	90,676	90,776	90,876	90,976
90,077	90,177	90,277	90,377	90,477	90,577	90,677	90,777	90,877	90,977
90,078	90,178	90,278	90,378	90,478	90,578	90,678	90,778	90,878	90,978
90,079	90,179	90,279	90,379	90,479	90,579	90,679	90,779	90,879	90,979
90,080	90,180	90,280	90,380	90,480	90,580	90,680	90,780	90,880	90,980
90,081	90,181	90,281	90,381	90,481	90,581	90,681	90,781	90,881	90,981
90,082	90,182	90,282	90,382	90,482	90,582	90,682	90,782	90,882	90,982
90,083	90,183	90,283	90,383	90,483	90,583	90,683	90,783	90,883	90,983
90,084	90,184	90,284	90,384	90,484	90,584	90,684	90,784	90,884	90,984
90,085	90,185	90,285	90,385	90,485	90,585	90,685	90,785	90,885	90,985
90,086	90,186	90,286	90,386	90,486	90,586	90,686	90,786	90,886	90,986
90,087	90,187	90,287	90,387	90,487	90,587	90,687	90,787	90,887	90,987
90,088	90,188	90,288	90,388	90,488	90,588	90,688	90,788	90,888	90,988
90,089	90,189	90,289	90,389	90,489	90,589	90,689	90,789	90,889	90,989
90,090	90,190	90,290	90,390	90,490	90,590	90,690	90,790	90,890	90,990
90,091	90,191	90,291	90,391	90,491	90,591	90,691	90,791	90,891	90,991
90,092	90,192	90,292	90,392	90,492	90,592	90,692	90,792	90,892	90,992
90,093	90,193	90,293	90,393	90,493	90,593	90,693	90,793	90,893	90,993
90,094	90,194	90,294	90,394	90,494	90,594	90,694	90,794	90,894	90,994
90,095	90,195	90,295	90,395	90,495	90,595	90,695	90,795	90,895	90,995
90,096	90,196	90,296	90,396	90,496	90,596	90,696	90,796	90,896	90,996
90,097	90,197	90,297	90,397	90,497	90,597	90,697	90,797	90,897	90,997
90,098	90,198	90,298	90,398	90,498	90,598	90,698	90,798	90,898	90,998
90,099	90,199	90,299	90,399	90,499	90,599	90,699	90,799	90,899	90,999

91,000	91,100	91,200	91,300	91,400	91,500	91,600	91,700	91,800	91,900
91,001	91,101	91,201	91,301	91,401	91,501	91,601	91,701	91,801	91,901
91,002	91,102	91,202	91,302	91,402	91,502	91,602	91,702	91,802	91,902
91,003	91,103	91,203	91,303	91,403	91,503	91,603	91,703	91,803	91,903
91,004	91,104	91,204	91,304	91,404	91,504	91,604	91,704	91,804	91,904
91,005	91,105	91,205	91,305	91,405	91,505	91,605	91,705	91,805	91,905
91,006	91,106	91,206	91,306	91,406	91,506	91,606	91,706	91,806	91,906
91,007	91,107	91,207	91,307	91,407	91,507	91,607	91,707	91,807	91,907
91,008	91,108	91,208	91,308	91,408	91,508	91,608	91,708	91,808	91,908
91,009	91,109	91,209	91,309	91,409	91,509	91,609	91,709	91,809	91,909
91,010	91,110	91,210	91,310	91,410	91,510	91,610	91,710	91,810	91,910
91,011	91,111	91,211	91,311	91,411	91,511	91,611	91,711	91,811	91,911
91,012	91,112	91,212	91,312	91,412	91,512	91,612	91,712	91,812	91,912
91,013	91,113	91,213	91,313	91,413	91,513	91,613	91,713	91,813	91,913
91,014	91,114	91,214	91,314	91,414	91,514	91,614	91,714	91,814	91,914
91,015	91,115	91,215	91,315	91,415	91,515	91,615	91,715	91,815	91,915
91,016	91,116	91,216	91,316	91,416	91,516	91,616	91,716	91,816	91,916
91,017	91,117	91,217	91,317	91,417	91,517	91,617	91,717	91,817	91,917
91,018	91,118	91,218	91,318	91,418	91,518	91,618	91,718	91,818	91,918
91,019	91,119	91,219	91,319	91,419	91,519	91,619	91,719	91,819	91,919
91,020	91,120	91,220	91,320	91,420	91,520	91,620	91,720	91,820	91,920
91,021	91,121	91,221	91,321	91,421	91,521	91,621	91,721	91,821	91,921
91,022	91,122	91,222	91,322	91,422	91,522	91,622	91,722	91,822	91,922
91,023	91,123	91,223	91,323	91,423	91,523	91,623	91,723	91,823	91,923
91,024	91,124	91,224	91,324	91,424	91,524	91,624	91,724	91,824	91,924
91,025	91,125	91,225	91,325	91,425	91,525	91,625	91,725	91,825	91,925
91,026	91,126	91,226	91,326	91,426	91,526	91,626	91,726	91,826	91,926
91,027	91,127	91,227	91,327	91,427	91,527	91,627	91,727	91,827	91,927
91,028	91,128	91,228	91,328	91,428	91,528	91,628	91,728	91,828	91,928
91,029	91,129	91,229	91,329	91,429	91,529	91,629	91,729	91,829	91,929
91,030	91,130	91,230	91,330	91,430	91,530	91,630	91,730	91,830	91,930
91,031	91,131	91,231	91,331	91,431	91,531	91,631	91,731	91,831	91,931
91,032	91,132	91,232	91,332	91,432	91,532	91,632	91,732	91,832	91,932
91,033	91,133	91,233	91,333	91,433	91,533	91,633	91,733	91,833	91,933
91,034	91,134	91,234	91,334	91,434	91,534	91,634	91,734	91,834	91,934
91,035	91,135	91,235	91,335	91,435	91,535	91,635	91,735	91,835	91,935
91,036	91,136	91,236	91,336	91,436	91,536	91,636	91,736	91,836	91,936
91,037	91,137	91,237	91,337	91,437	91,537	91,637	91,737	91,837	91,937
91,038	91,138	91,238	91,338	91,438	91,538	91,638	91,738	91,838	91,938
91,039	91,139	91,239	91,339	91,439	91,539	91,639	91,739	91,839	91,939
91,040	91,140	91,240	91,340	91,440	91,540	91,640	91,740	91,840	91,940
91,041	91,141	91,241	91,341	91,441	91,541	91,641	91,741	91,841	91,941
91,042	91,142	91,242	91,342	91,442	91,542	91,642	91,742	91,842	91,942
91,043	91,143	91,243	91,343	91,443	91,543	91,643	91,743	91,843	91,943
91,044	91,144	91,244	91,344	91,444	91,544	91,644	91,744	91,844	91,944
91,045	91,145	91,245	91,345	91,445	91,545	91,645	91,745	91,845	91,945
91,046	91,146	91,246	91,346	91,446	91,546	91,646	91,746	91,846	91,946
91,047	91,147	91,247	91,347	91,447	91,547	91,647	91,747	91,847	91,947
91,048	91,148	91,248	91,348	91,448	91,548	91,648	91,748	91,848	91,948
91,049	91,149	91,249	91,349	91,449	91,549	91,649	91,749	91,849	91,949
91,050	91,150	91,250	91,350	91,450	91,550	91,650	91,750	91,850	91,950
91,051	91,151	91,251	91,351	91,451	91,551	91,651	91,751	91,851	91,951
91,052	91,152	91,252	91,352	91,452	91,552	91,652	91,752	91,852	91,952
91,053	91,153	91,253	91,353	91,453	91,553	91,653	91,753	91,853	91,953
91,054	91,154	91,254	91,354	91,454	91,554	91,654	91,754	91,854	91,954
91,055	91,155	91,255	91,355	91,455	91,555	91,655	91,755	91,855	91,955
91,056	91,156	91,256	91,356	91,456	91,556	91,656	91,756	91,856	91,956
91,057	91,157	91,257	91,357	91,457	91,557	91,657	91,757	91,857	91,957
91,058	91,158	91,258	91,358	91,458	91,558	91,658	91,758	91,858	91,958
91,059	91,159	91,259	91,359	91,459	91,559	91,659	91,759	91,859	91,959
91,060	91,160	91,260	91,360	91,460	91,560	91,660	91,760	91,860	91,960
91,061	91,161	91,261	91,361	91,461	91,561	91,661	91,761	91,861	91,961
91,062	91,162	91,262	91,362	91,462	91,562	91,662	91,762	91,862	91,962
91,063	91,163	91,263	91,363	91,463	91,563	91,663	91,763	91,863	91,963
91,064	91,164	91,264	91,364	91,464	91,564	91,664	91,764	91,864	91,964
91,065	91,165	91,265	91,365	91,465	91,565	91,665	91,765	91,865	91,965
91,066	91,166	91,266	91,366	91,466	91,566	91,666	91,766	91,866	91,966
91,067	91,167	91,267	91,367	91,467	91,567	91,667	91,767	91,867	91,967
91,068	91,168	91,268	91,368	91,468	91,568	91,668	91,768	91,868	91,968
91,069	91,169	91,269	91,369	91,469	91,569	91,669	91,769	91,869	91,969
91,070	91,170	91,270	91,370	91,470	91,570	91,670	91,770	91,870	91,970
91,071	91,171	91,271	91,371	91,471	91,571	91,671	91,771	91,871	91,971
91,072	91,172	91,272	91,372	91,472	91,572	91,672	91,772	91,872	91,972
91,073	91,173	91,273	91,373	91,473	91,573	91,673	91,773	91,873	91,973
91,074	91,174	91,274	91,374	91,474	91,574	91,674	91,774	91,874	91,974
91,075	91,175	91,275	91,375	91,475	91,575	91,675	91,775	91,875	91,975
91,076	91,176	91,276	91,376	91,476	91,576	91,676	91,776	91,876	91,976
91,077	91,177	91,277	91,377	91,477	91,577	91,677	91,777	91,877	91,977
91,078	91,178	91,278	91,378	91,478	91,578	91,678	91,778	91,878	91,978
91,079	91,179	91,279	91,379	91,479	91,579	91,679	91,779	91,879	91,979
91,080	91,180	91,280	91,380	91,480	91,580	91,680	91,780	91,880	91,980
91,081	91,181	91,281	91,381	91,481	91,581	91,681	91,781	91,881	91,981
91,082	91,182	91,282	91,382	91,482	91,582	91,682	91,782	91,882	91,982
91,083	91,183	91,283	91,383	91,483	91,583	91,683	91,783	91,883	91,983
91,084	91,184	91,284	91,384	91,484	91,584	91,684	91,784	91,884	91,984
91,085	91,185	91,285	91,385	91,485	91,585	91,685	91,785	91,885	91,985
91,086	91,186	91,286	91,386	91,486	91,586	91,686	91,786	91,886	91,986
91,087	91,187	91,287	91,387	91,487	91,587	91,687	91,787	91,887	91,987
91,088	91,188	91,288	91,388	91,488	91,588	91,688	91,788	91,888	91,988
91,089	91,189	91,289	91,389	91,489	91,589	91,689	91,789	91,889	91,989
91,090	91,190	91,290	91,390	91,490	91,590	91,690	91,790	91,890	91,990
91,091	91,191	91,291	91,391	91,491	91,591	91,691	91,791	91,891	91,991
91,092	91,192	91,292	91,392	91,492	91,592	91,692	91,792	91,892	91,992
91,093	91,193	91,293	91,393	91,493	91,593	91,693	91,793	91,893	91,993
91,094	91,194	91,294	91,394	91,494	91,594	91,694	91,794	91,894	91,994
91,095	91,195	91,295	91,395	91,495	91,595	91,695	91,795	91,895	91,995
91,096	91,196	91,296	91,396	91,496	91,596	91,696	91,796	91,896	91,996
91,097	91,197	91,297	91,397	91,497	91,597	91,697	91,797	91,897	91,997
91,098	91,198	91,298	91,398	91,498	91,598	91,698	91,798	91,898	91,998
91,099	91,199	91,299	91,399	91,499	91,599	91,699	91,799	91,899	91,999

92,000	92,100	92,200	92,300	92,400	92,500	92,600	92,700	92,800	92,900
92,001	92,101	92,201	92,301	92,401	92,501	92,601	92,701	92,801	92,901
92,002	92,102	92,202	92,302	92,402	92,502	92,602	92,702	92,802	92,902
92,003	92,103	92,203	92,303	92,403	92,503	92,603	92,703	92,803	92,903
92,004	92,104	92,204	92,304	92,404	92,504	92,604	92,704	92,804	92,904
92,005	92,105	92,205	92,305	92,405	92,505	92,605	92,705	92,805	92,905
92,006	92,106	92,206	92,306	92,406	92,506	92,606	92,706	92,806	92,906
92,007	92,107	92,207	92,307	92,407	92,507	92,607	92,707	92,807	92,907
92,008	92,108	92,208	92,308	92,408	92,508	92,608	92,708	92,808	92,908
92,009	92,109	92,209	92,309	92,409	92,509	92,609	92,709	92,809	92,909
92,010	92,110	92,210	92,310	92,410	92,510	92,610	92,710	92,810	92,910
92,011	92,111	92,211	92,311	92,411	92,511	92,611	92,711	92,811	92,911
92,012	92,112	92,212	92,312	92,412	92,512	92,612	92,712	92,812	92,912
92,013	92,113	92,213	92,313	92,413	92,513	92,613	92,713	92,813	92,913
92,014	92,114	92,214	92,314	92,414	92,514	92,614	92,714	92,814	92,914
92,015	92,115	92,215	92,315	92,415	92,515	92,615	92,715	92,815	92,915
92,016	92,116	92,216	92,316	92,416	92,516	92,616	92,716	92,816	92,916
92,017	92,117	92,217	92,317	92,417	92,517	92,617	92,717	92,817	92,917
92,018	92,118	92,218	92,318	92,418	92,518	92,618	92,718	92,818	92,918
92,019	92,119	92,219	92,319	92,419	92,519	92,619	92,719	92,819	92,919
92,020	92,120	92,220	92,320	92,420	92,520	92,620	92,720	92,820	92,920
92,021	92,121	92,221	92,321	92,421	92,521	92,621	92,721	92,821	92,921
92,022	92,122	92,222	92,322	92,422	92,522	92,622	92,722	92,822	92,922
92,023	92,123	92,223	92,323	92,423	92,523	92,623	92,723	92,823	92,923
92,024	92,124	92,224	92,324	92,424	92,524	92,624	92,724	92,824	92,924
92,025	92,125	92,225	92,325	92,425	92,525	92,625	92,725	92,825	92,925
92,026	92,126	92,226	92,326	92,426	92,526	92,626	92,726	92,826	92,926
92,027	92,127	92,227	92,327	92,427	92,527	92,627	92,727	92,827	92,927
92,028	92,128	92,228	92,328	92,428	92,528	92,628	92,728	92,828	92,928
92,029	92,129	92,229	92,329	92,429	92,529	92,629	92,729	92,829	92,929
92,030	92,130	92,230	92,330	92,430	92,530	92,630	92,730	92,830	92,930
92,031	92,131	92,231	92,331	92,431	92,531	92,631	92,731	92,831	92,931
92,032	92,132	92,232	92,332	92,432	92,532	92,632	92,732	92,832	92,932
92,033	92,133	92,233	92,333	92,433	92,533	92,633	92,733	92,833	92,933
92,034	92,134	92,234	92,334	92,434	92,534	92,634	92,734	92,834	92,934
92,035	92,135	92,235	92,335	92,435	92,535	92,635	92,735	92,835	92,935
92,036	92,136	92,236	92,336	92,436	92,536	92,636	92,736	92,836	92,936
92,037	92,137	92,237	92,337	92,437	92,537	92,637	92,737	92,837	92,937
92,038	92,138	92,238	92,338	92,438	92,538	92,638	92,738	92,838	92,938
92,039	92,139	92,239	92,339	92,439	92,539	92,639	92,739	92,839	92,939
92,040	92,140	92,240	92,340	92,440	92,540	92,640	92,740	92,840	92,940
92,041	92,141	92,241	92,341	92,441	92,541	92,641	92,741	92,841	92,941
92,042	92,142	92,242	92,342	92,442	92,542	92,642	92,742	92,842	92,942
92,043	92,143	92,243	92,343	92,443	92,543	92,643	92,743	92,843	92,943
92,044	92,144	92,244	92,344	92,444	92,544	92,644	92,744	92,844	92,944
92,045	92,145	92,245	92,345	92,445	92,545	92,645	92,745	92,845	92,945
92,046	92,146	92,246	92,346	92,446	92,546	92,646	92,746	92,846	92,946
92,047	92,147	92,247	92,347	92,447	92,547	92,647	92,747	92,847	92,947
92,048	92,148	92,248	92,348	92,448	92,548	92,648	92,748	92,848	92,948
92,049	92,149	92,249	92,349	92,449	92,549	92,649	92,749	92,849	92,949
92,050	92,150	92,250	92,350	92,450	92,550	92,650	92,750	92,850	92,950
92,051	92,151	92,251	92,351	92,451	92,551	92,651	92,751	92,851	92,951
92,052	92,152	92,252	92,352	92,452	92,552	92,652	92,752	92,852	92,952
92,053	92,153	92,253	92,353	92,453	92,553	92,653	92,753	92,853	92,953
92,054	92,154	92,254	92,354	92,454	92,554	92,654	92,754	92,854	92,954
92,055	92,155	92,255	92,355	92,455	92,555	92,655	92,755	92,855	92,955
92,056	92,156	92,256	92,356	92,456	92,556	92,656	92,756	92,856	92,956
92,057	92,157	92,257	92,357	92,457	92,557	92,657	92,757	92,857	92,957
92,058	92,158	92,258	92,358	92,458	92,558	92,658	92,758	92,858	92,958
92,059	92,159	92,259	92,359	92,459	92,559	92,659	92,759	92,859	92,959
92,060	92,160	92,260	92,360	92,460	92,560	92,660	92,760	92,860	92,960
92,061	92,161	92,261	92,361	92,461	92,561	92,661	92,761	92,861	92,961
92,062	92,162	92,262	92,362	92,462	92,562	92,662	92,762	92,862	92,962
92,063	92,163	92,263	92,363	92,463	92,563	92,663	92,763	92,863	92,963
92,064	92,164	92,264	92,364	92,464	92,564	92,664	92,764	92,864	92,964
92,065	92,165	92,265	92,365	92,465	92,565	92,665	92,765	92,865	92,965
92,066	92,166	92,266	92,366	92,466	92,566	92,666	92,766	92,866	92,966
92,067	92,167	92,267	92,367	92,467	92,567	92,667	92,767	92,867	92,967
92,068	92,168	92,268	92,368	92,468	92,568	92,668	92,768	92,868	92,968
92,069	92,169	92,269	92,369	92,469	92,569	92,669	92,769	92,869	92,969
92,070	92,170	92,270	92,370	92,470	92,570	92,670	92,770	92,870	92,970
92,071	92,171	92,271	92,371	92,471	92,571	92,671	92,771	92,871	92,971
92,072	92,172	92,272	92,372	92,472	92,572	92,672	92,772	92,872	92,972
92,073	92,173	92,273	92,373	92,473	92,573	92,673	92,773	92,873	92,973
92,074	92,174	92,274	92,374	92,474	92,574	92,674	92,774	92,874	92,974
92,075	92,175	92,275	92,375	92,475	92,575	92,675	92,775	92,875	92,975
92,076	92,176	92,276	92,376	92,476	92,576	92,676	92,776	92,876	92,976
92,077	92,177	92,277	92,377	92,477	92,577	92,677	92,777	92,877	92,977
92,078	92,178	92,278	92,378	92,478	92,578	92,678	92,778	92,878	92,978
92,079	92,179	92,279	92,379	92,479	92,579	92,679	92,779	92,879	92,979
92,080	92,180	92,280	92,380	92,480	92,580	92,680	92,780	92,880	92,980
92,081	92,181	92,281	92,381	92,481	92,581	92,681	92,781	92,881	92,981
92,082	92,182	92,282	92,382	92,482	92,582	92,682	92,782	92,882	92,982
92,083	92,183	92,283	92,383	92,483	92,583	92,683	92,783	92,883	92,983
92,084	92,184	92,284	92,384	92,484	92,584	92,684	92,784	92,884	92,984
92,085	92,185	92,285	92,385	92,485	92,585	92,685	92,785	92,885	92,985
92,086	92,186	92,286	92,386	92,486	92,586	92,686	92,786	92,886	92,986
92,087	92,187	92,287	92,387	92,487	92,587	92,687	92,787	92,887	92,987
92,088	92,188	92,288	92,388	92,488	92,588	92,688	92,788	92,888	92,988
92,089	92,189	92,289	92,389	92,489	92,589	92,689	92,789	92,889	92,989
92,090	92,190	92,290	92,390	92,490	92,590	92,690	92,790	92,890	92,990
92,091	92,191	92,291	92,391	92,491	92,591	92,691	92,791	92,891	92,991
92,092	92,192	92,292	92,392	92,492	92,592	92,692	92,792	92,892	92,992
92,093	92,193	92,293	92,393	92,493	92,593	92,693	92,793	92,893	92,993
92,094	92,194	92,294	92,394	92,494	92,594	92,694	92,794	92,894	92,994
92,095	92,195	92,295	92,395	92,495	92,595	92,695	92,795	92,895	92,995
92,096	92,196	92,296	92,396	92,496	92,596	92,696	92,796	92,896	92,996
92,097	92,197	92,297	92,397	92,497	92,597	92,697	92,797	92,897	92,997
92,098	92,198	92,298	92,398	92,498	92,598	92,698	92,798	92,898	92,998
92,099	92,199	92,299	92,399	92,499	92,599	92,699	92,799	92,899	92,999

93,000	93,100	93,200	93,300	93,400	93,500	93,600	93,700	93,800	93,900
93,001	93,101	93,201	93,301	93,401	93,501	93,601	93,701	93,801	93,901
93,002	93,102	93,202	93,302	93,402	93,502	93,602	93,702	93,802	93,902
93,003	93,103	93,203	93,303	93,403	93,503	93,603	93,703	93,803	93,903
93,004	93,104	93,204	93,304	93,404	93,504	93,604	93,704	93,804	93,904
93,005	93,105	93,205	93,305	93,405	93,505	93,605	93,705	93,805	93,905
93,006	93,106	93,206	93,306	93,406	93,506	93,606	93,706	93,806	93,906
93,007	93,107	93,207	93,307	93,407	93,507	93,607	93,707	93,807	93,907
93,008	93,108	93,208	93,308	93,408	93,508	93,608	93,708	93,808	93,908
93,009	93,109	93,209	93,309	93,409	93,509	93,609	93,709	93,809	93,909
93,010	93,110	93,210	93,310	93,410	93,510	93,610	93,710	93,810	93,910
93,011	93,111	93,211	93,311	93,411	93,511	93,611	93,711	93,811	93,911
93,012	93,112	93,212	93,312	93,412	93,512	93,612	93,712	93,812	93,912
93,013	93,113	93,213	93,313	93,413	93,513	93,613	93,713	93,813	93,913
93,014	93,114	93,214	93,314	93,414	93,514	93,614	93,714	93,814	93,914
93,015	93,115	93,215	93,315	93,415	93,515	93,615	93,715	93,815	93,915
93,016	93,116	93,216	93,316	93,416	93,516	93,616	93,716	93,816	93,916
93,017	93,117	93,217	93,317	93,417	93,517	93,617	93,717	93,817	93,917
93,018	93,118	93,218	93,318	93,418	93,518	93,618	93,718	93,818	93,918
93,019	93,119	93,219	93,319	93,419	93,519	93,619	93,719	93,819	93,919
93,020	93,120	93,220	93,320	93,420	93,520	93,620	93,720	93,820	93,920
93,021	93,121	93,221	93,321	93,421	93,521	93,621	93,721	93,821	93,921
93,022	93,122	93,222	93,322	93,422	93,522	93,622	93,722	93,822	93,922
93,023	93,123	93,223	93,323	93,423	93,523	93,623	93,723	93,823	93,923
93,024	93,124	93,224	93,324	93,424	93,524	93,624	93,724	93,824	93,924
93,025	93,125	93,225	93,325	93,425	93,525	93,625	93,725	93,825	93,925
93,026	93,126	93,226	93,326	93,426	93,526	93,626	93,726	93,826	93,926
93,027	93,127	93,227	93,327	93,427	93,527	93,627	93,727	93,827	93,927
93,028	93,128	93,228	93,328	93,428	93,528	93,628	93,728	93,828	93,928
93,029	93,129	93,229	93,329	93,429	93,529	93,629	93,729	93,829	93,929
93,030	93,130	93,230	93,330	93,430	93,530	93,630	93,730	93,830	93,930
93,031	93,131	93,231	93,331	93,431	93,531	93,631	93,731	93,831	93,931
93,032	93,132	93,232	93,332	93,432	93,532	93,632	93,732	93,832	93,932
93,033	93,133	93,233	93,333	93,433	93,533	93,633	93,733	93,833	93,933
93,034	93,134	93,234	93,334	93,434	93,534	93,634	93,734	93,834	93,934
93,035	93,135	93,235	93,335	93,435	93,535	93,635	93,735	93,835	93,935
93,036	93,136	93,236	93,336	93,436	93,536	93,636	93,736	93,836	93,936
93,037	93,137	93,237	93,337	93,437	93,537	93,637	93,737	93,837	93,937
93,038	93,138	93,238	93,338	93,438	93,538	93,638	93,738	93,838	93,938
93,039	93,139	93,239	93,339	93,439	93,539	93,639	93,739	93,839	93,939
93,040	93,140	93,240	93,340	93,440	93,540	93,640	93,740	93,840	93,940
93,041	93,141	93,241	93,341	93,441	93,541	93,641	93,741	93,841	93,941
93,042	93,142	93,242	93,342	93,442	93,542	93,642	93,742	93,842	93,942
93,043	93,143	93,243	93,343	93,443	93,543	93,643	93,743	93,843	93,943
93,044	93,144	93,244	93,344	93,444	93,544	93,644	93,744	93,844	93,944
93,045	93,145	93,245	93,345	93,445	93,545	93,645	93,745	93,845	93,945
93,046	93,146	93,246	93,346	93,446	93,546	93,646	93,746	93,846	93,946
93,047	93,147	93,247	93,347	93,447	93,547	93,647	93,747	93,847	93,947
93,048	93,148	93,248	93,348	93,448	93,548	93,648	93,748	93,848	93,948
93,049	93,149	93,249	93,349	93,449	93,549	93,649	93,749	93,849	93,949
93,050	93,150	93,250	93,350	93,450	93,550	93,650	93,750	93,850	93,950
93,051	93,151	93,251	93,351	93,451	93,551	93,651	93,751	93,851	93,951
93,052	93,152	93,252	93,352	93,452	93,552	93,652	93,752	93,852	93,952
93,053	93,153	93,253	93,353	93,453	93,553	93,653	93,753	93,853	93,953
93,054	93,154	93,254	93,354	93,454	93,554	93,654	93,754	93,854	93,954
93,055	93,155	93,255	93,355	93,455	93,555	93,655	93,755	93,855	93,955
93,056	93,156	93,256	93,356	93,456	93,556	93,656	93,756	93,856	93,956
93,057	93,157	93,257	93,357	93,457	93,557	93,657	93,757	93,857	93,957
93,058	93,158	93,258	93,358	93,458	93,558	93,658	93,758	93,858	93,958
93,059	93,159	93,259	93,359	93,459	93,559	93,659	93,759	93,859	93,959
93,060	93,160	93,260	93,360	93,460	93,560	93,660	93,760	93,860	93,960
93,061	93,161	93,261	93,361	93,461	93,561	93,661	93,761	93,861	93,961
93,062	93,162	93,262	93,362	93,462	93,562	93,662	93,762	93,862	93,962
93,063	93,163	93,263	93,363	93,463	93,563	93,663	93,763	93,863	93,963
93,064	93,164	93,264	93,364	93,464	93,564	93,664	93,764	93,864	93,964
93,065	93,165	93,265	93,365	93,465	93,565	93,665	93,765	93,865	93,965
93,066	93,166	93,266	93,366	93,466	93,566	93,666	93,766	93,866	93,966
93,067	93,167	93,267	93,367	93,467	93,567	93,667	93,767	93,867	93,967
93,068	93,168	93,268	93,368	93,468	93,568	93,668	93,768	93,868	93,968
93,069	93,169	93,269	93,369	93,469	93,569	93,669	93,769	93,869	93,969
93,070	93,170	93,270	93,370	93,470	93,570	93,670	93,770	93,870	93,970
93,071	93,171	93,271	93,371	93,471	93,571	93,671	93,771	93,871	93,971
93,072	93,172	93,272	93,372	93,472	93,572	93,672	93,772	93,872	93,972
93,073	93,173	93,273	93,373	93,473	93,573	93,673	93,773	93,873	93,973
93,074	93,174	93,274	93,374	93,474	93,574	93,674	93,774	93,874	93,974
93,075	93,175	93,275	93,375	93,475	93,575	93,675	93,775	93,875	93,975
93,076	93,176	93,276	93,376	93,476	93,576	93,676	93,776	93,876	93,976
93,077	93,177	93,277	93,377	93,477	93,577	93,677	93,777	93,877	93,977
93,078	93,178	93,278	93,378	93,478	93,578	93,678	93,778	93,878	93,978
93,079	93,179	93,279	93,379	93,479	93,579	93,679	93,779	93,879	93,979
93,080	93,180	93,280	93,380	93,480	93,580	93,680	93,780	93,880	93,980
93,081	93,181	93,281	93,381	93,481	93,581	93,681	93,781	93,881	93,981
93,082	93,182	93,282	93,382	93,482	93,582	93,682	93,782	93,882	93,982
93,083	93,183	93,283	93,383	93,483	93,583	93,683	93,783	93,883	93,983
93,084	93,184	93,284	93,384	93,484	93,584	93,684	93,784	93,884	93,984
93,085	93,185	93,285	93,385	93,485	93,585	93,685	93,785	93,885	93,985
93,086	93,186	93,286	93,386	93,486	93,586	93,686	93,786	93,886	93,986
93,087	93,187	93,287	93,387	93,487	93,587	93,687	93,787	93,887	93,987
93,088	93,188	93,288	93,388	93,488	93,588	93,688	93,788	93,888	93,988
93,089	93,189	93,289	93,389	93,489	93,589	93,689	93,789	93,889	93,989
93,090	93,190	93,290	93,390	93,490	93,590	93,690	93,790	93,890	93,990
93,091	93,191	93,291	93,391	93,491	93,591	93,691	93,791	93,891	93,991
93,092	93,192	93,292	93,392	93,492	93,592	93,692	93,792	93,892	93,992
93,093	93,193	93,293	93,393	93,493	93,593	93,693	93,793	93,893	93,993
93,094	93,194	93,294	93,394	93,494	93,594	93,694	93,794	93,894	93,994
93,095	93,195	93,295	93,395	93,495	93,595	93,695	93,795	93,895	93,995
93,096	93,196	93,296	93,396	93,496	93,596	93,696	93,796	93,896	93,996
93,097	93,197	93,297	93,397	93,497	93,597	93,697	93,797	93,897	93,997
93,098	93,198	93,298	93,398	93,498	93,598	93,698	93,798	93,898	93,998
93,099	93,199	93,299	93,399	93,499	93,599	93,699	93,799	93,899	93,999

94,000	94,100	94,200	94,300	94,400	94,500	94,600	94,700	94,800	94,900
94,001	94,101	94,201	94,301	94,401	94,501	94,601	94,701	94,801	94,901
94,002	94,102	94,202	94,302	94,402	94,502	94,602	94,702	94,802	94,902
94,003	94,103	94,203	94,303	94,403	94,503	94,603	94,703	94,803	94,903
94,004	94,104	94,204	94,304	94,404	94,504	94,604	94,704	94,804	94,904
94,005	94,105	94,205	94,305	94,405	94,505	94,605	94,705	94,805	94,905
94,006	94,106	94,206	94,306	94,406	94,506	94,606	94,706	94,806	94,906
94,007	94,107	94,207	94,307	94,407	94,507	94,607	94,707	94,807	94,907
94,008	94,108	94,208	94,308	94,408	94,508	94,608	94,708	94,808	94,908
94,009	94,109	94,209	94,309	94,409	94,509	94,609	94,709	94,809	94,909
94,010	94,110	94,210	94,310	94,410	94,510	94,610	94,710	94,810	94,910
94,011	94,111	94,211	94,311	94,411	94,511	94,611	94,711	94,811	94,911
94,012	94,112	94,212	94,312	94,412	94,512	94,612	94,712	94,812	94,912
94,013	94,113	94,213	94,313	94,413	94,513	94,613	94,713	94,813	94,913
94,014	94,114	94,214	94,314	94,414	94,514	94,614	94,714	94,814	94,914
94,015	94,115	94,215	94,315	94,415	94,515	94,615	94,715	94,815	94,915
94,016	94,116	94,216	94,316	94,416	94,516	94,616	94,716	94,816	94,916
94,017	94,117	94,217	94,317	94,417	94,517	94,617	94,717	94,817	94,917
94,018	94,118	94,218	94,318	94,418	94,518	94,618	94,718	94,818	94,918
94,019	94,119	94,219	94,319	94,419	94,519	94,619	94,719	94,819	94,919
94,020	94,120	94,220	94,320	94,420	94,520	94,620	94,720	94,820	94,920
94,021	94,121	94,221	94,321	94,421	94,521	94,621	94,721	94,821	94,921
94,022	94,122	94,222	94,322	94,422	94,522	94,622	94,722	94,822	94,922
94,023	94,123	94,223	94,323	94,423	94,523	94,623	94,723	94,823	94,923
94,024	94,124	94,224	94,324	94,424	94,524	94,624	94,724	94,824	94,924
94,025	94,125	94,225	94,325	94,425	94,525	94,625	94,725	94,825	94,925
94,026	94,126	94,226	94,326	94,426	94,526	94,626	94,726	94,826	94,926
94,027	94,127	94,227	94,327	94,427	94,527	94,627	94,727	94,827	94,927
94,028	94,128	94,228	94,328	94,428	94,528	94,628	94,728	94,828	94,928
94,029	94,129	94,229	94,329	94,429	94,529	94,629	94,729	94,829	94,929
94,030	94,130	94,230	94,330	94,430	94,530	94,630	94,730	94,830	94,930
94,031	94,131	94,231	94,331	94,431	94,531	94,631	94,731	94,831	94,931
94,032	94,132	94,232	94,332	94,432	94,532	94,632	94,732	94,832	94,932
94,033	94,133	94,233	94,333	94,433	94,533	94,633	94,733	94,833	94,933
94,034	94,134	94,234	94,334	94,434	94,534	94,634	94,734	94,834	94,934
94,035	94,135	94,235	94,335	94,435	94,535	94,635	94,735	94,835	94,935
94,036	94,136	94,236	94,336	94,436	94,536	94,636	94,736	94,836	94,936
94,037	94,137	94,237	94,337	94,437	94,537	94,637	94,737	94,837	94,937
94,038	94,138	94,238	94,338	94,438	94,538	94,638	94,738	94,838	94,938
94,039	94,139	94,239	94,339	94,439	94,539	94,639	94,739	94,839	94,939
94,040	94,140	94,240	94,340	94,440	94,540	94,640	94,740	94,840	94,940
94,041	94,141	94,241	94,341	94,441	94,541	94,641	94,741	94,841	94,941
94,042	94,142	94,242	94,342	94,442	94,542	94,642	94,742	94,842	94,942
94,043	94,143	94,243	94,343	94,443	94,543	94,643	94,743	94,843	94,943
94,044	94,144	94,244	94,344	94,444	94,544	94,644	94,744	94,844	94,944
94,045	94,145	94,245	94,345	94,445	94,545	94,645	94,745	94,845	94,945
94,046	94,146	94,246	94,346	94,446	94,546	94,646	94,746	94,846	94,946
94,047	94,147	94,247	94,347	94,447	94,547	94,647	94,747	94,847	94,947
94,048	94,148	94,248	94,348	94,448	94,548	94,648	94,748	94,848	94,948
94,049	94,149	94,249	94,349	94,449	94,549	94,649	94,749	94,849	94,949
94,050	94,150	94,250	94,350	94,450	94,550	94,650	94,750	94,850	94,950
94,051	94,151	94,251	94,351	94,451	94,551	94,651	94,751	94,851	94,951
94,052	94,152	94,252	94,352	94,452	94,552	94,652	94,752	94,852	94,952
94,053	94,153	94,253	94,353	94,453	94,553	94,653	94,753	94,853	94,953
94,054	94,154	94,254	94,354	94,454	94,554	94,654	94,754	94,854	94,954
94,055	94,155	94,255	94,355	94,455	94,555	94,655	94,755	94,855	94,955
94,056	94,156	94,256	94,356	94,456	94,556	94,656	94,756	94,856	94,956
94,057	94,157	94,257	94,357	94,457	94,557	94,657	94,757	94,857	94,957
94,058	94,158	94,258	94,358	94,458	94,558	94,658	94,758	94,858	94,958
94,059	94,159	94,259	94,359	94,459	94,559	94,659	94,759	94,859	94,959
94,060	94,160	94,260	94,360	94,460	94,560	94,660	94,760	94,860	94,960
94,061	94,161	94,261	94,361	94,461	94,561	94,661	94,761	94,861	94,961
94,062	94,162	94,262	94,362	94,462	94,562	94,662	94,762	94,862	94,962
94,063	94,163	94,263	94,363	94,463	94,563	94,663	94,763	94,863	94,963
94,064	94,164	94,264	94,364	94,464	94,564	94,664	94,764	94,864	94,964
94,065	94,165	94,265	94,365	94,465	94,565	94,665	94,765	94,865	94,965
94,066	94,166	94,266	94,366	94,466	94,566	94,666	94,766	94,866	94,966
94,067	94,167	94,267	94,367	94,467	94,567	94,667	94,767	94,867	94,967
94,068	94,168	94,268	94,368	94,468	94,568	94,668	94,768	94,868	94,968
94,069	94,169	94,269	94,369	94,469	94,569	94,669	94,769	94,869	94,969
94,070	94,170	94,270	94,370	94,470	94,570	94,670	94,770	94,870	94,970
94,071	94,171	94,271	94,371	94,471	94,571	94,671	94,771	94,871	94,971
94,072	94,172	94,272	94,372	94,472	94,572	94,672	94,772	94,872	94,972
94,073	94,173	94,273	94,373	94,473	94,573	94,673	94,773	94,873	94,973
94,074	94,174	94,274	94,374	94,474	94,574	94,674	94,774	94,874	94,974
94,075	94,175	94,275	94,375	94,475	94,575	94,675	94,775	94,875	94,975
94,076	94,176	94,276	94,376	94,476	94,576	94,676	94,776	94,876	94,976
94,077	94,177	94,277	94,377	94,477	94,577	94,677	94,777	94,877	94,977
94,078	94,178	94,278	94,378	94,478	94,578	94,678	94,778	94,878	94,978
94,079	94,179	94,279	94,379	94,479	94,579	94,679	94,779	94,879	94,979
94,080	94,180	94,280	94,380	94,480	94,580	94,680	94,780	94,880	94,980
94,081	94,181	94,281	94,381	94,481	94,581	94,681	94,781	94,881	94,981
94,082	94,182	94,282	94,382	94,482	94,582	94,682	94,782	94,882	94,982
94,083	94,183	94,283	94,383	94,483	94,583	94,683	94,783	94,883	94,983
94,084	94,184	94,284	94,384	94,484	94,584	94,684	94,784	94,884	94,984
94,085	94,185	94,285	94,385	94,485	94,585	94,685	94,785	94,885	94,985
94,086	94,186	94,286	94,386	94,486	94,586	94,686	94,786	94,886	94,986
94,087	94,187	94,287	94,387	94,487	94,587	94,687	94,787	94,887	94,987
94,088	94,188	94,288	94,388	94,488	94,588	94,688	94,788	94,888	94,988
94,089	94,189	94,289	94,389	94,489	94,589	94,689	94,789	94,889	94,989
94,090	94,190	94,290	94,390	94,490	94,590	94,690	94,790	94,890	94,990
94,091	94,191	94,291	94,391	94,491	94,591	94,691	94,791	94,891	94,991
94,092	94,192	94,292	94,392	94,492	94,592	94,692	94,792	94,892	94,992
94,093	94,193	94,293	94,393	94,493	94,593	94,693	94,793	94,893	94,993
94,094	94,194	94,294	94,394	94,494	94,594	94,694	94,794	94,894	94,994
94,095	94,195	94,295	94,395	94,495	94,595	94,695	94,795	94,895	94,995
94,096	94,196	94,296	94,396	94,496	94,596	94,696	94,796	94,896	94,996
94,097	94,197	94,297	94,397	94,497	94,597	94,697	94,797	94,897	94,997
94,098	94,198	94,298	94,398	94,498	94,598	94,698	94,798	94,898	94,998
94,099	94,199	94,299	94,399	94,499	94,599	94,699	94,799	94,899	94,999

95,000	95,100	95,200	95,300	95,400	95,500	95,600	95,700	95,800	95,900
95,001	95,101	95,201	95,301	95,401	95,501	95,601	95,701	95,801	95,901
95,002	95,102	95,202	95,302	95,402	95,502	95,602	95,702	95,802	95,902
95,003	95,103	95,203	95,303	95,403	95,503	95,603	95,703	95,803	95,903
95,004	95,104	95,204	95,304	95,404	95,504	95,604	95,704	95,804	95,904
95,005	95,105	95,205	95,305	95,405	95,505	95,605	95,705	95,805	95,905
95,006	95,106	95,206	95,306	95,406	95,506	95,606	95,706	95,806	95,906
95,007	95,107	95,207	95,307	95,407	95,507	95,607	95,707	95,807	95,907
95,008	95,108	95,208	95,308	95,408	95,508	95,608	95,708	95,808	95,908
95,009	95,109	95,209	95,309	95,409	95,509	95,609	95,709	95,809	95,909
95,010	95,110	95,210	95,310	95,410	95,510	95,610	95,710	95,810	95,910
95,011	95,111	95,211	95,311	95,411	95,511	95,611	95,711	95,811	95,911
95,012	95,112	95,212	95,312	95,412	95,512	95,612	95,712	95,812	95,912
95,013	95,113	95,213	95,313	95,413	95,513	95,613	95,713	95,813	95,913
95,014	95,114	95,214	95,314	95,414	95,514	95,614	95,714	95,814	95,914
95,015	95,115	95,215	95,315	95,415	95,515	95,615	95,715	95,815	95,915
95,016	95,116	95,216	95,316	95,416	95,516	95,616	95,716	95,816	95,916
95,017	95,117	95,217	95,317	95,417	95,517	95,617	95,717	95,817	95,917
95,018	95,118	95,218	95,318	95,418	95,518	95,618	95,718	95,818	95,918
95,019	95,119	95,219	95,319	95,419	95,519	95,619	95,719	95,819	95,919
95,020	95,120	95,220	95,320	95,420	95,520	95,620	95,720	95,820	95,920
95,021	95,121	95,221	95,321	95,421	95,521	95,621	95,721	95,821	95,921
95,022	95,122	95,222	95,322	95,422	95,522	95,622	95,722	95,822	95,922
95,023	95,123	95,223	95,323	95,423	95,523	95,623	95,723	95,823	95,923
95,024	95,124	95,224	95,324	95,424	95,524	95,624	95,724	95,824	95,924
95,025	95,125	95,225	95,325	95,425	95,525	95,625	95,725	95,825	95,925
95,026	95,126	95,226	95,326	95,426	95,526	95,626	95,726	95,826	95,926
95,027	95,127	95,227	95,327	95,427	95,527	95,627	95,727	95,827	95,927
95,028	95,128	95,228	95,328	95,428	95,528	95,628	95,728	95,828	95,928
95,029	95,129	95,229	95,329	95,429	95,529	95,629	95,729	95,829	95,929
95,030	95,130	95,230	95,330	95,430	95,530	95,630	95,730	95,830	95,930
95,031	95,131	95,231	95,331	95,431	95,531	95,631	95,731	95,831	95,931
95,032	95,132	95,232	95,332	95,432	95,532	95,632	95,732	95,832	95,932
95,033	95,133	95,233	95,333	95,433	95,533	95,633	95,733	95,833	95,933
95,034	95,134	95,234	95,334	95,434	95,534	95,634	95,734	95,834	95,934
95,035	95,135	95,235	95,335	95,435	95,535	95,635	95,735	95,835	95,935
95,036	95,136	95,236	95,336	95,436	95,536	95,636	95,736	95,836	95,936
95,037	95,137	95,237	95,337	95,437	95,537	95,637	95,737	95,837	95,937
95,038	95,138	95,238	95,338	95,438	95,538	95,638	95,738	95,838	95,938
95,039	95,139	95,239	95,339	95,439	95,539	95,639	95,739	95,839	95,939
95,040	95,140	95,240	95,340	95,440	95,540	95,640	95,740	95,840	95,940
95,041	95,141	95,241	95,341	95,441	95,541	95,641	95,741	95,841	95,941
95,042	95,142	95,242	95,342	95,442	95,542	95,642	95,742	95,842	95,942
95,043	95,143	95,243	95,343	95,443	95,543	95,643	95,743	95,843	95,943
95,044	95,144	95,244	95,344	95,444	95,544	95,644	95,744	95,844	95,944
95,045	95,145	95,245	95,345	95,445	95,545	95,645	95,745	95,845	95,945
95,046	95,146	95,246	95,346	95,446	95,546	95,646	95,746	95,846	95,946
95,047	95,147	95,247	95,347	95,447	95,547	95,647	95,747	95,847	95,947
95,048	95,148	95,248	95,348	95,448	95,548	95,648	95,748	95,848	95,948
95,049	95,149	95,249	95,349	95,449	95,549	95,649	95,749	95,849	95,949
95,050	95,150	95,250	95,350	95,450	95,550	95,650	95,750	95,850	95,950
95,051	95,151	95,251	95,351	95,451	95,551	95,651	95,751	95,851	95,951
95,052	95,152	95,252	95,352	95,452	95,552	95,652	95,752	95,852	95,952
95,053	95,153	95,253	95,353	95,453	95,553	95,653	95,753	95,853	95,953
95,054	95,154	95,254	95,354	95,454	95,554	95,654	95,754	95,854	95,954
95,055	95,155	95,255	95,355	95,455	95,555	95,655	95,755	95,855	95,955
95,056	95,156	95,256	95,356	95,456	95,556	95,656	95,756	95,856	95,956
95,057	95,157	95,257	95,357	95,457	95,557	95,657	95,757	95,857	95,957
95,058	95,158	95,258	95,358	95,458	95,558	95,658	95,758	95,858	95,958
95,059	95,159	95,259	95,359	95,459	95,559	95,659	95,759	95,859	95,959
95,060	95,160	95,260	95,360	95,460	95,560	95,660	95,760	95,860	95,960
95,061	95,161	95,261	95,361	95,461	95,561	95,661	95,761	95,861	95,961
95,062	95,162	95,262	95,362	95,462	95,562	95,662	95,762	95,862	95,962
95,063	95,163	95,263	95,363	95,463	95,563	95,663	95,763	95,863	95,963
95,064	95,164	95,264	95,364	95,464	95,564	95,664	95,764	95,864	95,964
95,065	95,165	95,265	95,365	95,465	95,565	95,665	95,765	95,865	95,965
95,066	95,166	95,266	95,366	95,466	95,566	95,666	95,766	95,866	95,966
95,067	95,167	95,267	95,367	95,467	95,567	95,667	95,767	95,867	95,967
95,068	95,168	95,268	95,368	95,468	95,568	95,668	95,768	95,868	95,968
95,069	95,169	95,269	95,369	95,469	95,569	95,669	95,769	95,869	95,969
95,070	95,170	95,270	95,370	95,470	95,570	95,670	95,770	95,870	95,970
95,071	95,171	95,271	95,371	95,471	95,571	95,671	95,771	95,871	95,971
95,072	95,172	95,272	95,372	95,472	95,572	95,672	95,772	95,872	95,972
95,073	95,173	95,273	95,373	95,473	95,573	95,673	95,773	95,873	95,973
95,074	95,174	95,274	95,374	95,474	95,574	95,674	95,774	95,874	95,974
95,075	95,175	95,275	95,375	95,475	95,575	95,675	95,775	95,875	95,975
95,076	95,176	95,276	95,376	95,476	95,576	95,676	95,776	95,876	95,976
95,077	95,177	95,277	95,377	95,477	95,577	95,677	95,777	95,877	95,977
95,078	95,178	95,278	95,378	95,478	95,578	95,678	95,778	95,878	95,978
95,079	95,179	95,279	95,379	95,479	95,579	95,679	95,779	95,879	95,979
95,080	95,180	95,280	95,380	95,480	95,580	95,680	95,780	95,880	95,980
95,081	95,181	95,281	95,381	95,481	95,581	95,681	95,781	95,881	95,981
95,082	95,182	95,282	95,382	95,482	95,582	95,682	95,782	95,882	95,982
95,083	95,183	95,283	95,383	95,483	95,583	95,683	95,783	95,883	95,983
95,084	95,184	95,284	95,384	95,484	95,584	95,684	95,784	95,884	95,984
95,085	95,185	95,285	95,385	95,485	95,585	95,685	95,785	95,885	95,985
95,086	95,186	95,286	95,386	95,486	95,586	95,686	95,786	95,886	95,986
95,087	95,187	95,287	95,387	95,487	95,587	95,687	95,787	95,887	95,987
95,088	95,188	95,288	95,388	95,488	95,588	95,688	95,788	95,888	95,988
95,089	95,189	95,289	95,389	95,489	95,589	95,689	95,789	95,889	95,989
95,090	95,190	95,290	95,390	95,490	95,590	95,690	95,790	95,890	95,990
95,091	95,191	95,291	95,391	95,491	95,591	95,691	95,791	95,891	95,991
95,092	95,192	95,292	95,392	95,492	95,592	95,692	95,792	95,892	95,992
95,093	95,193	95,293	95,393	95,493	95,593	95,693	95,793	95,893	95,993
95,094	95,194	95,294	95,394	95,494	95,594	95,694	95,794	95,894	95,994
95,095	95,195	95,295	95,395	95,495	95,595	95,695	95,795	95,895	95,995
95,096	95,196	95,296	95,396	95,496	95,596	95,696	95,796	95,896	95,996
95,097	95,197	95,297	95,397	95,497	95,597	95,697	95,797	95,897	95,997
95,098	95,198	95,298	95,398	95,498	95,598	95,698	95,798	95,898	95,998
95,099	95,199	95,299	95,399	95,499	95,599	95,699	95,799	95,899	95,999

96,000	96,100	96,200	96,300	96,400	96,500	96,600	96,700	96,800	96,900
96,001	96,101	96,201	96,301	96,401	96,501	96,601	96,701	96,801	96,901
96,002	96,102	96,202	96,302	96,402	96,502	96,602	96,702	96,802	96,902
96,003	96,103	96,203	96,303	96,403	96,503	96,603	96,703	96,803	96,903
96,004	96,104	96,204	96,304	96,404	96,504	96,604	96,704	96,804	96,904
96,005	96,105	96,205	96,305	96,405	96,505	96,605	96,705	96,805	96,905
96,006	96,106	96,206	96,306	96,406	96,506	96,606	96,706	96,806	96,906
96,007	96,107	96,207	96,307	96,407	96,507	96,607	96,707	96,807	96,907
96,008	96,108	96,208	96,308	96,408	96,508	96,608	96,708	96,808	96,908
96,009	96,109	96,209	96,309	96,409	96,509	96,609	96,709	96,809	96,909
96,010	96,110	96,210	96,310	96,410	96,510	96,610	96,710	96,810	96,910
96,011	96,111	96,211	96,311	96,411	96,511	96,611	96,711	96,811	96,911
96,012	96,112	96,212	96,312	96,412	96,512	96,612	96,712	96,812	96,912
96,013	96,113	96,213	96,313	96,413	96,513	96,613	96,713	96,813	96,913
96,014	96,114	96,214	96,314	96,414	96,514	96,614	96,714	96,814	96,914
96,015	96,115	96,215	96,315	96,415	96,515	96,615	96,715	96,815	96,915
96,016	96,116	96,216	96,316	96,416	96,516	96,616	96,716	96,816	96,916
96,017	96,117	96,217	96,317	96,417	96,517	96,617	96,717	96,817	96,917
96,018	96,118	96,218	96,318	96,418	96,518	96,618	96,718	96,818	96,918
96,019	96,119	96,219	96,319	96,419	96,519	96,619	96,719	96,819	96,919
96,020	96,120	96,220	96,320	96,420	96,520	96,620	96,720	96,820	96,920
96,021	96,121	96,221	96,321	96,421	96,521	96,621	96,721	96,821	96,921
96,022	96,122	96,222	96,322	96,422	96,522	96,622	96,722	96,822	96,922
96,023	96,123	96,223	96,323	96,423	96,523	96,623	96,723	96,823	96,923
96,024	96,124	96,224	96,324	96,424	96,524	96,624	96,724	96,824	96,924
96,025	96,125	96,225	96,325	96,425	96,525	96,625	96,725	96,825	96,925
96,026	96,126	96,226	96,326	96,426	96,526	96,626	96,726	96,826	96,926
96,027	96,127	96,227	96,327	96,427	96,527	96,627	96,727	96,827	96,927
96,028	96,128	96,228	96,328	96,428	96,528	96,628	96,728	96,828	96,928
96,029	96,129	96,229	96,329	96,429	96,529	96,629	96,729	96,829	96,929
96,030	96,130	96,230	96,330	96,430	96,530	96,630	96,730	96,830	96,930
96,031	96,131	96,231	96,331	96,431	96,531	96,631	96,731	96,831	96,931
96,032	96,132	96,232	96,332	96,432	96,532	96,632	96,732	96,832	96,932
96,033	96,133	96,233	96,333	96,433	96,533	96,633	96,733	96,833	96,933
96,034	96,134	96,234	96,334	96,434	96,534	96,634	96,734	96,834	96,934
96,035	96,135	96,235	96,335	96,435	96,535	96,635	96,735	96,835	96,935
96,036	96,136	96,236	96,336	96,436	96,536	96,636	96,736	96,836	96,936
96,037	96,137	96,237	96,337	96,437	96,537	96,637	96,737	96,837	96,937
96,038	96,138	96,238	96,338	96,438	96,538	96,638	96,738	96,838	96,938
96,039	96,139	96,239	96,339	96,439	96,539	96,639	96,739	96,839	96,939
96,040	96,140	96,240	96,340	96,440	96,540	96,640	96,740	96,840	96,940
96,041	96,141	96,241	96,341	96,441	96,541	96,641	96,741	96,841	96,941
96,042	96,142	96,242	96,342	96,442	96,542	96,642	96,742	96,842	96,942
96,043	96,143	96,243	96,343	96,443	96,543	96,643	96,743	96,843	96,943
96,044	96,144	96,244	96,344	96,444	96,544	96,644	96,744	96,844	96,944
96,045	96,145	96,245	96,345	96,445	96,545	96,645	96,745	96,845	96,945
96,046	96,146	96,246	96,346	96,446	96,546	96,646	96,746	96,846	96,946
96,047	96,147	96,247	96,347	96,447	96,547	96,647	96,747	96,847	96,947
96,048	96,148	96,248	96,348	96,448	96,548	96,648	96,748	96,848	96,948
96,049	96,149	96,249	96,349	96,449	96,549	96,649	96,749	96,849	96,949
96,050	96,150	96,250	96,350	96,450	96,550	96,650	96,750	96,850	96,950
96,051	96,151	96,251	96,351	96,451	96,551	96,651	96,751	96,851	96,951
96,052	96,152	96,252	96,352	96,452	96,552	96,652	96,752	96,852	96,952
96,053	96,153	96,253	96,353	96,453	96,553	96,653	96,753	96,853	96,953
96,054	96,154	96,254	96,354	96,454	96,554	96,654	96,754	96,854	96,954
96,055	96,155	96,255	96,355	96,455	96,555	96,655	96,755	96,855	96,955
96,056	96,156	96,256	96,356	96,456	96,556	96,656	96,756	96,856	96,956
96,057	96,157	96,257	96,357	96,457	96,557	96,657	96,757	96,857	96,957
96,058	96,158	96,258	96,358	96,458	96,558	96,658	96,758	96,858	96,958
96,059	96,159	96,259	96,359	96,459	96,559	96,659	96,759	96,859	96,959
96,060	96,160	96,260	96,360	96,460	96,560	96,660	96,760	96,860	96,960
96,061	96,161	96,261	96,361	96,461	96,561	96,661	96,761	96,861	96,961
96,062	96,162	96,262	96,362	96,462	96,562	96,662	96,762	96,862	96,962
96,063	96,163	96,263	96,363	96,463	96,563	96,663	96,763	96,863	96,963
96,064	96,164	96,264	96,364	96,464	96,564	96,664	96,764	96,864	96,964
96,065	96,165	96,265	96,365	96,465	96,565	96,665	96,765	96,865	96,965
96,066	96,166	96,266	96,366	96,466	96,566	96,666	96,766	96,866	96,966
96,067	96,167	96,267	96,367	96,467	96,567	96,667	96,767	96,867	96,967
96,068	96,168	96,268	96,368	96,468	96,568	96,668	96,768	96,868	96,968
96,069	96,169	96,269	96,369	96,469	96,569	96,669	96,769	96,869	96,969
96,070	96,170	96,270	96,370	96,470	96,570	96,670	96,770	96,870	96,970
96,071	96,171	96,271	96,371	96,471	96,571	96,671	96,771	96,871	96,971
96,072	96,172	96,272	96,372	96,472	96,572	96,672	96,772	96,872	96,972
96,073	96,173	96,273	96,373	96,473	96,573	96,673	96,773	96,873	96,973
96,074	96,174	96,274	96,374	96,474	96,574	96,674	96,774	96,874	96,974
96,075	96,175	96,275	96,375	96,475	96,575	96,675	96,775	96,875	96,975
96,076	96,176	96,276	96,376	96,476	96,576	96,676	96,776	96,876	96,976
96,077	96,177	96,277	96,377	96,477	96,577	96,677	96,777	96,877	96,977
96,078	96,178	96,278	96,378	96,478	96,578	96,678	96,778	96,878	96,978
96,079	96,179	96,279	96,379	96,479	96,579	96,679	96,779	96,879	96,979
96,080	96,180	96,280	96,380	96,480	96,580	96,680	96,780	96,880	96,980
96,081	96,181	96,281	96,381	96,481	96,581	96,681	96,781	96,881	96,981
96,082	96,182	96,282	96,382	96,482	96,582	96,682	96,782	96,882	96,982
96,083	96,183	96,283	96,383	96,483	96,583	96,683	96,783	96,883	96,983
96,084	96,184	96,284	96,384	96,484	96,584	96,684	96,784	96,884	96,984
96,085	96,185	96,285	96,385	96,485	96,585	96,685	96,785	96,885	96,985
96,086	96,186	96,286	96,386	96,486	96,586	96,686	96,786	96,886	96,986
96,087	96,187	96,287	96,387	96,487	96,587	96,687	96,787	96,887	96,987
96,088	96,188	96,288	96,388	96,488	96,588	96,688	96,788	96,888	96,988
96,089	96,189	96,289	96,389	96,489	96,589	96,689	96,789	96,889	96,989
96,090	96,190	96,290	96,390	96,490	96,590	96,690	96,790	96,890	96,990
96,091	96,191	96,291	96,391	96,491	96,591	96,691	96,791	96,891	96,991
96,092	96,192	96,292	96,392	96,492	96,592	96,692	96,792	96,892	96,992
96,093	96,193	96,293	96,393	96,493	96,593	96,693	96,793	96,893	96,993
96,094	96,194	96,294	96,394	96,494	96,594	96,694	96,794	96,894	96,994
96,095	96,195	96,295	96,395	96,495	96,595	96,695	96,795	96,895	96,995
96,096	96,196	96,296	96,396	96,496	96,596	96,696	96,796	96,896	96,996
96,097	96,197	96,297	96,397	96,497	96,597	96,697	96,797	96,897	96,997
96,098	96,198	96,298	96,398	96,498	96,598	96,698	96,798	96,898	96,998
96,099	96,199	96,299	96,399	96,499	96,599	96,699	96,799	96,899	96,999

97,000	97,100	97,200	97,300	97,400	97,500	97,600	97,700	97,800	97,900
97,001	97,101	97,201	97,301	97,401	97,501	97,601	97,701	97,801	97,901
97,002	97,102	97,202	97,302	97,402	97,502	97,602	97,702	97,802	97,902
97,003	97,103	97,203	97,303	97,403	97,503	97,603	97,703	97,803	97,903
97,004	97,104	97,204	97,304	97,404	97,504	97,604	97,704	97,804	97,904
97,005	97,105	97,205	97,305	97,405	97,505	97,605	97,705	97,805	97,905
97,006	97,106	97,206	97,306	97,406	97,506	97,606	97,706	97,806	97,906
97,007	97,107	97,207	97,307	97,407	97,507	97,607	97,707	97,807	97,907
97,008	97,108	97,208	97,308	97,408	97,508	97,608	97,708	97,808	97,908
97,009	97,109	97,209	97,309	97,409	97,509	97,609	97,709	97,809	97,909
97,010	97,110	97,210	97,310	97,410	97,510	97,610	97,710	97,810	97,910
97,011	97,111	97,211	97,311	97,411	97,511	97,611	97,711	97,811	97,911
97,012	97,112	97,212	97,312	97,412	97,512	97,612	97,712	97,812	97,912
97,013	97,113	97,213	97,313	97,413	97,513	97,613	97,713	97,813	97,913
97,014	97,114	97,214	97,314	97,414	97,514	97,614	97,714	97,814	97,914
97,015	97,115	97,215	97,315	97,415	97,515	97,615	97,715	97,815	97,915
97,016	97,116	97,216	97,316	97,416	97,516	97,616	97,716	97,816	97,916
97,017	97,117	97,217	97,317	97,417	97,517	97,617	97,717	97,817	97,917
97,018	97,118	97,218	97,318	97,418	97,518	97,618	97,718	97,818	97,918
97,019	97,119	97,219	97,319	97,419	97,519	97,619	97,719	97,819	97,919
97,020	97,120	97,220	97,320	97,420	97,520	97,620	97,720	97,820	97,920
97,021	97,121	97,221	97,321	97,421	97,521	97,621	97,721	97,821	97,921
97,022	97,122	97,222	97,322	97,422	97,522	97,622	97,722	97,822	97,922
97,023	97,123	97,223	97,323	97,423	97,523	97,623	97,723	97,823	97,923
97,024	97,124	97,224	97,324	97,424	97,524	97,624	97,724	97,824	97,924
97,025	97,125	97,225	97,325	97,425	97,525	97,625	97,725	97,825	97,925
97,026	97,126	97,226	97,326	97,426	97,526	97,626	97,726	97,826	97,926
97,027	97,127	97,227	97,327	97,427	97,527	97,627	97,727	97,827	97,927
97,028	97,128	97,228	97,328	97,428	97,528	97,628	97,728	97,828	97,928
97,029	97,129	97,229	97,329	97,429	97,529	97,629	97,729	97,829	97,929
97,030	97,130	97,230	97,330	97,430	97,530	97,630	97,730	97,830	97,930
97,031	97,131	97,231	97,331	97,431	97,531	97,631	97,731	97,831	97,931
97,032	97,132	97,232	97,332	97,432	97,532	97,632	97,732	97,832	97,932
97,033	97,133	97,233	97,333	97,433	97,533	97,633	97,733	97,833	97,933
97,034	97,134	97,234	97,334	97,434	97,534	97,634	97,734	97,834	97,934
97,035	97,135	97,235	97,335	97,435	97,535	97,635	97,735	97,835	97,935
97,036	97,136	97,236	97,336	97,436	97,536	97,636	97,736	97,836	97,936
97,037	97,137	97,237	97,337	97,437	97,537	97,637	97,737	97,837	97,937
97,038	97,138	97,238	97,338	97,438	97,538	97,638	97,738	97,838	97,938
97,039	97,139	97,239	97,339	97,439	97,539	97,639	97,739	97,839	97,939
97,040	97,140	97,240	97,340	97,440	97,540	97,640	97,740	97,840	97,940
97,041	97,141	97,241	97,341	97,441	97,541	97,641	97,741	97,841	97,941
97,042	97,142	97,242	97,342	97,442	97,542	97,642	97,742	97,842	97,942
97,043	97,143	97,243	97,343	97,443	97,543	97,643	97,743	97,843	97,943
97,044	97,144	97,244	97,344	97,444	97,544	97,644	97,744	97,844	97,944
97,045	97,145	97,245	97,345	97,445	97,545	97,645	97,745	97,845	97,945
97,046	97,146	97,246	97,346	97,446	97,546	97,646	97,746	97,846	97,946
97,047	97,147	97,247	97,347	97,447	97,547	97,647	97,747	97,847	97,947
97,048	97,148	97,248	97,348	97,448	97,548	97,648	97,748	97,848	97,948
97,049	97,149	97,249	97,349	97,449	97,549	97,649	97,749	97,849	97,949
97,050	97,150	97,250	97,350	97,450	97,550	97,650	97,750	97,850	97,950
97,051	97,151	97,251	97,351	97,451	97,551	97,651	97,751	97,851	97,951
97,052	97,152	97,252	97,352	97,452	97,552	97,652	97,752	97,852	97,952
97,053	97,153	97,253	97,353	97,453	97,553	97,653	97,753	97,853	97,953
97,054	97,154	97,254	97,354	97,454	97,554	97,654	97,754	97,854	97,954
97,055	97,155	97,255	97,355	97,455	97,555	97,655	97,755	97,855	97,955
97,056	97,156	97,256	97,356	97,456	97,556	97,656	97,756	97,856	97,956
97,057	97,157	97,257	97,357	97,457	97,557	97,657	97,757	97,857	97,957
97,058	97,158	97,258	97,358	97,458	97,558	97,658	97,758	97,858	97,958
97,059	97,159	97,259	97,359	97,459	97,559	97,659	97,759	97,859	97,959
97,060	97,160	97,260	97,360	97,460	97,560	97,660	97,760	97,860	97,960
97,061	97,161	97,261	97,361	97,461	97,561	97,661	97,761	97,861	97,961
97,062	97,162	97,262	97,362	97,462	97,562	97,662	97,762	97,862	97,962
97,063	97,163	97,263	97,363	97,463	97,563	97,663	97,763	97,863	97,963
97,064	97,164	97,264	97,364	97,464	97,564	97,664	97,764	97,864	97,964
97,065	97,165	97,265	97,365	97,465	97,565	97,665	97,765	97,865	97,965
97,066	97,166	97,266	97,366	97,466	97,566	97,666	97,766	97,866	97,966
97,067	97,167	97,267	97,367	97,467	97,567	97,667	97,767	97,867	97,967
97,068	97,168	97,268	97,368	97,468	97,568	97,668	97,768	97,868	97,968
97,069	97,169	97,269	97,369	97,469	97,569	97,669	97,769	97,869	97,969
97,070	97,170	97,270	97,370	97,470	97,570	97,670	97,770	97,870	97,970
97,071	97,171	97,271	97,371	97,471	97,571	97,671	97,771	97,871	97,971
97,072	97,172	97,272	97,372	97,472	97,572	97,672	97,772	97,872	97,972
97,073	97,173	97,273	97,373	97,473	97,573	97,673	97,773	97,873	97,973
97,074	97,174	97,274	97,374	97,474	97,574	97,674	97,774	97,874	97,974
97,075	97,175	97,275	97,375	97,475	97,575	97,675	97,775	97,875	97,975
97,076	97,176	97,276	97,376	97,476	97,576	97,676	97,776	97,876	97,976
97,077	97,177	97,277	97,377	97,477	97,577	97,677	97,777	97,877	97,977
97,078	97,178	97,278	97,378	97,478	97,578	97,678	97,778	97,878	97,978
97,079	97,179	97,279	97,379	97,479	97,579	97,679	97,779	97,879	97,979
97,080	97,180	97,280	97,380	97,480	97,580	97,680	97,780	97,880	97,980
97,081	97,181	97,281	97,381	97,481	97,581	97,681	97,781	97,881	97,981
97,082	97,182	97,282	97,382	97,482	97,582	97,682	97,782	97,882	97,982
97,083	97,183	97,283	97,383	97,483	97,583	97,683	97,783	97,883	97,983
97,084	97,184	97,284	97,384	97,484	97,584	97,684	97,784	97,884	97,984
97,085	97,185	97,285	97,385	97,485	97,585	97,685	97,785	97,885	97,985
97,086	97,186	97,286	97,386	97,486	97,586	97,686	97,786	97,886	97,986
97,087	97,187	97,287	97,387	97,487	97,587	97,687	97,787	97,887	97,987
97,088	97,188	97,288	97,388	97,488	97,588	97,688	97,788	97,888	97,988
97,089	97,189	97,289	97,389	97,489	97,589	97,689	97,789	97,889	97,989
97,090	97,190	97,290	97,390	97,490	97,590	97,690	97,790	97,890	97,990
97,091	97,191	97,291	97,391	97,491	97,591	97,691	97,791	97,891	97,991
97,092	97,192	97,292	97,392	97,492	97,592	97,692	97,792	97,892	97,992
97,093	97,193	97,293	97,393	97,493	97,593	97,693	97,793	97,893	97,993
97,094	97,194	97,294	97,394	97,494	97,594	97,694	97,794	97,894	97,994
97,095	97,195	97,295	97,395	97,495	97,595	97,695	97,795	97,895	97,995
97,096	97,196	97,296	97,396	97,496	97,596	97,696	97,796	97,896	97,996
97,097	97,197	97,297	97,397	97,497	97,597	97,697	97,797	97,897	97,997
97,098	97,198	97,298	97,398	97,498	97,598	97,698	97,798	97,898	97,998
97,099	97,199	97,299	97,399	97,499	97,599	97,699	97,799	97,899	97,999

98,000	98,100	98,200	98,300	98,400	98,500	98,600	98,700	98,800	98,900
98,001	98,101	98,201	98,301	98,401	98,501	98,601	98,701	98,801	98,901
98,002	98,102	98,202	98,302	98,402	98,502	98,602	98,702	98,802	98,902
98,003	98,103	98,203	98,303	98,403	98,503	98,603	98,703	98,803	98,903
98,004	98,104	98,204	98,304	98,404	98,504	98,604	98,704	98,804	98,904
98,005	98,105	98,205	98,305	98,405	98,505	98,605	98,705	98,805	98,905
98,006	98,106	98,206	98,306	98,406	98,506	98,606	98,706	98,806	98,906
98,007	98,107	98,207	98,307	98,407	98,507	98,607	98,707	98,807	98,907
98,008	98,108	98,208	98,308	98,408	98,508	98,608	98,708	98,808	98,908
98,009	98,109	98,209	98,309	98,409	98,509	98,609	98,709	98,809	98,909
98,010	98,110	98,210	98,310	98,410	98,510	98,610	98,710	98,810	98,910
98,011	98,111	98,211	98,311	98,411	98,511	98,611	98,711	98,811	98,911
98,012	98,112	98,212	98,312	98,412	98,512	98,612	98,712	98,812	98,912
98,013	98,113	98,213	98,313	98,413	98,513	98,613	98,713	98,813	98,913
98,014	98,114	98,214	98,314	98,414	98,514	98,614	98,714	98,814	98,914
98,015	98,115	98,215	98,315	98,415	98,515	98,615	98,715	98,815	98,915
98,016	98,116	98,216	98,316	98,416	98,516	98,616	98,716	98,816	98,916
98,017	98,117	98,217	98,317	98,417	98,517	98,617	98,717	98,817	98,917
98,018	98,118	98,218	98,318	98,418	98,518	98,618	98,718	98,818	98,918
98,019	98,119	98,219	98,319	98,419	98,519	98,619	98,719	98,819	98,919
98,020	98,120	98,220	98,320	98,420	98,520	98,620	98,720	98,820	98,920
98,021	98,121	98,221	98,321	98,421	98,521	98,621	98,721	98,821	98,921
98,022	98,122	98,222	98,322	98,422	98,522	98,622	98,722	98,822	98,922
98,023	98,123	98,223	98,323	98,423	98,523	98,623	98,723	98,823	98,923
98,024	98,124	98,224	98,324	98,424	98,524	98,624	98,724	98,824	98,924
98,025	98,125	98,225	98,325	98,425	98,525	98,625	98,725	98,825	98,925
98,026	98,126	98,226	98,326	98,426	98,526	98,626	98,726	98,826	98,926
98,027	98,127	98,227	98,327	98,427	98,527	98,627	98,727	98,827	98,927
98,028	98,128	98,228	98,328	98,428	98,528	98,628	98,728	98,828	98,928
98,029	98,129	98,229	98,329	98,429	98,529	98,629	98,729	98,829	98,929
98,030	98,130	98,230	98,330	98,430	98,530	98,630	98,730	98,830	98,930
98,031	98,131	98,231	98,331	98,431	98,531	98,631	98,731	98,831	98,931
98,032	98,132	98,232	98,332	98,432	98,532	98,632	98,732	98,832	98,932
98,033	98,133	98,233	98,333	98,433	98,533	98,633	98,733	98,833	98,933
98,034	98,134	98,234	98,334	98,434	98,534	98,634	98,734	98,834	98,934
98,035	98,135	98,235	98,335	98,435	98,535	98,635	98,735	98,835	98,935
98,036	98,136	98,236	98,336	98,436	98,536	98,636	98,736	98,836	98,936
98,037	98,137	98,237	98,337	98,437	98,537	98,637	98,737	98,837	98,937
98,038	98,138	98,238	98,338	98,438	98,538	98,638	98,738	98,838	98,938
98,039	98,139	98,239	98,339	98,439	98,539	98,639	98,739	98,839	98,939
98,040	98,140	98,240	98,340	98,440	98,540	98,640	98,740	98,840	98,940
98,041	98,141	98,241	98,341	98,441	98,541	98,641	98,741	98,841	98,941
98,042	98,142	98,242	98,342	98,442	98,542	98,642	98,742	98,842	98,942
98,043	98,143	98,243	98,343	98,443	98,543	98,643	98,743	98,843	98,943
98,044	98,144	98,244	98,344	98,444	98,544	98,644	98,744	98,844	98,944
98,045	98,145	98,245	98,345	98,445	98,545	98,645	98,745	98,845	98,945
98,046	98,146	98,246	98,346	98,446	98,546	98,646	98,746	98,846	98,946
98,047	98,147	98,247	98,347	98,447	98,547	98,647	98,747	98,847	98,947
98,048	98,148	98,248	98,348	98,448	98,548	98,648	98,748	98,848	98,948
98,049	98,149	98,249	98,349	98,449	98,549	98,649	98,749	98,849	98,949
98,050	98,150	98,250	98,350	98,450	98,550	98,650	98,750	98,850	98,950
98,051	98,151	98,251	98,351	98,451	98,551	98,651	98,751	98,851	98,951
98,052	98,152	98,252	98,352	98,452	98,552	98,652	98,752	98,852	98,952
98,053	98,153	98,253	98,353	98,453	98,553	98,653	98,753	98,853	98,953
98,054	98,154	98,254	98,354	98,454	98,554	98,654	98,754	98,854	98,954
98,055	98,155	98,255	98,355	98,455	98,555	98,655	98,755	98,855	98,955
98,056	98,156	98,256	98,356	98,456	98,556	98,656	98,756	98,856	98,956
98,057	98,157	98,257	98,357	98,457	98,557	98,657	98,757	98,857	98,957
98,058	98,158	98,258	98,358	98,458	98,558	98,658	98,758	98,858	98,958
98,059	98,159	98,259	98,359	98,459	98,559	98,659	98,759	98,859	98,959
98,060	98,160	98,260	98,360	98,460	98,560	98,660	98,760	98,860	98,960
98,061	98,161	98,261	98,361	98,461	98,561	98,661	98,761	98,861	98,961
98,062	98,162	98,262	98,362	98,462	98,562	98,662	98,762	98,862	98,962
98,063	98,163	98,263	98,363	98,463	98,563	98,663	98,763	98,863	98,963
98,064	98,164	98,264	98,364	98,464	98,564	98,664	98,764	98,864	98,964
98,065	98,165	98,265	98,365	98,465	98,565	98,665	98,765	98,865	98,965
98,066	98,166	98,266	98,366	98,466	98,566	98,666	98,766	98,866	98,966
98,067	98,167	98,267	98,367	98,467	98,567	98,667	98,767	98,867	98,967
98,068	98,168	98,268	98,368	98,468	98,568	98,668	98,768	98,868	98,968
98,069	98,169	98,269	98,369	98,469	98,569	98,669	98,769	98,869	98,969
98,070	98,170	98,270	98,370	98,470	98,570	98,670	98,770	98,870	98,970
98,071	98,171	98,271	98,371	98,471	98,571	98,671	98,771	98,871	98,971
98,072	98,172	98,272	98,372	98,472	98,572	98,672	98,772	98,872	98,972
98,073	98,173	98,273	98,373	98,473	98,573	98,673	98,773	98,873	98,973
98,074	98,174	98,274	98,374	98,474	98,574	98,674	98,774	98,874	98,974
98,075	98,175	98,275	98,375	98,475	98,575	98,675	98,775	98,875	98,975
98,076	98,176	98,276	98,376	98,476	98,576	98,676	98,776	98,876	98,976
98,077	98,177	98,277	98,377	98,477	98,577	98,677	98,777	98,877	98,977
98,078	98,178	98,278	98,378	98,478	98,578	98,678	98,778	98,878	98,978
98,079	98,179	98,279	98,379	98,479	98,579	98,679	98,779	98,879	98,979
98,080	98,180	98,280	98,380	98,480	98,580	98,680	98,780	98,880	98,980
98,081	98,181	98,281	98,381	98,481	98,581	98,681	98,781	98,881	98,981
98,082	98,182	98,282	98,382	98,482	98,582	98,682	98,782	98,882	98,982
98,083	98,183	98,283	98,383	98,483	98,583	98,683	98,783	98,883	98,983
98,084	98,184	98,284	98,384	98,484	98,584	98,684	98,784	98,884	98,984
98,085	98,185	98,285	98,385	98,485	98,585	98,685	98,785	98,885	98,985
98,086	98,186	98,286	98,386	98,486	98,586	98,686	98,786	98,886	98,986
98,087	98,187	98,287	98,387	98,487	98,587	98,687	98,787	98,887	98,987
98,088	98,188	98,288	98,388	98,488	98,588	98,688	98,788	98,888	98,988
98,089	98,189	98,289	98,389	98,489	98,589	98,689	98,789	98,889	98,989
98,090	98,190	98,290	98,390	98,490	98,590	98,690	98,790	98,890	98,990
98,091	98,191	98,291	98,391	98,491	98,591	98,691	98,791	98,891	98,991
98,092	98,192	98,292	98,392	98,492	98,592	98,692	98,792	98,892	98,992
98,093	98,193	98,293	98,393	98,493	98,593	98,693	98,793	98,893	98,993
98,094	98,194	98,294	98,394	98,494	98,594	98,694	98,794	98,894	98,994
98,095	98,195	98,295	98,395	98,495	98,595	98,695	98,795	98,895	98,995
98,096	98,196	98,296	98,396	98,496	98,596	98,696	98,796	98,896	98,996
98,097	98,197	98,297	98,397	98,497	98,597	98,697	98,797	98,897	98,997
98,098	98,198	98,298	98,398	98,498	98,598	98,698	98,798	98,898	98,998
98,099	98,199	98,299	98,399	98,499	98,599	98,699	98,799	98,899	98,999

99,000	99,100	99,200	99,300	99,400	99,500	99,600	99,700	99,800	99,900
99,001	99,101	99,201	99,301	99,401	99,501	99,601	99,701	99,801	99,901
99,002	99,102	99,202	99,302	99,402	99,502	99,602	99,702	99,802	99,902
99,003	99,103	99,203	99,303	99,403	99,503	99,603	99,703	99,803	99,903
99,004	99,104	99,204	99,304	99,404	99,504	99,604	99,704	99,804	99,904
99,005	99,105	99,205	99,305	99,405	99,505	99,605	99,705	99,805	99,905
99,006	99,106	99,206	99,306	99,406	99,506	99,606	99,706	99,806	99,906
99,007	99,107	99,207	99,307	99,407	99,507	99,607	99,707	99,807	99,907
99,008	99,108	99,208	99,308	99,408	99,508	99,608	99,708	99,808	99,908
99,009	99,109	99,209	99,309	99,409	99,509	99,609	99,709	99,809	99,909
99,010	99,110	99,210	99,310	99,410	99,510	99,610	99,710	99,810	99,910
99,011	99,111	99,211	99,311	99,411	99,511	99,611	99,711	99,811	99,911
99,012	99,112	99,212	99,312	99,412	99,512	99,612	99,712	99,812	99,912
99,013	99,113	99,213	99,313	99,413	99,513	99,613	99,713	99,813	99,913
99,014	99,114	99,214	99,314	99,414	99,514	99,614	99,714	99,814	99,914
99,015	99,115	99,215	99,315	99,415	99,515	99,615	99,715	99,815	99,915
99,016	99,116	99,216	99,316	99,416	99,516	99,616	99,716	99,816	99,916
99,017	99,117	99,217	99,317	99,417	99,517	99,617	99,717	99,817	99,917
99,018	99,118	99,218	99,318	99,418	99,518	99,618	99,718	99,818	99,918
99,019	99,119	99,219	99,319	99,419	99,519	99,619	99,719	99,819	99,919
99,020	99,120	99,220	99,320	99,420	99,520	99,620	99,720	99,820	99,920
99,021	99,121	99,221	99,321	99,421	99,521	99,621	99,721	99,821	99,921
99,022	99,122	99,222	99,322	99,422	99,522	99,622	99,722	99,822	99,922
99,023	99,123	99,223	99,323	99,423	99,523	99,623	99,723	99,823	99,923
99,024	99,124	99,224	99,324	99,424	99,524	99,624	99,724	99,824	99,924
99,025	99,125	99,225	99,325	99,425	99,525	99,625	99,725	99,825	99,925
99,026	99,126	99,226	99,326	99,426	99,526	99,626	99,726	99,826	99,926
99,027	99,127	99,227	99,327	99,427	99,527	99,627	99,727	99,827	99,927
99,028	99,128	99,228	99,328	99,428	99,528	99,628	99,728	99,828	99,928
99,029	99,129	99,229	99,329	99,429	99,529	99,629	99,729	99,829	99,929
99,030	99,130	99,230	99,330	99,430	99,530	99,630	99,730	99,830	99,930
99,031	99,131	99,231	99,331	99,431	99,531	99,631	99,731	99,831	99,931
99,032	99,132	99,232	99,332	99,432	99,532	99,632	99,732	99,832	99,932
99,033	99,133	99,233	99,333	99,433	99,533	99,633	99,733	99,833	99,933
99,034	99,134	99,234	99,334	99,434	99,534	99,634	99,734	99,834	99,934
99,035	99,135	99,235	99,335	99,435	99,535	99,635	99,735	99,835	99,935
99,036	99,136	99,236	99,336	99,436	99,536	99,636	99,736	99,836	99,936
99,037	99,137	99,237	99,337	99,437	99,537	99,637	99,737	99,837	99,937
99,038	99,138	99,238	99,338	99,438	99,538	99,638	99,738	99,838	99,938
99,039	99,139	99,239	99,339	99,439	99,539	99,639	99,739	99,839	99,939
99,040	99,140	99,240	99,340	99,440	99,540	99,640	99,740	99,840	99,940
99,041	99,141	99,241	99,341	99,441	99,541	99,641	99,741	99,841	99,941
99,042	99,142	99,242	99,342	99,442	99,542	99,642	99,742	99,842	99,942
99,043	99,143	99,243	99,343	99,443	99,543	99,643	99,743	99,843	99,943
99,044	99,144	99,244	99,344	99,444	99,544	99,644	99,744	99,844	99,944
99,045	99,145	99,245	99,345	99,445	99,545	99,645	99,745	99,845	99,945
99,046	99,146	99,246	99,346	99,446	99,546	99,646	99,746	99,846	99,946
99,047	99,147	99,247	99,347	99,447	99,547	99,647	99,747	99,847	99,947
99,048	99,148	99,248	99,348	99,448	99,548	99,648	99,748	99,848	99,948
99,049	99,149	99,249	99,349	99,449	99,549	99,649	99,749	99,849	99,949
99,050	99,150	99,250	99,350	99,450	99,550	99,650	99,750	99,850	99,950
99,051	99,151	99,251	99,351	99,451	99,551	99,651	99,751	99,851	99,951
99,052	99,152	99,252	99,352	99,452	99,552	99,652	99,752	99,852	99,952
99,053	99,153	99,253	99,353	99,453	99,553	99,653	99,753	99,853	99,953
99,054	99,154	99,254	99,354	99,454	99,554	99,654	99,754	99,854	99,954
99,055	99,155	99,255	99,355	99,455	99,555	99,655	99,755	99,855	99,955
99,056	99,156	99,256	99,356	99,456	99,556	99,656	99,756	99,856	99,956
99,057	99,157	99,257	99,357	99,457	99,557	99,657	99,757	99,857	99,957
99,058	99,158	99,258	99,358	99,458	99,558	99,658	99,758	99,858	99,958
99,059	99,159	99,259	99,359	99,459	99,559	99,659	99,759	99,859	99,959
99,060	99,160	99,260	99,360	99,460	99,560	99,660	99,760	99,860	99,960
99,061	99,161	99,261	99,361	99,461	99,561	99,661	99,761	99,861	99,961
99,062	99,162	99,262	99,362	99,462	99,562	99,662	99,762	99,862	99,962
99,063	99,163	99,263	99,363	99,463	99,563	99,663	99,763	99,863	99,963
99,064	99,164	99,264	99,364	99,464	99,564	99,664	99,764	99,864	99,964
99,065	99,165	99,265	99,365	99,465	99,565	99,665	99,765	99,865	99,965
99,066	99,166	99,266	99,366	99,466	99,566	99,666	99,766	99,866	99,966
99,067	99,167	99,267	99,367	99,467	99,567	99,667	99,767	99,867	99,967
99,068	99,168	99,268	99,368	99,468	99,568	99,668	99,768	99,868	99,968
99,069	99,169	99,269	99,369	99,469	99,569	99,669	99,769	99,869	99,969
99,070	99,170	99,270	99,370	99,470	99,570	99,670	99,770	99,870	99,970
99,071	99,171	99,271	99,371	99,471	99,571	99,671	99,771	99,871	99,971
99,072	99,172	99,272	99,372	99,472	99,572	99,672	99,772	99,872	99,972
99,073	99,173	99,273	99,373	99,473	99,573	99,673	99,773	99,873	99,973
99,074	99,174	99,274	99,374	99,474	99,574	99,674	99,774	99,874	99,974
99,075	99,175	99,275	99,375	99,475	99,575	99,675	99,775	99,875	99,975
99,076	99,176	99,276	99,376	99,476	99,576	99,676	99,776	99,876	99,976
99,077	99,177	99,277	99,377	99,477	99,577	99,677	99,777	99,877	99,977
99,078	99,178	99,278	99,378	99,478	99,578	99,678	99,778	99,878	99,978
99,079	99,179	99,279	99,379	99,479	99,579	99,679	99,779	99,879	99,979
99,080	99,180	99,280	99,380	99,480	99,580	99,680	99,780	99,880	99,980
99,081	99,181	99,281	99,381	99,481	99,581	99,681	99,781	99,881	99,981
99,082	99,182	99,282	99,382	99,482	99,582	99,682	99,782	99,882	99,982
99,083	99,183	99,283	99,383	99,483	99,583	99,683	99,783	99,883	99,983
99,084	99,184	99,284	99,384	99,484	99,584	99,684	99,784	99,884	99,984
99,085	99,185	99,285	99,385	99,485	99,585	99,685	99,785	99,885	99,985
99,086	99,186	99,286	99,386	99,486	99,586	99,686	99,786	99,886	99,986
99,087	99,187	99,287	99,387	99,487	99,587	99,687	99,787	99,887	99,987
99,088	99,188	99,288	99,388	99,488	99,588	99,688	99,788	99,888	99,988
99,089	99,189	99,289	99,389	99,489	99,589	99,689	99,789	99,889	99,989
99,090	99,190	99,290	99,390	99,490	99,590	99,690	99,790	99,890	99,990
99,091	99,191	99,291	99,391	99,491	99,591	99,691	99,791	99,891	99,991
99,092	99,192	99,292	99,392	99,492	99,592	99,692	99,792	99,892	99,992
99,093	99,193	99,293	99,393	99,493	99,593	99,693	99,793	99,893	99,993
99,094	99,194	99,294	99,394	99,494	99,594	99,694	99,794	99,894	99,994
99,095	99,195	99,295	99,395	99,495	99,595	99,695	99,795	99,895	99,995
99,096	99,196	99,296	99,396	99,496	99,596	99,696	99,796	99,896	99,996
99,097	99,197	99,297	99,397	99,497	99,597	99,697	99,797	99,897	99,997
99,098	99,198	99,298	99,398	99,498	99,598	99,698	99,798	99,898	99,998
99,099	99,199	99,299	99,399	99,499	99,599	99,699	99,799	99,899	99,999

100,000

www.ingramcontent.com/pod-product-compliance
Lightning Source LLC
Chambersburg PA
CBHW082346220526
45470CB00008B/2658
9781976867057